循环、作用和影响：
南大洋观测与研究

张海生　主编

海洋出版社

2018年·北京

图书在版编目（CIP）数据

循环、作用和影响：南大洋观测与研究/张海生主编．—北京：海洋出版社，2018.12
ISBN 978-7-5210-0289-8

Ⅰ.①循… Ⅱ.①张… Ⅲ.①南大洋-海洋监测 Ⅳ.①P717.81

中国版本图书馆 CIP 数据核字（2018）第 297273 号

责任编辑：白　燕
责任印制：赵麟苏

海洋出版社　出版发行

http://www.oceanpress.com.cn
北京市海淀区大慧寺路 8 号　邮编：100081
北京文昌阁彩色印刷有限责任公司印刷　新华书店北京发行所经销
2018 年 12 月第 1 版　2018 年 12 月第 1 次印刷
开本：889mm×1194mm　1/16　印张：17
字数：453 千字　定价：150.00 元
发行部：62132549　邮购部：68038093　总编室：62114335

"中国极地科学考察研究三十年进展"
编委会

主　　任：曲探宙　秦为稼

副主任：杨惠根　吴　军　李院生

成　　员：（以姓氏笔画为序）

卞林根　乔方刚　任贾文　刘小汉　刘瑞源

孙　波　孙立广　李超伦　侨兴光　张海生

陈立奇　赵　越　赵进平　潘增弟

编写组

组　　长：李院生

副组长：刘瑞源　潘增弟　刘小汉　张海生　余兴光

《循环、作用和影响：南大洋观测与研究》
编写人员

主　　编：张海生

编写组成员：（按拼音排序）

陈　波　陈立奇　高金耀　雷瑞波　李超伦

潘建明　史久新　王汝建　张　林

总 序

今年是我国开展南极考察研究 30 周年纪念。与发达国家和一些南半球国家相比，我国开展南极考察比较晚。但无数中国极地科学家不畏艰险，胼手胝足，使得我国极地研究获得许多令人振奋的高水平科研成果。台站、基地、船舶建造和固定翼飞机发展迅速，青年俊杰大量涌现，中国极地考察研究事业蒸蒸日上。

对于行星地球而言，极地是研究全球气候变化最理想的地理单元，中国科学家很早就开始关注极地的考察研究。从 20 世纪 30 年代起，中国就陆续出版有关南极方面的文献书籍介绍南极知识。在国际地球物理年期间（1957—1958 年），全国 10 多种报纸杂志刊载了许多关于各国南极考察、科学研究以及科普方面的文章和消息。中国科学院副院长竺可桢教授当年也向中央建议："中国是一个大国，要研究极地，并建议中国派出学习极地专业的留学生。"谢自楚教授就是根据这个建议被派到俄罗斯莫斯科大学学习极地冰川专业。国家海洋局于 1977 年提出了"查清中国海、进军三大洋、登上南极洲"的规划目标。曾呈奎教授在 1978 年初给方毅副总理写信建议："中国作为一个拥有世界 1/4 人口的大国，理应积极参加南极考察，为将来两极资源的开发利用准备条件。"方毅副总理于同年 6 月 26 日批示："南极考察是一个大项目，由国家海洋局研究实施。"国家海洋局于当年 5 月向国家科学技术委员会（以下简称"国家科委"）提交了《关于开展南极考察工作的报告》。当年 10 月国家海洋局又向国务院提交了《关于开展南极考察工作》的请示报告。国务院领导批阅同意后，经国家科委与有关部门多次商量，又于 1981 年 1 月正式向国务院提交了《关于成立国家南极考察委员会的报告》。国务院于当年 5 月 11 日正式批准成立国家南极考察委员会（以下简称"南极委"）。南极委属国务院领导，国家科委副主任武衡担任南极委主任委员，外交部副部长章文晋等 5 人担任南极委副主任委员，其他 15 名委员分别来自各相关部委和海军。

国家科委赵东宛副主任于 1979 年 4 月 12 日批示，"拟同意先派少数几位专家和友好国家合作，乘他们的船去南极考察，这样花钱少，又可取得经验"。经方毅副总理批示，国家海洋局上报国务院批准后，我国从 1980 年起就开始派团出访，邀请外国南极学者来华交流，并有计划地选派了 40 多人次的科技人员前往外国的南极科学考察站、考察船和其国内南极研究机构进行科学考察，获得了南极亲身经历，学到了经验，为我国独立组织南极考察队打下了基础。

1984 年，在国家海洋局南极考察办公室郭琨主任的率领下，中国终于踏上南极洲的土地，开始建设长城站并实施考察。1999 年，国家海洋局组织了北极综合科学考察。

从此，我国的极地考察与科学研究事业迅速发展，目前正从极地大国向极地强国迈进。回想 30 年的风风雨雨，抚今追昔，感慨万千。如今我们生活在大科学时代，生活在民族复兴和"中国梦"的时代，我国的极地考察与研究也处在迅猛发展的阶段。看到那么多青年科学家继往开来，奋勇投身到极地科学研究的大潮中去，心中感到无比欣慰。

2015 年 6 月 15 日

前　言

在地球系统科学中，南极研究一直备受重视。这不单是因为冰雪覆盖的极地高原和显著季节变化的海冰造就了南极地区独特的地理环境特征，更重要的是，由这一杰出的地球物理结构所产生的冰雪、大气、海洋和生物间的相互作用，通过物质和能量的循环与传输，极大地影响和控制着整个全球系统。正是由于南极地区的独特环境和重要作用，因此，自 20 世纪 80 年代以来，在地球系统科学基础上所开展的全球变化研究，更是将南极作为重要的区域予以重视。

过去的几十年来，围绕南极地区在地球系统和全球变化中的作用，国际上已制定并实施了多项研究计划，其中，最为突出的是国际科联南极研究科学委员会（SCAR）于 20 世纪 90 年代初提出的"南极地区在全球变化中的作用——国际南极区域合作研究计划"，即 GLOCHANT。该计划对推动在南极地区开展针对全球变化的国际合作研究发挥了重大的作用。在该计划的指导下，世界有关国家先后制定了多项相应的南极研究计划，旨在阐明南极地区在全球变化中的关键作用及其对全球变化的影响。进入 21 世纪以来，SCAR 在前期研究的基础上，于 2004 年进一步提出了"南极冰下湖探测研究计划（SALE）"、"南极与全球气候系统研究计划（AGCS）"、"南极气候演变研究计划（ACE）"和"南极进化生物学研究计划（EBA）"等 5 大国际合作科学研究计划，用于指导今后 5～10 年国际南极的科学研究。在此期间，为进一步促进极地科学的发展，扩大以往国际极地年/地球物理年的研究成果，国际气象组织（WMO）和国际科联（ICSU）制定了于 2007/2008 年开始实施的"国际极地年计划（IPY）"。在该计划所确定的 5 大科学主题和相应的研究计划中，南极占有极为重要的地位。特别是在高度总结相关研究成果的基础上，SCAR 于 2014 年又进一步制定和提出了涉及 6 大研究领域 80 项研究课题的最新南极研究计划。该计划不仅涵盖了当前南极研究的重大科学问题，而且对深入推进国际南极研究具有重大的战略意义。

在所有南极研究中，南大洋的作用很少被低估。位于 35°S 以南的南大洋是世界唯一东西贯通的大洋，面积约占世界大洋的 22%。南大洋的海冰覆盖和变化，导致了其不同于世界其他大洋的显著特征。南大洋海冰区是南极底层水（AABW）和其他南极水团的形成源地。这些水团构成了世界各大洋的环流和混合的主要成分。海冰过程所导致的水团性质变化及南极冰架下的过冷作用主宰着南大洋向各大洋输入冷水的深层混合和热盐对流的过程。南大洋海冰覆盖区，大气与海洋间的气体交换对全球大气的循环，特别是大洋深层的翻转起到核心作用，引起水团形成多样性的大洋深层温度、盐度和溶解气体在全球气候变化中起到重要的反馈作用。正是由于南大洋在地球系统和全球变化中的重要作用，SCAR 在大力推动在南极地区开展和实施各项研究计划的基础上，于 2010 年重点提出了南大洋观测系统（The Southern Ocean Observing System，SOOS）的研究计划，以更深入地了解和揭示南大洋变化的主要特征、控制因素、响应与反馈，以及加强对未来变化的预测。

我国自 1984 年开展首次南极考察以来，迄今已进行了 30 次南极考察活动。其中，南大洋作为历次考察的主要内容，有力地推动了我国南大洋研究的开展。自"八五"规划实施以来，我国立足全球变化，制定并实施了多项针对南大洋的考察与研究计划。围绕"南大洋环流与水团变异"、"生物地球化学循环与碳通量"、"南大洋生物生态学"、"南极海冰观测与研究"、"海-冰-气相互作用"等，以普里兹湾及其临近海区为重点调查区域，进行了长期固定断面的调查，使我国成为这一地区掌握资料最全面的国家之一。20 多年来，我国科学家在南大洋研究领域取得的科研成果已经开始引起世人的瞩目，在某些领域已迈入国际前沿，并取得了重大的研究成果。如在南极大磷虾基础生物学研究上，解决了困惑国际学术界多年的大磷虾年龄判断指标问题，及用磷虾体长与眼径比率作为检测南大洋生态系统动态变化的指示因子；利用资料的优势，我国学者在普里兹湾及其以北洋区的水团和环流研究作出了与国际水平可比的重要贡献，不仅揭示了南极布兰斯菲尔德海峡的东海盆和中心海盆深层水和底层水的来源，而且发现了全球气候变化的最强信号出现在南大洋，进一步揭示了全球变暖已经减缓了南大洋的基本过程，垂向反转环流、水团特性、海盆间水交换、与低纬度海洋的水交换和海冰等均发生明显变化，且发现这些变化与全球大洋热盐环流和 ENSO 等具有紧密的关系，引起国际学术界的高度重视。另外，在跨越绕极流的 73°E 断面累计了近 10 年的 XBT 和 XCTD 资料，该断面已被国际 CLIVAR 计划列为一个长期监测断面，纳入 CLIVAR 国际计划的监测系统；在南大洋海冰研究方面，利用卫星遥感海冰资料，我国科学家开展了一系列针对南大洋海冰季节变化、年际变化和区域性分布特征的研究活动。并在研究南极海冰自身变化规律的同时，还结合其他资料，对南极海冰变化与地球气候系统其他子系统的变化，特别是与中国气候的关系进行了研究；南大洋是全球典型的高营养盐低生产力地区，也是全球 CO_2 的主要汇所，可吸收高达全球海洋吸收人类排放 CO_2 总量的40%。这一显著特征使之成为全球变化研究一直关注的重点。自首次南大洋考察以来，我国持续开展了南大洋生物地球化学的研究。重点对南大洋普里兹湾及印度洋伞区相邻海域的 C、N、S、P、Si 等生源要素的生物地球化学循环进行了深入的探讨，揭示了该区域主要生源要素生物地球化学的作用特征和行为方式，建立了海洋 C 循环和 C 通量估算的技术和方法，对极区 C 循环的变化及其气候效应作出了初步的评估，对全球气候预测模式的优化提供了重要的依据。在开展上述研究的同时，我国还对南大洋生物生态学、海洋渔业资源、地质地球物理等方面进行了广泛与专项的研究，为深入开展南大洋科学研究奠定了良好的基础。

本书汇集了我国 30 年南大洋考察与研究的主要成果，反映了我国南大洋研究的重大进展，同时也展示了我国长期从事南大洋科学研究的各位科学家对我国极地事业作出的重大贡献。环境与资源已成为制约全球社会发展的重大瓶颈。南极独特的环境和丰富的资源为维系人类社会的发展提供了广袤的空间。我们相信，这些重要研究成果的取得，对促进我国南大洋科学研究的深入开展，提升我国极地科学研究的水平，推动我国极地事业的发展必将发挥重要的作用。

张海生

2018 年 2 月

目　录

第1章 物理海洋学考察与研究

概 述

物理海洋学是中国极地科学体系中最早开展研究的学科之一，甚至早在中国派船奔赴南极进行现场考察之前，南大洋物理海洋学研究工作就已经开始了。在 20 世纪 80 年代初，中国科学家通过参与国际合作，开展了南大洋水团与环流的研究（董兆乾等，1984；苏玉芬和董兆乾，1984；Smith et al.，1984）。从 1984 年中国首次南极科学考察开始，在所有由考察船执行的南极考察中，南大洋综合海洋调查都被作为重点内容之一。早期的海洋观测集中在长城站周边的南极半岛邻近海域；1989 年在东南极建立中山站后，在中山站所处的普里兹湾及其邻近海域布设了较为固定的站位，进行海洋学综合观测，迄今已经积累了时间跨度超过 20 年的 CTD（温盐深仪）观测资料，中国也成为在该海区从事现场观测和科学研究的主要国家之一。相应地，中国在南大洋开展的物理海洋学研究也较多地关注普里兹湾和南极半岛邻近海域的水团、锋面与环流的空间特征和时间变化。除此之外，利用其他国家的南大洋现场考察数据、卫星遥感数据和漂流浮标数据，中国学者还开展了遍及整个南大洋的研究；利用解析和数值模式，研究了以南极绕极流为重点的南大洋环流的机理和变化。本章总结 30 年来中国学者在南大洋物理海洋学研究中所取得的成果，以求为将来的研究和其他相关领域的工作提供参考。

1.1 南大洋物理海洋学观测

中国对南大洋开展物理海洋学观测，开始于 20 世纪 80 年代，最初是通过国际合作而开展的。1980 年 1—3 月，国家海洋局第二海洋研究所的物理海洋学者董兆乾前往澳大利亚的南极凯西站进行考察和访问，航渡期间进行了站区海湾和南极辐合带的海洋表层温度测量、海况和海冰观测，这是中国科学家第一次在南大洋进行现场观测。翌年的南极夏季，董兆乾又参加了澳大利亚"首次国际南极海洋系统和储量的生物调查试验（FIBEX）"的现场考察，在"内拉丹"号考察船上，使用 CTD 和抛弃式温深仪（XBT）进行定点和走航观测，获得了 52 个站位的 CTD 资料和 155 个 XBT 资料。董兆乾同澳大利亚科学家合作承担了"南极普里兹湾的物理海洋学特征"的研究课题，合作发表了《普里兹湾海域水团与环流》的研究论文（Smith et al.，1984）。1982 年 5 月，国家海洋局第二海洋研究所设立了由 37 人组成的"南极样品分析研究"课题组，由董兆乾任组长，分析研究从南极考察中获得的数据和样品，研究成果汇编出版为《南极科学考察论文集》。1985 年 2—3 月，国家海洋局第二海洋研究所的物理海洋学者苗育田，应邀参加美国"极星"号破冰船的威尔克斯地近海考察。在这个从未考察过的海域，完成了 7 个断面 86 个站位的直达海底的 CTD 观测，并发表了研究论文（苗育田和于洪华，1987）。

1984 年开展的中国首次南极科学考察，终于为中国科学家提供了在自己的考察船上开展南大洋现场观测的机会。1985 年 1—2 月，在"向阳红 10"号考察船上，以金庆明为队长的来自国内 16 个单位的 74 名科技人员组成了南大洋考察队，完成了以南设得兰群岛周围海域和别林斯高晋海东北部海域为重点的综合海洋调查，历时 24 d，测线总长 3 115 km。其中以赵金三为组长的水文组（18 人）完成了 34 个站位的 CTD 观测和 62 个测点的 XBT 观测，并且使用国产印刷海流计进行了两个站的海流定点测量，使用国产抛弃式波浪仪进行了海浪观测。作为中国首次南极考察的成果，国家南极考察委员会出版了《南大洋考察报告》（获国家科技进步二等奖）和《中国第一届南大洋考察学术讨论会论文集》。从中国第 3 次南极考察开始，启用"极地"号考察船进行南大洋考察。1987 年 1—2 月，对南设得兰群岛海域进行调查，完成了 28 个站位的作业。1987 年夏季在长城站前的海湾布放了水位计和温度计，进行了长达一年的验潮观测和海底水温观测，这是中国第一次在南极海域开展周年锚碇海洋观测。

1989 年南极中山站建成后，中国南大洋考察的重点转到印度洋扇区的普里兹湾海域。除了在考察船走航观测和在长城站附近所做的少量观测（杨玉玲和黄凤鹏，1997）外，大多数固定站位的海洋观测均集中于此。自 1990 年中国第 6 次南极考察开始，由考察船（从 1994 年开始改用"雪龙"号船）执行的南极考察都在普里兹湾的经向断面上开展综合海洋调查（侍茂崇等，1995a），至今已积累了时间跨度超过 20 年的 CTD 断面观测资料（图 1-1），中国已经成为该海域开展现场观测次数最多和积累资料数量最多的国家。中国早期在普里兹湾的经向断面覆盖了较大的区域，如第 7 次南极考察在 68°~108°E 之间设置了 9 条经向断面，其最北端的站位在 62°S，第 9 次南极考察则将调查区域东扩至 58°E。从第 13 次南极考察（1997 年 1 月）开始，观测区域进一步缩小到 68°~78°E 之间的海域，并在陆坡区设置了加密站位，以期观测到水团和环流的更多细节。在后来的考察中，经向断面的位置逐步固定下来，基本上每隔 2.5°设置一条断面，通常设置 70.5°E、73°E、75.5°E 和 78°E 共 4 条经向断面。其中的 73°E 恰好穿过普里兹湾口的海槽，这里是海冰较少的区域，适合开展海洋观测；而海槽的左右两侧的弗拉姆浅滩和四女士浅滩，即使在夏季也常有海冰盘踞和堆叠，形成难以逾越的冰舌，阻碍考察船完成断面观测。因此，在 73°E 断面上积累了最多航次的完整断面观测数据，逐渐成为中国在普里兹湾观测的主断面。最初在普里兹湾的几次考察是配合磷虾资源调查而开展的，因此观测的深度局限于 1 000 m 甚至更浅，后来的航次开始关注底层水的观测，因而多数是全深度的观测。自 2003 年第 19 次南极考察开始，沿着普里兹湾内的埃默里冰架前缘设置了海洋观测断面，开始进行冰架-海洋相互作用研究。2013 年进行第 29 次南极考察时，增设了位于普里兹湾口的纬向断面，以便更细致地观测湾内外的水交换情况。

除了停船观测，在考察船往返中国与南极之间，还开展了各种走航观测。通常，表面温盐和走航 ADCP（多普勒海流剖面仪）的观测是全航程的，而 XBT（抛弃式温深仪）/XCTD（抛弃式温盐深仪）的观测多安排在跨越西风带时进行。XBT/XCTD 的观测主要在两个位置：一是澳大利亚的弗里曼特与南极普里兹湾之间（大体上沿 115°E）；二是南美洲与长城站之间，即横跨德雷克海峡的断面。第 9 次南极考察由新西兰中转前往长城站时，也曾开展过 117°W 的 XBT 观测，对该断面的锋面和温度结构进行了分析（苗育田等，1995b；1996）。由中美合作研究项目支持，于世纪之交前后的 10 年间，在澳大利亚和普里兹湾之间开展了沿航线的高密度 XBT/XCTD 走航观测，对东南印度洋锋面及其年际变化进行了长期观测和分析。

近年来，一些新的观测方式得以开展，例如，采用直升机空投 XCTD 对埃默里冰架前缘冰间湖进行现场观测（Shi et al.，2011b），利用冰基自动剖面仪对中山站外沿岸固定冰下的上层海洋进行连续观测（矫玉田等，2010），通过漂流浮标观测普里兹湾表层流场，布放锚碇潜标在普里兹湾进行长期观测，取得了更加丰富的南大洋物理海洋学观测数据。

2012 年 1 月，在阔别 25 年之后，中国考察船再次进入南设得兰群岛海域，开展海洋调查。自 2012 年正式启动的"南北极环境综合考察与评估专项"，将普里兹湾及其邻近海域和南极半岛北端周边海域确定为两个重点调查区域，持续开展综合海洋调查。

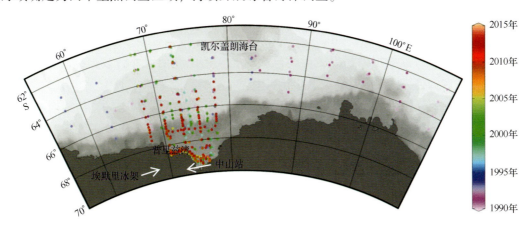

图 1-1　1990—2013 年中国南极考察在普里兹湾及邻近海域的 CTD 观测站位
圆点的颜色表示开展观测的年份

1.2　南大洋物理海洋学研究

中国学者在南大洋开展的物理海洋学研究工作，大部分是利用中国南极考察队在南大洋开展现场观测所获取的资料。这类研究的地理区域自然会限制在中国考察船所能到达的海域，由于中国在南极先后建立了两个沿岸考察站，即长城站和中山站，中国的物理海洋学研究也相应地集中在这两个考察站的周边海域。

长城站位于南设得兰群岛中的乔治王岛，其周边海域主要包括德雷克海峡和布兰斯菲尔德海峡。中国对于该海区的研究，集中在 20 世纪 80 年代，主要是利用中国第 1 次和第 3 次南极考察在该海区获得的现场考察数据，分析水团和环流的结构（羊天柱等，1989；许建平等，1989）。后来也曾通过国际合作，利用国外的考察资料对布兰斯菲尔德海峡的深层水团做过更加深入和细致的研究（董兆乾等，2004）。考察船在往返长城站和南美洲之间可以通过开展走航观测获得实测数据，利用这些数据并辅以国外的资料，德雷克海峡中的锋面研究也得以开展（李金洪，1991；蒲书箴等，1996）。这一海区的另外一项研究则基于对长城站前海湾水温和水位的周年连续观测，分析了海温的变化和潮汐特征（孙洪亮，1990；1991）。

随着中山站的建立，从 1990 年开始，中国的南大洋重点调查海域移到印度洋扇区的普里兹湾。20 多年以来，基于现场观测数据的中国物理海洋学研究集中在这个海区，开展的研究早期多为水团组成和环流结构（董兆乾等，1984；乐肯堂等，1996），后来更多地关注具体的陆架与海盆水交换（蒲书箴等，2000；高郭平等，2003a）以及冰架-海洋相互作用过程（Zheng et al.，2011）。普里兹湾的南极底层水形成问题，一直是这一海区最为关注的科学焦点。围绕这一问题，中国学者做了很多努力。但是，仍旧没有获得最终的答案。埃默里冰架作为东南极最大的冰架，对普里兹湾的海洋过程也有重要的影响。这一科学问题在最近的 10 年受到中国学者的关注，尤其是在沿着冰架前缘建立了海洋观测断面之后（Shi et al.，2011a）。在普里兹湾以北的绕极流区，虽然中国考察船几乎没有停船观测过，但是通过在走航观测也获得了上层温盐和海流的实测数据。通过分析这些数据（侍茂崇等，1995b），并结合国外观测数据和卫星遥感数据（He et al.，2006），开展了南印度洋锋面和环流的研究。这方面的研究也逐渐深入到年际变化和变化机制方面的探讨（贺志刚和董兆乾，2006；He and Dong，2010）。在中山站邻近海域还进行了验潮观测（鄂栋臣和黄继峰，2008），分析了该海域的潮汐特征（黄继峰等，2012）。

不依赖于中国南极考察数据的研究，主要包括两类：一是利用国外的数据；二是开展模式研究，包括理论模式和数值模式。这些研究大多不针对某一具体海区，而是研究整个南大洋，特别是南极绕极流。

用于南大洋环流研究的国外数据，包括遥感（主要是卫星高度计）、再分析和实测数据。卫星高度计数据可以用于与海流关系密切的海面高度分析（周琴等，2003），也可以反演流速（张子占等，2008），并能够通过建立地转经验模型，估算出温度、盐度和流速的垂向结构（Zhang and Sun，2012）。对再分析数据的分析则给出了与南极绕极流的斜压性相关的变化过程（杨小怡等，2008）。随波逐流的表面漂流浮标和 Argo 浮标可以得到覆盖整个南大洋的海洋实测数据，对这些数据的分析给出了南极绕极流空间特征（Gao et al.，2014）和混合特性（Wu et al.，2011）的新认识。

通过建立理论模型研究南大洋环流，一直是中国学者对南极绕极流进行理论分析的一条途径（董昌明和袁业立，1996；张庆华等，2003；巢纪平和李耀锟，2011），这一研究兴趣源自东西贯通的南极绕极流对局限于海盆内的传统大洋环流理论提出的挑战。数值模式方面，既有对整个南大洋的数值模拟（史久新等，2002；2003），也有针对局地区域的数值模式（侍小兵等，1995；孙澈等，1995；史久新等，2000a）。但是，最近几年鲜有南大洋环流数值模式方面的研究报道，这方面的研究有待加强。

1.3 南大洋物理海洋学主要研究成果

1.3.1 普里兹湾及其邻近海域研究进展

中国在普里兹湾开展的物理海洋学研究主要包括两个方面的内容：一是普里兹湾及其邻近海域的水团与环流；二是从澳大利亚至南极之间的东南印度洋锋面结构。自 1990 年开始，中国南极考察队在普里兹湾设置了观测断面，积累了丰富的海洋学观测数据，为开展水团和环流研究奠定了基础。中国南极考察队在往返南极途中，利用走航投放 XBT/XCTD 探头的方式获得了纵贯南大洋若干断面的温度和盐度资料，这些资料成为研究南大洋锋面的主要依据。

普里兹湾及其邻近海域以陆坡为界，分为陆架和海盆两个区域。夏季，普里兹湾陆架上层为暖而淡的夏季表层水，下层为冷而咸的陆架水（SW），在靠近埃默里冰架前缘附近还有更加低温的冰架水（ISW）；海盆区，南极表层水（AASW）之下有低温的冬季水（WW），再下层是较暖的绕极深层水（CDW），海盆区的底层常可以发现温度在 0℃ 以下的南极底层水（AABW）。上述主要水团的温盐特性如图 1-2 所示。通常认为南极近岸区域存在向西的沿岸流，海盆区则主要被东向运动的南极绕极流（ACC）所占据，前者明显强于后者，两者之间为多涡结构的南极辐散带，普里兹湾内存在闭合的气旋式流涡。南大洋的锋面大体上与纬圈平行，从北至南一般包括：亚热带锋（STF）、亚南极锋（SAF）、极锋（PF）、南极绕极流南部锋（SACCF）和陆缘水边界（CWB，又称南极陆坡锋，ASF）。

1.3.1.1　夏季表层水的空间变化特征

普里兹湾内表层水随纬度变化的反常分布受到关注。湾内表层水的厚度随纬度增加而增加，即南厚北薄（董兆乾等，1984），夏季表层水的最大厚度常出现在普里兹湾的湾顶（赵松鹤和陈明剑，1995）；而表层水的最高温度常出现在海湾西南部的埃默里冰架外海，形成了随纬度升高，水温也升高的反常分布（董兆乾等，2004）。1992年夏季，在埃默里冰架以东海域观测到超过5℃的高温表层水（孙日彦，1994）。孙日彦（1994）认为，海冰分布的空间差异、夏季融冰区特有的弱垂向混合和较弱的湾内外水交换是形成这一区域高温表层水的原因。随着埃默里冰架前缘断面的设立和持续观测，冰架前缘断面的表层水温盐结构也日益得到重视。2006年1月观测到表层水温度存在东西方向不均匀的特征，蒲书箴等（2007b）将该现象归因于浮冰和冰间湖的分布。2008年的夏季观测到了东暖西冷且东淡西咸的表层水温盐分布，但东侧的暖水温度较2006年的低，且出现于次表层（Ge et al.，2011）。这一次表层的暖水在2011年1月也出现于东侧（严金辉等，2012）。考虑到冰架前缘海域的海冰分布和环流结构的复杂性，以及各年度观测时间的季节内差异，这里的表层温盐结构有待于将来利用卫星遥感等数据进行更加细致的分析。

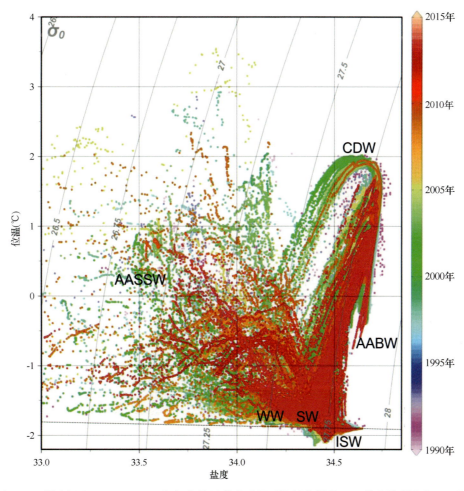

图1-2　利用中国于1990—2013年间在普里兹湾及邻近海域获得的CTD数据绘制的位温-盐度

图中标出了主要水团名称的缩写，其对应的中文名称见正文。灰色曲线为等位势密度（σ_0，单位：kg/m³）线，黑色点线表示海面冰点。圆点的颜色表示观测年份

1.3.1.2 陆架水与冬季水的区分

陆架水与冬季水都是夏季表层水之下的低温水团，分处陆架区和海盆区。第9次中国南极考察资料（1992年12月—1993年2月）显示，在普里兹湾以西的63°E断面上，100 m以浅的次表层有两个冷中心，64°S为冬季水，南面66°30′S为陆架水，两者明显是分开的；但是，在正对普里兹湾的73°E断面，却有低于−1.5℃的冷舌从普里兹湾一直延伸到65°S（周培强和孙日彦，1995）。对中国第15次南极考察资料（1998年11月—1999年2月）的分析也发现了这一现象（蒲书箴等，2000b），在70°E、73°E和75°E断面的50 m上下有一个温度为−1.6℃左右的冷水舌（盐度为34.3~34.4），从67°S向北水平地楔入夏季表层水和绕极深层水之间，在66°S以北海域形成了一层大约50 m厚的温度均匀层（图1-3）。蒲书箴等（2000b）将其称为陆架水北扩，并认为在没有南极底层水生成和外输的陆架区，这是对南极辐散带以南南极表层水向南输运的一种非常重要的北向补偿过程。但是，应该注意到二者的盐度还是有所区别的，即冬季水比陆架水略淡，而盐度断面图

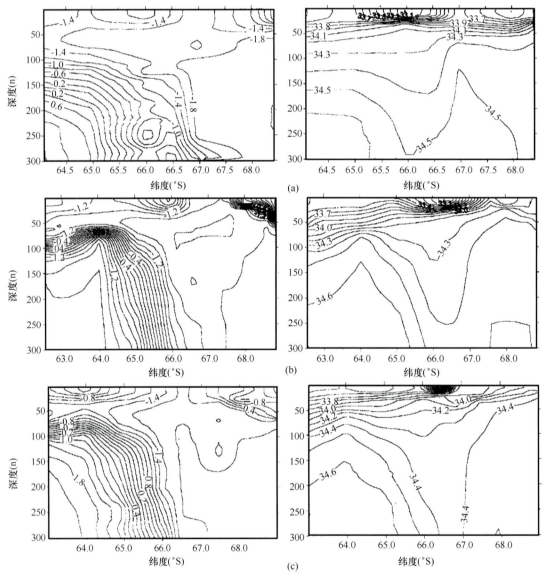

图1-3　1998/1999年夏季观测的温度（单位:℃，左图）和盐度（右图）经向断面分布图（蒲书箴等，2000b）
(a) 70°E；(b) 73°E；(c) 75°E

上并没有对应的北扩高盐水舌。另外，冬季水在垂向温度剖面中表现为极小值，其下是较暖的绕极深层水，因此冬季水之上为温跃层，之下形成逆温跃层（苏玉芬和乔荣珍，1990；蒲书箴等，2000b）；而陆架水一般处于陆架区的中下层，其低温和高盐性质直达海底。

1.3.1.3 埃默里冰架出流水的性质与分布

普里兹湾的最南端被东南极最大的冰架——埃默里冰架所覆盖，冰架下充满海水的洞穴可以一直连通到73°S附近。早期的研究就已发现在普里兹湾内存在低于-1.9℃的ISW，并推测其来自埃默里冰架下的海洋（董兆乾等，1984；董兆乾和梁湘三，1993）。自2003年开始，中国南极考察队设置了冰架前缘断面（陈红霞等，2005），为ISW的研究积累了丰富资料。2003—2008年间中国在该断面上获得的CTD资料及澳大利亚在2001—2002年间的CTD数据，给出了ISW在埃默里冰架前缘海域的空间分布特征（Zheng et al.，2011）：相对冷且淡的ISW出现在冰架前缘海域的季节性温跃层之下，表现为若干分离的低温水块；最冷的ISW通常出现在冰架前缘断面的西侧，这里的ISW可能经历了最长时间的冷却，这里也是冰架水的主要出流区（图1-4）。2003年观测的70.5°E断面资料显示，ISW能够向北扩展到普里兹湾的陆架坡折处，因此有可能与上升的CDW混合并贡献于AABW的生成（Zheng et al.，2011）。利用2011年的温盐观测资料进行的分析和动力计算结果，也支持断面西部存在冰架水的北向流动的结论（严金辉等，2012）。

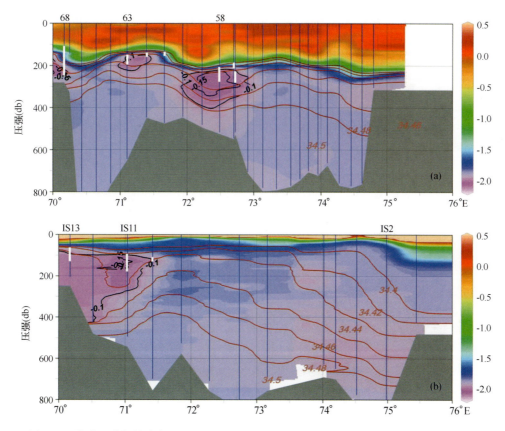

图1-4　埃默里冰架前缘断面的温度、盐度和冰架水特征温度分布（Zheng et al.，2011）

（a）2001年澳大利亚观测结果；（b）2006年中国观测结果

颜色表示温度，黑色等值线为冰架水特征温度，即温度与海面冰点之差。单位均为℃。蓝色直线表示观测数据，其上的白色粗线表示出现过冷却水的部分；压强（db）= 10 kPa

在冰架前缘西侧海域的 63～271 m 深度，还发现了温度低于冰点的过冷却水（Shi et al.，2011a，图 1-4），最大程度的过冷却为低于现场冰点 0.16℃。这些过冷却水也来自冰架下的洞穴。与周边的陆架水相比，过冷却水的温盐性质在垂向几无变化，说明过冷却是由于冰架下较轻的出流水在流出冰架前缘时上升而造成的（图 1-5）。

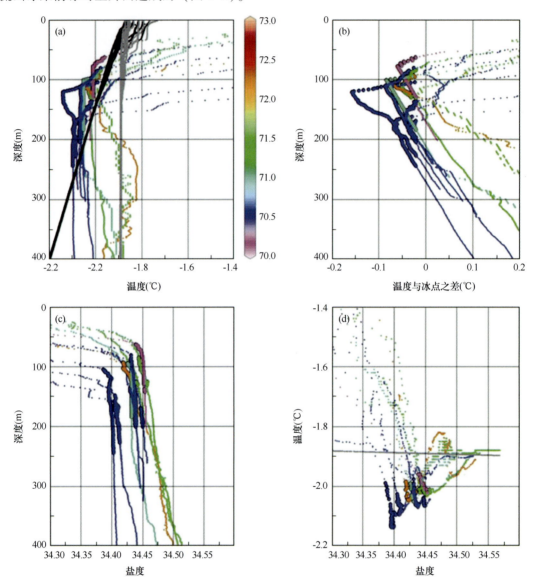

图 1-5　中国南极考察队在埃默里冰架前缘断面观测到的过冷却水特征（Shi *et al.*，2011a）

较大的圆点表示过冷却水。图 a 中的黑色点表示现场冰点；图 a 和图 c 中的灰色点表示海表面冰点

1.3.1.4　绕极深层水的涌升

一旦高盐的 CDW 上升到陆架上，就有可能与低温的陆架水混合形成更高密度的水，进而形成南极底层水。因此，CDW 的涌升引起中国学者的广泛关注（苏玉芬，1987；侍茂崇和宁修仁，1995；蒲书箴等，2000a）。CDW 强烈上升区出现的位置有明显的年际差异（乐肯堂等，1998）。1991 年 1 月，在 64°S 纬向断面上，只有位于普里兹湾正北面的 CDW 上升至 100 m 以浅的深度（乐肯堂等，1996）；1993 年 1—2 月，涌升最强的位置在普里兹湾以西海域（63°E，65°S），最明显的

深度为 50~200 m（于洪华等，1996b；1998）；1998 年 11 月—1999 年 2 月，CDW 在 75°E 断面上最为深厚，向南扩展得最远（蒲书箴等，2002）。由于 CDW 实际上来自北大西洋深层水，随着南极绕极流进入印度洋扇区，因此在普里兹湾以北海域，CDW 的核心温度和盐度有自西向东逐渐降低的一般趋势（蒲书箴等，2007a），在分析 CDW 涌升的空间差异时应当注意这一点。

在同一条经向断面上的 CDW 也存在显著年际差异，如在 73°E 断面上，1992—2002 年间 CDW 升温明显，65°S 附近，2 500 m 层的升温速度约为 0.008℃/a，与其他海域的研究结果相当。2002 年的 CDW 核心水体最靠南，向南扩展也较强；在 2000 年则较为偏北，但向南部陆坡陆架扩展较强；1992 年的 CDW 向南扩展较弱（高郭平等，2003a）。这一断面也是 CDW 最有可能上升到陆架上的位置。在 1993 年，虽然有一个相对高温的水舌上升到陆架上，但是温度低于 -0.5℃，而且盐度分布说明，没有深层水上升到陆架上的迹象（周培强和孙日彦，1995）。但是，董兆乾等（2004）却认为，68°30'S 断面上的温度结构表现为一个以 -0.8~ -0.6℃ 为中心的暖心水团，说明变性 CDW（表现为相对陆架水的高温）通过两个浅滩之间的水道进入了陆架区。高郭平等（2003a）也发现，在 1999 年和 2000 年，深层水能够爬升到普里兹湾陆架上。Liang 等（1994）利用逆模式计算了 1981 年和 1991 年的夏季环流和上升流并进行了对比，推测 CDW 的涌升与沿岸东风的强弱有关，如果东风增强且范围扩展至陆坡以北，则 CDW 不能涌升至陆架；反之，如果东风局限在普里兹湾内，则 CDW 将有可能进入湾西部的陆架。

1.3.1.5 南极底层水的来源

普里兹湾海区 AABW 的来源问题一直是此海域研究中最为引人注目的问题。从中国最早在普里兹湾邻近海域获得的资料中，可以发现形成底层水所需的条件，即 CDW 涌升及湾内存在高盐陆架水（位势密度 $\sigma_t = 27.90$ kg/m³）（乐肯堂等，1996），也发现了深层水和陆架水有可能发生强烈对流混合的区域（乐肯堂和史久新，1997），但是，这样的情况并非经常出现（乐肯堂等，1998）。后来的考察有了深达底层的观测，在海盆区观测到了 AABW。例如，1993 年的 CTD 资料显示，在 66°S 的 2 200 m 以深，存在 AABW（于洪华等，1996b；1998）。蒲书箴等（2002）在 1999 年的资料中发现，在陆架坡折和陆坡底部均有 σ_θ 大于 27.875 kg/m³ 水体；他们认为，两者应有共同的来源。高郭平等（2003a）也认为，1999 年和 2000 年夏季的资料表明，普里兹湾可以形成典型特征为位温在 -0.3~ -0.4℃ 之间，盐度为 34.66 左右的底层水。但是，由于至今未获得从普里兹湾溢流出的高密度水能够下沉到湾外海盆底部的直接观测证据，普里兹湾底层水的形成原因仍是一个未解之谜。

1.3.1.6 普里兹湾环流结构

在普里兹湾海区，北部海区为东向运动的南极绕极流（ACC）所占据，近岸区域存在向西的沿岸流，前者明显强于后者，两者之间为多涡结构的辐散带，而在普里兹湾内则存在气旋式流涡。以上的环流形式已经为很多基于 CTD 资料的动力高度计算结果（陈明剑和高郭平，1995；高郭平等，1995b；苏玉芬，1996；于洪华等，1996b；1996c；1998；蒲书箴等，2000a）和逆模式的结果（Liang et al.，1993；1994）所证实。另外，乐肯堂和史久新（1997）认为，该海区的沿岸流主要是由东风产生，且基本上是正压的；而 ACC 则是由具有相同量级的正压分量和斜压分量构成的。蒲书箴等（2004）发现，在 64°~66°S 之间存在着明显的经向体积输运的辐合，最强的下沉区在 66°~66.5°S，73°~75°E，推断这里可能是形成 AABW 的主要通道。

普里兹湾海域的环流数值模式从单纯的环流模式（侍小兵等，1995；孙澈等，1995）发展到

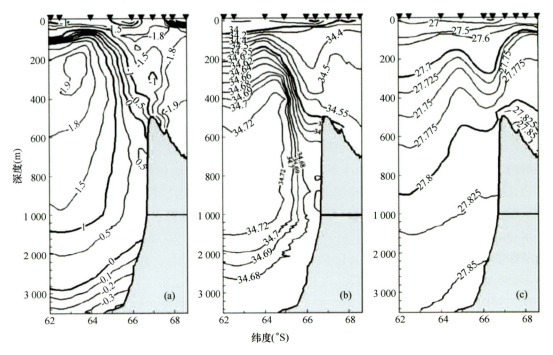

图 1-6 1999 年 2 月观测的 73°E 断面分布（高郭平等，2003a）

（a）位温（单位：℃）；（b）盐度；（c）位势密度（单位：kg/m³）

冰-海耦合模式（史久新等，2000a）。模拟结果再现了上述主要流场特征，另外，数值实验表明，地形是普里兹湾环流场的主要决定因素，而风场对夏季流场的影响很小（侍小兵等，1995）；普里兹湾外海 83°E 附近存在北向流，98°E 以东存在南向流，是 ACC 在遇到凯尔盖朗海台后产生的大尺度地形罗斯贝驻波（孙澈等，1995）。冰-海耦合模拟还给出了普里兹湾内的气旋式环流的季节性差异（史久新等，2000b）。

1.3.1.7 东南印度洋的锋面与环流结构

东南印度洋的研究资料多来自中国南极考察队往返澳大利亚弗里曼特（110°E 附近）与南极普里兹湾（75°E 附近）之间时获得的 XBT/XCTD 资料，分析得到的是夏季的锋面特征。20 世纪 90 年代初的资料与以往资料比较，发现了若干锋面的变化特征，比较突出的是 STF 出现双锋结构，SAF 和 PF 的位置均偏南（侍茂崇等，1995b；苗育田等，1995a）。实际上，1979—1992 年间积累的数据表明，各锋面的位置和强度均有不同程度的变化（于洪华等，1996a）。而且，受陆地和海洋地形的影响，对于同一锋面，如 PF，在不同经度断面上，其所处纬度是不同的（高郭平等，1995a）。进入 21 世纪后，通过国际合作，在澳大利亚至普里兹湾之间进行了加密的 XBT/XCTD 观测，得到了更加细致的锋面结构和时间变化特征（Yuan et al.，2004；贺志刚等，2003；高郭平等，2003b）。WOCE（世界大洋环流实验）计划在此海域设置了 I9S 断面（115°E），积累了多个年份的 CTD 观测数据。利用这些深达海底的温盐数据，可以估算各个锋面对应的体积输运（Duan et al.，2012）。漂流浮标观测的温盐数据可以给出其他季节的锋面信息，贺志刚等（2007）发现，在凯尔盖朗海台以东的海盆区，冬季 SAF 和 PF 的路径均比夏季偏南，在其他海域二者路径的季节差别不大。

由于锋面急流的存在，海流数据也可以用于锋面的分析。从 ADCP 观测资料中，可以更加精确地识别出伴随有强流的 SAF、PF1 和 SACCF，却无法识别没有伴随强流的 STF 和 PF2（He et al.，2006）。卫星高度计数据中包含了表层流的信息，同样可以用于研究伴随强流的锋面。卫星高度计数据比实测断面数据有更好的时间连续性，可以给出更为丰富的锋面时间变化信息。利用 1992 年 10 月—2002 年 2 月间的高度计数据计算的 115°E 断面表层纬向地转流显示（He and Dong，2010），ACC 的流核由两部分组成，分别对应于 SAF 和极锋区（PFZ）。这两部分都有显著的年、半年或 4 个月的周期变化，但是位相并不一致，导致 ACC 总体上并没有显著的半年或 4 个月的周期。就年变化而言，ACC 表层纬向地转流速的极大值出现在 6 月。高度计数据还可以用于锋面结构变化的研究，利用高度计数据得到的海平面异常资料研究表明，涡旋对锋面和强流有影响（He et al.，2006）。涡旋使 SAF 出现摆动，使伴随 SAF 的强流出现分岔，也使得某些位置的 SAF 加强，表层流速超过 1 m/s。

贺志刚等（2007）讨论了东南印度洋锋面形成的机制，认为 STF 位于辐聚区，埃克曼抽吸导致的表层水辐聚可能是 STF 产生和维持的原因；而 SAF 位置的季节性南北摆动幅度小于风应力零旋度线的季节性摆动幅度，夏季 SAF 位置略偏于风应力正旋度区，而冬季大多位于负旋度区，因此风应力旋度不是 SAF 形成的直接原因。此前，贺志刚和董兆乾（2006）指出，SAMW（亚南极模态水）与 AASW 之间温盐特征的巨大差异可能是导致 SAF 形成的主要原因。1993—1998 年的温度数据和遥感风场资料的对应分析表明，风应力旋度负极大值很可能决定了 SACCF 的强度，其数值越大，锋面强度越强（贺志刚和董兆乾，2006）。

最靠近南极大陆的海洋锋面是 CWB，它是大洋水与陆架水的分界，以次表层的温度梯度极大值为指征。在普里兹湾海域，1992—1993 年夏季的观测显示，CWB 大致位于 64°～66°S 之间的次表层中，深度在 60～400 m 之间，强度在 0.014～0.025℃/km 之间。而 1998—1999 年夏季观测到的 CWB 的锋面宽度和强度则有着更加明显的空间变化，锋面的平均强度减弱，垂直范围变深且垂直厚度增加（蒲书箴等，2000a）。

1.3.1.8　中山站周边海域的潮汐

在中山站建立之初，为了站区测绘的需要，曾开展过临时潮汐观测。1999 年，在中山站附近的内拉湾内建立了永久性验潮站，利用由澳大利亚提供的验潮仪开始进行长期连续潮汐观测（鄂栋臣和黄继峰，2008）。利用该验潮站在 2000—2005 年获得的观测数据，进行潮汐调和分析，得到了中山站所在海域的潮汐调和常数和潮汐特征值，并据此进行潮汐预报，编制了中山站潮汐表（黄继峰等，2012）。该海域的潮汐类型为不规则日潮，平均大潮差为 0.99 m，小潮差为 0.25 m（鄂栋臣等，2013）。

安放在冰架上的 GPS 可以记录冰架随海洋潮汐涨落所产生的垂直运动。张胜凯等（2009）处理了中国第 21 次南极考察队在埃默里冰架上获得的 5 d 的 GPS 数据，得到了由海潮引起的冰架垂向运动时间序列，并且与中山验潮站的潮汐变化曲线进行了对比，认为利用放置在冰架上的 GPS 测量海潮可为优化南极地区的海潮模型提供可靠的现场数据。

1.3.2　南极半岛邻近海域研究进展

中国对于南极半岛邻近海域的物理海洋学研究，主要是基于中国首次和第 3 次南极考察队在该海域取得的站位实测温盐数据，开展南设得兰群岛周边海域（包括布兰斯菲尔德海峡）和别林斯高晋海东北部的水团和环流结构研究。在该海域开展的另外一项研究则关注德雷克海峡的锋面结构，利用的是中国南极考察队在往返南美洲和长城站时获得的走航 XBT 数据。除此之外，利用在长城站前的海湾中的锚碇观测数据，开展了潮汐调和分析和底层温度变化分析。

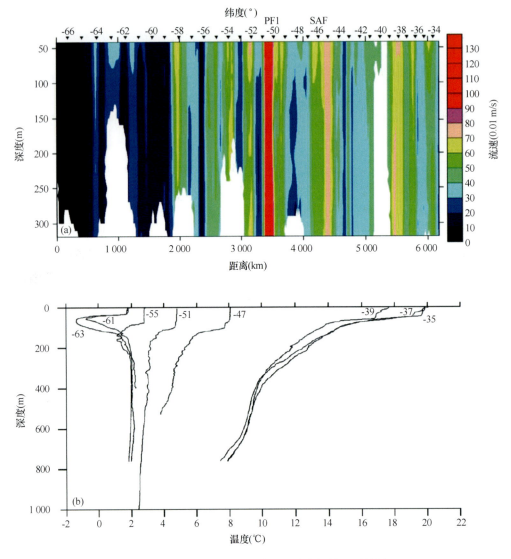

图 1-7　中国第 14 次南极考察在弗里曼特至普里兹湾之间的观测结果（He et al.，2006）

（a）ADCP 流速断面图；（b）温度剖面图，曲线旁边标记的数字为纬度（单位：°）

1.3.2.1　南设得兰群岛周边海域的水团与环流特征

1984 年 12 月—1985 年 2 月，我国首次南大洋考察队在南设得兰群岛邻近海域进行了多学科综合调查，调查区域包括别林斯高晋海西部、德雷克海峡南部和布兰斯菲尔德海峡。利用此次调查获得的水文资料，分析了夏季水团与环流的基本特征（羊天柱等，1989），发现一系列现象：南设得兰群岛以北的深水区，从上至下依次为南极夏季表层水、冬季水和绕极深层水；布兰斯菲尔德海峡中的等温线和等盐线几乎与海峡轴线平行，温度由南向北增加，而盐度分布则相反；绕极深层水可部分地到达海峡的西部，进入海峡后呈变性深层暖水；这一部分海水来自别林斯高晋海，主要是从史密斯岛与斯诺岛之间的博伊德海峡进入；海峡的中部和东部似乎不存在绕极深层水，或者其影响相当弱；海峡底层水不同于南极底层水，也不同于邻近威德尔海底层水，而威德尔海海水似乎对海峡底层水的形成有较大贡献；海峡内的流动以东北向为主，动力深度偏差图（200 m）显示，在乔治王岛与象岛之间有一流速较大且流向较为稳定的东向流动。利用在别林斯高晋海获得的 XBT 观测资料，得到了更大范围的温盐分布特征，给出了南极辐合带、南极辐散带和陆架水边界的位置（许建平等，1989）。

由于之后的 20 年，中国南极考察未在该海域开展现场调查，这一海域的研究只有通过国际合作而开展。董兆乾等（2004）利用 1997 年南极冬季取得的温度、盐度、溶解氧和 CFC 数据确定了组成布兰斯菲尔德海峡东海盆和中心海盆深层水和底层水的海水类型，发现东海盆底层水是由茹安维尔岛以东的威德尔海低盐冰点陆架水（占 65%）与相当高温高盐的威德尔海深层水（占 35%）两者简单混合而形成的，而中心海盆底层水则是由威德尔海深层水（占 11%）、威德尔海低盐陆架水（占 24%）、高盐陆架水（占 60%）和太平洋水（仅占 5%）4 个水团的混合形成的。

1.3.2.2 德雷克海峡的锋面结构与变化

中国第 3 次南极考察（1986—1987 年）中，"极地"号往返长城站途中获得了横贯德雷克海峡两个断面的 XBT 资料，为中国学者提供了研究南大洋锋面的第一手资料。对该数据的分析（李金洪，1993）表明，PF 表现出显著的季节变化，初夏时非常强，最大温度梯度在海面，达 0.1℃/km；夏末则减弱，并退缩于次表层；SAF 位于次表层 3~5℃ 之间，CWB 在次表层以温度锋的形式存在。结合 CTD 资料的分析发现，CWB 在表层以盐度锋和密度锋的形式存在（李金洪，1991）。蒲书箴等（1996）利用中国第 9 次南极考察获得的德雷克海峡水温资料，结合国外的锚碇浮标和测流资料，分析和研究了德雷克海峡锋面和 ACC 的时间变化和空间变化。研究表明，德雷克海峡上层水温的空间分布具有明显的锋面分布特征，水温在海峡的高纬度区更加稳定少变，而 PF 附近深层水温随时间的变化最大；德雷克海峡的 ACC 共有 3 个强流区，分别位于 SAF、PF 和 CWB；上层以 SAF 附近的海流最强，其流向和流速也稳定少变；下层海流较上层明显减弱，且稳定性较差。

1.3.2.3 长城湾的潮汐与水温

1987 年 1 月开始，在长城站前海湾的底层（水深约 5 m）布放了观测设备，对水位和水温进行了长达 1 年的连续观测。水位数据是从压力传感器数据推算得到的（孙洪亮，1990），观测期间的年平均水位为 3.23 m，最高水位为 4.351 m，最低水位为 1.65 m，变幅达 2.70 m（孙洪亮，1992b）。对水位数据进行潮汐调和分析，给出了长城站附近海域的潮汐特征（孙洪亮，1990；1992b）：该海域的潮汐属于不正规半日潮，存在明显的日不等现象；利用调和分析结果进行了潮汐预报（包括后报）和潮汐特征值计算，与实测结果符合较好。水温的观测结果反映出极地海洋温度变化的典型特征（孙洪亮，1991；1992c），夏季的水温仍比较低，平均为 1.1℃；冬季则维持在 −1.87℃ 附近，基本不变。在长达 1 年的时间里，海底水温的变化幅度仅为 4.53℃，远小于长城站观测的接近 40℃ 的气温变化幅度（孙洪亮，1992c）。

1.3.3 南极绕极流研究进展

作为地球上最强大的洋流，ACC 一直得到中国学者的关注。由于 ACC 是一条东西贯通的大型洋流，开展的研究不再局限于南大洋的某个海区，而是整个南大洋。因而采用的数据也不限于中国南极考察获得的现场数据，而是更多地采用卫星遥感和漂流浮标获得的覆盖整个南大洋的观测数据及各类再分析数据。针对 ACC 在动力学上的独特性，中国学者还建立了若干解析模式，探讨 ACC 的维持和变化机制。数值模式的发展也为全面认识 ACC 提供了更为便利的方式。

1.3.3.1 解析模式与数值模式的结果

对于 ACC 的研究，多通过理论模型和数值模式开展。张庆华等（1996）建立了一个 ACC 的理想模式，将 ACC 视为由条带风场作用的、线性化位涡方程控制的正压海水中的纬向流动。Qiao 等 (1996) 利用类似的解析诊断模式，讨论了 ACC 经过德雷克海峡之后的变化。董昌明和袁业立 (1996) 从地转平衡角度出发，分析了密度场的非均匀性、风应力等对底形约束地转流动的偏离作用；利用包含参数化脉动分量的垂向积分运动方程和再分析的海洋网格化温盐资料对南大洋环流进行了模拟，得到了更接近实际的穿过德雷克海峡的流量。他们的分析表明，南大洋密度场的非均匀性比风应力更强烈地影响着 ACC。张庆华等 (2003) 利用保留了经向摩擦项的线性涡度方程，在内区之外的北边界上保留南北水交换的通路，求出摄动解，研究了德雷克海峡对 ACC 的影响。巢纪平和李耀锟 (2011) 利用非线性惯性理论研究 ACC 及其经圈环流。模式包括主要由海表风应力驱动的 Ekam 层和由理想流体的非线性方程控制的温跃层，在相同的埃克曼层条件下，求出了温跃层的两个平衡态解，其中一个平衡态的解与实测较为接近。

史久新等 (2002) 利用冰-海耦合等密面模式模拟了整个南大洋的环流和海冰及其季节变化，模拟得到的年平均德雷克海峡流量为 $145 \times 10^6 \, \mathrm{m^3/s}$ Sv，与实测结果 ($134 \times 10^6 \, \mathrm{m^3/s}$) 非常接近。模拟以凯尔盖朗海台区为重点区域，模拟出的该海区的 ACC 有非常显著的多核结构和非纬向性特征。史久新等 (2003) 通过分析数值模拟结果还发现，在南大洋的某些区域，特别是位于印度洋扇区的凯尔盖朗海台附近，ACC 有较强的经向分量；利用数值模拟结果计算的南大洋经向流函数中，有已发现的南大洋经向流环，如亚热带流环、Deacon 流环和亚极地流环；另外，在南极沿岸至 64°S 之间还有一个新的流环（称为极地流环），这是以往的模式没有提到过的，它与海冰过程及南极底层水的下沉有密切关系。

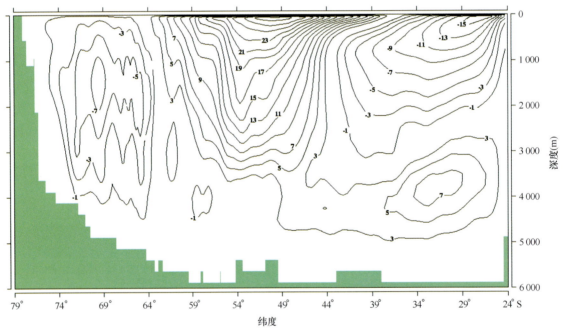

图 1-8　模拟的南大洋夏季经向流函数（单位：$10^6 \, \mathrm{m^3/s}$）（史久新等，2003）

1.3.3.2　基于遥感与再分析数据的结果

卫星遥感是对南大洋进行大范围长期连续观测的有效手段，早期我国开展的南大洋遥感研究多集中于海冰变化，真正涉及物理海洋学的研究较少（Ezraty and Chen，1995）。对于 ACC 的研究，卫星高度计数据受到特别的青睐。周琴等 (2003) 利用 1993—2000 年的高度计数据，通过将经验正交分解（EOF）与经验模态分解（EMD）方法相结合，研究了 ACC 区海面高度的时空变化。张子占等（2008）探讨了联合卫星测高和卫星重力数据，构造平均海面动力地形，并利用小波滤波方法去掉短波及噪声信号，计算 ACC 的可行性。通过对卫星数据与气候态海洋水文数据得到的海面动力地形、锋面和流场进行比较，他们认为用这一方法探测 ACC 能够得到较高精度。张文霞和孟祥凤（2011）则通过分析网格化的融合卫星高度计资料，得到了 ACC 区涡动能（EKE）的年际变化。他们认为这一变化是对风应力较强年际变化的 3 年左右的延时响应，与斜压调整有关。他们这一结论借鉴了杨小怡等（2008）的研究结果。

杨小怡等（2008）通过对再分析资料的时间序列进行相关分析，确认了 ACC 对风应力强迫存在两种响应，即正压过程的即时响应与斜压过程的延时响应。通过计算 ACC 区等密度面坡度和斜压转化率，进一步分析了 ACC 的斜压不稳定机制。他们认为，纬向风应力的增强通过斜压不稳定和中尺度涡，最终造成了 ACC 体积输运在时间上滞后 2 年的显著减弱，并以此解释 ACC 体积输运在近 20 年保持基本稳定的现象。在此前基于再分析数据的研究中，Yang 等（2007）发现 ACC 输运与 SAM 指数在年代际时间尺度上存在正相关，但 ACC 的总输运量并不存在长期变化趋势。

Sun 等（2011）利用 2 年的锚碇观测数据对新的高度计数据产品 ADT（绝对动力地形）进行了验证，并在流函数坐标中研究了澳大利亚以南的 ACC 急流结构。他们发现，ACC 的急流结构有强的空间和时间（季节与年际）变化；即使就统计意义而言，急流速度与海表面高度（SSH）之间也没有稳定的相关关系，ACC 的急流并不对应着特定的流函数值。Zhang 等（2012）利用 1993—2011 年的 ADT 数据，在流函数坐标中研究了 ACC 强度的年际变化规律。他们发现，年际信号主要出现在印度洋和太平洋扇区，而最强信号出现于澳大利亚以南；西风在 1998 年和 2008 年的增强可能通过斜压动力过程导致了 ACC 在 2000 年和 2009 年前后的增强。Zhang 和 Sun（2012）通过将断面温盐结构投影到 ADT 海面高度坐标上，发展出一种地转经验模（η-GEM）；与锚碇测量结果的比较表明，η-GEM 技术可以精确地从高度计的海表面高度数据中估算出温度、盐度和流速的垂向结构，由此提供了一种从卫星高度计连续测量数据中重构海洋次表层结构的方法。

1.3.3.3　基于漂流浮标实测数据的结果

利用 Argo 浮标的高分辨率温盐廓线数据，Wu 等（2011）研究了南大洋的跨等密度面混合。他们发现，深度在 300～1 800 m 之间的跨等密度面湍流混合由海底地形所控制，通过地形与 ACC 之间的相互作用而发生。该混合的季节变化在很大程度上可以归因于表面风应力的季节变化，在海底平坦的上层海洋中更为显著。

Gao 等（2013）利用南大洋的表面漂流浮标资料研究了南极绕极流在表层的结构和变化规律，发现南极绕极流的表层流速有着冬强夏弱的变化规律，与西风的季节变化一致；在南极绕极流经向摆动的影响下，流核上的经向流速比纬向流速具有更加不稳定的特征（图 1-10）；平均动能、扰动动能及其均方根在流核区域都很强，而扰动动能和平均动能比值的趋势恰恰相反，强（弱）能量分布区域的涡旋耗散反而比较弱（强）。

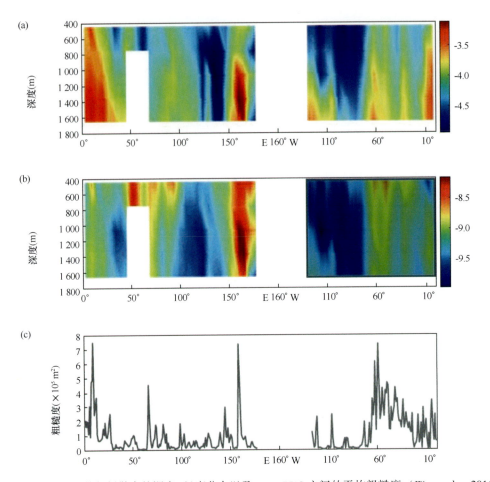

图 1-9 扩散系数与耗散率的深度-经度分布以及 40°~75°S 之间的平均粗糙度（Wu et al.，2011）

（a）时间平均的跨等密度面扩散系数 K，颜色表示 lg（K）（单位：m^2/s）；（b）时间平均的耗散率ε，颜色表示 lg（ε）（单位：m^2/s）；（c）海底粗糙度

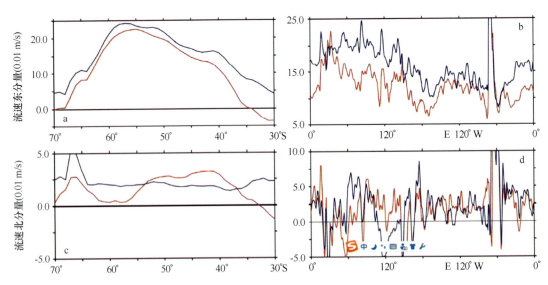

图 1-10 利用表面漂流浮标数据计算的南大洋平均流速分量随经度和纬度的变化（Gao et al.，2013）

红线为夏季（12月、1月和2月）；蓝线为冬季（6—7月）

1.4 结语与展望

经过30多年的考察和研究，中国的物理海洋学取得了长足的进展，获得了丰硕的研究成果，主要体现在以下7个方面：①通过走航和站位观测，获得了丰富的南大洋实测温盐和海流资料，尤其是在普里兹湾及邻近海域积累了时间跨度超过20年的断面观测CTD数据，使中国成为这一海域实测资料最为全面和系统的国家；②对普里兹湾及其邻近海域的水团与环流开展了全面研究，在夏季表层水空间变化、陆架与海盆水交换、埃默里冰架出流水性质与分布、普里兹湾局地生成南极底层水的可能性等方面取得了研究进展；③将实测数据与卫星遥感数据相结合，研究了南印度洋绕极流区的锋面结构和变化，加深了对锋面维持与变化机制的认识；④在南极半岛周边海域开展了观测，分析了德雷克海峡和布兰斯菲尔德海峡的温盐结构和水团组成；⑤利用遥感与再分析数据以及漂流浮标数据，研究了南极绕极流的时空变化特征，在南极绕极流对风应力强迫的响应、跨密度面混合等过程研究上取得了新的认识；⑥建立了描述南极绕极流的解析模式，探讨其动力学约束和变化机制；⑦开展了普里兹湾及整个南大洋的数值模拟，利用模拟结果讨论了环流的时空变化特征和影响因素。

由于条件和能力的限制，我国的物理海洋学研究无论在深度上还是广度上都与世界先进水平存在一定差距，在很多方面仍有待加强和深入。

以前中国在南大洋海域进行的物理海洋调查以温度和盐度观测为主，对海流的观测非常少。虽然"雪龙"船于1995年安装了ADCP，而且从中国第12次南极考察开始，由"雪龙"船执行的南大洋考察均进行了ADCP的走航观测，积累了大量的ADCP资料，但是由于种种原因，这些资料没有得到充分的利用（陈红霞等，2007；董兆乾等，2010；刘娜等，2010）。从2003年第19次中国南极考察开始，增加了下放式ADCP（LADCP）观测，与CTD一起下放，获得了深达海底的海流观测资料。不过，由于LADCP数据的处理比较复杂，混杂在资料中的潮流和惯性流分量又难以去除，至今没有得到适合环流分析的有效资料。这两方面的工作需要在参照国外成功经验的基础上继续推进。在最近的几个航次中，已经布放了漂流浮标和锚碇观测系统，这些新的观测方式将有助于增进对普里兹湾环流的认识。

海冰过程对极区海洋有着至关重要的影响，对极区高密度水的形成和驱动经向翻转环流起到关键作用。南极大陆44%的海岸线上有冰架，冰架及其下的海洋也是南大洋研究特别值得关注的地方。全面考虑海冰、冰间湖和冰架的影响，开展冰-海相互作用研究，有助于将南大洋水团与环流的研究推向深入。

近些年来，南大洋在全球气候系统中的重要作用逐渐得到认识。南极绕极波的发现凸显了南大洋在气候异常信号传播中的作用，使南大洋一度成为气候变化研究的热点，我国也开展了针对性的研究（李宜振和赵进平，2007；Bian and Lin，2012）。虽然南极绕极波的真实性后来受到质疑，但是由于南极绕极流是唯一东西贯通的洋流，热量和盐量的异常将随着南极绕极流在各大洋间传输，南大洋作为气候异常信号传播途径所起的作用仍然值得深入研究。作为经向翻转环流中的重要环节，南大洋的变化也会通过影响南极底层水的形成等过程进一步影响到全球热盐环流，近些年利用数值模式（Ma et al.，2011）和箱式模型（邵秋丽等，2013）也开展了这方面的研究，对南大洋在气候系统中的作用有了更加全面的认识。南大洋年际以及年代际变化及其在全球气候系统中的作用将成为未来中国物理海洋学研究的一个重要方向。

　　南极科学委员会于 2014 年发布了旨在引导南极和南大洋科学发展的"地平线扫描"计划的最终结果，提出了未来 20 年以至更长时间内，南极和南大洋科学研究需要解决的 80 个科学问题以及 6 个优先发展方向。第 1 个优先发展方向为"明确南极大气与海洋的全球影响"，与南大洋物理海洋学研究密切相关的科学问题包括：南大洋的变化是否会形成反馈并导致气候变化进程的加快或减缓？南极底层水的性质和体积为什么发生改变，将对全球大洋环流和气候产生什么效应？包含了与低纬度区域交换在内的南大洋环流如何响应气候强迫？海洋表面波动如何影响南极海冰和漂浮的冰川冰？淡水输入的变化如何影响大洋环流和生态系统过程？以上科学问题是目前科学界最为关心且亟待解决的，也应该成为中国物理海洋学者在未来南大洋研究中努力的方向。

参考文献

巢纪平，李耀锟．2011．南极绕极流及经圈翻转流的双平衡态理论．中国科学：地球科学，41，(11)：1697-1705.

陈红霞，刘娜，潘增弟．2007．极地科学考察船载 ADCP 资料处理．极地研究，19，(1)：69-75.

陈红霞，潘增弟，矫玉田，等．2005．埃默里冰架前缘水的特性和冰流结构．极地研究，17，(2)：139-148.

陈明剑，高郭平．1995．近普里兹湾大陆架外水域水文物理特征．青岛海洋大学学报，25，增刊：235-249.

董昌明，袁业立．1996．非均匀密度场对南极绕极流的动力作用．南极与全球气候环境相互作用和影响的研究．北京：气象出版社，176-183.

董兆乾，Gordon A L，Mensch M，2004．南极布斯菲尔德海峡的海盆深层水和底层水．南极地区对全球变化的影响与反馈作用研究．北京：海洋出版社，26-35.

董兆乾，梁湘三．1993．南极海冰、冰穴和冰川及其在水团形成和变性中的作用．南极研究，5，(3)：1-16.

董兆乾，内维尔·史密斯，诺尔斯·克里，等．1984．南极普里兹湾海域夏季的水团和环流．南极科学考察论文集（2）．北京：海洋出版社，1-24.

董兆乾，蒲书箴，胡筱敏，等．2004．南极普里兹湾及其邻近海域的水团研究．南极地区对全球变化的响应与反馈作用研究．北京：海洋出版社，13-25.

董兆乾，蒋松年，贺志刚．2010．南大洋船载走航式 ADCP 资料的技术处理和技术措施以及多学科应用．22，(3)：212-230.

鄂栋臣，黄继锋．2008．南极验潮进展及中山站验潮策略．极地研究，20，(4)：363-370.

鄂栋臣，黄继锋，张胜凯．2013．南极中山站潮汐特征分析．武汉大学学报（信息科学版），38，(4)：379-382.

高郭平，董兆乾，侍茂崇．2003a．南极普里兹湾附近 73°E 断面水文结构及多年变化．青岛海洋大学学报，33，(4)：49-502.

高郭平，韩树宗，董兆乾，等．2003b．南印度洋中国中山站至澳大利亚费里曼特尔断面海洋锋位置及其年际变化．海洋学报，25，(6)：9-19.

高郭平，刘齐，侍茂崇．1995a．印度洋南极极锋线位置及下潜南极表层水的分离．青岛海洋大学学报，25，增刊：424-431.

高郭平，侍小兵，刘齐．1995b．普里兹湾附近海域流场分析．青岛海洋大学学报，25，增刊：359-365.

贺志刚，董兆乾，蒲书箴．2007．东南印度洋各锋位置和走向的季节变化及其与风场变化的关系．海洋学报，29(5)：1-9.

贺志刚，董兆乾．2006．塔斯马尼亚岛至南极大陆断面风场的变化及其与锋的关系．极地研究，第 18 卷，第 4 期，235-244.

贺志刚，董兆乾，胡建宇．2003．2003 年夏季东南印度洋上层海洋的水文特征．极地研究，第 15 卷，第 3 期，195-206.

黄继锋，鄂栋臣，张胜凯，等．2012．南极中山站验潮站数据处理与分析．大地测量与地球动力学，32，(5)：63-67.

矫玉田，史久新，赵进平，等．2010．极区冰下上层海洋自动剖面观测系统及其应用，海洋技术，29，(4)：31-33.

乐肯堂, 史久新. 1997. 普里兹湾区环流与混合的研究. 海洋科学集刊, 38: 39-51.

乐肯堂, 史久新, 于康玲. 1996. 普里兹湾区的水团和热盐结构的分析. 海洋与湖沼, 27, (3): 1-8.

乐肯堂, 史久新, 于康玲, 等. 1998. 普里兹湾区水团和环流时间变化的若干问题. 海洋科学集刊, 40: 43-54.

李金洪. 1991. 1987年南半球夏季南南设得兰群岛邻近海域CWB的特征及其成因. 海洋学报, 13, (1): 14-25.

李金洪. 1991. 1987年南半球夏季南设得兰群岛邻近海域CWB的特征及其成因. 海洋学报, 1, (1): 13-20.

李金洪. 1993. 德雷克海峡上层热结构特征与锋的演变. 海洋学报, 15, (1): 22-30.

李宜振, 赵进平. 2007. 南极绕极波的行波与驻波共存系统分析. 极地研究, 19, (1): 39-48.

刘娜, 陈红霞, 冯颖, 等. 2010. 南大洋走航ADCP测流中的问题分析. 海洋科学进展, 28, (4): 523-530.

苗育田, 于洪华. 1987. 南极威尔克斯地附近海域的若干调查结果. 海洋学报, 9, (5): 644-651.

苗育田, 于洪华, 许建平, 等. 1995a. 斜航普里兹湾断面水温及温度锋特征. 青岛海洋大学学报, 25, 增刊: 383-393.

苗育田, 于洪华, 许建平, 等. 1995b. 新西兰以南170°W断面500m以上温度结构. 青岛海洋大学学报, 25, 增刊: 418-423.

苗育田, 于洪华, 许建平, 等. 1996. 新西兰以南至南极断面上层500m温度结构. 周秀骥, 陆龙骅, 南极与全球气候环境相互作用和影响的研究. 北京: 气象出版社, 153-158.

蒲书箴, 董兆乾, 胡筱敏, 等. 2000a. 普里兹湾陆缘水边界的变化. 海洋通报, 19, (6): 1-9.

蒲书箴, 董兆乾, 胡筱敏, 等. 2000b. 普里兹湾海域的夏季上层水及其北向运动. 极地研究, 12, 3: 157-168.

蒲书箴, 董兆乾, 于卫东, 等. 2007a. 南印度洋绕极深层水的性质和空间分布以及南极绕极流的作用. 海洋科学进展, 25, (1): 1-8.

蒲书箴, 葛人峰, 董兆乾, 等. 2007b. Emery冰架北缘热盐结构的不均匀性及其成因. 海洋科学进展, 25, (4): 376-382.

蒲书箴, 胡筱敏, 董兆乾, 等. 2002. 普里兹湾附近绕极深层水和底层水及其运动特征. 海洋学报, 24, (3): 1-8.

蒲书箴, 胡筱敏, 董兆乾, 等. 2004. 普里兹湾邻近海域的物理海洋学特征和海洋锋面的变化. 南极地区对全球变化的响应与反馈作用研究. 北京: 海洋出版社, 36-58.

蒲书箴, 廖启煜, 于惠苓, 等. 1996. 德雷克海峡绕极流和锋面的研究. 南极与全球气候环境相互作用和影响的研究. 北京: 气象出版社, 132-139.

邵秋丽, 陈显尧, Huang R X. 2013. 德雷克海峡的打开对海洋环流的影响——基于一个箱式模型的研究. 中国科学: 地球科学, 43, (2): 181-191.

史久新, 乐肯堂, 崔秉昊. 2002. 南大洋凯尔盖朗海台区的流场结构及季节变化. 海洋学报, 24, (4): 124-136.

史久新, 乐肯堂, 崔秉昊, 等. 2003. 南极绕极流的经向输运. 海洋科学集刊, 45, 10-20.

史久新, 乐肯堂, 于康玲. 2000a. 普里兹湾及邻近海区冰-海相互作用的数值研究 Ⅱ 环流. 海洋科学集刊, 42, 21-37.

史久新, 乐肯堂, 于康玲. 2000b. 普里兹湾及邻近海区冰-海相互作用的数值研究 Ⅰ 模式. 海洋科学集刊, 42, 10-21.

侍茂崇, 董兆乾, 高郭平. 1995a. 普里兹湾附近海域磷虾集群的物理海洋环境. 青岛海洋大学学报, 25, 增刊: 265-276.

侍茂崇, 苗育田, 于洪华, 等. 1995b. 南印度洋110°E夏季锋区特征及其变化规律. 青岛海洋大学学报, 25, 增刊: 394-405.

侍茂崇, 宁修仁. 1995. 普里兹湾西部海域的水文特征. 青岛海洋大学学报, 25, 增刊: 277-292.

侍小兵, 俞光耀, 董兆乾. 1995. 南极普里兹湾夏季流场诊断分析. 青岛海洋大学学报, 25, 增刊: 293-311.

苏玉芬. 1987. 南极普里兹湾及其沿岸夏季深层水的涌升. 海洋湖沼通报, 1987, (2): 17-24.

苏玉芬. 1996. 普里兹湾及其邻近海域的环流结构和海水运动. 南极与全球气候环境相互作用和影响的研究. 北京: 气象出版社, 169-175.

苏玉芬, 董兆乾. 1984. 南印度洋夏季的锋区及其水文特征. 南极科学考察论文集 (2). 北京: 海洋出版社, 25-40.

苏玉芬, 乔荣珍. 1990. 南极普里兹湾及其邻近海域的温盐跃层. 东海海洋, 8, (4): 100-107.

孙澈, 待小兵, 高郭平. 1995. 印度洋底形阻力对绕极流的影响——克尔盖朗-高斯伯格海台对环流影响的数值计算. 青岛海洋大学学报, 25, 增刊: 312-325.

孙洪亮. 1990, 南极长城站潮汐观测与分析. 南极研究, 2, (1): 66-72.

孙洪亮. 1991, 南极长城站海湾夏季底层海水温度变化特征. 南极研究, 3, (4): 54-59.

孙洪亮. 1992a, 南极长城站潮汐特征值的计算与分析, 南极研究, 4, (2): 59-62.

孙洪亮. 1992b, 南极长城站潮汐特征分析, 南极研究, 4, (4): 102-108.

孙洪亮. 1992c, 南极长城湾底层海水温度季节变化特征分析, 南极研究, 4, (4): 109-113.

孙日彦. 1994. 南极普里兹湾海域夏季异常表层水温及其成因. 青岛海洋大学学报, 24, (4): 593-598.

王勤, 陈显尧, 王秀红. 2009. 德雷克海峡上层海洋温度的年代际变化. 海洋科学进展, 27, (4): 429-433.

许建平, 赵金三, 羊天柱. 1989. 南设得兰群岛邻近海域物理海洋学特征和磷虾的关系. 中国第一届南大洋考察学术研讨会论文专集. 上海: 上海科学技术出版社, 14-25.

严金辉, 李锐祥, 侍茂崇, 等. 2012. 2011 年 1 月普里兹湾埃默里冰架附近水文特征. 极地研究, 24, (2): 101-109.

羊天柱, 赵金三, 许建平. 1989. 南设得兰群岛邻近海域夏季的水团与环流. 中国第一届南大洋考察学术研讨会论文专集. 上海: 上海科学技术出版社, 1-13.

杨小怡, 黄瑞新, 王佳, 等. 2008. 南极绕极流对风应力强迫的延时斜压响应. 中国科学: 地球科学, 38, (4): 501-507.

杨玉玲, 黄凤鹏, 吴宝铃, 等. 1997. 南极菲尔德斯半岛夏季潮间带环境因子的时空变化. 极地研究, 9, (1): 53-57.

于洪华, 苗育田, 侍茂崇. 1996a. 南印度洋夏季锋的结构特征及其变化. 南极与全球气候环境相互作用和影响的研究. 北京: 气象出版社, 159-168.

于洪华, 苏纪兰, 苗育田. 1996b. 南极普里兹湾近海域深层水的涌升和底层水的形成. 南极与全球气候环境相互作用和影响的研究. 北京: 气象出版社, 140-147.

于洪华, 苏纪兰, 苗育田. 1996c. 普里兹湾及其邻近海域的环流特征和底层水形成的机制. 南极与全球气候环境相互作用和影响的研究. 北京: 气象出版社, 148-152.

于洪华, 苏纪兰, 苗育田. 1998. 南极普里兹湾及其邻近海域的水文结构特征和底层水的来源. 海洋学报, 20, (1): 11-20.

张庆华, 何文, 乔方利. 1996. 南极绕极流的一个理想模式. 南极与全球气候环境相互作用和影响的研究. 北京: 气象出版社, 184-195.

张庆华, 刘娜, 潘增第. 2003. 南极绕极流线性理论的一个摄动解. 海洋科学进展, 21, (4): 377-386.

张胜凯, 鄂栋臣, 李斐, 等. 2009. 利用 GPS 提取南极 Amery 冰架海潮信号. 冰川冻土, 31, (6): 1156-1160.

张文霞, 孟祥凤. 2011. 南极绕极流区中尺度涡动动能年际变化和转换机制, 极地研究, 23, (1): 42-48.

张子占, 陆洋, 陈红霞, 等. 2008. 联合卫星重力和卫星测高确定南极绕极流. 极地研究, 20, (1): 14-22.

赵松鹤, 陈明剑. 1995. 普里兹湾水文特征与变化. 青岛海洋大学学报, 25, 增刊: 250-264.

周培强, 孙日彦. 1995. 南极普里兹湾海域水文特征研究. 青岛海洋大学学报, 24, (4): 445-452.

周琴, 赵进平, 何宜军. 2003. 用 TOPEX/POSEIDON 高度计数据研究南极绕极流流域海面高度的低频变化. 海洋与湖沼, 34, (3): 256-266.

Bian L, Lin X, 2012. Interdecadal change in the Antarctic Circumpolar Wave during 1951—2010. Advances in Atmospheric Sciences, 29 (3): 464-470.

Duan Y L, Hou Y J, Liu H W, Hu P, 2012. Fronts, baroclinic transport, and mesoscale variability of the Antarctic Circumpolar Current in the southeast Indian Ocean. Acta Oceanologica Sinica, 31 (6): 1-11.

Ezraty R, Chen G, 1995. Monitoring the Southern Ocean surface from ERS-1 Sensors. 青岛海洋大学学报, 第 25 卷, 增刊, 326-343.

Gao L B, Yu W D, Wang H Y, Liu Y L, 2013. Near-surface structure and energy characteristics of the Antarctic Circumpolar

Current. Advances in Polar Science, 24 (4): 265-272.

Ge R F, Dong Z Q, Chen H X, Liu N, Shi J X, Pu S Z, 2011. Marine hydrographic spatial-variability and its cause at the northern margin of the Amery Ice Shelf. Advances in Polar Science, 22 (2): 74-80.

He Z G, Dong Z Q, 2010. Fronts and surface zonal geostrophic current along 115°E in the southern Indian Ocean. Acta Oceanologica Sinica, 29 (5): 1-9.

He Z G, Dong Z Q, Yuan X J, 2006. Fronts and strong currents of the upper southeast Indian Ocean. Acta Oceanologica Sinica, 25 (2): 1-24.

Liang X S, Dong Z Q, Su J L, 1994. A condition for the formation of Antarctic Bottom Water in Prydz Bay, Antarctica. Antarctic Research, 5 (1): 62-74.

Liang X S, Su J L, Dong Z Q, 1993. Pseudoinverse determination of circulation in Prydz Bay and its adjacent open ocean, Antarctica. Antarctic Research, 4 (2): 42-61.

Ma H, Wu L, 2011. Global teleconnections in response to freshening over the Antarctic Ocean. Journal of Climate, 24: 1071-1088.

Qiao F L, Zhang Q H, He W, 1996. An analytical diagnostic model of the Antarctic Circumpolar Current. Acta Oceanologica Sinica, 15 (1): 9-17.

Shi J X, Cheng Y Y, Jiao Y T, Hou J Q, 2011a. Supercooled water in austral summer in Prydz Bay, Antarctica, Chinese Journal of Oceanology and Limnology, 29 (2): 427-437.

Shi J X, Hou J Q, Jiao Y T, 2011b. Observing ploar ocean with XCTD launched from helicopter, In: Proceedings of the Twenty-first (2011) International Offshore and Polar Engineering Conference, 998-1002.

Smith N R, Dong Zhaoqian, Kerry K R, et al., 1984. Water masses and circulation in the region of Prydz Bay, Antarctica. Deep-Sea Research, 31 (9): 1121-1147.

Sun C, Zhang L L, Yan X M, 2011. Stream-coordinate structure of oceanic jets based on merged altimeter data. Chinese Journal of Oceanology and Limnology, 29 (1): 1-9.

Wu L X, Zhao J, Riser S, 2011. Visbeck M, Seasonal and spatial variations of Southern Ocean diapycnal mixing from Argo profiling floats. Nature Geoscience, 4: 363-366.

Yang X Y, Wang D X, Wang J, Huang R X, 2007. Connection between the decadal variability in the Southern Ocean circulation and the Southern Annular Mode. Geophysical Research Letters, 34: L16604, doi: 10.1029/2007GL030526.

Yuan X J, Martinson D G, Dong Z Q, 2004. Upper ocean thermohaline structure and its temporal variability in the southeast Indian Ocean. Deep-Sea Res. I, 51: 333-347.

Zhang L L, Sun C, 2012. A geostrophic empirical mode based on altimetric sea surface height. Science China-Earth Sciences, 55 (7): 1193-1205.

Zhang L L, Sun C, Hu D X, 2012. Interannual variability of the Antarctic Circumpolar Current strength based on merged altimeter data. Chiese Science Bulletin, 57 (16): 2015-2021.

Zheng S J, Shi J X, Jiao Y T, Ge R F, 2011. Spatial distribution of Ice Shelf Water in front of the Amery Ice Shelf, Antarctica in summer, Chinese Journal of Oceanology and Limnology, 29 (6): 1325-1338.

撰稿人：史久新[1] 董兆乾[2] 陈红霞[3]
[1]中国海洋大学 青岛 266100
[2]中国极地研究中心 上海 200136
[3]国家海洋局第一海洋研究所 青岛 266061

第 2 章　海冰观测与研究

概　述

　　南大洋海冰是南极乃至全球气候系统的重要组成部分之一。其季节变化是地球表面最明显的季节变化过程之一，从而影响着南大洋表面的能量、动量和物质交换，其中最显著的是会影响海盆尺度的表面反照率，从而决定着海洋表面对太阳辐射能量的吸收。海冰的生消伴随着向上层海洋析出盐分或注入淡水，从而影响南极深层水的形成。另外，海冰的增长或减少还会影响碳循环和海洋的酸化，并对南大洋的生态系统起决定性作用。沿岸固定冰生消过程主要受热力学过程控制，相对浮冰，更能指示局地气候变化。

　　中国南极海冰研究历程与国家行动密切相关，我国南极海冰研究大体上分为 4 个阶段，分别以长城站建站、中山站建站，以及第 4 次国际极地年中国行动核心计划 PANDA 计划的启动为界，第 4 次国际年（含前期的准备期）以来，我国对南极海冰的观测能力和研究水平逐步提高，研究基础从单纯依靠海冰遥感资料阶段发展到依靠海冰遥感资料和海冰现场观测资料相结合。基于卫星遥感资料的南极海冰研究大体上可以分成两大类：一是基于卫星遥感资料分析其时空变化特征；二是基于卫星遥感资料分析南极海冰与气候系统和海洋系统的相关关系，特别是与我国气象和水文条件的遥相关关系。南极海冰时空变化特征方面得到了以下研究成果：指出了威德尔海是南极海冰的正反馈中心，南极罗斯海区的冰是全球变化的负反馈中心（Xie et al.，1995）；把西南太平洋的海冰与赤道太平洋海温超前和滞后 2 年的涛动关系命名为南方海洋涛动（Xie et al.，1996a；Xie et al.，1996b）；提出了 20 世纪 90 年代后期南极半岛两侧的海冰呈长期涛动状态，发现南极地区在罗斯海外围和别林斯高晋海的海冰密集度存在着"翘翘板"的变化特征，并与 ENSO 事件有密切联系（程彦杰等，1992）；指出可用南极海冰涛动指数来讨论海冰状况和南极海冰关键区的活动（程彦杰等，2003）；20 世纪 70 年代后期是多冰期，80 年代是少冰期，90 年代属于上升趋势，后期偏多（解思梅等，2003）；南极地区海冰平均北界与海冰总面积的变化基本一致，可以用海冰北界来研究南极海冰的时空变化特征，威德尔海和罗斯海地区海冰最多、变化最大，南极半岛地区海冰最少，变化也小（马丽娟等，2004）。在研究南极海冰与气候系统和海洋系统的相关关系方面，发现了南极海冰年际变化与我国气象、水文条件存在显著的遥相关关系（Xue et al.，2003）；指出南极海冰对大气环流和太平洋海温场都存在影响（吴仁广等，1994；陈锦年等，2003）；提出了印度洋海表面温度的异常变化是南极地区气候和海洋异常变化的一种可能激发机制（Liu et al.，2005；Liu et al.，2007）。早期南极海冰的观测研究只能依靠外国的考察站实施。长城站建成后，我国学者针对南极半岛长城湾的固定冰曾经开展过比较全面的现场观测（秦大河，1991），然而由于该区域固定冰稳定性较差，冰期较短，并没有后续的深入研究。我国系统的南极海冰观测始于第 21 次和第 22 次南极科学考察（PANDA 计划的准备期）。海冰走航观测逐渐走向规范化、业务化。获得的主要成果包括：根据现场经验探讨了业务化的海冰走航观测如何开展；根据走航期间的观测资料分析了夏季沿航线，尤其是普里兹湾海冰的空间分布特征（郭井学等，2008a）。根据冰区航行保障的需要，发展了基于不同分辨率遥感数据分析的导航服务。南极中山站附近固定冰方面，基于夏季观测数据研究了中山站附近固定冰层理结构，认为中山站附近相对封闭的区域有可能存在多年冰（Tang et al.，2007）；基于航空摄影图像分析了中山站附近固定冰边缘区浮冰的尺寸分布，认为固定冰边缘区从开阔水到固定冰区曾现带状分布（Lu et al.，2008）；基于电磁感应探测技术观测并分析了夏季中山站附近固定冰厚度的空间变化（郭井学等，2008b）。依靠定点观测数据分析了夏季固定冰物质平衡过程和表面反照率季节变化特征（杨清华等，2013）。近几年我国对普里兹湾固定冰的观测研究得到了国际同行的认可，中山站的固定冰观测被纳入环南极洲固定冰监测网（Lei et al.，2010）。

　　本章将重点介绍船基和站基的海冰观测体系，中山站周边固定冰物质平衡过程，表面反照率的变化及其影响因素，普里兹湾海冰走航和航空遥感观测结果，固定冰边缘区浮冰尺寸概率分布及其影响因素等观测研究成果，给出了基于遥感数据分析的导航服务示例。出于分析普里兹湾海冰季节变化特征的目的，我国学者也开展了高分辨率的冰-海耦合模式实验，本章也将介绍其初步研究结果。最后将展望未来我国南大洋海冰观测与研究工作，探讨如何增强我们的观测能力，扩大观测范围及潜在的科学问题。

2.1　南大洋海冰观测

2.1.1　船基观测

　　破冰船作为移动的平台，冰区航行期间的海冰观测有利于获得大范围的观测数据，同时保证一定的观测精度，是连接卫星遥感和冰面观测的桥梁。基于考察船的海冰观测主要体现为形态学参数的观测，如海冰密集度、厚度、融池覆盖率和冰脊分布等。主要的观测技术包括：根据观测规范的人工观测，基于电磁感应技术的海冰厚度观测及基于图像识别的海冰形态观测等。南极走航海冰观测的重点区域包括普里兹湾和中山站至长城站的断面。从第 29 次南极考察开始，增加了罗斯海区域的观测。

　　船基人工观测和记录有利于获得海冰基本物理参数的空间分布信息，优化卫星遥感产品的解译算法，反馈到海冰预报系统，提高后者的预报精度。为提高船基观测的一致性，协调数据共享，澳大利亚南极局海冰研究组 1996 年启动了南极海冰过程与气候项目 ASPeCt（Antarctic Sea Ice Processed & Climate，http：//aspect.antarctica.gov.au/）。基于南极海冰的特点，ASPeCt 细化了对冰脊形态、开阔水形态及积雪类型的描述和记录方法（Worby，1999）。该观测协议被广泛应用于各国的考察船上。

　　除了人工观测外，依托考察船，还能安装一系列外挂设备，对海冰物理特性进行连续观测。如图 2-1 所示，依托"雪龙"号考察船，安装了红外温度测量仪对海冰/海水表面温度进行测量、利用向外倾斜的自动摄影相机对海冰密集度和表面形态进行监测、利用垂直向下录相机对破冰船压翻的海冰厚度断面进行监测（通过对比厚度断面和悬挂至冰面的标致物得到海冰厚度），以及利用电磁感应测量仪 EM-31 对海冰厚度进行观测。结合上述观测结果，能够给出沿航线海冰形态学全景性信息。

　　电磁感应技术被广泛应用到海冰厚度观测领域，该技术属非接触式，观测较方便实施，数据精度较高，可适用于多种场合，包括冰面观测、船载悬挂式观测和机载观测。EM-31 电磁感应仪探测

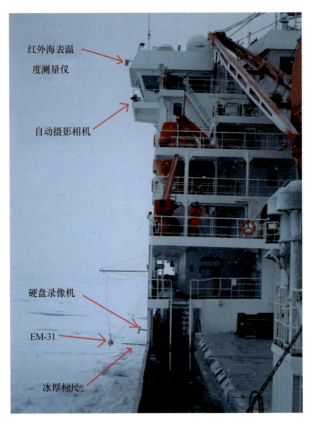

图 2-1 基于"雪龙"号考察船的海冰观测系统

海冰厚度的依据是海冰与海水电导率之间存在明显的差异。如图 2-2 所示，EM-31 和测距仪观测结果相结合就可以得到积雪-海冰层的厚度。船体等金属导体会对观测结果产生较大误差。以"雪龙"号考察船为例，特别设计制作了一套专用支架，以实现在船舷外侧悬挂 EM-31（郭井学等，2008a）。支架总长 8 m，测量过程中将 EM-31 固定在一特定的木制框架内，以在悬挂测量过程中起到机械保护作用。同时将激光测距仪探头固定在木架外测，与 EM-31 位于同一水平面并保持探头垂直向下。支架的长度使得 EM-31 与船体最小距离为 8 m，现场实验表明在 3~4 m 的测量高度下探测结果不受船体的影响。

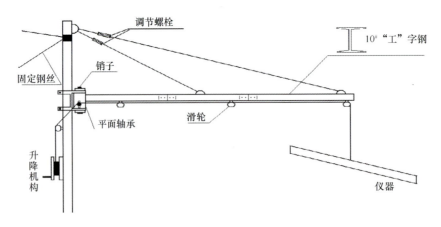

图 2-2 船载电磁感应悬挂支架示意图

2.1.2 固定冰观测

固定冰是指附着于大陆沿岸、冰架前沿或搁浅冰山周边固定不动的海冰。与相同海区的浮冰相比，固定冰冰季较长，最大冰厚较大。固定冰普遍存在于南极大陆沿岸，北冰洋边缘大陆沿岸，波罗的海、鄂霍次克海及渤海北部等亚极区海岸。以东南极为例，在南极海冰范围最大的 9 月，固定冰面积占海冰面积的 14%（Fedotov，1998）；11 月固定冰冰量占东南极（75.15°~170.30°E）总冰量的 28%（Giles et al.，2008）。因此评价海冰对局地、地区乃至全球气候系统的贡献时，固定冰不能忽视。

固定冰对局地气候变化十分敏感，固定冰最大厚度、冰期及范围都被当作局地气候变化的指示剂。Heil（2006）对东南极普里兹湾戴维斯站附近固定冰历史记录的分析表明该区域的固定冰最大厚度主要受局地气象条件（尤其是气温）控制。日本北海道潟湖区固定冰的历史记录能反映鄂霍次克海南部沿岸区域的气候变化，并能为鄂霍次克海南部海域浮冰生消过程的估算提供参考（Shirasawa et al.，2005）。从大尺度角度来说，南极沿岸固定冰范围和冰量的变化则能作为全球气候变化的指示剂。固定冰区紧邻大陆，其生消过程不但与海洋、气象环境相关，而且与人类活动密切相关；在有人居住的地区，固定冰的生消过程往往会影响人们的工业生产和日常生活，例如，在波罗的海波斯尼亚湾北部和渤海辽东湾北部，固定冰严重影响到海上航运和海岸工程的管理。这些区域的固定冰研究则显得尤为重要。

南极大陆周边固定冰区作为海冰生消过程热力学观测的理想场所，近些年观测研究越来越得到各国研究人员的重视。其中针对东南极的普里兹湾，日本昭和站附近的吕措-霍尔姆湾及新西兰斯科特站附近的麦克默多湾固定冰的观测研究较多（Heil et al.，1996；Kawamura et al.，1997；Pringle et al.，2006）。1988 年我国学者秦大河也曾在南极乔治王岛长城湾开展固定冰的观测研究，基于一个完整冰季的观测资料，分析了 1 年生海冰的生消过程，盐度和层理的季节变化以及雪冰对冰厚增长的贡献等（秦大河，1991）。

东南极普里兹湾区域一共有 3 个越冬考察站（澳大利亚的戴维斯站、中国的中山站和俄罗斯的进步 2 站），澳大利亚的莫森站则处于普里兹湾的外沿，这为普里兹湾海区固定冰观测的广泛开展提供了方便。1981 年张青松利用在澳大利亚戴维斯站越冬考察的机会，对站区附近固定冰的形成和破碎过程以及层理结构进行了观测，并对冰下水温进行了连续测量（张青松，1986），这是我国学者对南极固定冰生消过程的首次观测研究报道。1992 年生态学研究人员在中山站开展近岸冰区生态学观测研究时曾对该区域的固定冰生消过程进行了连续观测（何剑锋和陈波，1995）。2000 年张林等对中山站附近固定冰进行了生消过程的热力学数值模式试验（张林等，2000），这是我国学者首次对该区域固定冰热力学过程的模式试验，然而由于模式试验缺乏观测数据的支持（输入参数，如冰厚初值，冰内盐度廓线，冰底海洋热通量等），模拟结果也缺乏观测数据的验证（验证参数，如冰厚和冰温等），其模式（尤其是参数化方案）仍有待完善。2007 年 Tang 等基于夏季观测数据研究了中山站附近固定冰层理结构，以及盐度和 $\delta^{18}O$ 的垂向分布，认为中山站附近相对封闭的区域有可能存在多年冰（Tang et al.，2007）。2008 年 Lu 等基于航空摄影图像分析了中山站附近固定冰边缘区浮冰的尺寸分布（Lu et al.，2008）。澳大利亚戴维斯站和莫森站附近的固定冰观测开始于 20 世纪 50 年代，观测内容包括封冻时间、固定冰厚度的季节变化，以及固定冰破碎时间等（Heil et al.，1996）。1996 年 Heil 等利用这两个考察站附近固定冰生消过程的冰厚观测数据及一维的海冰热力学模式基于剩余能量法估算了冰底海洋热通量的季节和年际变化，然而该研究给出的冰底热传导通量是依靠模式计算得到的，并没有得到现场观测数据的验证。2004 年澳大利亚南极局制定了戴维

斯站和莫森站的固定冰生消过程观测指南，对观测地点、观测方式和记录方式作了详细的规定（Heil，2004）。

我国学者针对普里兹湾固定冰热力学过程的研究大多限于夏季，对其完整冰季生消过程的观测研究比较缺乏，2005 年以前没有开展系统的观测研究。2005—2006 年，首次在中山站附近开展了固定冰的越冬观测。2005 年侧重于自动化仪器的现场检验（窦银科等，2006）；2006 年侧重于有效数据的获取（Lei et al.，2010）。

为了获取长时间的辐射和反照率观测数据，中山站自 2010 年 7 月开展了固定冰表面辐射的定点连续观测，并于 2011 年增加了不同雪/冰表面类型的辐射断面观测。冰面向下、向上短波（Sw_{in}，Sw_{out}）和长波辐射通量（Lw_{in}，Lw_{out}）采用荷兰 Kipp & Zonen 公司生产的 4 分量辐射计（CNR4），短波、长波辐射表观测的波长范围分别为 310～2 800 nm 和 4 500～42 000 nm。基于 2010 年春季（8 月 25 日—12 月 15 日）南极中山站沿岸固定冰观测结果，首先结合反照率及表面属性变化，探讨了影响固定冰反照率的关键因子（杨清华等，2013）。近几年我国对普里兹湾固定冰的观测研究得到了国际同行的认可，中山站的固定冰观测被纳入环南极洲固定冰监测网 AFIN（Antarctic Fast Ice Network）。

冰厚是反映冰生消过程最为综合的指标，冰/雪的质量平衡观测是固定冰生消过程最为核心的观测内容。基于磁致伸缩位移传感器，并结合应用的环境要求，研制了一种接触式冰/雪厚度测量仪，见图 2-3（Lei et al.，2009）。传感器出厂精度±1 mm，现场实践测量精度为±2 mm，测量间隔在 10～180 min 可调。仪器箱和测量杆是测量仪的两个主要部件。仪器箱和测量杆之间用导气管和电缆连接，导气管用于连接气缸和下磁环机构内的气囊，电缆用于连接测量杆上的位移传感器和卷扬机的电气部分。测量杆由两根导热性较低的 PPR（Polypropylene Random）管包裹，导气管从其中一根测量杆内通过，传感器的磁致伸缩丝则装在另一根测量杆内。测量杆上有一个在其顶部固定的磁环和两个可上下活动的磁环，仪器的测量过程主要是通过控制这两个可活动磁环的运动并通过位移传感器检测磁环位置来完成，实现雪/冰厚度测量。测量时，上磁环机构在重力作用下向下运

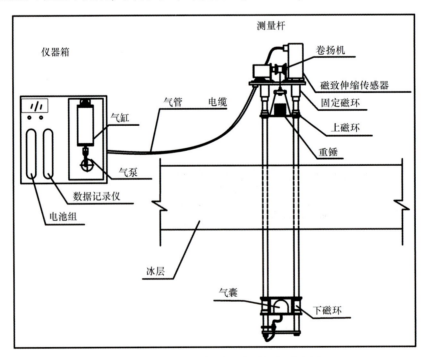

图 2-3　磁致位移冰/雪厚度测量仪示意图

动，并轻轻放置在冰/雪面上；下磁环机构的运动通过气动方式控制，当气缸在电机的驱动下压缩空气时，下磁环机构内的气囊膨胀，下磁环机构依靠浮力浮起，与冰底面接触。利用位移传感器探测上、下活动磁环与固定磁环的距离，与初值比较，得到当前冰/雪表面和冰底面的位置。

磁致位移冰/雪厚度测量仪满足了定点冰/雪厚度高精度自动化测量的需要，然而为测量固定冰生消过程的空间差异，因此仍然需要一种廉价的能满足多点观测需要的技术。根据中山站附近固定冰区观测环境的特点，结合已有的热电阻丝方法（Perovich et al.，2003）对其进行改进，设计了一种简易的热电阻丝冰/雪厚度测量装置，其工作原理见图 2-4（雷瑞波等，2009）。装置由直径 0.4 mm 的镍铬合金电阻丝制作而成，其电阻率为 5.5 Ω/m，供电电压根据环境温度和冰厚在 12~36 V 之间选择。测量时，给电阻丝供电加热后把电阻丝拉起，电阻丝底部连接一挡板，当挡板接触到冰底后，用尺子测量如图 2-4 所示的 L_1 及 L_2 两个数据，然后将电阻丝放回。测量精度与钻孔测量属同一量级，为 ±5 mm。

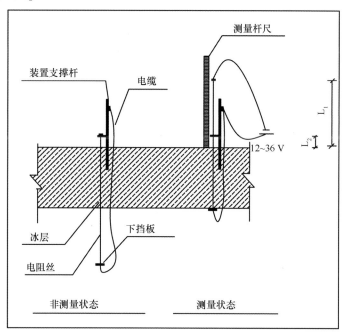

图 2-4　热电阻丝冰/雪度厚测量装置原理示意图

海水温度测量和气-冰-海温度链所采用的传感器均为德国 JUMO 大连分公司生产的 A 级 PT100 传感器。进行温度链组合时，对铂电阻温度探头进行严格挑选，使其精度控制在 ±0.1℃，探头之间的差异控制在 ±0.05℃。

通过挖雪坑和钻取冰芯的办法得到冰/雪样品，并采用体积质量法得到海冰和积雪的密度。海冰盐度通过测量冰芯融水盐度值得到，测量仪器为上海精密科学仪器有限公司生产的 DDBT-350 型便携式电导率仪，盐度测量精度为 ±0.5。

中山站附近岛屿众多，海底崎岖不平（冯守珍，2004）。有大量着地冰山滞留于沿岸区域，其中包括从中山站东侧的达尔克冰川崩塌形成的冰山（图 2-5）。普里兹湾与南极其他海区一致，每年海冰覆盖范围 9 月达到最大，翌年 2 月最小（解思梅等，2003）。中山站沿岸固定冰夏季 1 月或 2 月完全破碎并融化，2 月底或 3 月初开始重新冻结，不封冻的时间一般不超过 1 个月，与同处于普里兹湾，中山站东北方向约 100 km 的戴维斯站附近固定冰相比，冰期较长。个别年份夏季，固定冰不完全融化，次年继续生长，出现多年冰（Tang et al.，2007）。

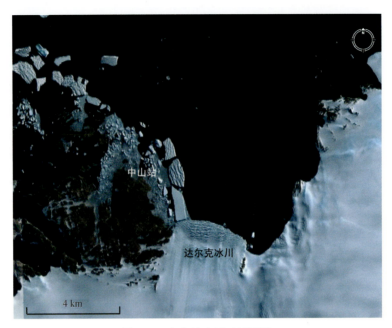

图 2-5　中山站地区卫星图像

2005 年 11 月 20 日—2006 年 1 月 6 日对中山站附近固定冰厚度进行了连续测量。测量区域位于中山站北侧的近岸区，即图 2-6c 中的 C 断面，测量断面垂直岸线，剖面长度为 200 m，采用钻孔进行测量，1~4 d 测量 1 次，每次钻孔 6~20 个不等，共钻孔 256 个，观测精度为 ±5 mm。

2005 年 12 月 18 日利用"雪龙"号考察船从浮冰区进入中山站附近固定冰区的机会，基于船侧 CCD 监测技术对固定冰边缘区海冰厚度分布进行了观测。图 2-6b 中虚线 MIZO（Marginal Ice Zone Observation）表示进行边缘区海冰厚度观测时的船舶走航轨迹。

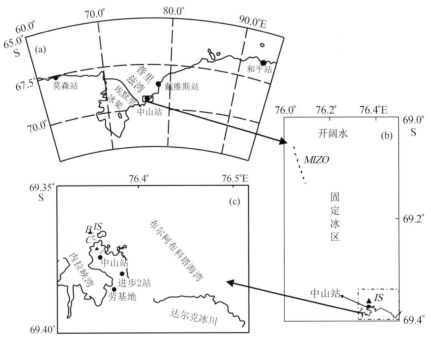

图 2-6　夏季中山站固定冰观测区域

2006 年冰季中山站周边布置了 5 个冰/雪厚度观测断面 (图 2-7)。断面 S1 和 S2 位于中山站西侧的纳拉峡湾，水深小于 15 m；S3 位于中山站以北，水深在 10~50 m 之间；断面 S4 和 S5 位于中山站东北侧，水深在 15~65 m 之间。2006 年 1 月下旬—2 月中旬，观测区域内只有零星的破碎浮冰。2 月下旬，海面出现新冰，3 月上旬以后，在对应各观测断面的近岸区域（10 m 范围内）进行钻孔观测，每隔 5 d 在各个区域钻孔 3~5 个。初冰期，每天都进行岸基的冰情观测，记录海面的封冻过程。

3 月下旬以后，各观测断面的海冰厚度均超过 20 cm，允许冰上布放仪器和观测作业。因此沿断面 S3 安装了 16 套热电阻丝冰/雪厚度测量装置，装置间的距离为 15 m。基于热电阻丝的冰厚测量每隔 1~2 d 测量 1 次，观测工作持续到 2006 年 10 月上旬。在断面 S3 的中心位置，2006 年 3 月 27 日布放了 1 套磁致位移冰/雪厚度测量仪。

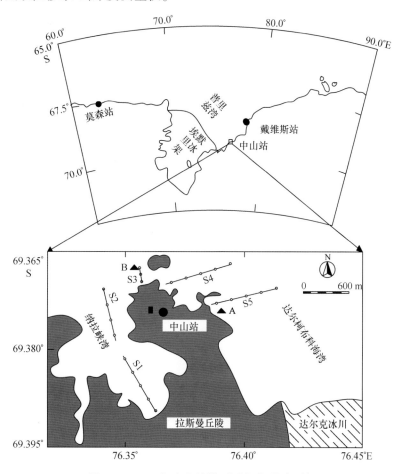

图 2-7 2006 年中山站附近固定冰观测区域

2006 年 3 月 3 日—4 月 2 日每天当地时间 10 时，在如图 2-7 所示的测点 A 位置，利用铂电阻温度传感器对深度 1.5 m 处的海水温度进行测量。3 月 27 日在断面 S3 北端测点 B 位置布放了一组温度链，对气-雪-冰-海温度廓线进行连续测量。温度链测量间隔为 30 min，测量从 3 月 31 日开始，至 12 月 12 日结束。

观测期间，在断面 S3 的中心区域共钻取了 10 根冰芯。在中山站的实验室将冰芯切割成长度为 5~15 cm 的冰芯段，进行密度和盐度的测量。

2.2 南大洋海冰科学研究

海冰作为海洋和大气的界面物质，其生消过程受到大气和海洋强迫的影响。同时，海冰的存在又会影响大气与海洋的物质、能量和动量的交换。海冰的运动主要受风拖应力、流拖应力、科氏力、水平梯度力及冰内应力等作用的影响。同时，冰的运动会导致海冰发生物质平衡重新分布，形成冰脊或水道。海冰的生消会伴随盐分稀出或淡水注入，从而影响冰底海洋的层化。南北极海冰的差异主要表现在以下几个方面。

（1）南极海冰与北极相同冰龄的海冰相比平均厚度较小。南极1年生和2年生平整冰的厚度分别约0.6 m和1.2 m；北极1年生和多年生平整冰的厚度分别达1.6~2 m和3 m。

（2）与北极相比，南极冰面的雪层较厚。由于夏季冰面上没有完全融化的积雪会在下一个冬季继续累积，南极1年生冰面上的平均雪厚为16~23 cm，其中威德尔海西北部2年生冰面的雪厚可达63~79 cm。由于雪层在夏季迅速融化，北极多年生冰面的雪厚基本与冰龄无关，但受时间影响较大。

（3）当南极冰面雪厚达到一定程度时，冰雪界面会被压入海平面以下并出现新的类型——雪冰，而北极雪层厚度较小，因此很少发生此类情况（除了非常靠近冰脊的地方）。

（4）南极海冰由于生长过程中受动力作用较明显，大部分为粒状晶体结构，而北极海冰基本为柱状晶体结构。

（5）南极冰脊主要是由于浮冰自身机械弯曲和挤压而形成的，冰脊厚度较小，最大厚度为6 m。北极冰脊主要是由于浮冰间冻结水道内的薄冰相互挤压而形成的，冰脊厚度较大，厚度在10~20 m。

（6）南极主要包含1年冰和2年生海冰，而北极主要包含多年冰，冰龄可超过10年。

从2.1节可以看出，我国南大洋海冰观测平台主要是"雪龙"号破冰船以及基于中山站的固定冰区。基于南大洋海冰的特点和我们所能依托的观测平台，我国目前的研究成果主要体现在以下几个方面。

（1）基于研究需要，发展了一系列的海冰观测技术，其中走航和固定冰冰厚观测技术处于国际领先水平。

（2）基于中山站，开展了固定冰物质平衡过程观测研究，基于观测数据，对冰底海洋热通量进行的参数化研究，量化了该通量对固定冰热力学过程的影响；开展了反照率越冬观测，提出了考虑积雪/海冰厚度，季节变化和日内变化的表面反照率参数化方案；开展了固定冰边缘区航空遥感观测，量化了浮冰几何尺寸参数的空间分布特征，定性分析了海冰破碎与海洋动力作用过程的关系。

（3）基于卫星遥感观测数据，尤其被动微波海冰密集度产品分析了南大洋海冰的时空变化特征；为保障"雪龙"船安全航行，发展了基于不同分辨率遥感产品的冰情快速分析技术。

与国际同行比较，我国在南大洋海冰科学研究方面依然存在以下不足。

（1）学科交叉不足导致了研究水平难以达到新的高度。海冰是多圈层的边界，尤其大气圈和水圈及生物圈，所以学科交叉对海冰科学研究尤为重要。大气-海冰-海洋相互作用侧重于物理过程的研究，并最终体现在研究对气候系统影响；海冰-冰冻圈其他因素相互作用，侧重于研究冰架前沿冰架-海洋-海冰-大气多圈层、多要素的相互作用。东南极埃默里冰架临近我国的中山站，为我国研究埃默里冰架的动态变化及其与海冰、海洋和大气的相互作用提供了机遇。然而由于支撑能力的不足，导致我国目前在该地区的研究只局限于船基物理海洋的零星观测。海冰–海洋生物学的交叉，侧重于研究海冰和气候系统其他因素的变化对生态系统的影响，突出表现在海冰的变化对哺乳动物活动场所的影响以及对上层海洋的光合作用能量的影响等。我国对南大洋海冰的研究更多的是单一学科的行为，针对上述学科交叉的国际热点问题关注不多。

（2）现场支撑能力的不足。目前，我国所依托的"雪龙"号破冰船由于破冰能力有限，难以实施冬季航次的考察。海冰季节变化过程研究只能依托中山站在固定冰区实施，难以掌握浮标区海冰生消的季节变化过程及其与大气/海洋/生态环境的相互作用关系。国际上，澳大利亚已经开展了2 次东南极海冰与生态冬季航次的考察，德国在威德尔海冬季航次的调查更是进入了常态化监测阶段。

（3）技术手段单一。卫星遥感方面，我国只停留在遥感反演技术发展和遥感数据分析阶段，目前还没有用于极区海冰及其他环境参数观测的专业卫星。高新技术方面，尽管在"863"项目的支持下，我国在最近几年利用无人机和水下机器人对极区极端条件下的环境要素开展了系列观测研究，也在技术层面和科学研究上取得了一些研究成果，然而，在机器人的续航能力和自主观测的环境适应性等方面远落后于发达国家的机型。此外，应用到海冰物质平衡等参数观测的冰基浮标也主要以从国外购买为主，难以根据研究需要自主对浮标科学荷载进行优化。

2.3　南大洋海冰科学研究重要进展

2.3.1　南极固定冰物质平衡过程

固定冰边缘区是固定冰区和开阔水域的过渡区，该区域由于直接承受开阔水域的动力作用，夏季消融速率较沿岸固定冰大。图 2-8 给出了 2005 年 12 月 18 日由船侧 CCD 监测技术测得的固定冰边缘区冰厚沿纬度的变化。由图可见，固定冰边缘区冰厚从开阔水域往岸延伸逐渐增大，而冰厚的离散程度从开阔水域往岸延伸逐渐减小。冰厚离散程度是固定冰边缘区复杂的热力学和动力学共同作用下的结果；同时，固定冰边缘区使来自开阔水域的动力学作用发生衰减，海冰消融受动力学作用的影响随向岸延伸逐渐减小，所以边缘区越靠近固定冰区，其冰厚离散程度越小。

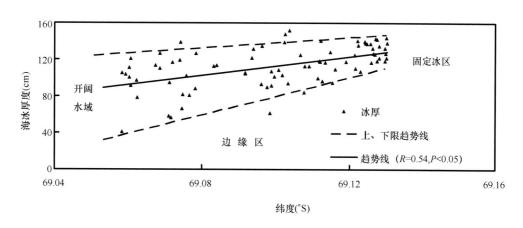

图 2-8　海冰厚度随纬度的变化

海洋动力学作用及海冰热力学的消融使固定冰边缘线迅速向岸退缩。此区域固定冰的边缘线2005 年 12 月 18 日—2006 年 1 月 14 日向岸退缩了 20.9 km，观测期间退缩速度先增大后减小。开始阶段退缩速度的加快是气温升高、太阳辐射增强、固定冰厚度减小等因素共同作用下的结果，而后期退缩速度的减小可归因于中山站沿岸搁浅冰山妨碍了破碎浮冰向北漂移，从而限制了边缘线向岸退缩。固定冰边缘线向岸退缩，开阔水域离岸距离快速减小，开阔水域吸收的太阳辐射能量可以在潮汐和潮流的作用下通过水平对流传递到沿岸固定冰区，对固定冰消融作出贡献。所以，夏季固定冰消融加快了边缘线向岸退缩；同时，固定边缘线向岸退缩促进沿岸固定冰融化，这是一个正反馈过程。

2005 年 11 月下旬中山站附近固定冰生消达到平衡，厚度达到最大，与南极海冰范围达到最大值的时间相比滞后 2 个多月。这说明与相同海区浮冰比较，固定冰具有冰季较长、厚度较大等特点。图 2-9 给出了 2005 年 11 月 20 日—2006 年 1 月 6 日气温、观测断面 C 冰厚，以及 2005 年 11 月 20 日—12 月 29 日测点 B 深度 1.70 m 处海水温度的变化过程。根据海冰融化速率随时间的变化，可将观测期间大致划分为 3 个阶段：2005 年 11 月 20—26 日为生消平衡期，冰厚变化不大；11 月 26 日—12 月 17 日为缓慢融冰期，这期间平均消融速率为 0.9 cm/d；12 月 17 日以后为快速融冰期，这期间平均消融速率为 1.8 cm/d。在消融过程中，观测断面的厚度差异逐渐加大。

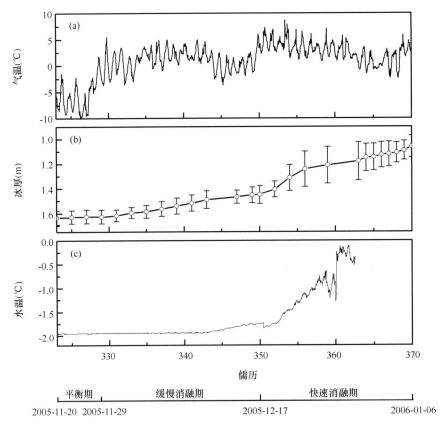

图 2-9　夏季中山站气温、固定冰冰厚及深度为 1.7 m 水温的变化过程
（b）中的误差线表示观测断面冰厚的标准差

2005 年 11 月 26 日以后，观测区域固定冰由于气温的持续偏高而逐渐融化。12 月 17 日以前，冰面裂缝较少，受海冰的隔热作用，海水升温速度平缓，海冰消融速率较低。12 月 13—17 日期间，由于气温相对较低，海冰消融变缓。12 月 17 日以后，气温快速升高，之后保持较高的水平；而且

17—18 日前后是大潮日，在动力和热力的共同作用下，观测区域海冰裂缝逐渐增多。裂缝处海水直接暴露在空气中，海水对太阳辐射的反照率只有海冰的 10%。这使得海水吸收的太阳辐射迅速增加，所以 17 日以后冰底海水温度迅速升高，海冰消融速率明显加大，固定冰进入快速融冰期。12 月 26—27 日的水温突变归因于测量点海冰的完全消融，出现了直径约 0.5 m 的融水坑，水体开始与大气发生直接的热交换。

2006 年 1 月 31 日—2 月 2 日首次出现了固定冰开化后连续 3 d 日均气温低于海水冰点温度（-1.9℃）的天气。2 月中旬海水开始重新冻结，但有夜长明消现象。内拉峡湾是半封闭浅水区，受外海域动力作用影响较小，初冰期海面比较平静，冻结从南侧湾顶向外扩展。内拉峡湾相对其他区域早 2～5 d 出现水面冻结的现象。内拉峡湾相对其他区域较早形成连续冰层，初冰期海冰厚度也略大于其他区域。所有观测区域至 3 月 5 日均形成连续冰层，从 2 月 3 日起至形成连续冰层的冻冰度日为 63.6℃/d。

图 2-10（a～d）给出了 2006 年 2 月下旬—12 月下旬中山站气象站观测到的向下太阳总辐射、风速、气温以及进步 2 站观测得到的降雪量。2006 年中山站平均气温为 -9.6℃，与 1989—2006 年的多年平均值相比偏高 0.4℃。最低月平均气温出现在 7 月，为 -18.6℃；最高月平均气温出现在 1 月，为 0.4℃。而年最低气温出现在 7 月 28 日，为 -30.2℃；年最高气温出现在 1 月 5 日，为 7.6℃。冬季在 2～3 d 内的气温变化可以超过 10℃，气温的波动范围强于夏季。然而受太阳辐射影响，春季和夏季气温的日内变化则强于冬季。中山站地区为大陆性气候，降水形式主要为降雪，降雨只在 1 月出现，而且降雨量一般很低，可以忽略不计。

图 2-10（e～h）给出了 2006 年观测断面 S3 测得的雪厚、冰表面、冰底面及冰生长率的变化。每次降雪过程，其后都会伴随大风天气。因此尽管 3—12 月的降雪总量达到 2.12 m，风吹雪作用使得断面 S3 的雪厚在 2.0 cm 上下波动。雪厚序列中每个峰值均对应着一个降雪过程，风吹雪作用使雪厚序列的峰值持续时间不超过 5 d。7 月 30 日夜间—8 月 1 日凌晨出现了观测期内最强的降雪过程，断面 S3 的雪厚最大值出现在 7 月 31 日，为 11.4 cm，而其后的风吹雪作用使断面 S3 的雪厚至 8 月 2 日迅速降到 1.5 cm。

2006 年断面 S3 固定冰厚度 11 月 20 日达到最大，均值为 174.1 cm，其后，海冰逐渐融化。达到最大厚度的时间与 2005 年一致，但均值大于 2005 年（167.0 cm）。由于冰面没有雪冰形成，可以利用断面 S3 的冰底面变化计算得到冰生长率。月平均生长率 5 月最大，为 1.1 cm/d。冰底 11 月 20 日开始融化，至 12 月 18 日，底部平均融化速率为 0.8 cm/d，等价的潜热通量为 20 W/m²。11 月 27 日，冰面积雪完全融化。冰面 11 月 29 日开始融化，与冰底相比滞后 9 d。其后，海冰表面逐渐出现蜂窝状粗颗粒的海冰，局部海冰在深度 5～10 cm 处出现"次表层融化"现象。

气温和太阳辐射的日内变化都可能使海冰生长率出现日内变化。为分析海冰生长率的日内变化及其季节差异，将仪器的观测期（3 月 30 日—9 月 21 日）分成 3 个时期：第 1 时期为极夜前（3 月 30 日—5 月 26 日）；第 2 时期为极夜（5 月 27 月—7 月 23 日）；第 3 时期为极夜后（7 月 24 日—9 月 21 日）。根据磁致位移冰/雪厚度测量仪的观测数据（每天 8～12 次），将上述各个时期每天的海冰生长按 8 个时间段进行累积计算，计算结果如图 2-12 所示。极夜期间各个时间段的海冰生长率较为平均，极夜前和极夜后的日内变化比较明显，海冰生长率最小值出现在 12：00—15：00 时段，并有两个明显的峰值：一个出现在凌晨时段；另一个出现在傍晚时段。可见太阳辐射的确通过直接（对气温产生影响）或间接（进入冰内的光通量）的作用影响着海冰的生长。由于海冰内的卤水会产生"热库效应"，当某一深度的冰层发生能量收支不平衡时，该冰层温度并不马上发生变化，而是通过结晶盐析出或融化以达到新的平衡，冰内热传导通量和冰生长率的变化滞后于气温的变化。

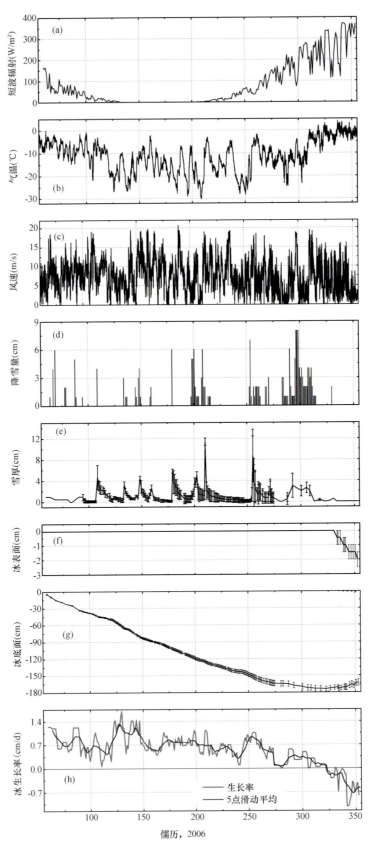

图 2-10　日均向下太阳总辐射、时均气温、时均风速、日降雪量、断面 S3 雪厚，
冰表面、冰底面及冰生长率的变化

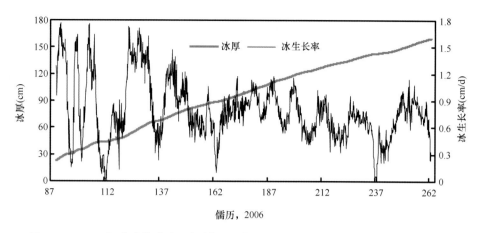

图2-11 2006年磁致位移冰/雪厚度测量仪的冰厚观测值以及由此得到的冰生长率

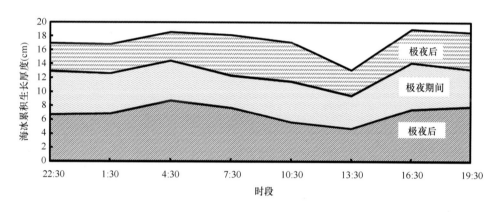

图2-12 不同时期各时段海冰累积生长厚度

海冰生长期冰密度并没有明显的变化，但在融冰期，冰密度有逐渐减小的趋势。2006年11月1日、11月18日、11月30日和12月30日冰芯的平均密度分别为0.920 g/cm³、0.914 g/cm³、0.895 g/cm³、0.882 g/cm³。另外，海冰表层的密度相对较小，水面以上部分海冰密度在0.841~0.917 g/cm³之间，水面以下部分海冰密度在0.893~0.930 g/cm³之间。水面以上部分之所以密度较小，与该层孔隙率较大有关，该层长期处于水线以上，在气温比较高的条件下，容易发生重力脱盐。根据对冰芯的层理观测，冰芯上部约8 cm的厚度层为粒状冰。

根据Eicken（1992）的定义，海冰盐度廓线垂向分布可分成4类："C-型"、"?-型"、"I-型"及"S-型"。图2-13给出了2006年采集的10根冰芯的盐度测量结果及海冰生长率随深度的变化。除了No.10冰芯外，其他冰芯的盐度廓线呈"?-型"分布，也就是说，海冰盐度从冰面到冰底的变化趋势为：低—高—低—高。No.10冰芯的盐度廓线呈"I-型"分布，其冰底盐度较高，其他深度层盐度都小于3。所有冰芯表层（0~0.150 m）盐度都较低，约为3。实验室盐水人工冻结冰和天然海冰的测量结果均表明初冰期冰层快速生长能使更多的盐分包裹进冰体（Wettlaufer et al., 1997; Notz and Worster, 2008），所以1年生海冰的盐度廓线一般呈"C-型"分布（Eicken, 1992）。中山站附近固定冰表层盐度偏低可能与当地3月的气温偏高有关。2006年3月中山站地区气温大多数时间高于-5℃，同时冰温也较高。Golden等（1998）的"5-定律"认为当冰温高于-5℃且盐度也高于5时，海冰晶格容易被破坏，重力对卤水的作用大于晶格的约束，重力脱盐明显。因此可以判断初冰期必定发生较明显的脱盐过程。融冰期，海冰盐度明显降低。2006年11月18日、11月30日和12月30日冰芯的平均盐度分别为5.0、4.0和2.3；盐度廓线由"？-型"发展成"I-型"（No.10）。总的来说，海冰盐度与海冰生消过程有关，快速生长能从海水中获得更多的盐分；然而海冰盐度也受冰内热力历史的影响，冰温较高时，重力脱盐作用得以增强。因此很难将海冰盐度廓线与海冰生长速率随深度的变化建立一一对应的联系。

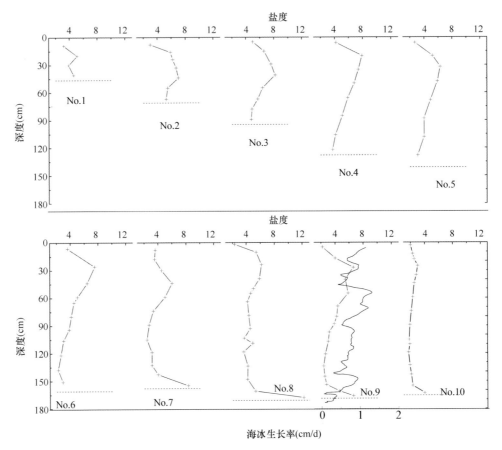

图2-13　冰芯盐度廓线
虚线为冰底位置；实线为冰生长率随厚度的变化

图2-14给出了2006年3月30日—12月12日中山站附近固定冰冰内温度的季节变化。生长期海冰温度从表层到底层有明显的升高趋势，但在融冰期，温度的垂向变化趋势变得相对复杂，表层温度有可能高于底层温度。另外，受气温波动的影响，表层的波动性较高，底面温度始终与海水的冻结温度保持一致，约为-1.95℃。在海冰生长期，冰内温度廓线大多数时间接近于线性。然而当出现气温明显升高时，海冰表层温度随之升高；冰中间层温度变化相对滞后，出现相对"冷中间层"，冰内热传导方向发生改变，热通量可以从海冰表面和底面向中间层传递。10月后随着温度升高，冰内温度也逐渐升高。然而同样由于冰内卤水的"热库效应"，季节性的冰温升高相对于季节性的气温升高同样存在滞后，滞后时间随深度的增加而增加。融冰期，上层海冰温度可以上升至其盐度所决定的融点温度，接近于0℃，高于当地海水的冻结温度，可见海冰的生长过程和消融过程是不可逆的。其机理可以解释如下：当冰内温度升高时，由多相物质组成的冰体会发生显著的相变化，冰内卤水泡逐渐相互连通（Cottier et al.，1999），促进冰内重力脱盐，盐度降低，导致其融点高于海水的冻结温度。

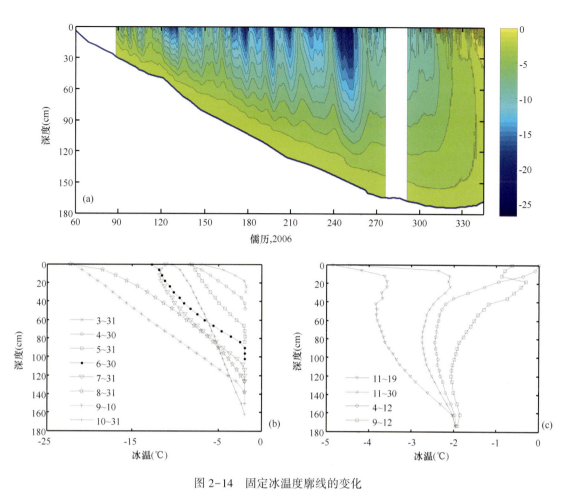

图 2-14　固定冰温度廓线的变化

（a）中蓝色实线表示冰/水界面；（b）为生长期海冰温度廓线；（c）为融冰期海冰温度廓线

1982 年 McPhee 和 Untersteiner 提出了利用海冰质量平衡和冰内温度廓线的观测数据基于冰底能量平衡关系估算冰底海洋热通量的方法（McPhee and Untersteiner，1982）。该方法使用时只需海冰自身的热力学参数观测值，如冰底位置、冰温度和冰盐度等，可称之为剩余能量法（季顺迎和岳前进，2000）。

图 2-15 给出了计算得到的冰底热传导通量（F_C）、等价融解潜热通量（F_L）、感热通量（F_S）及冰底海洋热通量（F_W）。大部分时间里，冰底海洋热通量主要由热传导通量和融解潜热通量这两个符号相反的通量控制。热传导通量总体上从 4—12 月逐渐下降，到 12 月中旬由于冰内温度接近于等值线，热传导趋于 0 W/m²。生长期，冰底参考薄层由于冰生长逐渐远离冰/水界面，冰温总是逐渐降低，所以感热通量总为负值。冰厚较小时，冰底温度对气温的响应度较高。当发生大幅度降温时，冰生长率明显增大，冰底参考薄层远离冰/水界面的速度加快，冰底温度也随之迅速下降，感热通量增大，其绝对值可达 20 W/m²。随着冰厚的增加，冰底温度对气温的响应度降低，前者的变化率随之逐渐降低，5 月以后感热通量的绝对值均小于 5 W/m²。进入融冰期，冰温逐渐升高，感热通量符号发生改变，变为正值。因此，冰底感热通量对海洋热通量的贡献主要表现在秋季。等价潜热通量的季节变化是海冰生长率季节变化的再现，秋季生长率较大，等价潜热通量也较大，之后，随着冰厚增大，生长率下降，等价潜热通量随之下降。进入融冰期，等价潜热通量符号变为正值。从剩余能量法的角度上说，夏季对冰底海洋热通量贡献最大的是等价潜热通量。

秋季由于冰厚较小，冰生长率和冰底温度变化率对气温变化十分敏感，随气温变化的波动幅度较大。所以计算得到等价潜热通量和感热通量的波动性也比较大，这导致了秋季海洋热通量可以在 $7\sim18$ W/m² 范围内变化。从秋季开始，冰底海洋热通量逐渐下降，9 月达到最低，10 月依然维持较低水平，之后逐渐升高。冰底海洋热通量从初春至夏季的上升速度比从秋季至初春的下降速度大得多。中山站附近固定冰冰底海洋热通量的季节变化过程与普里兹湾海冰密集度的季节变化过程类似，海洋热通量最小的月份（9 月）对应的正是普里兹湾海冰密集度最大的月份。初春往后，海洋热通量的快速上升可能与以下因素有关：①普里兹湾海冰生长率下降，冰底热/盐的垂直对流强度减弱，使得相对暖和的绕极深层水可以达到沿岸固定冰区，导致冰底海洋热通量增强；②普里兹湾海冰密集度下降、海冰边缘区向岸退缩、冰内出现裂缝或水道、冰面积雪和散射层融化以及反照率下降，都会增加海水吸收的太阳短波辐射，以致增强冰底海洋热通量。

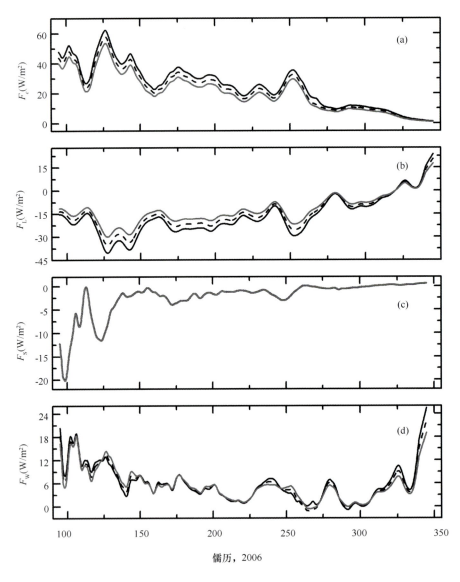

图 2-15　热传导通量 F_C、融解潜热通量 F_L、感热通量 F_S 和海洋热通量 F_W 的变化

2.3.2　南极固定冰反照率变化特征及其影响因子

澳大利亚南极考察队曾先后于 1988 年、1996 年和 2000 年开展了 3 个南极航次走航船基辐射观测，获取了观测对象包括固定冰在内的东南极夏季海冰反照率特征值（Bradt et al.，2005）。美国学者使用一个南极航次的走航辐射观测数据，探讨了反照率和海冰类型及海冰密集度的关系（Wendler et al.，2000）。德国也于 2012 年底在南极诺迈耶Ⅲ站附近开展了固定冰的夏季光谱辐射观测（Hoppmann and Nicolaus，2012）。基于 2010 年春季（8 月 25 日—12 月 15 日）南极中山站沿岸固定冰观测结果，首先结合反照率及表面属性变化，探讨了影响固定冰反照率的关键因子。响应于春夏过渡的季节变化，观测期间的表面反照率变化呈显著下降趋势，平均反照率从 9 月的 0.80 下降到 12 月的 0.62。

基于相关和偏相关分析确定雪厚和表面温度对反照率变化的影响程度，结果表明，雪厚是影响反照率变化的重要因子，表面温度仅对融化渐进期的反照率有一定影响，对干雪期反照率并不敏感。除通过改变表面雪厚间接影响反照率外，降雪、吹雪（大风）等天气事件也通过影响表层的雪粒属性改变反照率。降雪时的反照率比其发生前后平均增加 0.18。由于南极大陆沿岸地区降雪及阴天出现次数较多，因此需要在局地反照率参数化中考虑它们的影响。吹雪对反照率的影响则比较随机，存在使反照率显著增加或显著减少两种可能性，很难考虑到参数化方案中。

观测期间的反照率日变化幅度可达 0.20 以上，同整个观测期间的平均反照率变化数值相当。结合 3 组（6 d）典型个例分析了厚干雪、薄干雪和湿雪的情况。6 d 的日变化曲线比较相似，反照率最大值和最小值分别出现在凌晨和下午。上午反照率以大约 0.006/° 的速率随太阳天顶角增加而递减，这个反照率变化速率同波罗的海观测结果（Pirazzini et al.，2006）相当，但比南极内陆冰观测结果（0.01/°）偏低，比南极内陆干雪结果（0.003/°）（Pirazzini，2004）偏高，反映了海冰、内陆冰雪表面的不同属性。下午反照率则变化很小，且主要取决于积雪厚度大小。太阳天顶角的日变化使反照率产生上午下降、下午回升的日循环变化，但白天的积雪变性过程使反照率减小，并推迟了反照率在下午回升的时间。前人研究指出，忽略太阳天顶角对反照率的影响会导致较大的辐射日变化和云强迫估算误差；但由于雪晶形状和大小通常未知，对反照率和太阳天顶角的函数关系，目前仍缺少比较成熟的处理办法，气候模式使用的反照率参数化方案都没有考虑太阳天顶角变化的影响（Curry et al.，2001）。我们提出了一组表述厚干雪、薄干雪和湿雪反照率日变化的参数化公式，通过太阳天顶角的线性函数隐式考虑进了积雪变性的影响。分成如下 3 种情况。

对厚干雪（$h_s \geqslant 3$ cm）：

$$\alpha_{sm} = \max\{0.74,\ 0.67 + 0.006(z - 45)\}$$
$$\alpha_{sa} = 0.74 \tag{2-1}$$

对薄干雪（$h_s < 3$ cm）：

$$\alpha_{sm} = \max\{0.64,\ 0.61 + 0.006(z - 45)\}$$
$$\alpha_{sa} = 0.64 \tag{2-2}$$

对湿雪：

$$\alpha_{sm} = \max\{0.51,\ 0.48 + 0.006(z - 45)\}$$
$$\alpha_{sa} = 0.51 \tag{2-3}$$

其中，α_{sm} 和 α_{sa} 分别指上午和下午的反照率，z 是太阳天顶角，线性方程给出了 $z < 80°$ 时的晴天反照率变化。图 2-16 给出了参数化和观测结果的对比。方程（2-1）、（2-2）和（2-3）在 6 个晴天的均方根误差（RMSE）分别是 0.04、0.06、0.04、0.07、0.10 和 0.03；相比之下，若反照率选

为常数，如 Brandt 等（2005）给出的南极海冰反照率特征值，即晴天时干雪 0.81、湿雪 0.75，则相应的 RMSE 为 0.24、0.22、1.00、0.97、1.42 和 1.49，说明常数反照率将会导致显著高估，特别在太阳辐射最强的近中午时间，这给表面辐射平衡计算造成很大偏差。反照率日变化受太阳天顶角、积雪变性、雪晶形成/升华等因素的共同影响，由于没有雪/冰颗粒大小或密度的精确测量，作为一个简单近似，通过反照率和太阳天顶角的线性函数隐式考虑了积雪变性的影响，可应用于冰面积雪尚未发生显著融化的情况。相比常数反照率方案，这组参数化有效改进了对反照率日变化的估算。这组公式是否也适用于其他时间尚未经历显著变性过程的积雪表面，我们将通过后续工作加以验证。

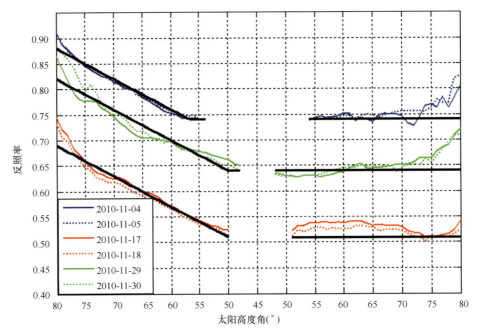

图 2-16　反照率日变化曲线

左侧为上午值；右侧为下午值；直线段是参数化方程的计算结果

最后需要指出的是，以上工作都基于 2010 年春季观测结果，所作分析和结论有一定的局限性。为了获取可见光区具体的光谱反照率变化，自 2013 年起在中山站增加了基于德国 TriOS 公司高频辐照度计（Ramses ACC-VIS）的固定冰表面光谱辐射观测，同时也增加了更多的自动观测参数（如雪厚、冰厚、表面温度、涡动通量等），以获取更长、更为连续的时间序列变化，并进一步评估反照率参数化，特别是考虑雪厚和冰厚变化的复杂参数化方案在南极沿岸固定冰区的表现。

2.3.3　南极海冰航空遥感观测研究

南极海冰分布在大陆周边，在来自南大洋开阔水域波浪的作用下发生破碎，形成了大量的海冰边缘区。从大尺度来讲，海冰边缘区是海冰与海洋、大气进行热交换活动最敏感的区域，也是揭示海冰和海洋、大气交换过程的关键区域。从小尺度来讲，海冰边缘区是海冰受到海洋动力作用最频繁的区域，特别是海冰和波浪的相互作用，是海冰动力学研究的一个热点（Squire，2007）。

利用航空遥感技术对南极海冰进行观测，是研究南极海冰分布及变化的重要手段之一。进行海冰航拍时，通常将摄影设备固定在直升机外侧，镜头向下，同时配置 GPS 设备以便同时记录当地经纬度和飞行高度。从航拍图像中一般可以提取海冰密集度及海冰的尺寸，与密集度相比，后者的计算过程要复杂一些。首先，拍摄区域的实际尺寸必须已知；其次，在图像处理过程中，除了冰、水分离外，还要确定单个浮冰的边缘线，即浮冰的个体识别（Lu et al.，2012）。

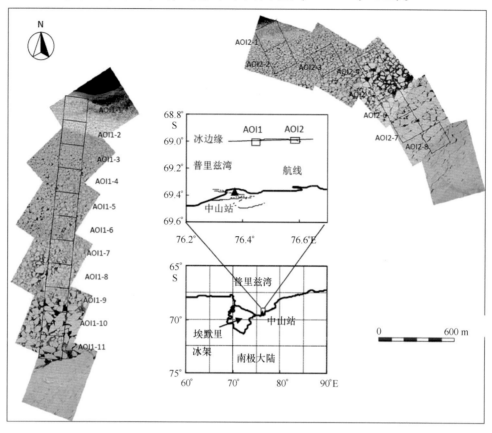

图2-17 普里兹湾海冰边缘区航拍图像

2004年中国第21次南极考察期间自2004年12月13日到达普里兹湾后即利用该技术对海冰分布进行了观测。时值南极夏季，海冰快速消退，中山站前海冰边缘线从冬季的66°S左右退缩到69°S附近；海冰航拍照片中的冰裂缝和冰间水道很容易辨认。为说明普里兹湾夏季海冰边缘区内破碎海冰的变化情况，选择了2004年12月30日直升机飞入和飞出冰边缘区时的两组航拍图像，当时飞行高度600 m，每张图像拍摄的实际区域大小为600 m×450 m，将图像进行拼接，得到图2-17所示的海冰边缘区连续图像（Lu et al.，2008）。图2-17中左右两侧的图像即为研究区域，两处海冰边缘区的宽度分别为2 123 m和1 544 m，相距约4.6 km。沿从开阔水到海冰的变化方向，将左侧图像划分成11个正方形子区，见图中AOI1-1~AOI1-11；将右侧图像划分成8个正方形子区，见图中AOI2-1~AOI2-8。各正方形子区对应的实际尺寸均为193 m×193 m。

利用图像处理技术，提取了图2-17中共19个子区内所有破碎海冰的尺寸和形状参数，包括面积、平均钳测直径和圆度。图2-18给出了各子区内破碎海冰数量和几何参数平均值的变化情况。为了同化不同宽度边缘区内的变化，图中横坐标定义为相对距离，即到开阔水的距离与边缘区总宽度之比，0对应开阔水边缘，100%对应边缘区内侧海冰边缘。

从图2-18可以看到，在面积相同的子区内，破碎海冰的数量随着远离开阔水而减小；相应的尺寸则在增大。而且面积和平均钳测直径其大小虽然有差异，但其变化趋势却非常相似，都经过了增长、平稳、再增长的过程。这种规律性变化在早期的极地考察中已经被注意到，并被认为是海冰和波浪相互作用的结果（Squire and Moore，1980）。另外，在边缘区内，随着冰间的相互摩擦，破

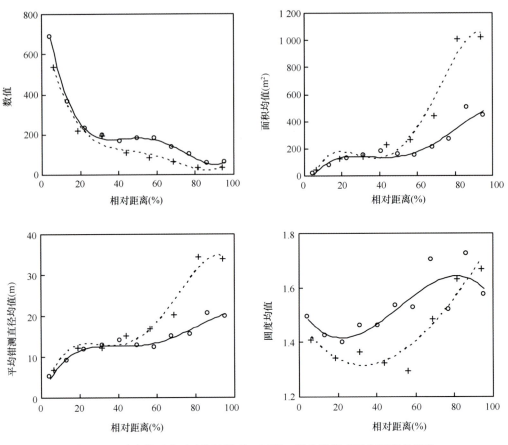

图 2-18　冰边缘区内破碎海冰数量、面积、平均钳测直径和圆度的变化

o 为 AOI1 区观测记过；+ 为 AOI2 区观测结果

碎海冰边缘的棱角慢慢消失，轮廓线逐渐接近圆形，因此，破碎海冰圆度的改变能够说明磨损程度和冰间相互作用的变化（Devinder，1998）。图 2-18 显示随着与开阔水距离增加，破碎海冰圆度先减小后增大，且其最小值出现在过渡区，最大值出现在内部区。这表明边缘区中破碎海冰磨损最充分的区域就是其尺寸相对稳定的过渡区。

以上分析了海冰边缘区内破碎海冰尺寸和形状变化的平均水平。实际上，在外力作用下，海冰会破碎成大小和形状各异的碎片，其尺寸往往覆盖一定的范围。为此，需要对一定范围内破碎海冰的特征尺寸进行累积频率分析。选择较为常用的平均钳测直径为特征尺寸，对图 2-17 中 AOI1 和 AOI2 内各正方形子区内的破碎海冰尺寸进行累积频率分布，结果如图 2-19 所示。

从图 2-19 中可以看到，分布曲线在中间段都有很明显的弯曲趋势，而分形分布在双对数坐标系下应该表现为直线，与之稍有差别。由于存在这种与幂函数分布的偏离，采用一种改进的幂函数分布及威布尔分布来对其进行拟合。改进的幂函数分布由 Burroughs 和 Tebbens（2001）首先提出，它与由 Pickering 等（1995）提出的通过修正截断误差来获取理想 D 值的方法是等效的，但更容易实现。这种改进的分布可表示为：

$$\frac{N(>L)}{N_0} = C_0(L^{-D} - L_r^{-D})　\qquad(2-4)$$

其中，$N(>L)$ 表示特征尺寸大于 L 的碎冰数量；N_0 表示区域内可计算的碎冰总数；C_0 和 D 是通过与测量数据进行曲线拟合得到的值。与标准幂函数相比，改进的函数中多了一个参数 L_r，它是修正与理想幂函数偏离的关键参数。

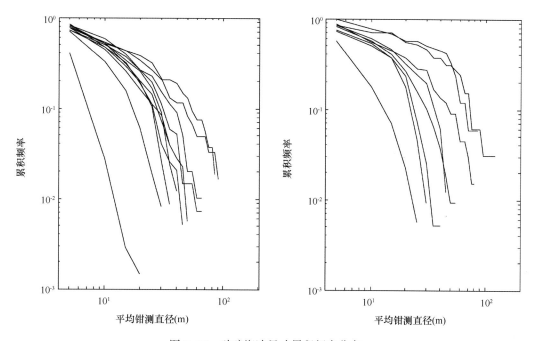

图 2-19 破碎海冰尺寸累积频率分布

左图为 AOI1 观测结果；右图为 AOI2 观测结果

威布尔分布可表示为：

$$\frac{N(>L)}{N_0} = \exp\left[-\left(\frac{L}{L_0}\right)^\gamma\right] \tag{2-5}$$

其中，γ（>0）为形状参数；L_0（>0）为尺度参数。

采用以上两种不同的函数分别对图 2-19 中各子区内的破碎海冰尺寸累积频率进行拟合，得到的相关系数都在 0.96 以上，这说明这两种函数与航拍测量数据都吻合得很好。因此，为了得到破碎海冰尺寸分布的变化规律，图 2-10 给出了两函数中各参数的变化情况，并寻找它们与海冰边缘区内冰与波浪相互作用的联系。

在图 2-20 中，可以认为 L_r 的物理意义就是代表了破碎海冰尺寸的最大值。由此可见，图中 L_r 随着与开阔水距离的增大而增大，就说明了冰边缘区中破碎海冰尺寸的最大值会随着与开阔水距离的增大而增大。这种破碎海冰最大尺寸的增大是由于波浪衰减造成的。而 L_0 则与浮冰的平均尺寸吻合，L_0 也随着相对距离增加而逐渐增大，这与破碎浮冰平均尺寸的变化规律非常吻合。

D 和 γ 是无量纲参数，它们都随着与开阔水距离增加而减小。对于分形维数 D 的变化，一般认为是破碎过程中约束条件的差异造成的，较高的约束条件对应着较大的分形维数（Weiss, 2001）。γ 是 Weibull 分布中的形状参数，它表现的是累积频率分布中数据的离散程度（Shih, 1980）。无限大的 γ 值对应的是相同尺寸组成的分布，而在一定范围内不同尺寸组成的分布则对应较小的 γ 值。γ 逐渐减小说明随着与开阔水距离的增加，破碎海冰尺寸分布的范围也逐渐增大。

2.3.4 东南极普里兹湾海冰厚度观测研究

普里兹湾是位于东南极约 76°E、69°S 附近的海域，我国的南极科学考察站之一的中山站就位于普里兹湾的南部。我们的考察测线随"雪龙"船航线（图 2-21），记录范围为 63°27.025′S，82°45.887′E ~ 69°11.562′S，76°11.046′E，观测时间约为 50 h 22 min，跨越纬度 5°44′32″。测线上

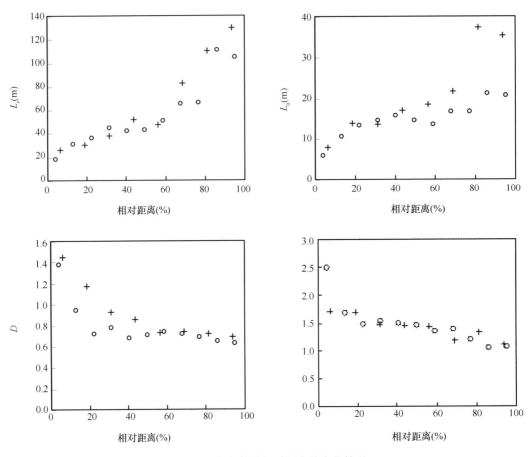

图 2-20　各参数随相对距离的变化情况

海冰密集度（接岸固定冰除外）的范围为 40%~90%，海冰类型主要是 1 年冰，浮冰大小在 20~100 m 之间，大部分海冰都被几分米的雪覆盖。为了达到更高的分辨率，我们采用 HMD 模式观测，其主要内容包括：①随"雪龙"船航线确定测线，以船载 EM31 方式在冰面上进行电磁感应海冰厚剖面探测工作；②采用激光测距仪辅助 EM31，并获得海冰密集度及冰的形态资料；③利用"雪龙"船停泊作业的机会，登上海冰，钻取海冰冰芯，实测海冰厚度。

此外，我们需要海冰的实际厚度数据来校验 EM31-ICE 与激光测距仪组合探测海冰厚度结果的质量。基于 ASPeCt 国际计划中制定的海冰厚度观测规范获取冰区测线上的实际冰厚数据。

此外，在冰面应用电磁感应技术进行海冰厚度探测是本研究重要内容之一，主要由电磁感应测量和钻孔测量组成。现场主要工作地点为中山站附近的内拉峡湾海域，电磁感应方法探测海冰厚度以人背仪器的方式进行。除此以外，还对海冰冰温、密集度及海水电导率等参数做了调查。考虑到人员与设备安全，内拉湾冰情的变化直接决定了各观测项目是否能够执行及其执行的时间。2005 年 12 月 26 日在内拉湾进行冰情观察发现，湾内已经出现大量冰面的融池，初步视查，海冰厚度在 1 m 左右，说明冰面的工作时间十分有限。随着观测的进行，融池迅速增多并连接成片，冰面上出现融化到底的冰洞并越来越大，岸边的水带逐渐加宽，潮汐缝逐渐变大，1 月 6 日结束内拉湾的冰厚测量工作。

冰面电磁感应观测内容包括：①在中山站附近海冰区域，布置测线，实施电磁感应海冰厚度观测，测线布置视现场的海冰情况而定；②在不同区域内选取代表性的位置进行冰面钻孔实测冰厚，实现与电磁感应测量的比对；③在不同区域采集海水样品，进行电导率及盐度测量。

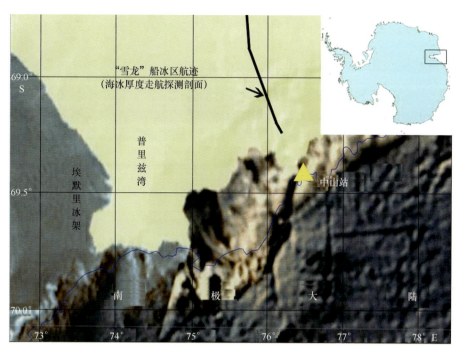

图 2-21 普里兹湾海冰厚度观测剖面

对于电磁感应技术观测海冰厚度，为了能够更精确地反演计算出海冰厚度，我们直接记录视电导率，即除了采集 EM31-ICE 读取的海冰厚度数据，还要采集 EM31 读取的视电导率数据。而且在测量过程中，选取一条典型测线，采用 HMD 和 VMD 两种模式进行海冰厚度观测，以对比这两种模式观测结果的精度。

首先在平整冰和变形冰等区域内选取典型位置，完成 87 个钻孔的测量，并在每个钻孔位置上采用 EM31 测量，观测视电导率 σ_a，通过这些测量建立内拉峡湾的海冰厚度与视电导率（σ_a/T_I）的关系。然后在不同范围内完成 49 个海冰厚度的钻孔测量，同时在相同的位置上采用 EM31 观测视电导率，用以对建立 σ_a/T_I 关系的验证和校准。

最后利用 EM31 高效率的优势，在不同区域内完成 3 条 400~490 m 不同长度的海冰厚度剖面（A、B 和 C，图 2-22）。每条剖面测量的同时采用手持 GPS 记录航迹位置。

鉴于中山站附近内拉湾地区海冰范围相对较小，代表性不够充分，需要在中山站外围增加观测剖面，获取更多的海冰厚度的数据，因此在 2005 年 12 月 29 日特至距中山站约 20 km 的冰面上完成一条长约 1.6 km 的测线，以分析区域性海冰厚度的变化。

图 2-23 和图 2-24 分别给出普里兹湾船载观测剖面原始数据实例及处理结果。其中，图 2-23 表示为 EM31 观测的仪器至海冰下底面距离值 H_E 和激光测距仪测定的至海冰上表面距离值 H_L，横坐标表示剖面长度。可以看出激光测距仪能够分辨冰表面粗糙度厘米至分米级，相反，EM31 给出的距离海冰下底面的距离却变化缓慢，而计算的冰厚是两个信号叠加的表现。在平整冰处，若海冰上表面和下底面的粗糙度相似，则可以看出电磁感应观测数据在空间变化上会存在一定损失。

需要说明的是，这里显示的走航观测剖面为"雪龙"号破冰船在接岸固定冰区内的观测结果，其中冰缝现象很少。对于破冰船在破冰过程中造成的冰缝，由于我们将仪器悬挂在距离船舷很远的位置而不受其影响。船载走航观测利用 ICE 直接记录仪器距离海冰下表面的距离，我们首先返算回视电导率，然后计算得到准确的仪器至海冰下表面距离。

采用 EM31 电导率仪在冰面上完成 3 条长距离剖面的视电导率观测记录，然后将视电导率数据

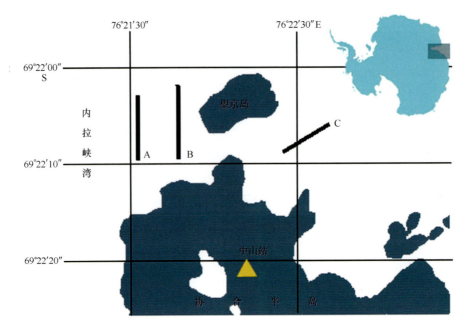

图 2-22　内拉峡湾应用 EM31 探测海冰厚度的剖面位置

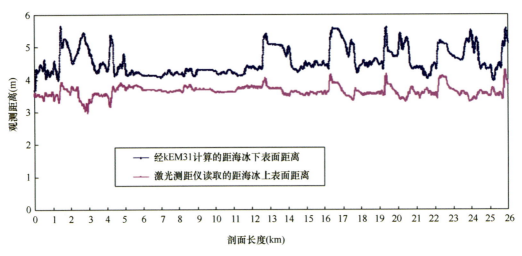

图 2-23　EM31 和激光测距仪南极走航观测过程中采集的原始数据

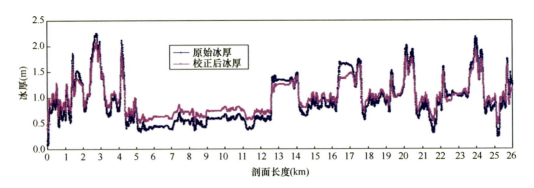

图 2-24　海冰厚度计算值与校正后的厚度值

换成厚度，即获得了一定范围内的海冰厚度。图2-25显示了A、B和C三条剖面的海冰厚度曲线。A剖面：该剖面总长约为420 m，其中大部分为平整冰，从图中可以看出平整海冰厚度在1 m以上。在150 m和340 m两处存在冰脊，且冰脊厚度很大，超出平整冰面近2 m。说明此处多为平整冰，在海冰发生动力过程时，可能是冰层重叠产生了零星冰脊。B剖面：该剖面上海冰厚度相对变化较为明显，其总长约为490 m。0~150 m处平整冰平均厚度约为1.3 m，150~250 m处存在变形冰脊，厚度达1.5 m以上，250 m以后的平整冰平均厚度约为1 m。可以看出该剖面上海冰表面的粗糙度较大。C剖面：该剖总长约为400 m，与A、B两剖面不同，该剖面布设在"望京岛"西侧。该剖面同样是大部分为平整冰，厚度约为1 m。在剖面末尾有一冰脊，厚度达1.5 m以上。与A、B对比可以表明，在"望京岛"东西两侧海冰形态基本一致，且厚度相差不大。

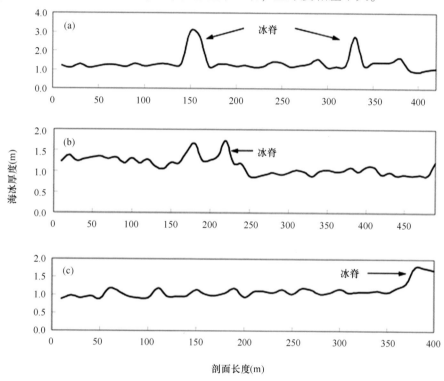

图2-25 内拉峡湾冰面电磁感应技术探测的海冰厚度剖面

2.3.5 冰区遥感和导航服务

海冰的高反照率、绝缘性、冻结与消融过程等影响着海冰覆盖区域的辐射平衡、能量平衡、温盐环流及区域生态系统，进而影响全球气候变化。近年来，在全球变暖的背景下，南极海冰范围非但没有减少，反而呈现出增加的趋势。这给各国开展南极科学考察和船只前往考察站进行物资补给与人员替换带来新的考验。

从2010年开始，国内海冰遥感研究人员为中国的南北极科学考察提供"雪龙"船冰区航行导航服务，为"雪龙"船安全顺利抵达中山站、维多利亚地提供了保障，2014年1月"雪龙"船被困期间，提供的脱困方案及时正确，为"雪龙"船脱困贡献了力量。"雪龙"船冰区航行导航服务工作使用ENVISAT-ASAR、RadarSat2 SAR、MODIS、HJ1A/1B及AMSR-E/SSMIS/AMSR-2反演的海冰密集度数据的等进行信息提取。"雪龙"船进入冰区之前，在宏观尺度上以AMSR-E/SSMIS/AMSR-2反演的海冰密集度数据为基础，分析数百千米范围内的往年海冰与当年的海冰冰情，为整个航线的规划提供参考信息。"雪龙"船进入冰区后，以 MODIS 数据为基础，分析海冰密集度大的区域，在不受云的影响下，可以规划航线，为"雪龙"船提供航线服务。由于 MODIS 数据受云影响严重，SAR 数据可以发挥不受天气条件限制的优势，在海冰密集度大的区域，分析水道与薄冰区，避开冰山，规划航线。在固定冰区，利用分辨率较高的 SAR 数据，分析固定冰区裂隙的分析，为海冰卸货提供安全可靠的线路。在中国第 28 次南极科考中，使用 ASAR 数据为"雪龙"船导航，提前发现了俄罗斯破冰船的破冰水道，使得"雪龙"船提前 1.5 d 抵达中山站，为后续科学考察与科研任务的开展赢得了时间。2013 年 12 月，普里兹湾遭遇特大海冰冰情，使用 RadarSat2 SAR 为"雪龙"船规划了 14 个航迹点，使得"雪龙"船仅用 2 d 时间就抵到中山站。2014 年 1 月"雪龙"船营救俄罗斯"绍卡利斯基院士"号后被困默茨冰架区域密集海冰区。利用 MODIS 与 SAR 数据详细分析了造成"雪龙"船被困 6 d 的阿德利湾地海域的海冰变化过程，并为关键脱困时期提供了脱困方案，使得"雪龙"船迅速脱离密集浮冰区，取得了巨大成功。

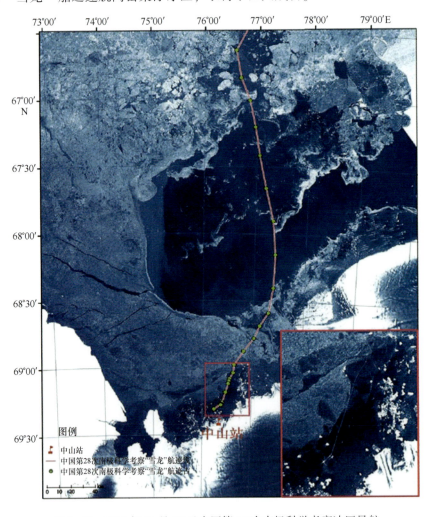

图 2-26　2011 年 11 月 29 日中国第 28 次南极科学考察冰区导航

两幅连续的图像显示了海冰边缘和密集度的快速变化以及"雪龙"船快速脱困的线路。

2.3.6　区域海冰-海洋耦合模式发展及其应用

外界强迫场或初始场的轻微扰动都极可能引起海冰厚度及密集度等特征量的极大改变。同时由

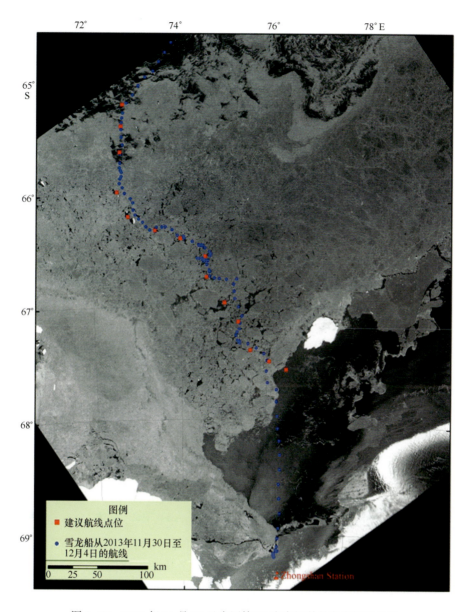

图 2-27　2013 年 11 月 30 日中国第 30 次南极科学考察冰区导航

于海冰变化过程的复杂性，使得目前海冰数值模拟结果存在相当大的不确定因素（Massonnet et al.，2011；Schweiger et al.，2011）。尽管如此，借助于耦合系统模式研究极区海冰，海洋及大气相互作用及气候效应是目前行之有效的一种手段。因此，结合观测结果，采用合理的冰海耦合数值模式准确地重现近年海冰变化特征，并研究其相关机制将有利于增强对未来气候变化的预测能力。

与大气、海洋数值预报一样，针对不同的应用及研究需求，海冰的数值预报存在不同的时间（及空间）尺度，从天气尺度预报、季节性预报到年代际预测。在极区，海洋、大气、海冰是一个有机联系的整体，理想状况下，数值模拟及预报自然建立在冰-海-气三者的耦合系统之上，然而由于物理过程的复杂性，其效果往往并不理想。对于天气尺度数值预报而言，由于目前高分辨率天气预报的相对成熟，以大气强迫为外部输入，驱动海冰或海洋，海冰耦合系统实现海冰的天气尺度数值预报更为有效，这是目前主流海冰短期数值预报系统所采取的方案。而对于季节性到年代际的海冰预报（预测）一般是结合气候系统模式及统计方法来实现，其更多的是具有战略意义。

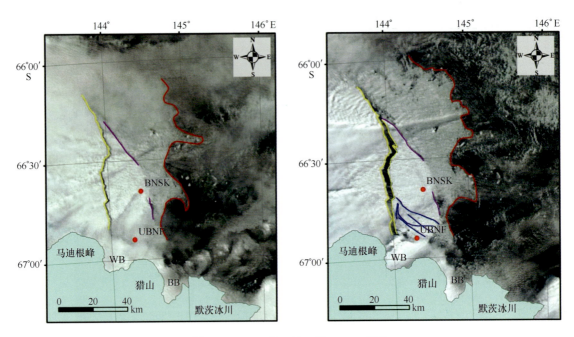

图 2-28　2014 年 1 月 7 日 MODIS 影像

此外，卫星遥感技术和其他观测技术的发展和成熟为我们提供了大量的时空准连续的观测资料，如被动微波遥感可提供准实时的海冰密集度数据，以及相当多的海洋剖面观测数据（如 Argo）。如何有效地利用这些数据获取有意义的信息是海冰数值预报面临的一个重要问题。数据同化是解决这一问题的有效手段。

目前正在进行的全球海洋环流与气候评估第二阶段的工作，主要目的在于建立高分辨率的全球海洋-海冰模拟与诊断系统，其中一个重点问题即提高极地冰海耦合过程数值模拟的精度（Menemenlis et al.，2008）。在该计划的基础上，我们发展了两极重点区域海洋-海冰耦合数值模拟系统，开展了极区上层海洋关键动力过程及海冰快速变化的数值模拟研究，并以此为基本框架，建立了极区海冰数值预报系统，初步实现了两极重点区域的海冰业务化数值预报。

海洋模式基于 MITgcm（Massachusetts Institute of Technology Global Climate Model），水平网格选用 C 网格，有限体积法差分，垂向选取地形 Z 坐标。但是同时采用切削网格技术，尽可能地拟合地形边界，使得模式通量保持守恒，从而保证模拟得到的结果不漂移。能够实现年际、年代际等大时间尺度过程的模拟（Adcroft et al.，2014）。

海冰动力学模块采用 Hibler（1979），热力学过程参考 Semtner（1976）零层热力学过程，这一热力学模块不考虑海冰的热容量。海冰表面热通量参考 Parkson 和 Washington（1979）的结果。由于传导热通量受海冰厚度影响较大，在 MITgcm 模式中，传导热通量的计算考虑次网格冰厚变化，即在一个水平网格中，传导热通量分为 7 组冰厚 $H_n = \max\left(h_{\min}, \dfrac{2n-1}{7}h\right)$，（$n \in [1, 7]$，$h$ 为网格平均厚度，$h_{\min} = 5$ cm）单独计算，整个网格的传导热通量由基于每组海冰厚度计算得到的热通量平均。

海洋与海冰模式通过界面通量的交换实现耦合，冰-海之间双向耦合，海洋向海冰模块提供表层水温、盐度、流场信息，而海冰模块则提供海冰密集度，海冰融化导致的淡水通量、热通量等信息。大气强迫场作为一个被动的系统驱动输入，其资料来源主要为国际上公开发行的再分析数据。模式中考虑径流的效应，由于缺乏数据，在数值实验中，径流数据通常采用气候态月季变化结果。

数据同化技术在海冰研究，尤其是在预报技术方面具有重要意义，也取得了不错的进展。从业务化应用方面看，已经实现了基于卡尔曼滤波的海冰密集度同化系统（Sakov et al., 2012），在一个针对加拿大沿岸海域的区域海洋-海冰耦合数值模式的基础上，实现了海冰及海洋数据的三维变分数据同化方案，在海冰预报能力方面有了显著提高（Alain et al., 2010）。为了改善耦合系统的稳定性及海冰数值预报的时效性，实现了基于联合 Nudging 和最优插值法的海冰密集度同化接口（Wang et al., 2013；Li et al., 2013）。

　　以上述海洋-海冰耦合模式为基础，开展了普里兹湾海冰模拟及模式的参数化改进试验，模式区域覆盖整个普里兹湾（50°~100°E，75°~55°S，图 2-29），采用球面坐标，水平分辨率为 1/6 度×1/12 度，垂向分为 50 层，为了更好地反映上层海洋，海冰热力及动力过程，表层网格加密。模式积分时间为 1995—2005 年，温度、盐度的初始场由 WOA05 资料插值得到。开边界处的海冰厚度、密集度及流场取自 ECCO2 全球积分结果。

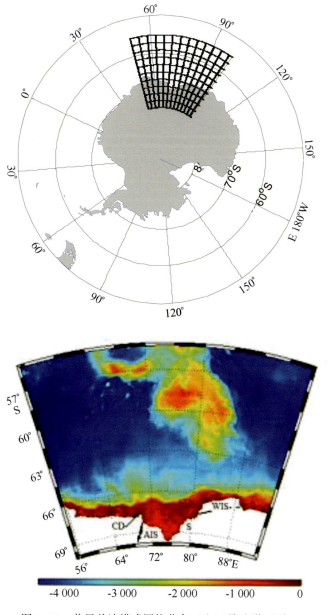

图 2-29　普里兹湾模式网格分布（上）及地形（下）

CD：达恩利角；AIS：埃默里冰架；S：中山站；WIS：西冰架

模式首先由 NCEP 月平均场驱动 5 年，海冰模拟基本可达到一个稳定态。在此基础上，以上述结果为初始态，以 1995—2000 年 NCEP 每天 4 次大气强迫场为输入，从 1995 年积分至 2000 年，以 2000 年模拟结果为基础探讨普里兹湾海冰的季节性变化。

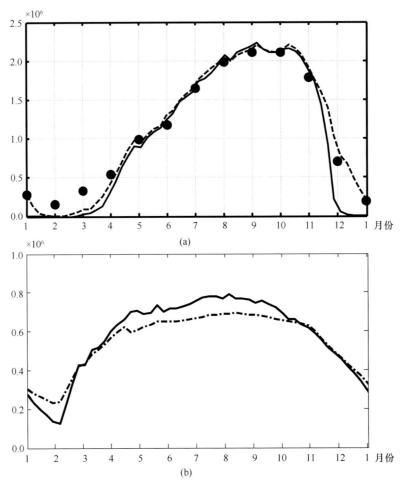

图 2-30　普里兹湾海冰范围（a）和平均海冰密集度（b）的季节性变化
虚线为观测值；实线为模拟值

海冰从每年的 2—3 月开始冻结，一旦开始，海冰密集度即迅速增加至最大值（4—5 月），这最大值（约 0.8）持续约半年时间，海冰从 11 月开始进入消融期，在 1—2 月达到年度最小值。与观测资料相比，模拟结果较好地捕捉到了区域海冰密集度的季节性演化，模拟结果夏季偏低，冬季稍微偏高。然而，整个海区海冰分布存在相当大的区域差异，这在区域平均的密集度资料中难以体现。

图 2-31 给出了普里兹湾夏季末（3 月初）及冬季末（10 月初）海冰密集度及厚度的空间分布。从 3 月海冰分布来看，夏季普里兹湾及外围几乎没有海冰存在，仅在 60°E 沿岸存在冰厚约几十厘米的海冰。而在冬季海冰鼎盛期，普里兹湾海冰北向可达 60°S，最北甚至达到 57°S，这与遥感资料是基本对应的。从 10 月初海冰厚度数据中可以看到一个有趣的现象（图 2-32），在西冰架东岸，海冰厚度最大可达到 3 m。这主要是受南极沿岸流（西向运动）和地形的共同影响，在西冰架东岸造成海冰的堆积，使得冰厚明显超过整个海区整体厚度（2 m 以内）。另外，在背风方向，海冰厚度分布形成斑点状（螺旋）结构，这主要是受海流的影响，南极沿岸流受西冰架的影响，在东

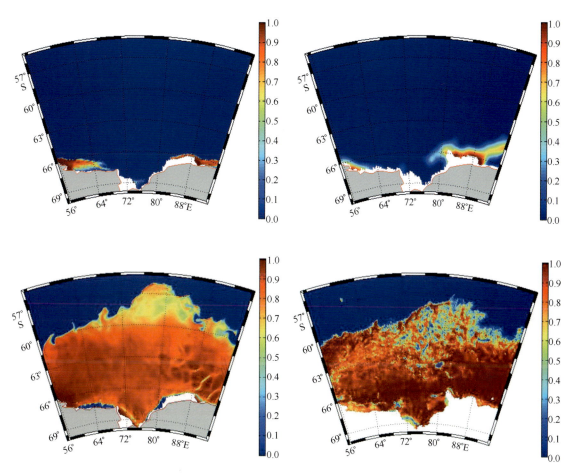

图 2-31 海冰密集度模拟与观测对比

左：模拟结果；右：观测结果

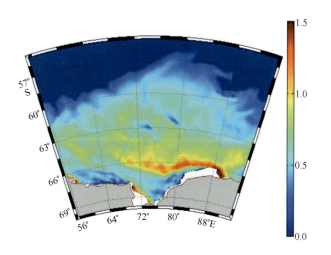

图 2-32 10 月海冰厚度分布（单位：m）

侧流向偏北，在脱离冰架后，又进一步沿固体边界流动，由于流速较大，形成涡旋甩落，这些运动的涡旋引起了海冰厚度分布的螺旋，呈斑点状结构。同时西冰架的存在，使得背风方向沿岸海冰厚度明显偏低，约 50 cm，该薄冰区与普里兹湾冰间湖密切对应。

冰间湖是南极地区冬季海冰的主要产区，受强烈的大陆沿岸下降风的影响，存在数十个典型的冰间湖，且以潜热冰间湖为主。有卫星图片显示，即使普里兹湾冰封时，湾内的埃默里冰架前缘仍保持大片无冰或薄冰的区域，即存在冰间湖。强劲的南极大陆下降风沿着冰架而下，不断地将新生成的海冰吹向外海，在沿岸形成无冰或薄冰水域，即冰间湖。冰间湖中大规模的结冰析盐过程构成对海洋的最强浮力强迫，在陆架水的增盐起到关键作用，有助于陆架水向南极底层水的变性。已有的 10 多年的卫星图片显示，埃默里冰架前缘冰间湖每年都会出现，且位置固定在埃默里冰架前缘的西部。这个位于冰架前缘的冰间湖是与冰架及其下的海洋直接相连的，与通常的陆地沿岸冰间湖有明显的不同，是一种特殊的"冰架前缘冰间湖"。

图 2-33 给出了模拟得到的 2000 年 10 月（周平均）海冰密集度及海冰速度场叠加的结果。与卫星遥感对比，模式对埃默里冰架前缘冰间湖的模拟，无论是从时间上还是空间位置上，均取得了良好的结果。可以看出，该处海冰分布与地形及流场存在直接关系。如位于达恩利角边缘，存在 1 个月牙形的厚冰区，冰厚超过 1.2 m，远大于该时期的平均冰厚。结合海冰速度场及地形来看，形成这一分布的原因在于，受地形的影响，海冰在地形东边形成堆积，进而在海流的带动下，向下游流动，形成一个小范围的厚冰带。同时，在达恩利角西边，受强烈下降风的影响（海冰速度场以离岸方向为主，且远大于上游速度，这与该地下降风是直接联系在一起的），形成一个远大于埃默里冰架前缘冰间湖的海域，即达恩利角冰间湖。从图 2-33 和图 2-34 可以看出，在达恩利角冰间湖，海冰密集度较另外两个冰间湖要高（在 0.1~0.4 之间），该冰间湖是东南极最大的海冰生产区。

尽管如此，模式结果和观测结果还是存在一定差异的。尤其是在达恩利角外缘，存在一个固定于岸边的大型冰山，这一冰山对当地的流场及海冰分布存在重要影响。通过对比，模式中所用地形并没有准确反映该冰山的分布。

模拟结果得到了 3 个主要冰间湖的发展过程。相比之下，达恩利角和埃默里冰间湖的开始形成时间要早于上游的普里兹湾冰间湖。鼎盛时期，普里兹湾冰间湖面积最大，达恩利角冰间湖次之，而埃默里冰间湖最小。进入融冰期后，3 个冰间湖逐步扩大，并最终连在一起，形成一个整个的沿岸无冰区。使得普里兹湾海域海冰的消融从两端开始（近岸及外海方向），从而在融冰期形成一个较为特殊的现象，即 66°S 以外形成一条浮冰带，尽管密集度及厚度均较小。

基于 MITgcm 和海冰模型，开展了区域海洋-海冰耦合系统的数值模拟研究工作，实现了重点海域的区域性海洋-海冰耦合模式，并开展了系统性的模式优化工作，进而推动了海冰数值预报系统的发展。海冰数值预报技术方面的发展、预报能力的提高还需要模式自身物理过程的进一步深入研究，这建立在理论及观测数据的进一步发展基础上。以现有的海冰、海洋模式为基础，仅从技术层面看，目前的海冰预报水平已经能够在一定程度上满足应用需求。当然，随着观测资料的丰富，以及我们对海冰物理过程的深入了解，海冰数值预报可能实现质的突破。

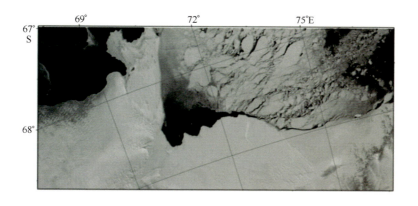

(a)

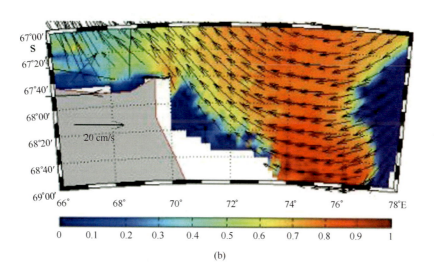

(b)

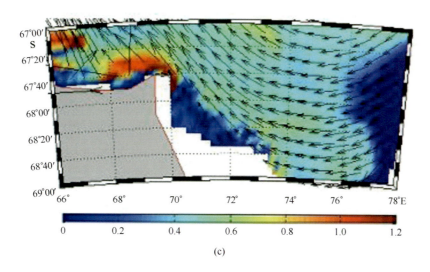

(c)

图 2-33 2000 年 10 月埃默里冰架前缘冰间湖 AVHRR 图片 (a)，
模拟的海冰密集度 (b) 及厚度 (c) 分布，矢量为相应时间段海冰速度

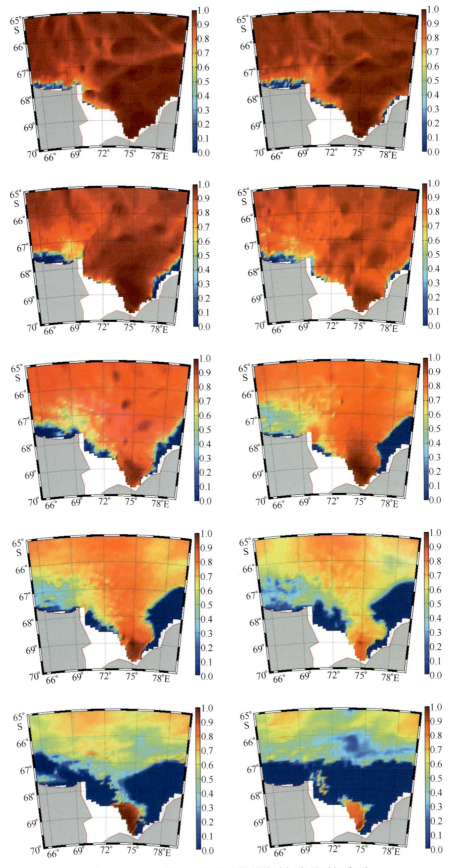

图 2-34　2000 年 10—12 月冰架前缘冰间湖的时间序列

2.4　结语与展望

过去 30 年，尤其是最近 10 年，我国针对南大洋海冰的观测与研究主要集中在普里兹湾，尤其是中山站周边的固定冰区。在冰厚观测技术发展，固定冰热力学过程、反照率参数化方案和固定冰边缘区浮冰动力破碎后的形态特征，普里兹湾海冰的卫星遥感和导航服务，以及普里兹湾区域冰-海耦合模式等方面的研究取得了大量研究成果。然而，受现场支撑条件的限制，与国际极地研究强国相比，如美国、澳大利亚和德国，针对南大洋海冰的研究，无论是观测技术层面还是研究水平都相对落后。

随着我国南极考察支撑能力的提高，将可能有效扩展我们的观测区域和研究领域，例如：

（1）新建破冰船建成后，将可能实施类似北极考察的专业大洋考察，实施秋-冬季节的考察，开展基于浮冰站的观测，大量布放冰基浮标，对海冰的运动学过程、物质平衡过程，以及与大气和海洋的界面通量实施长时间监测。

（2）随着罗斯海沿岸维多利亚地考察站的建成，罗斯海海冰的现场、遥感及数值模式研究将成为重点之一。

（3）埃默里冰架和罗斯冰架前沿冰间湖的海冰生消过程及其对海洋的影响将会得到科学家的重视。

（4）观测技术层面，岸基卫星遥感接收站和岸基雷达的投入使用能进一步提高对区域海冰动态变化的监测能力，无人机和水下机器人也可能有效扩大我们的观测范围。

（5）与大气科学、物理海洋学、冰川学及生态学研究的学科交叉能进一步提高我们的研究深度，增加研究产出量。

参考文献

程彦杰, 卞林根, 陆龙骅. 1992. 南极海冰涛动与 ENSO 的关系. 应用气象学报, 13, （6）: 711-717.

程彦杰, 陆龙骅, 卞林根, 等. 2003. 南极半岛地区气温与南极海冰涛动、ENSO 的联系. 极地研究, 15, （2）: 121-128.

窦银科, 常晓敏, 秦建敏. 2006. 电阻率冰厚监测装置在南极海冰考察中的应用. 太原理工大学学报, 37, （4）: 454-456.

冯守珍. 2004. 南极中山站附近海域水深地形特征. 极地研究, 1, （16）: 75-80.

郭井学, 孙波, 崔祥斌, 等. 2008b. 电磁感应技术在南极海冰厚度探测中的应用. 吉林大学学报（地球科学版）, 38, （2）: 330-335.

何剑锋, 陈波. 1995. 南极中山站近岸海冰生态学研究 I: 1992 年冰藻生物量的垂直分布及季节变化. 南极研究, 7, （4）: 53-64.

季顺迎, 岳前进. 2000. 辽东湾冰期海洋热通量的确定与分析. 海洋通报, 2, （19）: 8-14.

雷瑞波, 李志军, 秦建敏, 等. 2009. 定点冰厚观测新技术研究. 水科学进展, 20 （2）: 287-292.

秦大河. 1991. 南极洲乔治王岛长城湾一年生海冰的发育特征和物理性质. 冰川冻土, 13, （2）: 115-130.

吴仁广, 陈烈庭. 1994. 南极海冰与南半球大气环流关系的初步探讨. 大气科学, 18, 增刊: 792-800.

解思梅, 魏立新, 郝春江, 等. 2003. 南极海冰和陆架冰的变化特征. 海洋学报, 25, （3）: 33-46.

杨清华, 刘骥平, 孙启振, 等. 2013. 2010 年春季南极固定冰反照率变化特征及其影响因子. 地球物理学报, 56

（7）：2177-2184.

张青松. 1986. 南极大陆东部戴维斯站地区海冰观测. 冰川冻土, 8, （2）：143-148.

张林, 程展, 任北期, 等. 2000. 南极普里兹湾海冰数值模拟试验. 海洋学报, 22, （1）：131-135.

Alain Caya, Mark Buehner, Tom Carrieres, 2010. Analysis and Forecasting of Sea Ice Conditions with Three-Dimensional Variational Data Assimilation and a Coupled Ice-Ocean Model. Journal of Atmospheric and Oceanic Technology, 27 （2）：353-369.

Adcroft A., J. M. Campin et al., 2014. MITgcm User Manual. MIT Department of EAPS. Cambridge, MA 02139-4307.

Bradt R E, Warren S G, Worby A P, et al. 2005. Surface Albedo of the Antarctic Sea Ice Zone. J. Climate, 18：3606-3621.

Burroughs S M, Tebbens S F., 2001. Upper-truncated power laws in nature systems. Pure and Applied Geophysics, 158：741-757.

Cottier F, Eicken H, Wadhams P., 1999. Linkages between salinity and brine channel distribution in young sea ice. Journal of Geophysical Research, 104 （C7）：15859 -15871.

Curry J A, Schramm J L, Perovich D K, et al., 2001. Applications of SHEBA/FIRE data to evaluation of snow/ice albedo parameterizations. J. Geophy. Res., 106：15345-15355.

Devinder S. S. 1998. Nonsimultaneous crushing during edge indentation of freshwater ice sheets. Cold Regions Science and Technology, 27：179-195.

Eicken H., 1992. Salinity profiles of Antarctic sea ice：field data and model results. Journal of Geophysical Research, 97 （C10）：15545-15557.

Fedotov V I, Cherepanov N V, Tyshko K P, 1998. Some features of the growth, structure and metamorphism of East Antarctic landfast ice. in Jeffries M O. Antarctic Sea Ice Physical Processes, Interactions, and Variability, Antarctic Research Series, edited by, AGU, Washington, D. C. 74：141-160.

Giles A B, Massom R A, Lytle V I, 2008. Fast-ice distribution in East Antarctica during 1997 and 1999 determined using RADARSAT data. Journal of Geophysical Research, 113 （C02S14）, doi：10. 1029/2007JC004139.

Golden K M, Ackley S F, Lytle V I., 1998. The percolation phase transition in sea ice. Science, 282 （5397）：2238-2241.

Heil P, Allison I, Lytle V I, 1996. Seasonal and interannual variations of the oceanic heat flux under a landfast Antarctic ice cover. Journal of Geophysical Research, 101 （C11）：25741-25752.

Heil P, 2006. Atmospheric conditions and fast ice at Davis, East Antarctica：A case study. Journal of Geophysical Research, 111 （C05009）, doi：10. 1029/2005JC002904.

Hibler, III, W. D. 1979. A dynamic thermodynamic sea ice model. J. Phys. Oceanogr. 9：815-846.

Hoppmann M, Nicolaus M., 2012. The influence of platelet ice and Snow on Antarctic Landfast Sea Ice. From Knowledge to Action - IPY2012, Montréal, Canada.

Kawamura T, Ohshima K I, Takizawa T, et al., 1997. Physical, structural, and isotopic characteristics and growth processes of fast sea ice in Lützow-Holm Bay, Antarctica. Journal of Geophysical Research, 1997, 102 （C2）：3345-3355.

Lei R, Li Z, Cheng Y, Wang X, Chen Y., 2009. A new apparatus for monitoring sea ice thickness based on the Magnetostrictive-Delay-Line principle. Journal of Atmospheric and Oceanic Technology, 26 （4）：818-827.

Lei R, Li Z, Cheng B, Zhang Z, Heil P, 2010. Annual cycle of landfast sea ice in Prydz Bay, east Antarctica. Journal of Geophysical Research, doi：10. 1029/2008JC005223.

Li Qun, Zhang Zhanhai, Sun Li, Wu Huiding, 2013. Ice concentration assimilation in a regional ice-ocean coupled model and its application in sea ice forecasting. Advances in Polar Science, 24 （4）：258-264.

Liu N, Chen H, Min J, Hua F, Bian H, 2005. Spatial teleconnection pattern between IOD and the southern high-latitude sea level pressure field. Progress in Natural Science, 15 （12）：93-97.

Liu N, Chen H, Lv L, 2007. Indian Ocean Dipole Mode Signal at upper Troposphere over Southern High Latitudes. Journal of Oceanography, 63 （N1）：155-157.

Lu P, Li Z, Zhang Z, et al. , 2008. Aerial observations of floe size distribution in the marginal ice zone of summer Prydz Bay. Journal of Geophysical Research, 113 (C02011), doi: 10. 1029/2006JC003965.

Lu P. , Sun H. , Li Z. , Huang W. 2012. A review of sea ice observations using digital photography. Proceedings of the 21st International Symposium on Ice, Dalian, China, 722-733.

Massonnet F, Fichefet T, Goosse H, et al. , 2011. On the influence of model physics on simulations of Arctic and Antarctic sea ice. The Cryosphere, 5, doi: 10. 5194/tc-5-687-2011.

McPhee M G, Untersteiner N. , 1982. Using sea ice to measure vertical heat flux in the ocean. Journal of Geophysical Research, 87 (C3): 2071-2074.

Menemenlis, D. , J. -M. Campin, P. Heimbach, C. Hill, T. Lee, A. Nguyen, M. Schodlock and H. Zhang, 2008. EC-CO2: High resolution global ocean and sea ice data synthesis. Mercator Ocean Quarterly Newsletter, 31: 13-21.

Notz D, Worster M G. , 2008. In situ measurements of the evolution of young sea ice. Journal of Geophysical Research, 113 (C03001), doi: 10. 1029/2007JC004333.

Parkinson, C. L. , and W. M. Washington, 1979. A large-scale numerical model of sea ice. J. Geophys. Res. , 84: 311-337.

Perovich D K, Grenfell T C, Richter-Menge J A, et al. , 2003. Thin and thinner: sea ice mass balance measurements during SHEBA. Journal of Geophysical Research, 108 (C3), 8050, doi: 10. 1029/2001JC001079.

Pickering G. , Bull J. M. , Sanderson D. J. 1995. Sampling power-law distribution. Tectonophysics, 248: 1-20.

Pirazzini R, Vihma T, Granskog M A, et al. , 2006. Surface albedo measurements over sea ice in the Baltic Sea during the spring snowmelt period. Ann. Glaciol. , 44: 7-14.

Pirazzini R. , 2004. Surface albedo measurements over Antarctic sites in summer. J. Geophy. Res. , 109, D20118.

Pringle D J, Trodahl H J, Haskell T G. , 2006. Direct measurement of sea ice thermal conductivity: no surface reduction. Journal of Geophysical Research, 111 (C05020), doi: 10. 1029/2005JC002990.

Sakov, P. , Counillon, F. , Bertino, L. , Lisæter, K. A. , Oke, P. R. , Korablev A. , 2012. TOPAZ4: an ocean-sea ice data assimilation system for the North Atlantic and Arctic, Ocean Science, 8: 633-656.

Schweiger A, Lindsay R, Zhang J, et al. , 2011. Uncertainty in modeled Arctic sea ice volume. Journal of Geophysical Research, 116 (C00D06), doi: 10. 1029/2011JC007084.

Semtner, A. J. , 1976. A model for the thermodynamic growth of sea ice in numerical investigations of climate. J. Phys. Oceanogr. , 6: 27-37.

Shirasawa K, Leppäranta M, Saloranta T, et al. , 2005. The thickness of coastal fast ice in the Sea of Okhotsk. Cold Regions Science and Technology, 42 (1): 25-40.

Squire V. A. , Moore S. C. 1980. Direct measurement of the attenuation of ocean waves by pack ice. Nature, 283, 365-368.

Squire V. A. 2007. Of ocean waves and sea-ice revisited. Cold Regions Science and Technology, 49: 110-133.

Tang S L, Qin D H, Ren J W, et al. , 2007. Structure, salinity and isotopic composition of multi-year landfast sea ice in Nella Fjord, Antarctica. Cold Regions Science and Technology, 2007, 49 (2): 170-177.

Wang K, Debernard J, Sperrevik A K, et al. , 2013. A combined optimal interpolation and nudging scheme to assimilate OSI-SAF sea ice concentration into ROMS. Annals of Glaciology, 2013, 64: 8-12.

Weiss J. 2001. Fracture and fragmentation of ice: a fractal analysis of scale invariance. Engineering Fracture Mechanics, 68: 1975-2012.

Wettlaufer J S, Worster M G, Huppert H E. , 1997. The phase evolution of young sea ice. Geophysical Research Letters, 24 (10): 1251-1254.

Wendler G, Moore B, Dissing D, et al. , 2000. On the radiation characteristics of Antarctic Sea Ice, Atmos. -Ocean. 38 (2): 349-366.

Worby A, 1999. Observing Antarctic sea ice: a practical guide for conducting sea ice observations from vessels operating in the Antarctic pack ice. A CD-ROM produced for the Antarctic Sea Ice Processes and Climate (ASPeCt) Program of the Scientific Committee for Antarctic Research (SCAR) Global Change and the Antarctic (GLOCHANT) Program, Hobart, Australia.

Xie S, Bao C, Hao C, 1995. Interaction between sea ice of the Antarctic and Arctic. Chinese Science Bulletin, 40 (20): 1713-1718.

Xie S, Bao C, Xue Z, Zhang L, Hao C, 1996a. Southern oceanic oscillation. Chinese Science Bulletin, 41 (9): 749-753.

Xie S, Zou B, Wang Y, Bao C, 1996b. Anomalous change of Antarctic sea ice and global sea level change. Acta Oceanologica Sinica, 5 (2): 193-208.

Xue F, Guo P, Yu Z, 2003. Influence of Interannual Variability of Antarctic Sea-Ice on Summer Rainfall in Eastern China. Advances in Atmospheric Sciences, 20 (1): 97-102.

雷瑞波[1]完成统稿；雷瑞波[1]完成 2.1 节，2.2 节，2.3.1 节，2.3.4 节，2.4 节编写工作；李群[1]完成 2.3.6 节编写工作，杨清华[2]完成 2.3.2 节编写工作，卢鹏[3]2.3.3 节编写工作，程晓[4]完成 2.3.5 节编写工作。

1 中国极地研究中心　上海　200136
2 国家海洋环境预报中心　北京　100081
3 大连理工大学　大连　116024
4 北京师范大学　北京　100875

第 3 章　化学海洋学考察与研究

概　述

通过过去 30 年的研究，南大洋海洋化学研究取得了重大进展。主要工作内容涵盖海洋碳循环、海洋生物地球化学要素循环和海气界面化学等领域。其中，海洋碳循环研究已经形成了海-气界面-水柱过程-沉积物界面这一较为完整的海洋碳循环体系描述；同时通过与氮、磷、硅等生源要素循环过程、同位素示踪技术的结合，对碳循环过程的认识日趋完善，大气气溶胶观测技术手段及其来源和产生机制研究皆有新的突破，海气界面物质交换过程的研究也有新的亮点出现，海洋温室气体的研究取得新的突破。南大洋海洋化学研究体系日臻完善。

3.1　南大洋化学海洋学考察

全球变化是关乎社会可持续发展的重要科学命题，而南大洋是全球气候变化的敏感区域，其中的生物地球化学问题备受国际关注。我国自 1984 年首次在南极半岛海域开展科学考察以来，已经组织了 30 次南极科学考察，本着与国际接轨、突出自己特色的原则，通过采用同位素示踪法、现场受控试验技术、沉积物捕捉器、沉积物多管采样器等一系列国际上先进的海洋生物地球化学研究方法和技术（仪器），利用"雪龙"船每年 1 次的对中山站的补给航次和两年 1 次的环南极航行，对南极普里兹湾及其临近海域碳的有关生物地球化学特征进行了较为深入的研究。

在 1984—1989 年，主要的考察工作集中在长城站附近海域，主要是调查了附近海域的营养盐、溶解氧等分布特征，为中国南极化学海洋学的考察与研究迈出了坚实的一步。而在 1989 年中国中山站建立之后，考察重点转移到了印度洋扇区的普里兹湾海域（站位图见物理海洋学考察图 2-1），重点开展如下研究：①南大洋海水化学观测，其中包括营养盐以及溶解氧的样品采集；②普里兹湾及其以北海域海洋学过程的氟利昂（CFCs）和六氟化硫（SF_6）示踪；③普里兹湾及其邻近海域水团构成与水体交换的同位素示踪；④南大洋重要界面碳通量研究；⑤颗粒物通量季节性变化与组成研究；⑥夏季南极普里兹湾 N_2O 陆缘水边界锋面混合过程研究；⑦南大洋大气气溶胶来源、全球传输及生产机制研究。

现场样品采集及分离处理仪器设备主要包括：Niskin 采水器、CTD 配套梅花采水器，营养盐过滤装置、有机碳以及叶绿素 a（Chl a）过滤装置、浮游植物拖网、原位海水过滤装置（McLane WTS-LV Sampler）、DO 测定装置、沉积物捕获器、多管沉积物取样器、重力柱沉积物采集器箱式沉积物采集器、离心机、走航 CO_2 自动观测系统、溶解无机碳（DIC）分析仪、碱度滴定仪、多参数水质仪、风速和风向控制大气大容量气溶胶采样系统、多阶分层气溶胶采样系统等。

通过现场调查与受控生态实验的紧密结合，把上层海洋和底部沉积记录有机联系起来，强调物理、化学、生物过程的结合，历史演变与现代过程的结合；通过遥感资料、实测资料与模式研究相结合评估南大洋碳循环变化及其对全球碳循环的贡献。尤其在第 16 次中国南极考察期间首次与美国合作布放沉积物捕获器之后，在第 26 次、第 27 次、第 28 次、第 29 次、第 30 次南极考察期间，分别布放了多套沉积物捕获器锚系系统，获取了普里兹湾夏季或全年关键区域的宝贵样品数据，为我国的南大洋生物地球化学研究打下了坚实的基础。

3.2 南大洋化学海洋学研究

南大洋占全球海洋面积的 1/6，是全球高营养盐低叶绿素（HNLC）海域之一，其营养结构组成及变化是限制或促进浮游植物生长繁殖的关键因素，是极具研究价值的洋区之一。从水文学角度来看，这个洋区是温盐环流（Thermohaline Circulation，THC）的调控枢纽中心；从生物地球化学角度来看，营养盐的高低和浮游植物的旺发有着直接的联系（扈传昱等，2006；韩正兵等，2011；孙维萍等，2012）。但是在南极各个锋面系统中，营养盐的存在具有显著的区域性差异，而这主要是由水团结构和环流的差异造成的（韩正兵等，2011）。南大洋的营养盐在全球海洋生物过程中扮演着极为重要的角色。自首次南极考察以来，就已经开展了营养盐、南大洋碳循环、氮循环及大气气溶胶等调查工作，直至目前，已经积累了丰富的观测调查数据，这些为我们开展南大洋碳、氮循环、硅等重要生源要素生物地球化学循环提供了重要的样品数据资料。

通过将营养盐与叶绿素和有机碳等做的相关性分析，表明营养盐的高低与浮游植物的旺发有着直接的联系（扈传昱等，2006；韩正兵等，2011；孙维萍等，2012）。但是在南极各个锋面系统中，营养盐的存在具有显著的区域性差异，而这主要是由水团结构和环流的差异造成的（韩正兵等，2011）。研究发现，在普里兹湾某些微量营养元素（锌、镉）与主要营养盐存在一定的耦合特征，在普里兹湾海区，微量元素在次表层达到最高值的特征则主要是与浮游植物颗粒物在向下迁移转化相关。

近年来利用在普里兹湾海域布放沉积物捕获器的手段，研究了南极海冰边缘区碳、硅等生源要素的向下层输运的通量及迁移转化过程。在普里兹湾，水柱中沉降颗粒物基本以生物颗粒物为主（生物硅、有机碳、有机氮、碳酸钙），其中颗粒硅在 80% 以上（张海生等，2003；扈传昱等，2006）。而且，由于夏季浮游植物在适宜的温度、光照及充足的营养盐供给情况下的旺发导致了该时期内向下层水体输出的物质总量明显升高。而冬季的普里兹湾处于冰期，全部海域被海冰覆盖，上层水体中初级生产力低下，对全年的总物质通量的贡献微乎其微。

南大洋存在许多水团，如模态水、中间水、深层水和底层水团形成的区域，水团在南大洋的下沉过程为人类排放的 CO_2 等温室气体提供向大洋内部输送的通路，模式和观测结果表明，南大洋对大气 CO_2 的吸收是高的，但是大部分这种 CO_2 是通过等密度面输出南大洋。这些大的输入和输出通量是不确定的。高众勇等（2001）利用中国南极科学考察对南大洋的大气及表层海水 CO_2 进行现场实际走航观测，详细研究了南大洋 80°W—0°—80°E 之间的源汇分布及其海气通量，发现虽然其总体上是大气 CO_2 的汇区，但地区差异性极其显著，有的区域是强汇区，有的区域是弱汇区，而有的区域则是弱源区，个别受水文环流影响的区域甚至可能发展成强源区（高众勇等，2004；陈立奇等2004；Gao et al.，2008；Chen et al.，2011）。同时，观测研究发现，南大洋 1 月吸收大气 CO_2 的能力近 2 倍于 12 月，这是由于该海域 1 月的生产力比 12 月高，因而反映了初级生产对大气 CO_2 吸收的显著影响（高众勇等，2001）。

中国南极科学考察很早就意识到南大洋海冰区在碳循环中的独特作用，在"九五"期间专门启动了"南大洋海冰区碳循环的研究"（国家重点自然科学基金资助项目），对南大洋海冰的海洋生物地球化学过程及碳循环特别是在普里兹湾地区有了深入的了解。之后，2003 年，又得到国家自然科学基金资助，对南大洋二氧化碳分压（pCO_2）的时空变异及其调控因子进行了深入的研究。取得了一定的研究成果（Chen et al.，2004；高众勇，2004；陈立奇，2004）。但是，基于南大洋的地域广阔及多变性，对南大洋碳通量的认识需要更多、更全面的数据积累，同时，需要对控制其海-气 CO_2 交换的关键生物地球化学过程有更加深入的了解。

Gao 等（2008）对夏季普里兹湾进行了深入的研究，详细辨别出了不同生物、物理化学因素的影响，并找出其不同区域的主控因子。同时，清晰识别出了南极辐散带对南大洋碳汇的负作用和相反的影响。其由于将底部富含 CO_2 的水体上涌从而重新释放 CO_2 到大气中。南大洋普里兹湾碳汇的研究充分印证了的高生源颗粒沉降特征，并且有着明显的区域差别，湾内最高，是大气 CO_2 的强汇区，湾外则迅速降低，仅是很弱的汇区（高众勇，2002；Gao et al.，2008）。

但从整体上说，夏季南大洋海冰区不但有着极高的生产力，而且其碳汇与叶绿素有很好的负相关关系，为生物生产力主控。并且在生产力更高的南半球盛夏季节（1 月），比 12 月初夏之时吸收能力提高了 1 倍。Chen 等（2011）利用南大洋 pCO_2 与叶绿素的良好相关关系，通过南大洋海冰区叶绿素遥感反演算法，由线及面，评估了夏季南大西洋和南印度洋这些分区域不同的碳汇能力大小及差异。

高众勇等（2002）及 Chen 等（2004）同时也对夏季南北极碳吸收能力及差异做了一些对比，研究发现，夏季极地海域总体上都是大气 CO_2 的强汇区，为全球大洋平均碳吸收能力的 2 倍。

其他的研究工作还有温室气体 N_2O 的研究工作。时至今日，在南大洋进行过的 N_2O 调查研究工作十分有限。Zhan 等（2009）对南大洋印度洋和普里兹湾表层海水进行调查，提出物理因素为南大洋表层海水 N_2O 分布的主控因素。他们近期的研究模拟了近岸融冰过程对表层海水 N_2O 分布的影响，提出融冰水过程可能是南大洋近岸水体 N_2O 不饱和现象的主要原因。虽然目前有关南大洋 N_2O 现场调查工作屈指可数，但是这些有限的研究成果还是为之后的研究提供了重要的线索。

Zhan 等（2009）利用中国第 22 次南极科学考察航渡对南大洋和普里兹湾表层海水进行现场采样。Chen 等（2012）根据表层温盐及 N_2O 饱和度异常将普里兹湾表层水进行区域性划分，认为不同水体除受融冰水的稀释影响外，还受阳光辐射的影响。根据历史研究，可以推测夏季普里兹湾生物生产力高，有机物再矿化过程使次表层海水中 N_2O 增加，但实际并非如此，普里兹湾表层海水中 N_2O 浓度大多只接近大气水平甚至不饱和，这可能与海冰稀释和海水强烈的分层作用有关。整个南大洋表层海水南向呈现 N_2O 不饱和度加剧的趋势，根据实时气象数据计算结果显示，夏季南大洋可能是全球 N_2O 潜在的汇区，粗略估算实时通量为（-3.44 ± 1.17）μmol /（$m^2 \cdot d$）。这些现象与早期的研究结果相类似，虽然覆盖范围零散，且均在夏季进行，尚不能肯定该现象是否出现在整个南大洋或其他季节，然而这也说明，南大洋是大气 N_2O 重要源区的观点需要更为谨慎的评估。

我国南大洋同位素海洋化学研究起步于 1989 年进行的中国第 6 次南极科学考察，其间分析了普里兹湾及其邻近海域表层海水的氧同位素组成。自 1996 年中国第 13 次南极科学考察航次开始，南大洋同位素海洋化学研究进入了较为系统的研究阶段。中国第 13 次、第 14 次、第 15 次、第 16 次、第 18 次、第 20 次、第 22 次、第 24 次、第 25 次、第 26 次、第 27 次、第 28 次、第 29 次、第 30 次南极科学考察航次开展了普里兹湾及其邻近海域同位素的观测及其海洋学过程的示踪研究，涉及的核素包括天然放射性核素（^{238}U、^{234}U、^{234}Th、^{226}Ra、^{228}Ra、^{224}Ra、^{210}Pb、^{210}Po 等）、人工放射性核素（^3H、^{14}C、^{90}Sr、^{137}Cs 等）和稳定同位素（^2H、^{18}O、^{13}C、^{15}N 等）。在沿航线及普里兹湾及其邻近海域同位素的分布及其海洋学意义上取得一系列成果，诸如，揭示出大洋表层水 δ^2H 纬度分布上具有"双峰"分布特征（黄奕普等，2004）、南极辐合带南北海域表层水^{226}Ra含量的显著变化（吴世炎等，2001；曾宪章等，2004；尹明端等，2004；Chen et al.，2011）、北半球表层水^{90}Sr、^{137}Cs放射性水平高于南半球（霍湘娟，2000）、普里兹湾表层水铀的保守行为（曾宪章等，2004；尹明端等，2004）、细菌生产力及其与溶解有机碳的负相关关系（Qiu et al.，2003；Qiu et al.，2004；彭安国等，2005）、生物固氮速率与颗粒物δ^{15}N的纬度变化（Zhang et al.，2011）等，特别是在普里兹湾及其邻近海域水团来源构成的同位素解构、埃默里冰架前沿海流运动路径和速率的镭同位素示踪、普里兹湾湾外南极底层水的同位素指示、普里兹湾湾内外生物泵运转的变化等方面取得重要进展，极大地深化了对南大洋水文学和生物地球化学过程的理解。

我国极地海洋气溶胶化学研究与我国的南极考察事业同步成长、展开。随着南极科学考察多年的考察经验和数据积累，我们对极地地区大气生物地球化学循环、硫、磷、氮的海气交换的研究有了长足的进步。大气碳、氮循环以气体形式为主，硫循环则以气溶胶为主，且铁硫耦合机制对环境生态有重要影响，因此硫循环是大气气溶胶的研究重点。自我国开展南极考察以来，在气溶胶方面，我们研究了大洋气溶胶来源，进行了大气生物地球化学循环的分析，估算了硫、磷、氮的海气交换通量。随着数据的积累，对气溶胶各种主要成分离子的纬度分布，尤其是在南大洋的分布有了更深的了解，对与全球变化相关的甲基磺酸MSA，以及南大洋重要的微量元素Fe和多种有机酸如草酸盐、甲酸盐、醋酸盐、琥珀酸盐等在南大洋的特征及其可能在生态环境影响都有了更为深入的了解。对中山站多年的气溶胶的中子活化分析也表明，人类活动已经对当地的大气环境造成负面影响。过去的30年来，中国极地科学研究在全球尺度，尤其是极区的气溶胶的分布特征、来源等方面都取得了重要进展。

3.3 南大洋化学海洋学研究的重要进展

3.3.1 海水营养盐结构和深层水颗粒物通量

3.3.1.1 海水中营养盐的含量与分布

普里兹湾水体中营养盐的含量及分布的研究结果显示（扈传昱等，2006；韩正兵等，2011；孙维萍等，2012），普里兹湾硝酸盐、磷酸盐、硅酸盐的分布较为类似，均呈现出湾内低于湾外的特征，在67°~68°S之间形成一个浓度梯度，从湾内到湾外，浓度迅速降低。这是由于在南极夏季，浮游植物的生长消耗了大量的营养盐，且沿岸没有高营养盐的径流流入。而亚硝酸的表层分布，在湾内外较为平均，铵盐则呈现出与硝酸盐完全相反的分布规律，即湾内高、湾外低，同样在67°~68°S之间形成一个浓度梯度。

以第27次南极考察获取的营养盐数据结果表明（孙维萍等，2012），夏季普里兹湾表层海水中磷酸盐（PO_4^{3-}）、硅酸盐（SiO_4^{2-}）、硝酸盐（NO_3^-）、铵盐（NH_4^+）的含量较高，2010/2011年南极夏季的均值分别在0.88~1.87 μmol/L、45.50~56.25 μmol/L、14.10~33.35 μmol/L、0.94~1.92 μmol/L之间，且具有湾内低于湾外的分布特征（图3-1）。

2010/2011年南极夏季调查海域3个海区PO_4^{3-}和NO_3^-垂直分布特征相似（图3-2），表层含量最低，随着深度增加浓度升高，在50 m水层达到最大值，50 m以深至底层变化不大。SiO_4^{2-}在3个不同海区的垂直分布特征也相似，表层含量最低，随着深度增加逐渐升高，其浓度最大值一般出现在

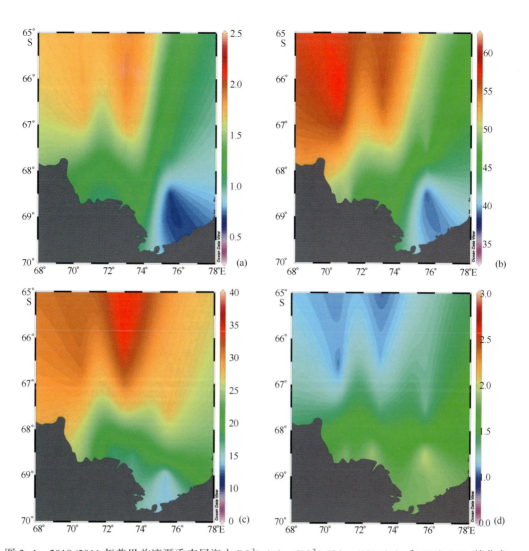

图 3-1 2010/2011 年普里兹湾夏季表层海水 PO_4^{3-} (a)、SiO_4^{2-} (b)、NO_3^- (c) 和 NH_4^+ (d) 的分布

底层 (图 3-2)。SiO_4 这种不同于 PO_4^{3-} 和 NO_3^- 的垂直分布特征,推测与其降解性质的不同有关。浮游生物残体或排泄物中的有机氮、有机磷比较容易降解,在沉降过程中迅速降解,在 50~100 m 水层已经基本降解完全。硅通常以生物体坚硬硅质外壳的形式存在,比较难降解,在沉降过程中 SiO_4^{2-} 缓慢地释放出来,水柱中的含量在近底层或底层才达到最大值。

冰架边缘与陆架陆坡区水柱中 NH_4^+ 的垂直分布相似,表层海水中浓度较低,然后迅速升高,分别在 25 m 和 50 m 水层达到浓度最大值,25/50~150 m 水层浓度快速降低,在 150 m 达到浓度最小值之后无明显变化 (图 3-2)。深海区表层至 75 m 水层 NH_4^+ 浓度迅速降低,75 m 以深浓度变化不大 (图 3-2)。NH_4^+ 的垂直分布与 Chl a 的分布格局密切相关,冰架边缘和陆架陆坡区有机质降解过程主导着水柱中 NH_4^+ 的浓度,而浮游植物吸收作用与有机质降解过程之间的平衡控制着深海区 NH_4^+ 的垂直分布。

根据 2011/2012 年对南极半岛海域营养盐含量分析结果显示 (图 3-3),南极半岛海域表层海水 PO_4^{3-} 的变化范围为 0.47~2.73 μmol/L,平均值为 1.78 μmol/L,与普里兹湾表层水体中含量相近。从垂直分布看,南极半岛海域海水 PO_4^{3-} 含量随着深度的增加而增加。

南极半岛海域表层海水 SiO_4^{2-} 的变化范围为 43.15~85.25 μmol/L,平均值为 70.53 μmol/L,略高

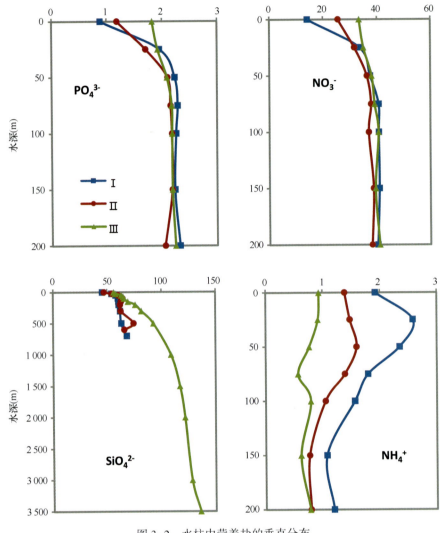

图 3-2　水柱中营养盐的垂直分布

于普里兹湾表层水体中含量。从垂直分布看，南极半岛海域海水 SiO_4^{2-} 含量随着深度的增加而增加。

　　南极半岛海域表层海水 NH_4^+ 的变化范围为 18.91~53.03 μmol/L，平均值为 33.45 μmol/L，略高于普里兹湾表层水体中含量。从垂直分布看，南极半岛海域海水 NH_4^+ 含量随着深度的增加而增加。

　　南极半岛海域表层海水 NH_4^+ 的变化范围为 0.47~2.70 μmol/L，平均值为 1.28 μmol/L，与普里兹湾表层水体中含量相近。从垂直分布看，南极半岛海域海水 NH_4^+ 含量随着深度的增加而降低。

3.3.1.2　海水中营养盐与叶绿素 a 及有机碳的关系

　　营养盐的分布与浮游植物的生物吸收作用密切相关。以 2010/2011 年普里兹湾夏季调查海域营养盐和 Chl a 的浓度作线性回归分析，PO_4^{3-}、SiO_4^{2-}、NO_3^- 与 Chl a 成明显的线性负相关，相关系数 r 分别为 -0.98、-0.96、-0.73。Chl a 的含量高，从一定程度上反映了较高的浮游植物生物量，浮游植物对海水中营养盐的吸收加强，导致海水中的营养盐含量低。NH_4^+ 与表层海水 Chl a 的分布格局相似，3 个海区 NH_4^+ 与 Chl a 的相关系数 r 达到 0.98。海水中 NH_4^+ 主要来源于浮游生物的新陈代谢产物及有机质的降解，冰架边缘及陆架区浮游植物生物量高的海域，浮游植物新陈代谢旺盛，产生大量的 NH_4^+。当 NH_4^+ 的浓度大于 0.5 μmol/L 时，会对 NO_3^- 的生物吸收产生抑制作用（McCarthy，

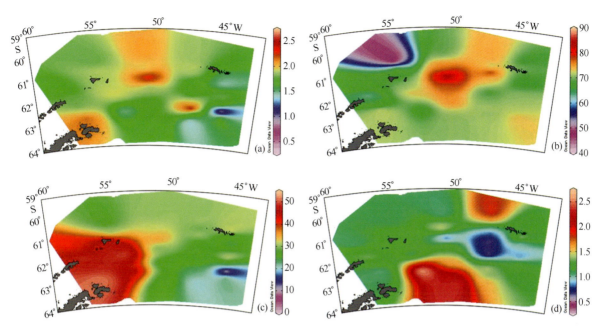

图 3-3　2011/2012 年南极半岛夏季表层海水 PO_4^{3-}（a）、SiO_4^{2-}（b）、NO_3^-（c）和 NH_4^+（d）的分布

1981）。按照这个理论，67.5°S 以南的陆架区及冰架边缘区极有可能存在 NH_4^+ 对 NO_3^- 吸收的抑制作用。根据 Muggli（1990）的对数函数计算得到 NO_3^- 吸收率的均值为每小时 0.002 2，NH_4^+ 对 NO_3^- 生物吸收的抑制作用达到 4%～45%，平均为 27%。

海洋颗粒有机碳（POC）可分为生命与非生命两部分，生命 POC 主要来自微小型光合浮游植物、大型藻类，以及细菌、真菌、噬菌体、浮游动物、小鱼小虾、海洋哺乳动物的生物生产过程。扈传昱等（2001）和韩正兵等（2010）指出在南极普里兹湾 POC 的分布趋势与 Chl a 的分布趋势基本一致，从图 3-4 中普里兹湾的 POC 与 Chl a 的线性关系图，可以明显看出 POC 与 Chl a 具有良好的正相关，说明 POC 主要来源于浮游植物。

有生命的 POC 即海洋生物，其生长繁殖除了受到光照、温度的影响外，还与海水中的 N、P、Si 等营养盐的含量与比例密切相关。在海洋生物中，元素 C、N、P 的平均含量之比即其原子数比为 C：N：P＝106：16：1，在通常情况下，浮游植物对海水中无机氮、无机磷的摄取也是以恒定的比例（N：P＝16：1）进行的。由图 3-4 可以看出，POC 与无机营养盐之间有着非常好的线性负相关关系，POC 与无机磷之间的相关系数为 -0.739 9（$n=121$），POC 与硅酸盐之间的相关系数为 -0.702 4（$n=121$），POC 与无机氮之间的相关系数为 -0.613 3（$n=121$），普里兹湾的 POC 与营养盐之间良好的负相关说明营养盐被消耗使得浮游植物量增高，相应地，POC 含量亦增高。

3.3.1.3　海水中微量元素的含量与分布

根据孙维萍（2013）的研究显示，普里兹湾表层海水中溶解态 Zn 和 Cd 的含量分别在 1.04～5.60 nmol/L、0.069～0.696 nmol/L 之间，均值分别为 3.39 nmol/L、0.273 nmol/L。普里兹湾海水中 Zn、Cd 含量与威德尔海、斯科特海、罗斯海及南大洋大西洋扇区其他海域的差异不明显（Nolting et al.，1991；Löscher，1999；Fitzwater et al.，2000；Abollino et al.，2001；Baars and Croot，2011；Croot et al.，2011），但是明显高于亚南极海域的含量（Ellwood，2004；Ellwood et al.，2008）。亚南极海域海水中的 Zn 含量极低，一般在 pmol/L 数量级，被认为是"锌限制"海域。

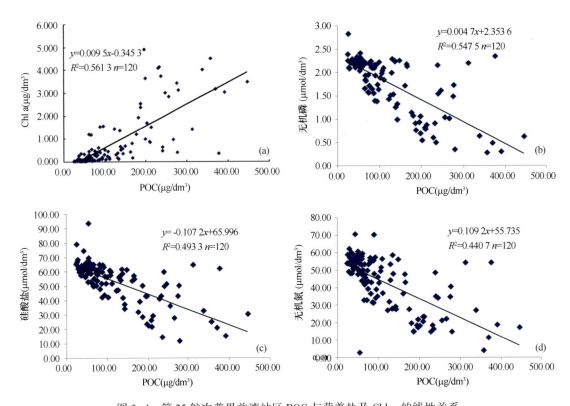

图 3-4　第 25 航次普里兹湾站区 POC 与营养盐及 Chl a 的线性关系

（a）为 POC 与 Chl a 的关系；（b）为 POC 与无机磷的关系；（c）为 POC 与硅酸盐的关系；（d）为 POC 与无机氮的关系

　　溶解态 Zn 和 Cd 的含量在冰架边缘区最低，陆架陆坡区和深海区微量元素的含量明显高于冰架边缘区（图 3-5）。Zn、Cd 作为微量营养元素直接参与浮游植物的营养过程，其在海水中的含量一方面受到真光层海水中浮游植物吸收利用的影响，但是另一方面也与不同性质水团的混合作用相关，极有可能受到普里兹湾局地环流作用的影响。

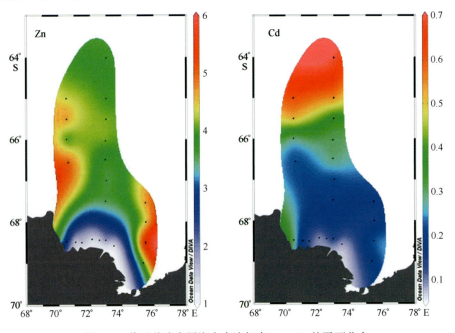

图 3-5　普里兹湾表层海水中溶解态 Zn、Cd 的平面分布

Zn、Cd 的垂直分布与营养盐相似，都具有上层水体中含量低、下层水体中相对富集的特征，200 m 以深海水中 Zn 的含量变化不明显，而 Cd 在 100 m 以深海水中的含量已经相对稳定（图 3-6），与南大洋海水中微量元素的分布特征一致，即上层水体中微量元素含量在 50~200 m 的次表层达到最高值（Löscher，1999）。这种分布现象可能与真光层水体中浮游植物的吸收利用，以及微量元素随着生物颗粒物向下层水体的迁移转化相关（Knauer and Martin，1981；Notling et al.，1991）。

Zn 和 Cd 在真光层及深层水体中的分布差异说明，Zn 在普里兹湾 3 个不同海区的生物地球化学过程差异明显，且普里兹湾深层水体中没有明显的大尺度环流或者水团运动导致不同海区 Zn 的混合。而真光层的 Cd 可能由于浮游植物吸收利用能力的差异导致其在上层海水中分布的差异，既然深层水体中的混合作用不明显，那么不同海区深层水体中 Cd 含量的均匀性只能说明其在深层水体中具有相似的生物地球化学过程。Cd 在深层水体中的降解释放、吸附沉降过程可能主要受控于海水的理化性质及元素自身的性质，也因此 Cd 常被运用于大洋洋流及古海洋环境的示踪（Boyle，1988；Elderfield and Rickaby，2000）。

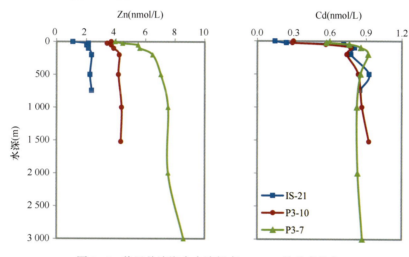

图 3-6 普里兹湾海水中溶解态 Zn、Cd 的垂直分布

3.3.1.4 微量元素对浮游植物营养过程的指示意义

Zn 是浮游植物必需的微量营养元素，是碱性磷酸酶、碳酸酐酶（CA）等酶的重要组成部分，参与浮游植物吸收利用硅酸盐、磷酸盐、CO_2 等的营养过程。而 Cd 则可以替代 Zn 参与 CA 的合成，甚至也能在 Zn 满足浮游植物需求的条件下被优先吸收，同时在缩聚磷酸盐（PPBs）水解过程中扮演着重要的角色。Zn、Cd 作为微量营养元素参与浮游植物的营养过程，与营养盐及浮游植物的生物量 Chl a 密切相关。

3.3.1.5 微量元素与营养盐的关系

不同海区微量元素的来源、浮游植物吸收利用过程、水体交换作用的多重差异，导致普里兹湾全海区上层水体中微量元素和营养盐之间存在不同的耦合模式。普里兹湾 3 个海区水柱中 Zn 和营养盐生物地球化学行为的耦合方式不同，其间的线性关系式差异也比较显著。冰架边缘区 Zn 和磷酸盐关系式的斜率明显低于低生物量的深海区，表明磷酸盐含量相对于 Zn 变化大，磷酸盐易耗竭，这可以从截距为正值得到验证（图 3-7），这种情况耦合模式并未在南大洋海域发现。而 Zn 和磷酸

盐关系式的斜率则明显高于深海区（图3-7），Zn含量相对于硅酸盐变化大，Zn易耗竭，这也可以从截距为负值得到验证，具有与罗斯海上层水体中的Zn和硅酸盐相似的关系（Fitzwater，2000）。普里兹湾陆坡区和深海区Zn和磷酸盐、硅酸盐的关系与南大洋其他海域的差异并不是很明显（Martin et al.，1990；Notling et al.，1991；Westerlund and Öhman，1991；Notling and De Baar，1994；Löscher，1999；Fitzwater et al.，2000；Croot et al.，2011）。

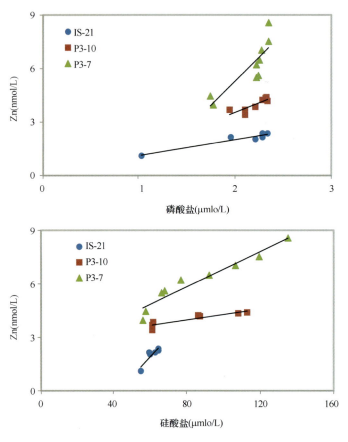

图3-7　Zn与营养盐的关系

　　海水中Cd与磷酸盐的关系，不但能够在一定程度上反映上层水体浮游植物的生物量及其生产力，也是指示大洋环流的一个重要指标。Boyle（1988）利用大洋海水中Cd与磷酸盐的关系重建了冰川时期大洋环流的模式，建立了全球大洋深层海水中溶解态Cd与磷酸盐的线性关系模型：以磷酸盐 $\approx$ 1.3 μmol/L为拐点，当磷酸盐含量大于1.3 μmol/L时，两者线性关系式的斜率约为0.4，截距略小于0；当磷酸盐含量小于1.3 μmol/L时，斜率约为0.21，截距约为-0.25。但是Boyle的"拐点说"建立在北太平洋相关数据的基础上。另有研究表明，Cd和磷酸盐的线性关系在不同海域是有差异的，即线性关系式的斜率和截距是截然不同的（Notling et al.，1991）。普里兹湾深海区Cd与磷酸盐线性关系的斜率及截距与全海域（不包括冰架边缘区和陆架区高生物量的上层水）（图3-8）的基本一致，说明普里兹湾3个不同海区海水中Cd与磷酸盐的关系相似。由于混合作用在深层水体中的作用不明显，基本上可以排除"混合作用导致了海水性质的均一性"，因此再次证明Cd和磷酸盐在深海海水中具有耦合的特征。但是这种耦合机制并不符合上述的两种模式（Boyle，1988），也与南大洋其他海域有差异。所以全球大洋深层海水中Cd和磷酸盐的耦合机制具有明显的海域特征，建立全球大洋Cd与磷酸盐的拟合模式，需要更多的数据支撑。

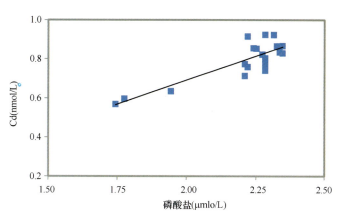

图 3-8 Cd 与磷酸盐的关系

3.3.1.6 微量元素与 Chl a 的关系

研究表明（孙维萍，2013），表层海水中溶解态 Zn、Cd 的分布与 Chl a 含量关系密切，两者呈现明显的负相关性（表 3-1），3 个海区微量元素含量的差异可能与浮游植物的吸收有关。冰架边缘和陆架区浮游植物的生物量高，浮游植物旺发，对海水中微量元素的吸收加强。由于微量元素被浮游植物大量吸收，其在海水中的含量明显降低。而深海区 Chl a 的含量极低，浮游植物对微量元素的需求明显降低，吸收作用弱，海水中的含量相对就高。

表 3-1 表层海水溶解态微量元素与 Chl a、营养盐的 Pearson 相关系数（$n=22$）

	Zn	Cd	PO_4^{3-}	SiO_4^{2-}	NO_3^-	Chl a
Zn	1					
Cd	0.490*	1				
PO_4^{3-}	0.263	0.472*	1			
SiO_4^{2-}	0.257	0.431*	0.883**	1		
NO_3^-	0.632**	0.572**	0.741**	0.736**	1	
Chl a	−0.668**	−0.704**	−0.779**	−0.640**	−0.745**	1

**表示在 0.01 水平（双侧）上显著相关；*表示在 0.05 水平（双侧）上显著相关。

3.3.1.7 深层水体颗粒物通量观测研究

根据 Sun 等（2013）报道，普里兹湾陆架区全年的总物质通量为 69 747 mg/（m² · a），沉降颗粒物中生物硅（BSi）的含量最高，约占全年总物质通量（TMF）的 78.7%，与普里兹湾深海区 1 000 m 水层全年蛋白石通量占全年 TMF 的比值近似（张海生等，2003；扈传昱等，2006），说明生物硅是普里兹湾陆架区和深海区沉降颗粒物的主要组成成分。有机碳和 Al 次之，约占全年 TMF 的 4.6% 和 0.8%。生源性物质 BSi 和 OC 的含量就占了全年 TMF 的 83.3%，而作为主要岩源性物质来源的 Al 不到 1%，说明普里兹湾生物颗粒物的含量在很大程度上决定了全年颗粒物质的总通量。

从第 27 航次（27HC）沉降颗粒物通量季节性变化曲线图上（图 3-9）可见，南极夏季（2010年 12 月 16 日至 2011 年 3 月 6 日）期间，近 80 d 时间的 TMF 就贡献了近 64.5%，其余季节共 285 d

仅贡献了 35.5%。普里兹湾陆架区 M1 站位沉降颗粒物 TMF 峰值出现在南极夏季，从 12 月中下旬到翌年 2 月中下旬。TMF 的季节性差异很显著，南极夏季的最高通量为 1 116.4 mg/（m² · d），而冬季的最低通量仅为 16.3 mg/（m² · d），相差近两个数量级。

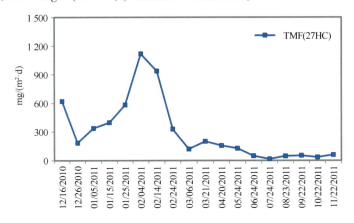

图 3-9　普里兹湾陆架区 M1 站位沉降颗粒物 TMF 的季节性变化

1998—1999 年，普里兹湾北部海域（72.98°E，62.47°S）1 000 m 层（水深 3 980 m）的 TMF 为 13.00～334.59 mg/（m² · d）（张海生等，2003；扈传昱等，2006），明显低于普里兹湾陆架区通量，这与普里兹湾深海区与陆架区浮游植物的生物量（Chl a）相关。1998—1999 年南极夏季深海区的 Chl a 含量基本上都低于 0.3 mg/dm³（蔡昱明，2005），而陆架区 M1 站位邻近海域当年的 Chl a 达到 3.95 mg/dm³，明显高于深海区。普里兹湾沉降颗粒物基本上为生物颗粒物，生源物质（生物硅、有机碳、残酸钙）的含量在 50.62%～92.06% 之间，其中生物硅在 80% 以上（张海生等，2003；扈传昱等，2006），陆架区上层水体中明显较高的浮游植物含量，导致了其下层水体中捕获的生物颗粒物的量明显高于深海区，因此总物质的通量明显较高。

南极夏季普里兹湾颗粒物的主要来源为生物颗粒物，尤其是在沉积物捕获器布放的陆架区，所以上层水体生物源性物质的输出在很大程度上决定了底部捕获器的 TMF，也就是说，南极夏季期间输出到海底的总物质通量的变化与上层水体中浮游植物的生产力以及融冰释放的颗粒物密切相关（Lampitt and Antia，1997；Pilskaln et al.，2004）。如果真光层的颗粒物以 100～200 m/d 的速度下沉（Honjo and Manganini，1993），其在 3～6 d 内就可到达陆架区（大部分水深在 600 m 左右）的底部，因此上层水体中浮游植物生物量及其生产力的变化，可以快速地在下层水体捕获的颗粒物中得到反馈。因此，夏季浮游植物在适宜的温度、光照及充足的营养盐供给情况下的旺发导致了该时期内向下层水体输出的物质总量明显升高。而冬季的普里兹湾处于冰期，全部海域被海冰覆盖，上层水体中初级生产力低下，对全年的总物质通量的贡献微乎其微。

2010 年 12 月初，普里兹湾陆架区的海冰开始融化，TMF 也开始出现升高的变化趋势。12 月中旬，TMF 出现了一个小高峰。而 12 月底有所回落之后则随着时间不断升高，在 2011 年 2 月初出现峰值，2 月中旬 TMF 开始回落，3 月初普里兹湾开始结冰至 12 月初，这段时间捕获器捕集到的沉降颗粒物的量是最少的。2010 年 12 月中旬的时候，捕获器布放站位邻近海域的海冰基本上已经全部消融，海冰消融释放的冰藻及其沉降输出可能导致了 2011 年 12 月中旬 TMF 小高峰的出现。而之后 TMF 的升高，则主要与浮游植物随着温度的升高而旺发，并迅速从真光层输出相关。

Al 代表了沉降颗粒物中的岩源性组分。从总体上来看，Al 通量（F-Al）的季节性差异不是很明显（图 3-10），主要是在 12 月中下旬快速融冰期间的通量高于其他月份，达到 3.95 mg/（m² · d）；

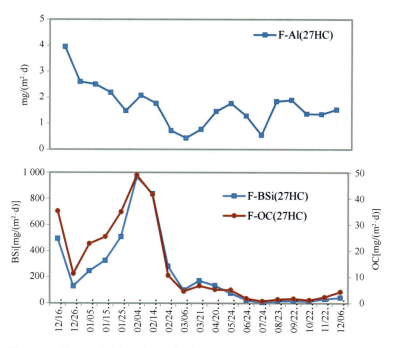

图 3-10　普里兹湾陆架区沉降颗粒物 F-Al、F-BSi、F-OC 的季节性变化

次年 3 月上旬结冰初期及南极冬季 8 月的 F-Al 最低，约为 0.5 mg/（m^2·d）。总体来看，M1 站位南极夏季期间的 F-Al 高于冬季，夏季期间（2010 年 12 月 16 日至 2011 年 3 月 6 日）F-Al 的均值为 2.17 mg/（m^2·d），而冬季均值为 1.30 mg/（m^2·d）。南大洋海域大气沉降对岩源性物质输入的影响几乎可以忽略，水深较浅的陆架区的岩源性颗粒物主要来源于冰山的刮擦和海底颗粒物的再悬浮（Honjo，2004），其通量基本上要高于深海区。1999 年普里兹湾 1 400 m 层 Al 的年际通量仅为 0.018 g/（m^2·a）（Pilskaln et al.，2004），明显低于陆架区 M1 站位 460 m 深处 Al 的全年通量，可能与陆架区靠近陆地且水浅，岩源性物质通过海冰的摩擦侵蚀、浮冰融化等作用输入量大以及海底的再悬浮作用相关。普里兹湾水文研究显示，陆架区四女士浅滩邻近海域可能存在着上升流，而 M1 则处于这股上升流的下降区，上升流促进了海底岩源性物质的再悬浮，再悬浮物质则再次沉降于 M1 所处的下降区，因此，岩源性物质的输入明显增加，Al 的通量高。

普里兹湾陆架区 BSi 的通量（F-BSi）和 OC 的通量（F-OC）分别在 6.8~965.5 mg/（m^2·d）、0.7~49.0 mg/（m^2·d）之间，均值分别为 233.2 mg/（m^2·d）、14.0 mg/（m^2·d）。F-BSi、F-OC 的峰值与 TMF 峰值同步（图 3-10），出现在南极夏季期间（2010 年 12 月 16 日至 2011 年 3 月 6 日）。南极夏季期间的 F-BSi、F-OC 分别达到 37 880 mg/（m^2·d）、2 303 mg/（m^2·d），分别约为其全年通量的 69%、72%。

3.3.2　南大洋 CO_2 研究

3.3.2.1　南大洋 CO_2 研究进展

在过去 80 万年，大气中 CO_2 浓度稳定波动［（172~300）×10^{-6}（Lüthi D，Le Floch M，Bereiter B，et al.，2008）］，但自工业革命以来，随着人为源 CO_2 的大量排放，大气 CO_2 浓度迅速升高。2014 年 6 月 25 日大气中的 CO_2 浓度已经超过 400 μmol/mol，达到 400.80 μmol/mol（Mauna Loa，http：//keelingcurve. ucsd. edu/），远超过了科学界曾认为的安全上限（350 μmol/mol），预计在2100年，大气CO_2水平将会达到1 071 μmol/mol（Plattner G-K, et al., 2001）。海洋是大气CO_2的重要汇区，每年通过海-气交换从大气中吸收的CO_2为1.9~2.2 Pg C（Pg = 10^{15} g C）（Le Quéré C et al., 2003；Takahashi T., et al., 2002）。南大洋面积广阔，约占全球大洋总面积的20%，为处于亚热带锋（45°S左右）和南极洲大陆之间的海域（Gordon A. L., Molinelli E. J., and Baker T., et al., 1981），是全球海洋主要的CO_2汇区，大约吸收了人类活动产生的CO_2的30%（Tans P. P, 1990）。其中，占不到南大洋总面积的10%南极近岸海域，主导着南大洋的碳循环（Marinov I et al., 2006；Arrigo K. R., van Dijken G., and Long M., 2008）。但是南大洋仍然具有很大的CO_2吸收潜力，辽阔的高营养盐、低叶绿素（HNLC）海域和普里兹湾的南极底层水（AABW）的形成问题（蒲书箴等，2002；Vaz R A N and Lennonp G. W., 1996；于洪华，1998）都可能使南大洋的CO_2汇有所增强，对碳隔离有重要的意义。

南大洋的碳循环在全球生物地球化学循环中起着举足轻重的作用，已成为全球变化科学研究的热点和难点。国际上有关科学组织和国家积极开展了许多关于南大洋碳循环方面的研究，启动了数项大型国际合作项目，如SO-JGOFS（南大洋联合全球海洋通量研究）、GLOCHANT（南极地区在全球变化中的作用）、SOIREE（南大洋加铁实验）等。我国也逐步开展了南大洋碳循环的工作，相关项目有："九五"攻关重点项目"南大洋海冰区碳循环的研究"、科技部"十一五"国家科技支撑计划项目"南大洋碳循环监测技术及应用研究"，以及极地"十二五"专项研究"南大洋海洋化学与碳通量"等。另外，国家海洋局海洋-大气化学与全球变化重点实验室的高众勇也在2009年获得福建省首届杰出青年基金项目资助，进行南大洋碳循环研究。

3.3.2.2 南大洋CO_2研究

随着人为源CO_2的大量排放，全球CO_2浓度持续升高，南大洋大气CO_2分压也由1999/2000年（南半球夏季）的353.8 μatm*（微大气压，即10^{-6}标准大气压）上升到2007/2008年（南半球夏季）的369.3 μatm，增长了15.5 μatm，而相应地，南大洋表层海水CO_2分压（pCO_2）也相应有所升高，8年中平均增长了23.3 μatm（其中12月上升33.5 μatm，1—2月上升21.3 μatm，注：60°W~76°E区间同一区域比较）。均高于大气CO_2分压的增长速度，如果不考虑风场的变化，南大洋碳吸收能力有弱化的趋势。但南大洋夏季仍然是大气CO_2重要的汇。

对比南大洋的太平洋、大西洋、印度洋3个扇区，南太平洋（160°~60°W）的碳吸收能力最弱，为中等强度的汇，而南大西洋（60°W~20°E）、南印度洋（20°~80°E）的碳吸收能力最强，其中，位于南印度洋的南极普里兹湾湾内地区更是成为南半球夏季CO_2的极强汇，pCO_2小于150 μatm。

南大洋pCO_2年际变化呈现出极其复杂的变化，但其空间分布模式在总体格局上却大体不变。其中，南印度洋（20°~80°E）整体格局较为清晰，吸收能力较之南大西洋弱，但在普里兹湾湾内区域表层海水在南半球夏季达到极低值，代表着对大气CO_2的强吸收。

南大西洋碳吸收格局相对复杂，但总体吸收能力明显强于南印度洋。在年际变化上，表层海水pCO_2总体有上移增长趋势，但由于大气pCO_2的逐年增长，其在南大洋由海-气CO_2分压差造成的碳吸收能力并无明显弱化趋势。

尽管存在极大的不确定性，但南大洋是大气CO_2的重要汇区（即吸收区）却是不争的事实。研究结果表明，南大洋碳吸收通量存在极大的年际及季节变化，但是，其在整体的吸收格局上大致稳定。

---

* 1 atm = 1.013 25×10^5 Pa

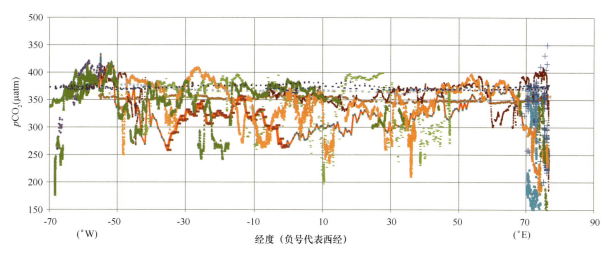

图 3-11 1999—2011 年南大洋中山站至长城站之间 12 月 pCO_2 分布年际变化

3.3.2.3 南大洋海-气 CO_2 通量年际变化实际观测数据研究

从 12 月与 1 月通量计算表如表 3-2 所示。从海-气 CO_2 分压差（ΔpCO_2）上看，12 月 ΔpCO_2 有显著的下降趋势（也就是吸收能力减弱），而在 1 月，这种下降趋势却得到极大的缓解和回升，总体变化不大。从通量计算结果上看，12 月南大洋的通量基本持平，而 1 月的碳吸收通量却上升明显。这是由于风速风场的变化。

表 3-2 海-气 CO_2 通量计算比较

航次	年月	大气 pCO_2（µatm）	海水 pCO_2（µatm）	ΔpCO_2	10 m 高度风速（m/s）	Flux Waninkhof, 1992 [mmol/（m²·d）]
16th	1999-12	355	331	-24	9	-5.15
	2000-01	352.6	320	-32	8.7	-6.41
21st	2004-12	365.2	363.76	-1.44	14.8	-0.84
	2005-01	362.5	339.64	-22.86	10.6	-6.8
24th	2007-12	369.8	364.5	-5.2	14.87	-3.04
	2008-02	368.8	341.3	-27.5	19.7	-28.26

3.3.2.4 南大洋碳吸收模式

从 1999/2000—2007/2008 年这 8 年间 12 月及 1 月碳吸收变化趋势的详细分析研究表明：总体而言，南大洋表层海水 CO_2 增长趋势超过大气 CO_2 浓度增长；但从 12 月与 1 月的海-气 CO_2 分压差（ΔpCO_2）变化趋势上看，12 月 ΔpCO_2 有显著的下降趋势（也就是吸收能力减弱），而在 1 月，这种下降趋势却得到极大的缓解和回升，总体变化不大。

从全球大洋生物泵运转效率（ThE = POC 输出通量/初级生产力）来看，南大洋的 ThE 比值也相当高，通过对南大洋普里兹湾输出生产力的研究结果表明，在南极普里兹湾，其 ThE 比值（POC 输出通量/初级生产力）在陆架区高达 61%，即使在陆坡区也达 25%，而相比于中低纬度海域(2% ~ 10% ）的正常值，其输出通量相当高，表达其有很高的生物泵运转效率。进一步的研究表明，南大洋的这种高输出生产力特征主要是由较大个体的浮游生物（如硅藻）所致。夏季南大洋对 CO_2 的高吸收能力，正是由高效的生物泵运转效率所致。很显然，10 年间南大洋在全球变化中，其生产力可能增强了。

这种合理的推测可以通过普里兹湾 P3 断面（73°E）的研究结果来证实，P3 断面是中国南极科考的一条主要断面，以此断面为代表来研究普里兹湾碳吸收能力 10 年变化，可以发现，10 年之间，以 65.5°S 为分界线，普里兹湾湾外地区（65.5°S 以北）碳吸收能力几乎没有什么大的变化，但其湾内地区（65.5°S 以南）则在较之 10 年之前碳吸收能力大大增强了。从海-气碳通量的详细计算表（表 3-3）中，可以看出，普里湾碳吸收能力与 10 年前相比，湾内碳吸收能力有了大幅度的提高，而在湾外相比之下提升较小。可见湾内的高生产力一定是其重要原因。而 10 年之间，受全球变化的影响，南大洋普里兹湾的生物泵运转效率很可能增强了。

总体而言，南大洋表层海水 CO_2 增长趋势超过大气 CO_2 浓度的增长；虽然如此，12 月与 1 月有着截然不同的差别，12 月，受海洋酸化影响，海-气 CO_2 分压差缩小明显，这意味着南大洋吸收大气 CO_2 的能力将下降，但 1 月，这种下降趋势被阻止了，ΔpCO_2 基本维持稳定。而这种差异的原因很可能是生物泵运转效率增强。

表 3-3　普里兹湾 10 年碳吸收变化对比

普里兹湾 P3 断面	10 年变化对比	pCO_2（μatm）	湾内（65.5°S 以南）	湾外（65.5°S 以北）
16th~南极	2000 年 1 月	大气	352.6	352.6
		海水	269.3	355.2
		$\triangle pCO_2$（海水-大气）	-83.3	2.6
		风速（m/s）	5.2	5.2
		温度（℃）	-1	1
		盐度	33	34
		通量（mmol/（m²·d））	-6.24	0.19
26th~南极	2009 年 12 月	大气	373.1	373.1
		海水	218.2	358.5
		$\triangle pCO_2$（海水-大气）	-154.9	-14.6
		风速（m/s）	6.5	6.5
		温度（℃）	-0.8	-0.1
		盐度	33.3	33.6
		通量（mmol/（m²·d））	-18.1	-1.69

根据 12 月及 1 月南大洋碳吸收截然不同的特点，提出南大洋碳吸收模式如下。

（1）12 月，受海洋酸化影响，海-气 CO_2 分压差缩小明显，这意味着南大洋吸收大气 CO_2 的能力将下降；

（2）1 月，这种下降趋势被阻止了。ΔpCO_2 基本维持稳定。说明其与 12 月吸收模式截然不同。

由于南大洋夏季碳吸收受生物泵主控，1月南大洋碳吸收变化趋势初步认为是由于生物泵运转效率增强。

（3）对普里兹湾生物泵效率研究表明，该海区POC输出通量很大，ThE比值很高（ThE = POC输出通量/初级生产力），说明其生物泵效率很高，碳吸收潜力大，是夏季CO_2的强汇区。

（4）对南大洋的典型海区——普里兹湾的详细研究表明，10年间普里兹湾碳吸收变化，高生产力海区碳吸收能力在增强，而低生产力海区而保持不变。表明南大洋生物泵运转效率的确在增强，是南大洋对全球变化的一种负反馈。

3.3.2.5 南印度洋及南太平洋碳吸收通量

表3-4 南大洋碳吸收季节与年际变化评估

50°S以南 至冰边缘	碳吸收通量（Gt C） 12月	碳吸收通量（Gt C） 1月
1999年	−0.003 55	
2000年		−0.005 73
2004年	−0.003 61	
2005年		−0.005 25

通过实测的表层海水pCO_2与表层海水温度，以及叶绿素的经验关系，利用实测数据及遥感反演方法，通过月平均的表层海水温度及叶绿素数据，计算了南印度洋及南大西洋12月及1月整个南大洋的碳通量（表3-4）。计算结果表明，1月南大洋碳吸收远大于12月，但就夏季南大洋而言，并没有减弱的趋势。

在详细的分区比较上，南大洋显示出不同的变化趋势，南大西洋碳汇在增强，而南印度洋碳汇在减弱。

3.3.3 南大洋 N_2O 研究

到目前为止，对南大洋N_2O的研究主要利用现场获得的稀有数据，结合不同模型估算南大洋N_2O通量。从研究结果来看，虽然南大洋对全球N_2O的贡献从早期的每年1.7 Tg N（Bouwman A. F. et al.，1995）下调到每年0.9 Tg N（Nevision et al.，2005）左右，且也有相关研究指出表层N_2O不饱和现象，尽管这样，但仍然没有足够的证据证实南大洋并非大气N_2O重要的海洋来源区域。加强南大洋现场调查，对评估南大洋对全球N_2O的贡献提供一定的科学依据。国际上稳定同位素方法已经运用到海洋N_2O研究，而在南大洋仍为空白状态。通过中国南极科学考察，获取N_2O数据，结合溶解氧、营养盐和温盐等参数对该区域N_2O分布情况进行分析，初步推断可能的形成机制，对完善海洋N_2O在全球循环过程及极区在全球变化过程中的作用的认识具有极为重要的意义。

3.3.3.1 普里兹湾水体 N_2O 分布特征

图3-12为普里兹湾P3断面N_2O浓度分布。P3断面是中国南极科学考察主要关注的断面，历年工作中都对P3断面进行调查。由图3-12可见普里兹湾水体中N_2O的分布特征存在陆坡（~66.8°S）以南（以下称为湾内）较低、陆坡以北（以下称为湾外）较高的现象。湾内N_2O浓度均低于17 nmol/L，湾外则有北向升高的趋势，在65.5°S和64°S发现两个高N_2O浓度值为

~22.4 nmol/L。1 000 m 以深水体中 N_2O 浓度为 17~19 nmol/L，该浓度与南印度洋观察到的 2 000 m 以深水体浓度接近（Bange and Andreae, 1999）。

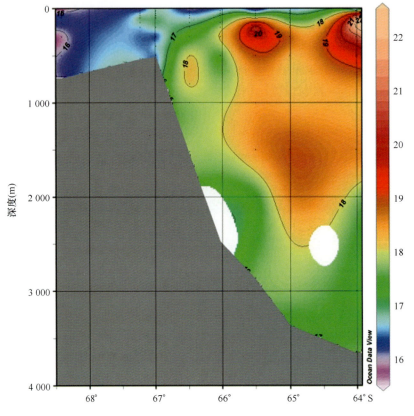

图 3-12　普里兹湾 P3 断面 N_2O 浓度分布

　　为了进一步了解普里兹湾物理过程对 N_2O 分布特征的影响，对普里兹湾水体水团分布进行分析：南极夏季表层水在季节性强温、盐跃层之上，盐度低，温度多变，这主要是因为受夏季太阳辐射和海冰融化的影响，温度范围为 -1.75~2.00℃，在 75.5°E，68.5°S 处观察到一个表层高温，大部分表层水温处于零下。在夏季表水之下，存在对冬季寒冷事件的残存"记忆"的陆架水和冬季水（蒲书箴等，1993），主要是冬季海冰的析盐作用使冰下海水对流增强，形成低温高盐水体（蒲书箴等，2003）。湾外则以绕极深层流（CDW）为主。据此，将普里兹湾水团区分为 3 类：①普里兹湾表层水；②普里兹湾陆架水；③绕极深层流。以下对此 3 类水团进行讨论。

3.3.3.2　普里兹湾表层水体 N_2O 分布特征

　　普里兹湾表层海水 N_2O 分布特征整体上为不饱和状态，饱和度异常值范围在 -21.2%~2.2% 之间，浓度范围在 13.4~16.9 nmol/L 之间，并且在空间分布上显示出东西向的饱和度异常梯度分布。西部水体可以观察到低于 -15% 的 N_2O 饱和度异常值。其成因可能是相对冷暖水团交汇过程中导致的海水溶解度变化。埃默里冰架边缘出现的不饱和现象与温度盐度低值在空间上存在对应关系，低温低盐的过冷却水的形成对 N_2O 饱和度存在影响（董兆乾等，2000）。Chen 等（2012）通过对普里兹湾进行简单数据模型分析，指出由于海冰晶格形成过程中会将多数溶解气体"挤压"出来，新鲜的融冰水中 N_2O 十分低或者可能几乎不含 N_2O，因而其溶解过程将对海水中的 N_2O 产生稀释作用，从而加剧 N_2O 的不饱和现象。调查区域东侧显示出与大气几乎平衡的特征，该现象与该区域相对高温高盐存在密切的关系，第 22 次南极考察期间也观察到东侧较大值，这可能该区域处于埃默里冰架东边界，并处于陆地边缘，夏季融冰，陆源物质的输入，生物活动增强，导致该处 N_2O 浓度过饱和。

在普里兹湾表层水中，N_2O 主要通过海-气界面交换和上下水层的涡动扩散进行，在普里兹湾硝化和反硝化生物过程在表层可以忽略，这主要是因为光照阻碍硝化过程的进行，而普里兹湾高溶解氧（197.33~339.72 μmol/L）浓度抑制反硝化过程的进行（Horrigan et al.，1981）。调查区域观察到表层 N_2O 饱和度异常值均为负值，这主要可能受两个因素的影响：①低温对溶解度的影响，虽然考察期间为夏季，但高纬度使表层仍处于较低温度范围（-1.75~2.00℃），N_2O 在海水中的溶解度很高；②融冰水的稀释作用，使表层 N_2O 浓度被稀释，普里兹湾存在强烈的层化，夏季表层水从湾内延伸至湾外。这种层化作用阻碍了次表层水体与夏季表层水之间的物质交换过程，从而使普里兹湾表层水显示出大气 N_2O 汇的特征。后者可能是导致 N_2O 不饱和的主要原因。从测得的饱和度异常值来看可以说明普里兹湾测区是大气 N_2O 的汇。另外，Ekman 北向运移也可能起到一定的影响作用。然而，要真正了解类似普里兹湾这种类型的南极近岸水体对大气 N_2O 循环的真正影响，需要对次表层水体进行研究和分析。

3.3.3.3 普里兹湾湾内水体中 N_2O 垂直分布特征

N_2O 在 IS 断面浓度范围在 14~27 nmol/L 之间，饱和度异常范围在-11%~57%之间，除了 IS01 站在 75 m 和底层出现过饱和现象外，普里兹湾整体为不饱和状态。这可能与南极冰架过冷却水的形成有关，陆架水的下沉在相应压力下使得冰架底部冰融化，低温低盐的过冷却水的形成，低密度的水体涌出抬升（董兆乾等，2000），由此推测，在没有特殊的生物化学过程条件下，该过程也是 N_2O 的一个稀释过程，因此导致普里兹湾陆架水的不饱和特点。对于湾内水体而言，表层水和次表层水中 N_2O 总体上均为不饱和，因而普里兹湾湾内应该是夏季大气 N_2O 的一个汇区。

普里兹湾海底的地形是西低东高，高密度的陆架水从西侧流出，代表最重的陆架底层水，说明普里兹湾陆架水具有较高的不饱和特点。东侧的 IS01 则显示出截然相反的特点，在 75 m 和底层出现饱和度异常的高值。这种现象可能是该区域表层海水温度较高导致较强烈的生物过程和陆源输入的结果。P4 断面除在次表层观察到饱和度异常值接近 0 以外，整个水层也处于不饱和状态。

尽管在普里兹湾湾内具有相对较高的生物生产力，次表层再矿化作用增强，在普里兹湾内部应该可以观察到氧化亚氮高值，但普里兹湾内水体中 N_2O 基本上均为不饱和状态，ΔN_2O 均为负值，因而，普里兹湾内 ΔN_2O 与 AOU 之间不存在之前报道的线性关系。Walter 等（2006）对北大西洋寒带区域研究时指出低 N_2O 饱和度可能是由低的 N_2O 生物生产力所致，这主要基于两方面进行假设：①高溶解氧；②低温。N_2O 的产生受溶解氧浓度的影响很大，研究水体中溶解氧浓度远远超过反硝化过程进行的界限，而高溶解氧浓度削弱了硝化过程中 N_2O 产生（Goreau et al.，1980；Poth and Focht，1985）；较低的水温对硝化速率和酶的活性影响都很大，细菌在低温条件下，不仅其生长速率受影响，其生物生产过程同样受到影响（Bock et al.，1992；Hoppe et al.，2002），因此，虽然生物生产力较高，但并没有观察到高 N_2O 浓度分布（Walter et al.，2006）。我们研究的普里兹湾区域也处于低温低溶解氧环境，但由于涉及不同细菌种类的生物过程，而我们有限的参数无法作出较为清晰的推断，这种状况使对普里兹湾内 N_2O 分布的控制因素的分析变得十分模糊，需要借助其他手段对其进行讨论。

3.3.3.4 普里兹湾湾外水体 N_2O 分布特征

普里兹湾湾外水体 N_2O 浓度相对湾内高，浓度在 17~24 nmol/L 之间。饱和度异常数据显示，除表层外，整个普里兹湾湾外水体 N_2O 浓度处于相对饱和状态，饱和度异常值均高于 10%。65.5°S 和 64°S 的两个高值饱和度异常分别 38% 和 51%。其中在 64°S 的 150 m 深处出现 1.0~1.8℃，34.6~34 为核心的高温高盐水团，是典型的 CDW 涌升特点（Orsi et al., 1995）。蒲书箴等（2000）提出 64°S 存在 CDW 涌升现象。因此该高值的存在可能有两种来源，CDW 上涌携带富含营养盐和 N_2O 的水体，另外可能是本地来源。65.5°S 存在的高值则更可能是当地来源。这说明这种现象可能较广泛地存在于普里兹湾湾外。相对于 64°S 的高值，65.5°S 的高值在断面 P2 和 P3 均较不明显，且 P2 断面在这一纬度的最高值更低。对 P2、P3 的典型站位进行分析，可以更清晰地看到一些湾外水体 N_2O 的分布规律。由 P3-5（64°S）可见，N_2O 在该站位的分布具有典型的 N_2O 垂直分布特征，即 N_2O 浓度从表层向下增加，形成最大值后逐渐减少。普里兹湾湾外 N_2O 的分布特征与开阔大洋相似，但也存在差异，N_2O 最大值位于较浅的 150 m 深处，在该站位，N_2O 与溶解氧之间呈现典型的镜像关系。以南的 P3-8 站位（65.5°S）整个剖面上，N_2O 饱和度异常值降低，该站位 200 m 出现 N_2O 尖锐的高值。这一尖锐高值"破坏"了 N_2O 和溶解氧之间的镜像对称关系。需要说明的是，从其他数据（营养盐）可见该尖锐高值应该不是测量的问题，与此相对应，存在该层位附近硝酸盐较尖锐的高值。这些迹象都说明该区域可能存在使现场 N_2O 产率提高的某些生物过程。该断面上的南向 P3-14 站位 N_2O 浓度在垂直分布上进一步降低，饱和度异常值除 100 m 左右存在高于 0 的最高值外，以下深度各层位饱和度异常值均小于 0，但偏离平衡状态不明显，表层水则具有比较明显的表层水的 N_2O 不饱和特征。

由于受到现场条件的限制，采样工作最北只进行到 64°S，该区域以北尚未获得现场数据，我们在 64°S 观察到的高值是否由 CDW 涌升引起，或其他因素引起，无法得出清晰定论，这将成为接下来的研究工作。

3.3.3.5　普里兹湾湾外 N_2O 分布特征及其与溶解氧分布的关系

大量研究显示，海洋中 ΔN_2O 与 AOU 之间存在线性相关关系，然而，本研究工作结果显示，普里兹湾湾内 ΔN_2O 与 AOU 之间不存在相关关系，其原因是 ΔN_2O 均小于 0，无法根据生物活动来判断 N_2O 的产生。而普里兹湾外 ΔN_2O 与 AOU 之间存在一定的关系。由图 3-13 可见普里兹湾湾外 ΔN_2O 与 AOU 之间的关系。

图中数据点为普里兹湾 P2 和 P3 各断面层位 ΔN_2O 与 AOU 之间关系图。值得注意的是，普里兹湾湾外水体中 ΔN_2O 和 AOU 与其他区域不同，并非典型的线性相关，而是指数增长关系。数据均在对其进行指数增长关系线性拟合，可以得出以下公式：

$$\Delta N_2O = (-2.040\ 4 \pm 0.579\ 1) + (-0.374\ 8 \pm 0.239\ 2)\ EXP\left[(0.018\ 3 \pm 0.003\ 7)\ AOU\right]$$

该公式的 $R^2 = 0.772$。这种分布与 Butler 等（1989）对太平洋印度洋的洋区调查获得的线性关系具有很大的不同。Butler 等（1989）对调查区域 ΔN_2O 和 AOU 及温度等参数进行拟合，将三者关系依据水文划分为 $T<2℃$；$2~5℃$；$5~10℃$；$10~15℃$；以及 $T>15℃$ 等温度范围区间的分段函数。由于本调查区域 $T<2℃$，将本调查中获得数据代入 Butler 等（1989）的公式：

$$\Delta N_2O = -13.5 + (0.125 + 0.009\ 93T)\ AOU$$

获得 ΔN_2O 计算值最高为现场数值的 261 倍，且绝大多数计算值相对观测值的偏差远高于 5%。这说明该公式不适用于普里兹湾外的情况，普里兹湾湾外水体中 N_2O 的形成过程可能和全球的其他区域存在一定的差异。

进一步分析可以发现，当 AOU 浓度低于 50 μmol/L 时，ΔN_2O 基本上为负值，指示数据点（黑点）所代表的站层位是表层海水或受融冰影响严重；扣除这一部分数据，另外由于 P3-5 和 P3-8

断面部分站位的 ΔN_2O 高于 4 nmol/L，将这两部分浓度的 ΔN_2O 数据滤去后（图 3-13 白点所示），ΔN_2O 与 AOU 之间具有很好的相关关系（相关曲线为直线，$R^2=0.849\ 4$）。这说明在普里兹湾调查区域当 ΔN_2O 高于 4 nmol/L 时，N_2O 的产率偏离主要的线性关系。

由图 P3-8 和 P3-5 在普里兹湾湾外 $\Delta N_2O/AOU$ 垂直分布特征可见（图 3-14），两个站位 $\Delta N_2O/AOU$ 的垂直分布与 N_2O 的垂直分布存在相对应的关系，最高 $\Delta N_2O/AOU$ 值在 0.05~0.06 之间，接近其他区域的研究结果 0.076~0.219 的范围的下限（De Wilde and Helder, 1997），P3-14 则更低，说明普里兹湾外 N_2O 产生效率较其他区域低。普里兹湾湾外水体生物过程对海洋 N_2O 的贡献较低。

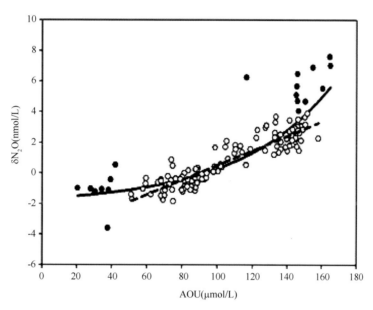

图 3-13　普里兹湾湾外（P2、P3）ΔN_2O、AOU 相关关系
横纵坐标单位

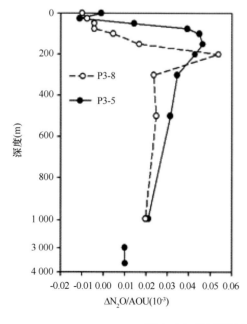
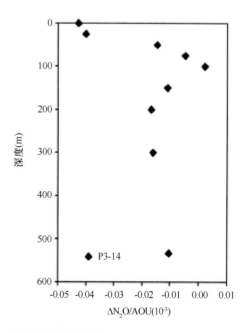

图 3-14　P3 断面 $\Delta N_2O/AOU$ 比值随深度的变化

3.3.3.6 普里兹湾水体 N_2O 形成机制初探

早期对于 N_2O 形成机制的探讨通常根据现场溶解氧和营养盐尤其是硝酸盐的分布特征，结合 Redfield Ratio 进行探讨。自从 $N*$ 的概念引进之后（ $N* = [NO_3^-] + [NO_2^-] + [NH_4^+] - 16 \times [PO_4^{3-}] + 2.9$ ）（Deutsch et al.，2001）， $N*$ 为正，说明硝化过程为主控机制；为负，则反硝化过程为主要机制，用 $N*$ 对硝化过程和反硝化过程进行简单的趋势性的判别成为一个定性的手段，但是应该指出， $N*$ 只能说明硝化过程是主要形成机制，但不能完全说明是 N_2O 的主要形成机制，在不同海区运用也有所不同，目前已有研究者运用在对 N_2O 形成机制的简单探讨（Hirota et al.，2009；Nevison et al.，2003）上。

南极高纬度海区存在高浓度的含氮营养盐，且由于水团混合过程复杂，使得单纯根据溶氧、硝酸盐等参数对形成机制进行研究受到限制。由于条件的限制，本研究无法使用 N、O 稳定同位素数据对 N_2O 形成机制进行讨论，故而结合 $N*$ 对形成机制进行初步探讨，由此，为接下来的研究工作提供参考。

值得注意的是，在整个航次中观察到的水体 $N*$ 数值均大于0。如果按照严格的 $N*$ 定义来说，普里兹湾整个测区应均为硝化过程主控。然而，我们发现在有些站的不同层位， $N*$ 仅为2左右，因此，可以猜测以硝化过程为主，硝化过程和反硝化过程共存的局面可能存在于普里兹湾的不同区域。

湾内站位次表层以下水体中硝酸盐含量均大于 $30\ \mu mol/L$， $N*$ 在 $3\sim24\ \mu mol/L$ 之间，由于几乎所有站位都为 N_2O 不饱和状态，很难清晰推断 N_2O 的产生量。仅在 IS01 号站位观察到 75 m 层的 N_2O 最大值，与此相对应， $N*$ 和硝酸盐含量也为整个断面的最高值。由此可以推测，在该站位的 75 m 深处，硝化过程可能是 N_2O 形成的主要机制。

湾外由于 N_2O 过饱和，对于 N_2O 形成机制的探讨较有意义。由 N_2O、 NO_3^- 及 $N*$ 三者可以将湾外的分布特点区分为3种类型：①站位 P2-9、P3-8 显示出和 IS01 相类似的分布特点，即 N_2O 高值对应 NO_3^- 和 $N*$ 高值，说明硝化过程可能是该类站位主要形成机制；②P3-5 站位 N_2O 最高值层存在 $N*$ 剧烈波动相邻层位出现最低 $3\ \mu mol/L$ 左右和最高 $15\ \mu mol/L$ 左右的 $N*$ 值。该站层位和 P2-9 相对应，却显示出 $N*$ 和 NO_3^- 的明显差异，这种差异也表现在溶解氧的分布上，2个站位溶解氧最低值相差约为 $30\ \mu mol/L$，则说明两个站位显然存在形成机制上的差异，其中 P3-5 站位的形成机制尤其值得深入探讨；③第三类站位如 P3-14、P4-10 和 P4-11，与 N_2O 最大值层对应的 $N*$ 低值，当然该类站位 N_2O 最大值仅接近于大气的平衡值，因此为数据的分析带来了一定的不确定性，这种对平衡值的接近是否为不饱和背景下生物过程 N_2O 形成输入的结果仍有待进一步研究。

尽管仅仅依靠上述分析，还无法很好地确定普里兹湾内外 N_2O 形成机制的组成，但可以推测，普里兹湾内外水体很可能存在 N_2O 硝化过程和反硝化过程甚至是其他未知过程共同作用的结果。相信随着新技术的运用，对普里兹湾 N_2O 形成机制的研究可以取得进一步的突破。

3.3.4 海洋同位素观测研究

中国南大洋海洋同位素的观测研究起步于 1989 年进行的中国第 6 次南极科学考察，其间分析了普里兹湾及其邻近海域表层海水的氧同位素组成。自 1996 年中国第 13 次南极科学考察航次开始，南大洋同位素观测与研究进入了较为系统的研究阶段。中国第 13 次、第 16 次、第 18 次、第 20 次、第 22 次、第 24~30 次南极科学考察航次中开展了普里兹湾及其邻近海域同位素的观测及其海洋学过程的示踪研究，涉及的核素包括天然放射性核素^{238}U、^{234}U、^{234}Th、^{226}Ra、^{228}Ra、^{224}Ra、^{210}Pb、^{210}Po 等）、人工放射性核素（^{3}H、^{14}C、^{90}Sr、^{137}Cs 等）和稳定同位素（^{2}H、^{18}O、^{13}C、^{15}N 等）。在沿航线及普里兹湾及其邻近海域同位素的分布及其海洋学意义上取得一系列重要成果，诸如，揭示出大洋表层水δ^{2}H 纬度分布上的"双峰"分布特征（黄奕普等，2004）、南极辐合带南北海域表层水^{226}Ra 含量的显著变化（吴世炎等，2001；曾宪章等，2004；尹明端等，2004；Chen 等，2011）、北半球表层水^{90}Sr、^{137}Cs 放射性水平高于南半球（霍湘娟，2000）、普里兹湾表层水铀的保守行为（曾宪章等，2004；尹明端等，2004）、细菌生产力及其与溶解有机碳的负相关关系（Qiu et al.，2003，Qiu et al.，2004；彭安国等，2005）、生物固氮速率与颗粒物δ^{15}N 的纬度变化（Zhang et al.，2011）等，特别是在普里兹湾及其邻近海域水团来源构成的同位素解构、埃默里冰架前沿海流运动路径和速率的镭同位素示踪、普里兹湾湾外南极底层水的同位素指示、普里兹湾湾内外生物泵运转的变化等方面取得创新性成果，极大地深化了对南大洋水文学过程和生物地球化学过程的理解。

3.3.4.1　普里兹湾及其邻近海域水团来源构成的同位素解构

全球海洋最重要的"物理泵"即是深海热盐环流，该环流源于北大西洋，北大西洋表层水受冷下沉形成北大西洋深层水，后者流经南大洋时，汇入南极底层水，驱动着整个环流。全球深海热盐环流中，南大洋形成的底层水量约占整个深海环流水量的一半，凸显出南大洋水文学过程在全球热盐环流中所起的重要作用。在南大洋水文学过程研究中，水团组成如冰川（雪）融化水及海冰融化水在水团中的贡献备受关注，因为南极底层水所蕴含的极地冰川（雪）融化/结冰组分，可通过热盐环流将极地冷源携带至世界其他海域，从而影响大洋的热收支，进而调控着全球气候。此外，南极大陆邻近海域中冰川（雪）融化水比例的确定对南极冰盖质量平衡的研究也具有关键意义。然而，仅依赖水文学的常规观测项目（如温度、盐度）通常难以定量确定南大洋冰川（雪）融化水和海冰融化水的比例，其原因在于高纬度海区的海水往往蕴含 3 种或 3 种以上的来源组分。海水中的 H、O 同位素组成（即δ^{2}H、δ^{18}O）是水体混合的保守性参数，且不同来源组分往往具有不同的δ^{2}H、δ^{18}O 特征值，结合盐度等指标，即可定量出南大洋水体中冰川（雪）融化水和海冰融化水的比例。

自中国第 6 次南极科学考察起，多个航次开展了普里兹湾及其邻近海域海水δ^{2}H、δ^{18}O 的研究（洪阿实等，1993；刘广山等，2001；刘广山等，2002；黄奕普等，2004；曾宪章等，2004；杜金秋，2011），确定了普里兹湾及其邻近海域主要水团的同位素与地球化学特征变化范围。借助所确定的绕极深层水δ^{2}H 特征，运用绕极深层水、冰川（雪）融化水和海冰融化水混合的 3 组分质量平衡模型，计算获得普里兹湾及其邻近海域水体所含海冰融化水与冰川融化水的比例，结果显示，1996 年南半球夏季期间，普里兹湾及其邻近海域水体中冰川（雪）融化水的比例为 0~3.82%，海冰融化水的比例为−3.2%~4.8%（Cai et al.，2003）；1997 年南半球夏季期间，冰川（雪）融化水和海冰融化水的比例分别为 1.5%~4.0%和−3.8%~4.5%（黄奕普等，2004）。普里兹湾及其邻近海域冰川（雪）融化水和海冰融化水的水平分布凸显了相依伴的两种水团，构成状如蝴蝶的水文结构。位于湾以北开阔海域的水团，系绕极深层水涌升所致，具有低冰川（雪）融化水、高海冰融化水的特征。湾内水团系普里兹湾陆架水，具有高冰川（雪）融化水、低海冰融化水的特征（图 3-15、图 3-16）。不同深度处冰川（雪）融化水和海冰融化水的水平分布图像存在显著差异，可用 Ekman 深海漂流理论予以合理的解释。普里兹湾内的冰川融化水呈垂向均匀的分布态势，这是因为湾内水体停留时间长，而冰川（雪）的消融相对于湾内水体的垂直混合是速率更为缓慢的过程。海冰融化水则随深度的增加而降低，源于夏季海冰消融和冬季盐卤水下沉的叠加效应。

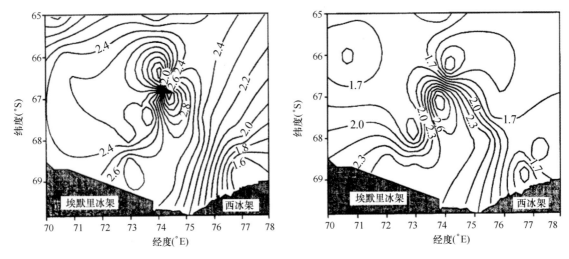

图 3-15　1996 年夏季普里兹湾及其邻近海域 50 m（a）、200 m（b）冰川（雪）融化水（％）的分布

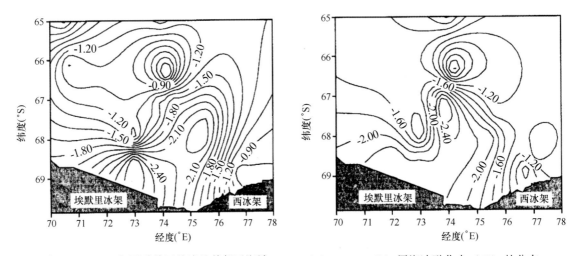

图 3-16　1996 年夏季普里兹湾及其邻近海域 100 m（a）、200 m（b）层海冰融化水（％）的分布

3.3.4.2　埃默里冰架前沿海流运动路径速率的镭同位素示踪

中国第 22 次南极科学考察航次（2005 年 12 月—2006 年 1 月）期间，郑敏芳等（2010）实测普里兹湾及其邻近海域表层水 ^{226}Ra 的比活度，发现表层水 ^{226}Ra 比活度呈现由湾内向湾外增加的反常态势（图 3-17），反映出不同 Ra 含量水团的混合影响。结合 S-^{226}Ra 示踪体系及南极夏季表层水、冰融水和普里兹湾中深层水的三端元混合模型，作者计算出各组成水体的比例并描绘出它们的空间分布，其中，冰融水的比例由湾内向湾外降低，且在湾内东部的高温水体中具有最大份额，而普里兹湾中深层水中，受沉积物镭来源影响比较显著的区域出现在湾内西北部，其影响向湾外逐渐降低。冰融水与普里兹湾中深层水份额分别于普里兹湾湾顶东、西部出现高值的分布特征证实埃默里冰架前沿海流东进西出的运移规律。

嗣后，陈倩娜等（2014）利用中国第 27 次南极科学考察期间（2010 年 12 月 30 日—2011 年 1 月 16 日）所获得的 ^{226}Ra 和 ^{228}Ra 数据，发现在埃默里冰架前沿海域，西侧海域较东侧海域具有低温、高盐、高 ^{226}Ra、低 ^{228}Ra、低 ^{228}Ra/^{226}Ra)$_{A.R}$、低冰融水份额（图 3-18）的特征，进一步证实埃默里冰架下水体东进西出的运动规律。在表层水体东进西出的运动过程中，海水结冰的盐析作用导致了盐度和^{226}Ra 的增加，以及冰融水份额的降低，而^{228}Ra 的放射性衰变则导致了^{228}Ra 和^{228}Ra/^{226}Ra）$_{A.R.}$ 的降低。根据埃默里冰架前沿东、西侧海域^{228}Ra/^{226}Ra）$_{A.R.}$ 的变化，计算出埃默里冰架下表层水体东进西出所经历的时间为 1.85 a。此外，在普里兹湾湾口中部海域（66.5°～67.5°S，72°～74°E），还观察到次表层水的上升通风作用，该区域较高的^{228}Ra 含量和^{228}Ra/^{226}Ra）$_{A.R.}$，证明这些表层水体并非来自湾外绕极深层水的上涌，而可能来自湾内埃默里冰架输出的水体（图 3-18）。

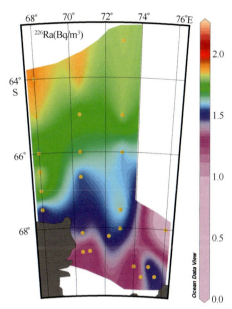

图 3-17　2005 年夏季普里兹湾及其邻近海域表层水^{226}Ra 的分布

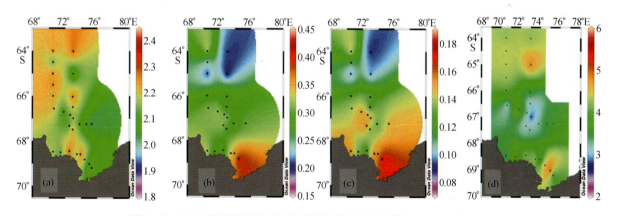

图 3-18　2010 年夏季普里兹湾及其邻近海域表层水^{226}Ra（Bq/m^3，a）、^{228}Ra（Bq/m^3，b）、^{228}Ra/^{226}Ra）$_{A.R.}$（c）和冰融水份额（%，d）的分布

3.3.4.3　普里兹湾湾外南极底层水的同位素指示

位于南极海区底层的南极底层水（AABW）一直是南大洋研究中最为引人注目的问题之一，在普里兹湾及其邻近海域是否存在南极底层水，其起源与成因如何，也一直备受中外学者的关注。

在中国第 15 次南极科学考察期间，S-δ^{18}O 和 S-δ^{2}H 的点聚图显示，南极大陆坡近底层与普里兹湾湾外深海盆中存在南极底层水，且其有可能是通过高盐、高密、低温的陆架水沿陆坡下沉与绕极深层水混合而形成的（图 3-19），但由于考察期间未直接观测到陆架水的下沉，故推测这种过程可能在南半球冬季发生（黄奕普等，2004；曾宪章等，2004）。与此不同的是，在中国第 13、第 14 次南极科学考察期间，所获得的 δ^2H、$\delta^{18}O$ 的分布特征未发现普里兹湾外绕极深层水（CDW）与陆架水（SW）混合形成南极底层水的迹象（黄奕普等，2004；曾宪章等，2004）。第 13、第 14 航次与第 15 航次观测结果的不同，可能与站位布设及采样深度的不同，或者是由南极底层水形成的年际变化所致。

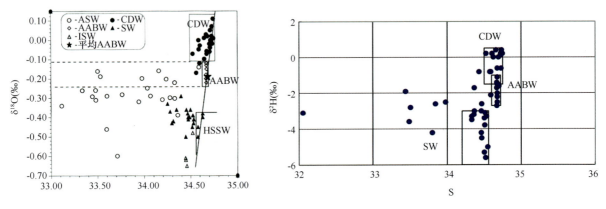

图 3-19　1998 年夏季普里兹湾及其邻近海域 S-$\delta^{18}O$、S-δ^2H 点聚图

中国第 26 次南极科学考察（2009 年 12 月—2010 年 2 月）的研究发现，南极底层水（AABW）出现在 P2 断面、P3 断面和 P4 断面的下陆坡区近底层，其所处深度均在 2300 m 以深，水体的温度低于 0℃，盐度为 34.66~34.67，海水 $\delta^{18}O$ 的平均值为 -0.16‰。根据海水 $\delta^{18}O$ 与盐度的关系证实（图 3-20），这些南极底层水（AABW）完全可以由普里兹湾湾内的高盐陆架水（HSSW）和普里兹湾湾外的绕极深层水（CDW）混合形成（杜金秋，2011）。

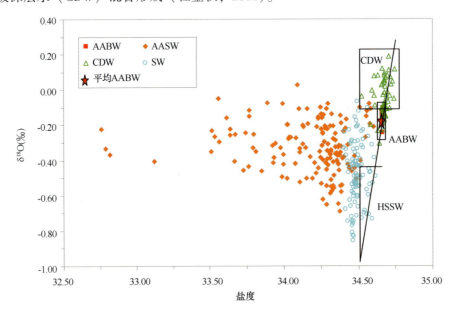

图 3-20　2009 年夏季普里兹湾及其邻近海域 $\delta^{18}O$ 与盐度的关系

3.3.4.4 普里兹湾湾内外生物泵运转的变化

极地海域对全球变化的响应和反馈与生物泵的运转密切相关,生物泵是海洋浮游植物通过光合作用将无机碳固定为有机物,之后在食物网内转化、传输及重力沉降,并最终将碳埋藏至沉积物的过程。生物泵的运转效率直接决定着南大洋净吸收大气 CO_2 的能力,同时也是海洋对全球变化的重要反馈渠道之一。海洋初级生产力决定着有机物的产生,是生物泵运转的"引擎",在生物泵运转环节中起着重要作用。颗粒有机碳的垂向输出是有机碳输送进入深海并与大气隔离的关键环节,在颗粒有机物垂向输送过程中,微生物的降解作用影响到有机物垂向输送过程中的再矿化强度,进而改变颗粒有机碳的垂向输出通量,并直接影响到千年尺度海洋吸收大气 CO_2 的能力。显然,初级生产力、有机物的降解作用、颗粒有机碳输出通量是评估海洋生物泵运转效率的关键指标。南大洋由于具有极端多变的环境条件,海洋生物泵作用通常具有很大的时空变化。经过历次南极科学考察航次的研究,发现普里兹湾的湾内外海域初级生产力、颗粒有机碳输出通量、稳定同位素特征等存在明显差异,反映出普里兹湾湾内外生物泵运转效率的不同。

1)普里兹湾湾内外初级生产力的显著差异

在多个南极科学考察航次中,利用 ^{14}C 吸收法实测了普里兹湾及其邻近海域的初级生产力,尽管普里兹湾及其邻近海域的初级生产力在短至 1 昼夜、长达 10 年的时间尺度上有明显变化(邱雨生等,2004),但其空间分布均呈现湾内冰边缘区和陆架区显著高于湾外陆坡区和海盆区的特点,67°S 附近是初级生产力变化最为剧烈的锋面区域(图 3-21,许新雨,2013)。水体垂直稳定性可能是影响普里兹湾及其邻近海域初级生产力变化的主要因素之一,较浅的混合层有利于光合作用生物生长在光较为充足的上层水体,从而加强其光合作用过程(图 3-22,Zhang et al.,2014)。

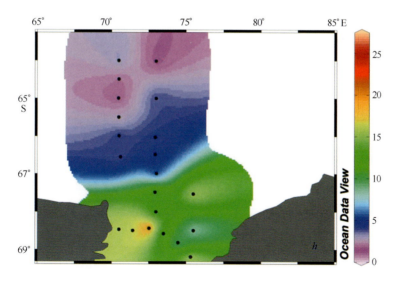

图 3-21 2010 年夏季普里兹湾及其邻近海域初级生产力 [mg/(m³·d)] 的分布

2)湾内外颗粒有机碳输出通量的变化

中国第 18 次南极科学考察航次期间,对普里兹湾湾外(IV-3 站)上层水体 $^{210}Po/^{210}Pb$ 不平衡的研究发现,表层水体 ^{210}Po 相对于母体 ^{210}Pb 呈亏损状态,而次表层或中层水体的 ^{210}Po 则显过剩,且颗粒态 ^{210}Po 比活度与颗粒有机碳之间存在良好的正相关关系,证实 ^{210}Po 相对于其母体 ^{210}Pb 的亏损与过剩可用于指示颗粒有机物的输出与再矿化。根据 $^{210}Po/^{210}Pb$ 不平衡计算出湾外站位 100 m 层

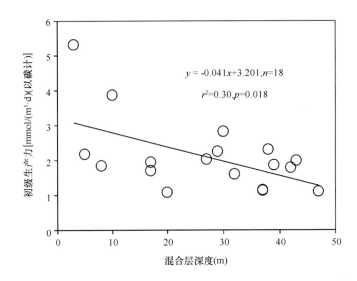

图 3-22　2006 年夏季普里兹湾及其邻近海域表层初级生产力
（Primary production）与混合层深度（MLD）的关系

颗粒有机碳的输出通量为 2.3 mmol/（m² · d）（Yang et al.，2009），与利用²³⁴Th/²³⁸U 不平衡在南大洋印度洋扇区开阔海域获得的颗粒有机碳输出通量（0.10~2.53 mmol/（m² · d），Coppola et al.，2005）相符合，证明普里兹湾湾外洋区的颗粒有机碳输出通量较低。嗣后，在中国第 22 次南极科学考察（2005 年 11 月—2006 年 3 月）期间，利用²³⁴Th/²³⁸U 不平衡计算出普里兹湾及其邻近海域 73°E 断面 5 个测站 25/50 m 层颗粒有机碳的输出通量，其数值介于 29.5~262.4 mmol/（m² · d）之间，空间上仍呈现湾内高于湾外的特征（何建华等，2007）。

3）普里兹湾湾内外生物泵变化的物理-生物耦合作用机制

普里兹湾湾内外生物泵运转的变化从颗粒有机物碳稳定同位素的分布亦可得以佐证，并且从中可看出湾内外生物泵运转变化的物理-生物耦合作用机制。2006 年夏季（中国第 22 次南极科学考察航次），普里兹湾湾内外的同位素特征呈现出明显的空间差异，具体表现为：湾外表层水²²⁶Ra 比活度高于湾内，这与高²²⁶Ra 绕极深层水与低²²⁶Ra 冰融化水的共同作用有关。另外，湾外颗粒有机物 $\delta^{13}C_{POC}$ 低于湾内，67°S 以北湾外海域 $\delta^{13}C_{POC}$ 较低，且变化范围较小（-27.5‰~-25.3‰），而湾内海域 $\delta^{13}C_{POC}$ 均大于-22.0‰，最高的 $\delta^{13}C_{POC}$ 出现在埃默里冰架附近海域（图 3-23）。颗粒有机物 $\delta^{13}C_{POC}$ 与冰融水比例、颗粒有机碳浓度之间呈现正相关关系，而与主要营养盐之间呈现负相关关系，由此揭示出调控普里兹湾及其邻近海域 $\delta^{13}C_{POC}$ 空间变化的物理-生物耦合作用，即冰融水的增加导致水体稳定性加强，形成更有利于光合作用生物生长的物理环境，从而加强海域的初级生产力。加强的初级生产过程会消耗海水中的主要营养盐，降低海水中溶解 CO_2 浓度，进而降低浮游生物吸收无机碳过程的同位素分馏，提高所合成颗粒有机物的 $\delta^{13}C_{POC}$（Zhang et al.，2014）。这种物理-生物耦合作用机制恰恰是导致普里兹湾湾内外所观察到的一系列化学、生物学要素产生差异的根本原因，在普里兹湾湾内，冰融水的增加导致其水体稳定性强于湾外，从而促进了湾内浮游生物的初级生产过程，进而导致湾内外同位素特征及生物泵运转效率产生差异。

在中国的南大洋海洋科学研究中，高灵敏度的同位素技术为认识南大洋海洋学过程的动力学特征及其作用机制作出了积极贡献，特别是在普里兹湾及其邻近海域水团来源构成的同位素解构、埃默里冰架前沿海流运动路径和速率的镭同位素示踪、普里兹湾湾外南极底层水的同位素指示、普里

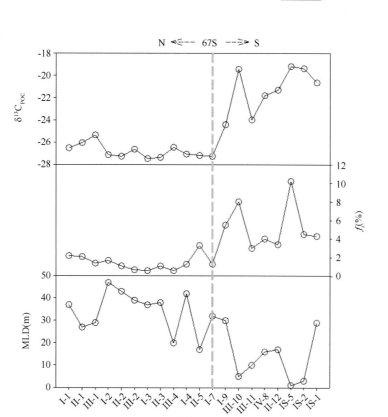

图 3-23 普里兹湾湾内外冰融水比例 (f_i)、混合层深度（MLD）及 $\delta^{13}C_{POC}$ 的差异

兹湾湾内外生物泵运转的变化等方面取得重要成果，深化了对南大洋水文学过程和生物地球化学过程的理解。展望未来，仍有必要加强重点区域、时间序列和同位素集成的观测研究，以更深入阐明南大洋海洋环境的变化规律及其对全球气候变化的响应与反馈。

3.3.5　南极海洋气溶胶研究

3.3.5.1　南极海洋大气化学研究

1989 年利用我国"极地"号科学考察船的南极和环球科学考察，采集了太平洋、南极海域、南大西洋，印度洋及航线近岸海域大气海洋气溶胶样品，研究了海洋大气中 Na、Mg、K、Cl、Ca、Br、F 的特征、金属形态和入海通量，以及气溶胶中化学物种的来源示踪元素的特征（陈立奇等，1992；1993；1994）。1998 年，又在东南极中国南极中山站设立了海洋气溶胶的长期观测站（陈立奇等，2004；汪建君等，2009）。

1）南极含硫海洋气溶胶特征

在与环境关系密切的大气化学组成中，除氮和碳之外，硫的循环对生物圈的作用最为重要。各种硫化物通过 SO_2 的氧化渠道，都会形成对大气酸度造成重大影响的硫酸。其中由海洋生物产生且释放到大气的二甲基硫（DMS，dimethyl sulphide），被认为是占主导地位的硫化物之一（Charlson et al.，1987）。由此可产生控制海洋上空大气层云凝结核数量的气溶胶，使云的反射能力发生变化并影响气候，形成一种与温室气体的作用相反的影响气候机制。排放到大气中的含硫气体有很多来源（海洋、陆地、生物圈、火山、生物燃烧和人类活动等），其中海洋排放的主要形式是 DMS。

二甲基硫（Dimethylsulphide，DMS）在海洋与大气相互作用中扮演重要的角色。DMS 由其前体二甲基硫基丙酸（Dimethylsulfoniopropionate，DMSP）通过藻类的酶或微生物酶解而来。DMSP 由藻类利用海水中的硫酸盐经过一系列的反应合成产生，不同藻类产生 DMSP 的能力有所不同。DMS 通过海气交换进入大气后，主要被大气中的自由基 OH、NO_3 氧化，产生甲磺酸（Methane Sulphonic Acid，MSA）、SO_2 等产物，SO_2 可以进一步参与形成非海盐性硫酸盐（$nss-SO_4^{2-}$），成为海洋大气气溶胶的重要组成。DMS 氧化产物可参与形成云凝结核（Cloud Condensation Nuclei，CCN），并增加 CCN 的浓度，即通过生成新的颗粒物或使原有细小颗粒物长大至 CCN 粒径（>50 nm）。CCN 的增加提高了云层对太阳辐射的反射率和散射率，影响地表太阳辐射收支，从而影响着全球的气候。DMS 是上层海洋与低层大气研究（Surface Ocean and Lower Atmosphere Study，SOLAS）的核心内容之一。

最新的研究表明，全球海洋 DMS 的通量大约为每年 28.1 Tg·S（Lana et al.，2011），不同学者给出的通量结果略有偏差。北冰洋、南大洋，特别是南极海冰区，被认为是大气 DMS 巨大的源，并且对全球硫的收支有着重要的贡献。已有的估算表明，仅仅是占世界海洋面积 6% 的南大洋南极区域（Antarctic Zone）和季节性海冰区（Seasonal Ice Zone），就占全球 DMS 总通量的 17%（Curran and Jones，2000）。Kloster 等模拟不同季节全球海洋表层海水 DMS 平均浓度值的结果表明，南大洋的春夏季具有较高的 DMS 浓度值，南大洋向大气输送的 DMS 基本上来自于这两个季节。南半球的高纬度地区（南极和南大洋）在全球气候系统中扮演着重要的角色，在过去的气候变化以及当前和未来由人类活动引起的气候变化中起关键作用（效存德，2008）。未来南极变化，可能对南大洋 DMS 的生物地球化学过程产生一定的影响，进而影响南大洋 DMS 的海-气输送通量。而 DMS 的通量增加所产生的负反馈作用，是否会缓解南极区域的暖化过程还不得而知。

因此，在南大洋区域开展关于 DMS 及其相关物质的生物地球化学过程的研究就显得非常迫切且富有意义。目前，国内在南大洋区域硫循环的研究，主要涉及 DMS 相关的气溶胶观测（Chen et al.，2012），而在海水及海冰领域 DMS 的观测仍处于起步阶段。一般而言，现场获得的 DMS 数据量偏少，导致估算海气的 DMS 海-气通量具有很大的不准确性。遥感技术的出现，为实现全面的、长时间系列的海表 DMS 观测提供可能。这样一来，可以通过遥感技术对全球 DMS 海气通量进行估算。遥感技术并不是直接测量海水表层的 DMS 浓度，而是通过测量叶绿素（CHL）浓度等参数来实现。

南大洋区域，明显的温度、盐度、叶绿素、营养盐等经向方向上的变化，导致南大洋生产力在不同区域上有所差异。南大洋是典型的高营养盐低生产力（High Nitrient Low Chlorophyll，HNLC）海域，其大部分的区域生产力很低，并且在开阔海域的生产力变化很小。然而在近岸/陆架区，季节性海冰消退区/陆缘冰带，以及南极峰毗邻地带容易发生浮游植物的水华，并具有较高的生产力（高众勇和陈立奇，2002）。由于 DMS 是由浮游植物所产生的 DMSP 转化而来的，一般来说，DMS 和叶绿素有明显的正相关关系，所以在南大洋表层海水的 DMS 分布与叶绿素及生产力的分布情况有很大的关系。

DMS 在进入大气层后，很快就发生光化反应，被氧化生成甲基磺酸（MSA，methane sulphonic acid）和硫酸，或者相应的盐类。甲基磺酸根和硫酸根化学性能相对稳定，不仅能以气溶胶形式较长时间地存在于大气，而且当以干、湿沉降方式到达地面时，会在寒冷地区冰雪中保留下来。同为 DMS 的氧化产物，MSA 与 $nssSO_4^{2-}$ 最大的不同是：MSA 只由 DMS 转化而来，而 $nssSO_4^{2-}$ 还有其他来源。MSA 唯一来源性就决定了冰芯中 MSA 的变化在全球环境变化研究中有十分重要的意义。MSA 作为 DMS 记录的替代指标，在雪冰中的浓度和通量与海洋生物初级生产力的变化有关。也因此，在大气采样和冰雪中研究 DMS 时，常以甲基磺酸和硫酸根作为代表。南极深冰芯中的 MSA 和硫酸根的测定结果表明，它们是反映末次气候旋回中海洋–大气硫循环及与气候变化关系的敏感因子（Legrand et al.，1991）。

自 1987 年 CLAW 理论提出后，近年来多个关于极地硫循环的多个大型项目 Antarctic Tropospheric Chemistry Investigation（Eisele et al.，2008）相继在南极执行，主要关注和硫循环相关的各种物理化学过程：DMS、MSA 和 MSA/nssSO$_4^{2-}$ 的浓度随时间和纬度的变化特征，DMS 向 MSA 氧化过程中的影响因素，海冰进退对 DMS 浓度的影响，以及各种氧化物的前体如 OH 自由基和 NO$_3^-$ 等随时间的变化特征。

通常的观点是认为低温有利于 DMS 向 MSA 的转换。大气中将 DMS 氧化为 MSA 的氧化物主要有 OH 和 NO$_3^-$（还有光线的作用），极地地区的海洋大气环境极少受到污染，OH 氧化是主要的途径。由 OH 氧化 DMS 得到 MSA 是加成反应，而由 OH 氧化 DMS 得到 SO$_2$（进一步为 nssSO$_4^{2-}$）是消除反应。在有机反应中低温有利于加成反应，而高温有利于消除反应。由 OH 氧化 DMS 得到 MSA 是加成反应，也就是说，温度升高对 DMS 氧化成为 MSA 是不利的（Hynes et al.，1986；Turnipseed et al.，1996）。

尽管 MSA 在南极区域的研究十分丰富，但相对来说，在航线上尤其是至南北极的航线上，MSA 的数据相对有限。通常来说，MSA 在南半球高纬度浓度会升高。Bates 等和 Davison 等分别对 1989 年从美国到南极和 1992 年从英国到南极的航线，对 MSA 浓度的研究都验证了这一点（Bates et al.，1992；Davison et al.，1996）。

陈立奇研究小组对中国南极考察航线上对气溶胶多年的连续采样，并与孙俊英在第 1 次北极航线上的气溶胶数据进行对比（孙俊英，2002），第 2 次北极考察（2003 年）的 MSA 和 MSA/nssSO$_4^{2-}$ 分布趋势和首次北极考察的分布趋势基本一致，在 50°～60°N 之间浓度最高，之后随纬度升高逐渐下降，对全球 DMS 的分布研究表明在北半球 50°～60°N 之间这一区域 DMS 的浓度为最高（Kettle et al.，1999）。在南半球气溶胶 MSA 和 MSA/nssSO$_4^{2-}$ 的浓度分布与北半球不同，随着纬度逐渐升高，在南极沿岸附近急剧升高。在全球 DMS 分布的研究中，南半球高纬度附近，南极沿岸的 DMS 浓度确实较高。但根据通常的观点低温有利于 DMS 向 MSA 的转化，因此 MSA/nssSO$_4^{2-}$ 这个比值和 DMS 的浓度没有直接的相关关系，而是和温度更为相关，因此，在南北半球夏季温度相当的情况下，MSA/nssSO$_4^{2-}$ 在南北半球分布应该相似。但在 CHINARE 南北极的数据表明，在南北半球这个比值是不一样的，并且 MSA/nssSO$_4^{2-}$ 和采样温度也没有很好的相关性。因此很有可能是有 DMS 之外的原因在引起 MSA/nssSO$_4^{2-}$ 的升高（Wang et al.，2009）。

除 MSA 之外，为了研究南大洋和东南极大气气溶胶的水溶性无机和有机离子特征，陈立奇和高原的研究小组于 2010 年 11 月—2011 年 4 月在 40°S，100°E～69°S，76°E 及 69°S，76°E～66°S，110°E 之间的海域采集大体积及分层气溶胶。研究结果显示，海盐是大气气溶胶的主要成分，在南大洋约占 72%，东南极约占 56%。南大洋 nssSO$_4^{2-}$ 平均浓度为 420 ng/m^3，东南极 nssSO$_4^{2-}$ 平均浓度为 480 ng/m^3。南大洋 MSA 浓度范围为 63～87 ng/m^3，东南极 MSA 平均浓度为 46～170 ng/m^3。南大洋草酸盐平均浓度为 3.8 ng/m^3，东南极平均浓度为 2.2 ng/m^3。甲酸盐、醋酸盐、琥珀酸盐浓度低于草酸盐。气溶胶的粒径显示出双峰形式，在 0.32～0.56 μm 和 3.2～5.6 μm 处显示出最高值。MSA 在东南极的粒径主要为 0.32～0.56 μm。氯高度缺失与细颗粒的 nssSO$_4^{2-}$、MSA 和草酸盐的富集有关。东南极 NH$_4^+$/nssSO$_4^{2-}$ 比大洋高，显示东南极大气的中和能力更强。

2）南极气溶胶重金属研究

人类活动对气溶胶重金属组分造成的影响是研究站区人类活动对极地区域环境影响的重要因素

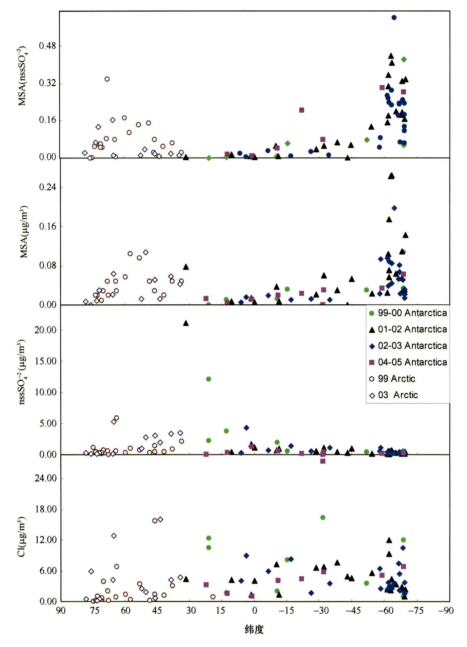

图 3-24　中国南北极考察航次上气溶胶阴离子的分布（负值：南半球纬度）

之一（陈杰和 Blume，2000）。研究表明，空气悬浮污染物尘降在距考察站站区 10~100 km 的雪地表面仍可检测到（Boutron and Wolff，1989）。

　　人类活动大约每年向南极地区的大气中排放 1 800 kg 的铅，几乎相当于南极大气含铅总量的 20%（Boutron and Wolff，1989）。在阿德米拉尔蒂湾（Admiralty Bay）地区，通过正常降水形式到达地表的物质每年只有 25 t/km²，而同一地区大气降尘总量却高达每年 12.7 t/km²，由此可见，大气污染的程度以及对地区环境构成的严重威胁（Pecherzewski，1987）。20 世纪 80 年代初，Molski 等（1981）在对阿克托斯基站上空空气的检测中发现，站区上空二氧化硫与氟化物的含量与南极以外地区相比相当低，但却大大高于远离站区的观测点。

　　普遍认为，大气悬浮污染物对南极陆地植物产生严重威胁，尤其是对在南极无冰地区的地表植

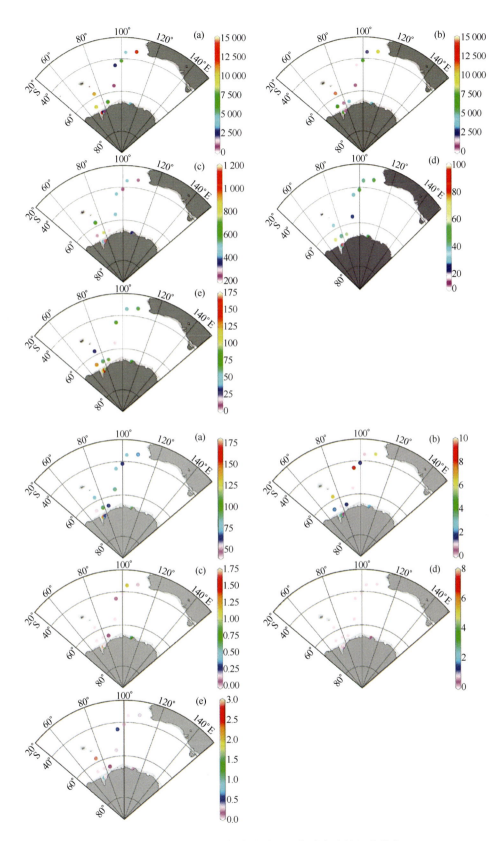

图 3-25 南大洋航线上气溶胶质量及各种水溶性组分分布

上：（a）mass；（b）sea salt；（c）nss SO_4^{2-}；（d）NO_3^-；（e）NH_4^+；下：（a）MSA；（b）草酸盐（oxalate）；（c）甲酸盐（formate）；（d）醋酸盐（acetate）；（e）琥珀酸盐（succinate）

被占绝对优势的各种地衣（Harris and Kershaw，1971）。在阿尔茨托夫斯基（Arctowski）站，采于站区垃圾焚烧场附近的地衣叶状体样品中，微量金属元素的含量水平是站区以外健康地衣样品的几倍甚至几十倍（Olech，1991）。在凯西站受污染地衣（Umbilicaria decussata，Usnea spacelata）叶状体内叶绿素的含量只有生物保护区内同种健康地衣的 1/2~2/3（Adamson and Seppelt，1990）。在阿德米拉尔蒂湾区，通过正常降水形式到达地表的物质每年只有 2.5 t/km²，而同一地区大气降尘总量却高达每年 12.7 t/km²，由此可见，大气污染的程度以及对地区环境构成的严重威胁（Pecherzewski，1987）。

陈立奇的研究小组在 1986 年 11 月—1987 年 5 月，在中国第 3 次南极考察和环球科学考察期间，收集了 58 个海洋气溶胶样品，分析了 Na、Mg、K、Cl、Ca、Br、F、Al、V、Mn、I、Mg、I、Br、Mg、Mn、Fe、Pb、Cu 和 Cd 等元素。应用因子分析、回归分析和富集因子分析对气溶胶中的各类元素进行分类、定量评估和来源判别。结果表明，海洋气溶胶中 Al 的 99.99% 来自陆源地壳风化物，Na 的 99.2% 和 Cl 的 99.99% 来自海水，V 的 91.4% 来自陆源污染物。因此，Al 可作为海洋气溶胶中陆源地壳风化物的示踪元素，Na 和 Cl 可作为海水源示踪元素，非地壳源的 V 则可选择为陆源污染物的示踪元素。Cl 和 Ca 在大洋上空也主要来自海水，但近岸海域大气，却明显受到陆源物质输送影响，呈现出不同的 Cl/Na 和 Ca/Na 比值；Ca、Br、F 在大气中的富集，在大洋上空可能归因于海洋生物活动或海洋微表层富集作用，而在近岸大气，归因于陆源输送影响。气溶胶中金属表现明显陆源向大洋输送的浓度梯度，近岸海域上空金属含量大于大洋上空含量，北太平洋上空含量高于南太平洋和南极半岛海域。气溶胶中金属的水可溶程度，在近岸海域上空依次为 Cd>Mn>Cu>Fe>Pb，百分比分量分别为 39%、36%、23%、14% 和 5.3%；在大洋上空依次为 Cd>Mn>Fe>Cu>Pb，百分比分量分别为 62%、44%、11%、3.1% 和 2.5%，并计算和比较各观测海区上空金属从大气输入海水的通量（陈立奇和余群，1994；陈立奇和高鹏飞，1993；陈立奇和杨绪林，1992）。

李天杰等（1997）在 1991—1992 年中国第 8 次南极考察航线上，用分级撞击式采样器采集了 13 个气溶胶样品，用 PIXE 法分析了样品中的 Al、Si、P、S、Cl、K、Ca、Ti、V、Cr、Mn、Fe、Ni、Cu、Zn、Br、Pb 共 17 种元素，并应用富集因子分析、相关分析和主因子分析，研究了气溶胶粒子中的元素组成、浓度粒度分布、气溶胶的地球化学类型、主要来源及其贡献。结果表明：研究区气溶胶中元素的来源、组成、浓度粒度分布具有明显的地理规律性；气溶胶的来源，如海洋气溶胶除主要来源于海水、受所在洋区及其周围环境的影响外，还受全球性和局地性大气环流的控制，如近岸大气明显受陆源（地壳源和人为源）传输的影响；该年内发生的菲律宾皮纳图博火山和智利哈得逊（李天杰等，1997）。

黄自强等 1999 年 11 月—2000 年 4 月，在中国第 16 次南极科学考察往返航线上的海域，采集了 22 个海洋气溶胶样品，用原子吸收分光法测定了样品中的 Cu、Pb、Zn、Cd、Fe、Al、Mn、Cr、V、K、Na、Ca、Mg 共 13 种元素的含量。研究表明，气溶胶重金属微量元素的分布具有明显的地理区域性，应用元素富集因子、相关分析和因子分析等方法研究了西太平洋、东印度洋、南大洋、中国南极中山站邻近海域气溶胶中各元素的来源（黄自强等，2005）。

自 1998 年起，陈立奇小组在中山站设立了大体积气溶胶采样器，在中山站进行了常年的气溶胶采样。陈立奇的研究组对从 1998 年 3 月 7 日到 1999 年 11 月 23 日历时 21 个月，在南极中山站连续采集 89 个气溶胶样品，分析了 13 种化学元素 Cu、Pb、Zn、Cd、Fe、Al、Mn、Cr、V、K、Na、Ca、Mg 含量的实测值。研究表明，中山站气溶胶化学成分的含量具有季节性变化的特征。通过相关分析、因子分析、富集因子等方法判别不同时间段中山站气溶胶化学成分的来源。随后研究组又对 1998—2000 年中的 72 个气溶胶样品，利用中子活化分析了 Na、Al、Br、Ca、Ce、Cl、Fe、I、Mg、Mn、Rb、Sb、Sc、Sr、Zn 共 15 个元素的分布特征。采用作图法对元素的来源进行分析，结果表明，除南极中山站气溶胶中的 Na、Cl、Mg、Ca、Sr、Br、I 和 Rb 共 8 个元素主要来自海洋，Al、Sc、Fe 和 Mn 主要来自陆源，而 Se、Co、Sb、Zn 和 Cr 等元素相对海源元素 Na 和陆源元素 Al 都呈现出高度的富集，属于重金属污染特征元素，可能与站区的发电、垃圾焚烧、污水处理、车辆运行和加工制作等人类活动有关。

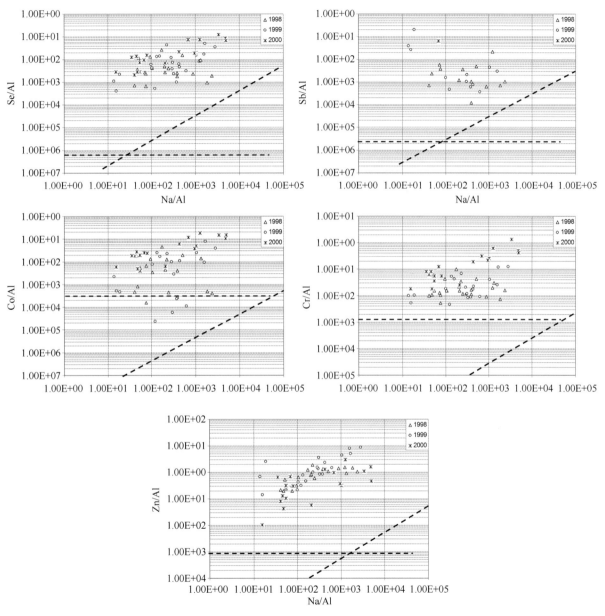

图 3-26 中山站气溶胶中的污染元素

5 个污染元素 Se、Co、Sb、Zn、Cr 的浓度和其他南极考察站，如美国的 McMurdo 站和韩国的 King Sejong 站气溶胶重金属浓度在一个数量级（Mishra et al., 2004; Radlein and Heumann, 1992; 黄自强等，2005）。这在一定程度上说明南极中山站人类活动对站区大气的影响和其他站区相当。

同时，这些污染元素都没有显示出明显的季节变化。一般说来，海源和陆源元素的变化都受到季节变化的气象因素变化影响，而表现出一定的季节特点；因此，重金属元素较为均一的季节分布在一定程度上说明它们的来源不受自然季节控制，而是当地持续稳定的来源，如人类活动。

3）施铁肥实验

现代的东太平洋、南大洋等"高养低能"（HNLC 指营养盐高而生产力低）海区，是由于铁元素缺乏而限制了浮游植物的生长。冰期时风尘通量增加了数倍，大量铁元素输入大洋，可以大幅度提高输出生产力，导致大气 CO_2 浓度下降。果然，近年来在赤道东太平洋、北太平洋、南大洋等地进行的"铁肥试验"成功地诱发了藻类勃发，使生产力提高了数十倍。将"铁肥试验"与"沉积雨比例"假说相结合，科学家又提出了"硅假说"或"硅质碱度泵假说"：风尘带来铁的同时也带来硅，回答了 Archer 等提出硅来源的难题；而且铁在海水中的滞留时间仅几十年，而硅有 15 ka，符合冰期旋回万年等级的时间尺度。

人为铁施肥增汇的科学原理在于通过向海洋施加铁肥刺激浮游植物初级生产，从而增加其对 CO_2 的吸收，并最终通过生物泵向下输出颗粒有机碳，从而达到增加碳汇的效果。潜在可实施的区域主要有两类，即高营养盐低叶绿素海区（HNLC）和低营养盐低叶绿素海区（LNLC），前者是铁限制了浮游植物初级生产，而后者可能是铁限制了生物固氮。

南大洋 2000 年的"铁肥试验"结果引起了藻类勃发，生物量增加了 4 倍，但增加的主要是硅藻，颗石藻减少，而沟鞭藻、绿藻等几乎不受影响。在亚得里亚湾北部河口区，测得春秋河水泛滥期以硅藻为主，平时水体分层时以颗石藻为主。在西太平洋，沿 175°E 线从 48°N 到 8°S 的南北大剖面上，根据不同色素成分，将叶绿素 a 的总量分为定鞭金藻、金藻、硅藻、沟鞭藻与光合自养原核生物 5 类，显示出太平洋不同纬度区浮游植物群组成的差异。值得注意的是，这不仅估测了通常所说的藻类，而且展示了原核生物，包括原绿球藻和蓝藻在内的微微型浮游生物的贡献。

多个国家或科研机构期待通过开展长时间与大尺度的海洋现场铁施肥实验，解决利用铁施肥促进海洋生产力并增加海洋碳汇潜力这一地球环境工程中的关键科学与技术问题。

但由于各地球环境工程通常涉及长时间尺度与大空间范围，因而其对环境与生态系统的影响并不是在其实施初期立即得到体现，而往往需要长期的观测才能呈现出其所有正面和负面的效果及影响。因此，地球环境工程在大空间范围的实验需持谨慎态度。

为研究大气可溶性铁在南大洋和东南极的特征，高原和陈立奇的研究小组于 2010 年 11 月—2011 年 4 月在 40°S，100°E~69°S，76°E 及 69°S，76°E~66°S，110°E 之间的海域采集大体积及分层气溶胶（直径：0.056~18 μm）。南大洋总铁的浓度在 19 ng/m³（10~38 ng/m³），东南极总铁的浓度在 26 ng/m³（14~56 ng/m³）（0.056~18 μm）；南大洋可溶性铁（Ⅱ）的浓度在 0.22 ng/m³（0.13~0.33 ng/m³），东南极可溶性铁的浓度在 0.53 ng/m³（0.18~1.3 ng/m³）。总可溶性铁趋势相似。南大洋上可溶性铁（Ⅱ）的粒径为单峰模式，在东南极为双峰模式，双峰分别为 0.32~0.56 μm 及 5.6~10 μm。相较于南大洋东南极更高的铁浓度及粗粒径 Fe（Ⅱ）显示南极大陆可能提供 Fe（Ⅱ）来源。Fe（Ⅱ）的可溶性比例在 0.58%~6.5%，并随着总铁浓度上升而下降。南大洋 Fe（Ⅱ）的大气通量估算约在 0.007~0.092 mg/（m²·a），东南极 Fe（Ⅱ）的大气通量估算在 0.022~0.21 mg/（m²·a）。东南极总可溶性铁的大气通量估算在 0.07~0.52 mg/（m²·a）。大气可溶性铁的输入对南大洋表层可溶性铁有贡献。

高原和陈立奇小组还利用后向轨迹分析手段分析了浓度较高的样品的大气来源。指出在东南极沿岸通常较南大洋浓度高，南极大陆可能是这一高浓度的来源。

高原等还继续对南大洋的 Fe 在不同粒径上的分布做了研究，指出随着与岸边距离的减少，可溶性 Fe 的粒径有减少的趋势。

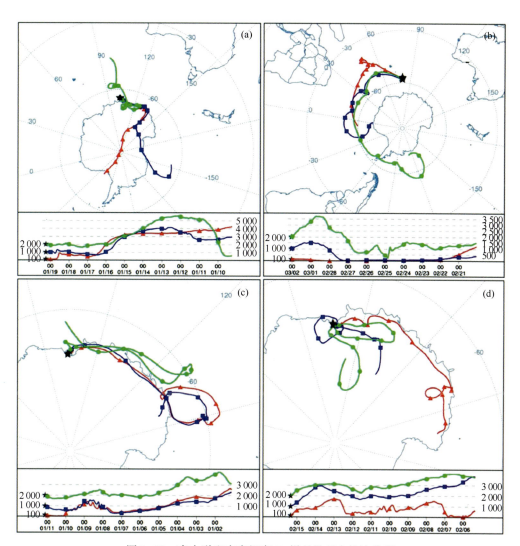

图 3-27　南大洋和东南极高 Fe 样品的后向轨迹分析

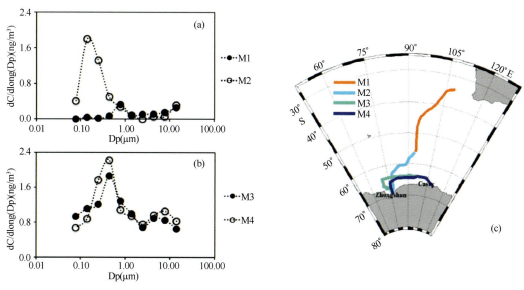

图 3-28　南大洋气溶胶的采样位置（左）及粒径分布（右）

3.4 结语与展望

  南大洋的生物地球化学循环一直是国际上的研究热点，在过去的 30 年的考察与研究中，获取了丰富的样品数据资料，我国的化学海洋学得到了长足的进步与发展，并且取得了一批丰硕的成果。但是，由于某些限制因素，相关研究仍然存在值得进一步深入探讨的问题，如历史数据覆盖范围不足所引发的的问题。我国的化学海洋学研究与国际上先进水平仍旧存在一定的差距，过度地依赖"雪龙"船的调查保障能力，在一定限度上制约了我国的海洋学研究的发展。自极地专项启动和开展以来，虽然在一定程度上改善了这一情况，但是从长远的角度来看，发展新型的调查手段，如分析检测技术的提高、高灵敏度的同位素技术、提升原位长时间序列的观测能力等，仍是今后我国南极海洋科学考察所需提高的支撑能力。普里兹湾湾内外生物泵运转的变化等方面取得重要成果，深化了对南大洋水文学和生物地球化学过程的理解。加强对营养盐、C、N 的生源物质在其深层水体的分布循环过程进行研究，是准确了解水体中生物地球化学循环过程的关键内容。极区在大洋环流过程中扮演着源头和驱动力的角色，其对大洋能量和物质的输运均起到至关重要的作用，加强多学科的联系和沟通，加强国际合作，提升成果在国际上的显著度，在南大洋海洋地球生物循环过程对全球变化是如何响应的这一科学问题上，提供科学依据，以更深入阐明南大洋海洋环境的变化规律及其对全球气候变化的响应与反馈。

  南极条约协商会议通过的《南极环境影响评价指南》第四号决议中进一步确定，在南极活动中，要对该活动本身的累积影响和与在《南极条约》地区的其他活动一起产生的累积影响进行环境影响评估，内容包括车辆、船舶、发电、建筑等过程对大气排放的有害物质。每个南极条约国每年都要向南极环境保护委员会提交国家南极活动和观测报告，所有提交的这些文件都包括大气气溶胶化学有关内容。

  南极海洋气溶胶化学调查研究将成为南极科学和全球环境科学的重要内容。研究全球性陆源化学物种大气输送对南大洋生态、南极大陆环境和古冰芯沉积等的影响，如海洋气溶胶中 Fe 对南大洋高营养盐低生产力海区的输入影响已成为当前南大洋海洋气溶胶化学和碳循环科学的研究热点。

参考文献

曾宪章，曾文义，尹明端，等 . 2004. 示踪物在指示南大洋水团组成和运动路径中的作用 . 见：陈立奇主编 . 南极地区对全球变化的响应与反馈作用研究 . 北京：海洋出版社，72-86.

陈杰，H. P. Blume. 2000. 人类活动对南极陆地生态系统的影响 . 极地研究，12，（1）：62-74.

陈立奇，高鹏飞 . 1993. 环球海洋大气气溶胶化学研究—Ⅱ. 来源示踪元素的特征 . 海洋与湖沼，24，（3）：264-271.

陈立奇，高众勇，王伟强，等 . 2004. 南大洋海冰区 CO_2 源汇分布及其海-气通量，见：南极地区对全球变化的响应与反馈作用研究，陈立奇主编，183~188. 北京：海洋出版社 .

陈立奇，高众勇，杨绪林，等 . 2006. 极区和亚极区的上层海洋-低层大气研究，见冯士筰、石广玉等主编 . 上层海洋与低层大气研究的前沿科学问题 . 北京：气象出版社，76-82.

陈立奇，杨绪林 . 1992. 环球海洋大气气溶胶化学研究 . I. Na、Mg、K、Cl、Ca、Br、F 的特征，海洋学报，14，（6）：47-55.

陈立奇，余群 . 1994. 环球海洋大气气溶胶化学研究：Ⅲ：金属形态和入海通量 . 大气科学，18，（2）：215-223.

陈立奇，余兴光，孙立广，等．2004.人类活动对中国南极站区环境影响的评估，见：南极地区对全球变化的响应与反馈作用研究，陈立奇主编．北京：海洋出版社，553-587.

陈立奇、杨绪林、黄江淮．1989.南极半岛海域气溶胶中硫、磷、氮的海气交换，中国第一届南大洋考察学术讨论会．上海：上海科学出版社，126-132.

陈倩娜，任春燕，李琦，等．2014.南极普里兹湾及其邻近海域表层水镭同位素的分布及应用．海洋与湖沼．

董兆乾，蒲书箴，胡筱敏，等．2000.普里兹湾海域的夏季上层水及其北向运动．极地研究，12，（3）：157-168.

杜金秋．2011.黄海、东海和南极普里兹湾邻近海区海水^{18}O组成及其水文学意义．厦门大学硕士学位论文，1-126.

高会旺，高增详，高众勇．2008.上层海洋与低层大气研究进展，见：2007—2008海洋科学学科发展报告，中国科学技术协会主编．北京：中国科学技术出版社，67-78.

高众勇，陈立奇，杨绪林，等．2004.普里兹湾夏季海-气CO_2分布特征、碳通量及其主要调控因子研究，见：南极地区对全球变化的响应与反馈作用研究，陈立奇主编，173-182.北京：海洋出版社．

高众勇，陈立奇．2002.南大洋碳循环研究进展．世界科技研究与发展．24，（4）：41-48.

高众勇，陈立奇，王伟强，2002.南北极海区碳循环与全球变化研究．地学前缘，9，（1-2）：263-269.

高众勇，陈立奇，王伟强，2001.南大洋二氧化碳源汇分布及其海-气通量研究．极地研究，13，（3）：175-186.

高众勇，陈立奇．2002.南大洋碳循环研究进展，世界科技研究与发展．24，（4）：41-48.

韩正兵，扈传昱，薛斌，等．2011.2007/2008年和2008/2009年夏季南大洋以及普里兹湾POC的分布与变化．极地研究，23，（1）：11-18.

何建华，马豪，陈立奇，等．2007.南大洋普里兹湾基于234Th/238U不平衡法的POC输出通量研究．海洋学报，29，（4）：69-76.

洪阿实，李平，彭子成，等．1993.太平洋和普里兹湾及邻近海域表层海水的氧同位素组成．海洋通报，12，（4）：49-54.

扈传昱，潘建明，张海生，等．2006.南极普里兹湾外海沉降颗粒物通量、组成变化及其与罗斯海对比研究．海洋学报，28，（5）：49-55.

扈传昱，张海生．2001.夏季南极普里兹湾碳的生物地球化学循环Ⅱ：POC的分布特征．极地研究，13，（3）：195-204.

黄奕普，蔡平河，陈敏，等．2004.普里兹湾及邻近海域水团、环流的氡示踪研究．见：陈立奇主编．南极地区对全球变化的响应与反馈作用研究．北京：海洋出版社，59-71.

黄自强，暨卫东，杨绪林．2005.1998年南极中山站海洋气溶胶的化学组成及其来源判别．海洋学报，27，（3）：59-66.

霍湘娟，2000.南极普里兹湾与太平洋、印度洋海水中^{90}Sr和^{137}Cs的研究．海洋环境科学，19（3）：52-54.

李犇，朱赖民，张菲菲，等．2007.白令海峡及其附近海域气溶胶中金属元素含量特征．环境科学研究，20，（3）：1-9.

李天杰，曹俊忠，李金香．1991.南极大气气溶胶的物理化学特征与环境变化．极地研究，11，（3）：179-191.

李天杰，朱光华，朱光华，等．1997.太平洋西部，南大洋及东南极陆缘大气气溶胶来源及其物理化学特征．极地研究，9，（4）：243-253.

刘广山，黄奕普，矫玉田，等．2002.南极普里兹湾海域不同水团的氘（D）含量．海洋科学，26（9）：51-54.

刘广山，黄奕普，金德秋，等．2001.南极雪的氢、氧同位素组成．厦门大学学报（自然科学版），40（3）：664-668.

彭安国，黄奕普，邱雨生，等．2005.高纬度沿岸海域细菌生产力的研究．厦门大学学报（自然科学版），44（1）：85-89.

蒲书箴，董兆乾．2003.普里兹湾附近物理海洋学研究进展．极地研究，15（1）：53-64.

蒲书箴，董兆乾，胡筱敏，等．2000.普里兹湾陆缘水边界的变化．海洋通报，19（6）：1-9.

蒲书箴，胡筱敏，董兆乾，等．2002.普里兹湾附近绕极深层水和底层水及其运动特征，海洋学报，24（3）：1-8.

蒲书箴，梁湘三．1993.南极海冰、冰间湖和冰川及其在水团形成和变性中的作用，南极研究，5（3）：1-16.

邱雨生，黄奕普，刘广山，等．2004．南极普里兹湾及邻近海域初级生产力的时空变异．厦门大学学报（自然科学版），43（5）：676-681.

孙恒，高众勇．2009．南大洋海–气 CO_2 通量研究进展，极地研究，21（1）：60-68

孙维萍，扈传昱，韩正兵，等．2012．2011 南极夏季普里兹湾营养盐与浮游植物生物量的分布．极地研究，24（2）：178-186.

孙维萍．2013．南极普里兹湾微量元素锌（Zn）镉（Cd）的分布与来源及其对初级生产力的指示．博士论文．

汪建君，陈立奇，杨绪林．2009．南极中山站站区上空气溶胶金属成分特征研究．极地研究，21，1：1-14.

吴世炎，尹明端，曾宪章，等．2001．大洋表层水中 226Ra 的分布．热带海洋学报，20（2）：54-59.

效存德．2008．南极地区气候系统变化：过去，现在和将来．气候变化研究进展，4（1）：1-7.

许新雨．2013．夏季极地海洋的初级生产力．厦门大学硕士学位论文，1-98.

尹明端，曾文义，吴世炎，等．2004．南极普里兹湾海域铀系同位素的分布．极地研究，16（1）：11-21.

于洪华，苏纪兰，苗育田．1998．南极普里兹湾及其邻近海域的水文结构特征和底层水的来源，海洋学报，20（1）：11-20.

张凡，高众勇，孙恒．2013．南极普里兹湾碳循环研究进展．极地研究，25（3）：74-83.

张海生，扈传昱，潘建明，等，2003．南极普里兹湾北部深海沉降颗粒物通量的季节性变化．地球化学，32（4）：358-362.

郑敏芳，陈敏，杨俊鸿，等．2010．应用 226Ra 解读南极普里兹湾表层水的来源与运移．海洋学报，32（4）：88-97.

Abollino O, Aceto M, Gioia C L, et al., 2001. Spatial and seasonal variations of major, minor and trace elements in Antarctic seawater. Chemometric investigation of variable and site correlations. Advances in Environmental Research, 6: 29-43.

Adamson, E., R. D. Seppelt, 1990. A Comparison of Airborne Alkaline Pollution Damage in Selected Lichens and Mosses at Casey Station, Wilkes Land, Antarctica, in Antarctic ecosystems: ecological change and conservation, K. K. a. H. G, Editor. Springer-Verlag: Berlin. pp. 347-353.

Arimoto, R., A. S. Nottingham, J. Webb, C. A. Schloesslin, D. D. Davis, 2001. Non-sea Salt Sulfate and Other Aerosol Constituents at the South Pole during ISCAT. Geophysical Research Letters, 28 (19): 3645-3648.

Arrigo K R, van Dijken G, and Long M, 2008. Coastal Southern Ocean: a strong anthropogenic CO_2 sink, Journal Of Geophysical Research, 35: 21.

Baars O, Croot P, 2011. The speciation of dissolved zinc in the Atlantic sector of the Southern Ocean. Deep-Sea Research II, 58: 2720-2732.

Bange, H. W., and M. O. Andreae, 1999. Nitrous oxide in the deep waters of the world's oceans, Global Biogeochemical Cycles, 13 (4).

Bates, T. S., J. A. Calhoun, P. K. Quinn, 1992. Variations in the methanesulfonate to sulfate molar ratio in submicrometer marine aerosol particles over the south Pacific Ocean. Journal of Geophysical Research, 97 (9): 9859-9865.

Berresheim, H., F. L. Eisele, 1998. Sulfur Chemistry in the Antarctic Troposphere Experiment: An overview of project SCATE. Journal of Geophysical Research, 103 (D1): 1619-1627.

Bock, E., H. P. Koops, B. Ahlers, H. Harms, A. Balows, H. G. Truper, M. Dworkin, W. Harder, and K. H. Schleifer, 1992. Oxidation of inorganic nitrogen compounds as energy source, The Prokaryotes. (Ed. 2), 414-430.

Bonner, W. N., 1990. International Agreements and the Conservation of Antarctic Systems, in Antarctic Ecosystems. Ecological Change and Conservation, K. Kerry, G. Hempel, Editors. Springer-Verlag: Berlin. pp. 386-393.

Boutron, C. F., E. W. Wolff, 1989. Heavy metal and sulphur emissions to the atmosphere from human activities in Antarctica. Atmospheric Environment, 23 (8): 1669-1675.

Boyle E A, 1988. Cadmium: Chemical tracer of deep water paleoceanography. Paleoceanography, 3: 471-489.

Cai Pinghe, Huang Yipu, Chen Min, Liu Guangshan, Qiu Yusheng, Chen Xingbao, Jin Deqiu, Zhou Xihuang, 2003. Glacial meltwater and sea ice meltwater in the Prydz Bay, Antarctica. Science in China (Series D), 46 (1): 50-61.

Charlson, R. J., J. E. Lovelock, M. O. Andreae, S. G. Warren, 1987. Oceanic phytoplankton, atmospheric sulphur, cloud albedo and climate. Nature, 326 (6114): 655-661.

CHEN Liqi, GAO Zhongyong, YANG Xulin, WANG Weiqiang, Comparison of air-sea fluxes of CO_2 in the Southern Ocean and the western Arctic Ocean, Acta Oceanologica Sinica 2004, 23 (4): 647-653.

Chen Zhigang, Huang Yipu, Chen Min, Cai Pinghe, Xing Na, Cai Yihua, Chen Jinfang, 2011. Meridional distribution of 226Ra in the west Pacific and the Southern Ocean surface waters. Chinese Journal of Oceanology and Limnology, 29 (6): 1224-1236.

Chen, L., J. Wang, Y. Gao, G. Xu, X. Yang, Q. Lin, and Y. Zhang (2012), Latitudinal distributions of atmospheric MSA and MSA/nss-SO_4^{2-} ratios in summer over the high latitude regions of the Southern and Northern Hemispheres, J. Geophys. Res., 117, D10306, doi: 10.1029/2011JD016559.

Chen, Liqi, Yang, Xulin, Huang, Jianghuai, 1989. Air-Sea Exchange of sulfate, phosphorus, and nitrogen in marine aerosols over the Antarctic Peninsula waters, Proceedings of the international Symposium on Antarctic Research, ed. by Guo Kun, China Ocean Press, 439-446.

Claridge, G. G. C., I. B. Campbell, H. K. J. Powell, Z. H. Amin, M. R. Balks, 2004. Heavy metal contamination in some soils of the McMurdo Sound region, Antarctica. Antarctic Science. 7 (1): 9-14.

Coppola L, Roy-Barman M, Mulsow S, et al, 2005. Low particulate organic carbon export in the frontal zone of the Southern Ocean (Indian sector) revealed by 234Th. Deep-Sea Research I, 52: 51-68.

Croot P, Baars O, Streu P, 2011. The distribution of dissolved zinc in the Atlantic sector of the Southern Ocean. Deep-Sea Research II, 58: 2707-2719.

Curran M A J and Jones G B. Dimethyl sulfide in the Southern Ocean: Seasonality and flux. Journal of Geophysical Research-Atmospheres, 2000, 105 (D16): 20451-20459.

Davis, D. D., F. Eisele, G. Chen, J. Crawford, G. Huey, D. Tanner, D. Slusher, L. Mauldin, S. Oncley, D. 2004. Lenschow, An overview of ISCAT 2000. Atmospheric Environment, 38 (32): 5363-5373.

Davison, B., C. O' Dowd, C. N. Hewitt, M. H. Smith, R. M. Harrison, D. A. Peel, E. Wolf, R. Mulvaney, M. Schwikowski, U. Baltenspergert, 1996. Dimethyl sulfide and its oxidation products in the atmosphere of the Atlantic and Southern Oceans. Atmospheric Environment. 30 (10-11): 1895-1906.

De Wilde, H. P. J., and W. Helder, 1997. Nitrous oxide in the Somali Basin: the role of upwelling, Deep Sea Research Part II: Topical Studies in Oceanography, 44 (6-7): 1319-1340.

Deutsch, C., N. Gruber, R. M. Key, J. L. Sarmiento, and A. Ganachaud, 2001. Denitrification and N_2 fixation in the Pacific Ocean, Global Biogeochemical Cycles, 15 (2): 483-506.

Ding, X., X. M. Wang, Z. Q. Xie, C. H. Xiang, B. X. Mai, L. G. Sun, M. Zheng, G. Y. Sheng, J. M. Fu, U. Pschl, 2007. Atmospheric polycyclic aromatic hydrocarbons observed over the North Pacific Ocean and the Arctic area: Spatial distribution and source identification. Atmospheric Environment, 41 (10): 2061-2072.

Eisele, F., D. D. Davis, D. Helmig, S. J. Oltmans, W. Neff, G. Huey, D. Tanner, G. Chen, J. Crawford, R. 2008. Arimoto, Antarctic Tropospheric Chemistry Investigation (ANTCI) 2003 overview. Atmospheric Environment, 42 (12): 2749-2761.

Elderfield H, Rickaby R E M, 2000. Oceanic Cd/P ratio and nutrient utilization in the glacial Southern Ocean. Nature, 405: 305-310.

Ellwood M J, 2004. Zinc and cadmium speciation in subantarctic waters east of New Zealand. Marine Chemistry, 87: 37-58.

Ellwood M J, Boyd P W, Sutton P, 2008. Winter-time dissolved iron and nutrient distributions in the Subantarctic Zone from 40°~52°S; 155°~160°E. Geophysical Research Letters, 35: 11604-11609.

Fitzwater S E, Johnson K S, Gordon R M, et al, 2000. Trace metal concentrations in the Ross Sea and their relationship with nutrients and phytoplankton growth. Deep-Sea Research II, 47: 3159-3179.

Gao, Y., G. Xu, J. Zhan, J. Zhang, W. Li, Q. Lin, L. Chen, and H. Lin (2013), Spatial and particle size distributions of atmospheric dissolvable iron in aerosols and its input to the Southern Ocean and coastal East Antarctica, J. Geophys. Res. Atmos. , 118, doi: 10. 1002/2013JD020367.

Gordon A L, Molinelli E J, and Baker T, eds, 1981. Southern Ocean Atlas. Columbia University Press: New York.

Goreau, T. J. , W. A. Kaplan, S. C. Wofsy, M. B. McElroy, F. W. Valois, and S. W. Watson, 1980. Production of NO_2 −and N_2O by nitrifying bacteria at reduced concentrations of oxygen, Applied and Environmental Microbiology, 40 (3): 526.

Harris, G. P. , K. A. Kershaw, 1971. Thallus growth and disturbance of stored metabolites in the phycobionts of the lichens Parmeliasulcata and Pphysodes. Canadian Journal of Botany. 49: 1367−1372.

Hirota, A. , A. Ijiri, D. D. Komatsu, S. B. Ohkubo, F. Nakagawa, and U. Tsunogai, 2009. Enrichment of nitrous oxide in the water columns in the area of the Bering and Chukchi Seas, Marine Chemistry, 116 (1−4): 47−53.

Honjo S, 2004. Particle export and the biological pump in the Southern Ocean. Antarctic Science, 16 (4): 501−516.

Honjo S, Manganini S J, 1993. Annual biogenic particle fluxes to the interior of the North Atlantic Ocean studied at 34°N21° W and 48°N21°W. Deep−Sea Research, 40: 587−607.

Hoppe, H. G. , K. Gocke, R. Koppe, and C. Begler, 2002. Bacterial growth and primary production along a north south transect of the Atlantic Ocean, Nature, 416 (6877): 168−171.

Horrigan, S. G. , A. F. Carlucci, and P. M. Williams, 1981. Light inhibition of nitrification in sea−surface films, Journal Of Marine Research, 39 (3): 557−565.

Hynes, A. J. , P. H. Wine, D. H. Semmes, 1986. Kinetics and mechanism of OH reactions with organic sulfides. Journal of Physical Chemistry, 90 (17): 4148−4156.

Kawaguchi, S. O. , N. Kasamatsu, S. Watanabe, T. Odate, M. Fukuchi, S. Nicol, 2005. Sea ice changes inferred from methanesulphonic acid (MSA) variation in East Antarctic ice cores: are krill responsible? Antarctic Science, 17 (02): 211 −212.

Kettle, A. J. , M. O. Andreae, D. Amouroux, T. W. Andreae, T. S. Bates, H. Berresheim, H. Bingemer, R. Boniforti, M. A. J. Curran, G. R. DuTullio, G. Uher, 1999. A global database of sea surface dimethylsulfide (DMS) measurements and a procedure to predict sea surface DMS as a function of latitude, longitude, and month. Global Biogeochemical Cycles, 13: 399−444.

Kim, K. Y. , H. J. Ko, H. T. Kim, Y. S. Kim, Y. M. Roh, C. M. Lee, H. S. Kim, C. N. Kim, Sulfuric odorous compounds emitted from pig−feeding operations. Atmospheric Environment, 2007, 41 (23): 4811−4818.

Knauer G A, Martin J H, 1981. Phosphorus−cadmium cycling in Northeast Pacific waters. J. Mar. Res. 39: 65−76.

Lampitt R S, Antia A N, 1997. Particle flux in deep seas: regional characteristics and temporal variability. Deep−Sea Research I, 44: 1377−1403.

Lana A, Bell T, Simó R, et al. An updated climatology of surface dimethlysulfide concentrations and emission fluxes in the global ocean. Global Biogeochemical Cycles, 2011, 25 (1): GB1004.

Le Quéré C, Aumont O, Bopp L, Bousquet P, Ciais P, Francey R J, Heimann M, Keeling D C, Keeling R F, Kheshgi H S, Peylin P, Piper SC, Colin Prentice I, Rayner P J, 2003. Two decades of ocean CO_2 sink and variability. Tellus B, 55 (2): 649−656.

Legrand, M. , C. Feniet−Saigne, E. S. Sattzman, C. Germain, N. I. Barkov, V. N. Petrov, Ice−core record of oceanic e-missions of dimethylsulphide during the last climate cycle. Nature, 1991, 350: 144−146.

Li Qi Chen, L. Y. Zhan, and J. X. Zhang, 2012. Multiple Processes affecting surface seawater N_2O saturation anomalies in Tropical Oceans and Prydz Bay, Antarctica. , Advance in Polar Science, 23, 100−105.

Liqi Chen, Suqing Xu, Zhongyong Gao et al. , Estimation of monthly air−sea CO_2 flux in the southern Atlantic and Indian O-cean using in−situ and remotely sensed data, Remote Sensing of Environment , 2011, 115: 1935−1941.

Löscher B M, 1999. Relationships among Ni, Cu, Zn, and major nutrients in the Southern Ocean. Marine Chemistry, 67: 67−102.

Lüthi D, Le Floch M, Bereiter B, Blunier T, Barnola J M, Siegenthaler U, Raynaud D, Jouzel J, Fischer H, Kawamura K, Stocker T F, 2008. High-resolution carbon dioxide concentration record 650 000-800 000 years before present, Nature, 453 (7193): 379-382.

Marinov I, Gnanadesikan A, Toggweiler J R, Sarmiento J L. The Southern Ocean biogeochemical divide, Nature, 2006, 441 (7096): 964-967.

Martin J H, Fitzwater S E, Gordon R M, 1990. Iron deficiency limits phytoplankton growth in Antarctic Waters. Global Biogeochemical cycles, 4: 5-12.

McCarthy J J, 1981. The kinetics of nitrogen utilization. In: T. Platt (Editor), Physiological Bases of Phytoplankton Ecology. Canadian Bulletin of Fisheries and Aquatic Sciences, 210: 211-233.

Mishra, V. K. , K. H. Kim, S. Hong, K. Lee, Aerosol composition and its sources at the King Sejong Station, Antarctic peninsula. Atmospheric Environment, 2004. 38 (24): 4069-4084.

Muggli, 1990. The uptake of nitrogenous nutrients by phytoplankton in the waters of the Fram Strait during spring 1989. M S Thesis, Knoxville, TN: University of Tennessee, 92.

Nevison, C. , J. H. Butler, and J. W. Elkins, 2003. Global distribution of N_2O and the ΔN_2O-AOU yield in the subsurface ocean, Global Biogeochemical Cycles, 17 (4): 1119.

Nolting R F, de Baar H J W, van Bennekom A J, et al, 1991. Cadmium, copper and iron in the Scotia Sea, Weddell Sea and Weddell/Scotia confluence (Antarctica). Marine Chemistry, 35: 219-243.

Nolting R F, de Barr H J W, 1994. Behavior of nickel, copper, zinc and cadmium in the upper 300 m of a transect in the Southern Ocean (57°-62°S, 49°W). Marine Chemistry, 45: 225-242.

Olech, M. , Preliminary observations on the content of heavy metals in thalli of U snea antarctic Du Rietyz in the Artwoski Polish Antarctic Station. Polish Polar Research, 1991, 12: 129-131.

Orsi, A. H. , T. Whitworth, and W. D. Nowlin, 1995. On the meridional extent and fronts of the Antarctic Circumpolar Current, Deep Sea Research Part I: Oceanographic Research Papers, 42 (5): 641-673.

Pecherzewski, K. , Air pollution and natural sedimentation from the atmosphere in the region of the Admiralty Bay (South Shetland Islands). Polish Polar Research, 1987, 8 (2): 145-151.

Pilskaln C H, Manganini S J, Trull T W, et al, 2004. Geochemical particle fluxes in the Southern Indian Ocean seasonal ice zone: Prydz Bay region, East Antarctica. Deep-Sea Research I, 51: 307-332.

Plattner G-K, Joos F, Stocker T F, Marchal O, 2001. Feedback mechanisms and sensitivities of ocean carbon uptake under global warming, Tellus B, 53: 564-592.

Poth, M. , and D. D. Focht, 1985. 15N kinetic analysis of N_2O production by Nitrosomonas europaea: an examination of nitrifier denitrification, Applied and Environmental Microbiology, 49 (5): 1134-1141.

Qiu Yusheng, Huang Yipu, Chen Min, Liu Guangshan, 2004. Bacterial productivity in the Prydz Bay and its adjacent waters. Chinese Journal of Polar Science, 15 (1): 14-27.

Qiu Yusheng, Chen Min, Huang Yipu, Liu Guangshan, 2003. Distribution of dissolved organic carbon in and near the Prydz Bay. Antarctic. Acta Oceanologica Sinica, 22 (4): 547-556.

Radlein, N. , K. G. Heumann, Trace Analysis of Heavy Metals in Aerosols Over the Atlantic Ocean from Antarctica to Europe. International Journal of Environmental Analytical Chemistry, 1992, 48 (2): 127-150.

Run Zhang, Zheng Minfang, Chen Min, Ma Qiang, Cao Jianping, Qiu Yusheng, 2014. An isotopic perspective on the correlation of surface ocean carbon dynamics and sea ice melting in Prydz Bay (Antarctica) during austral summer. Deep-Sea Research I, 83: 24-33.

Sun We-ping, Han Zheng-bin, Hu Chuan-yu, et al, 2013. Particulate barium fluxes and its relationship with export production on the continental shelf of Prydz Bay, east Antarctica. Marine Chemistry, 157: 86-92.

Takahashi T, Sutherlanda S C, Sweeneya C, et al, 2002. Global sea-air CO_2 flux based on climatological surface ocean pCO_2, and seasonal biological and temperature effects, Deep-Sea Research II, 49: 1601-1622.

Tans P P, Fung I Y, and Takahashi T, 1990. Observational constraints on the global atmospheric CO$_2$ budget, Science, 247 (4949): 1431-1438.

Turnipseed, A. A., S. B. Barone, A. R. Ravishankara, Reaction of OH with dimethyl sulfide. 2. Products and mechanisms. Journal of Physical Chemistry, 1996. 100 (35): 14703-14713.

Vaz R A N and Lennonp G W, 1996. Physical oceanography of the Prydz Bay region of Antarctic waters, Deep Sea Research Part I, 43 (5): 603-641.

Walter, S., H. W. Bange, U. Breitenbach, and D. W. R. Wallace, 2006. Nitrous oxide in the North Atlantic Ocean, Biogeosciences Discussions, 3 (4): 993-1022.

Wang, J., L. Chen, X. Yang, Y. Zhang, Q. Lin, 2009. Contrasting distributions of MSA and MSA/nssSO$_4^{2-}$ at high latitude of southern and northern hemispheres. submitted.

Wang, X. M., X. Ding, B. Mai, Z. Xie, C. Xiang, L. Sun, G. Sheng, J. M. Fu, E. Y. Zeng, 2005. Polybrominated diphenyl ethers in airborne particulates collected during a research expedition from the Bohai Sea to the Arctic. Environmental Science and Technology, 39 (20): 7803-7809.

Westerlund S, Öhman P, 1991. Cadmium, copper, cobalt, lead, and zinc in the water column of the Weddell Sea, Antarctica. Geochimica et Cosmochimica Acta, 55: 2127-2146.

Xie, Z., J. D. Blum, S. Utsunomiya, R. C. Ewing, X. Wang, L. Sun, 2007. Summertime carbonaceous aerosols collected in the marine boundary layer of the Arctic Ocean. Journal of Geophysical Research, 112.

Xie, Z., L. Sun, J. D. Blum, Y. Huang, W. He, 2006. Summertime aerosol chemical components in the marine boundary layer of the Arctic Ocean. Journal of Geophysical Research, 111 (D10): D10309.

Xie, Z. Q., L. G. Sun, J. J. Wang, B. Z. Liu, 2002. A potential source of atmospheric sulfur from penguin colony emissions. Journal of Geophysical Research, 107 (D22): 4617-4626.

Xu, G., Y. Gao, Q. Lin, W. Li, and L. Chen. 2013. Characteristics of water-soluble inorganic and organic ions in aerosols over the Southern Ocean and coastal East Antarctica during austral summer, Journal of Geophysical Research, 118, doi: 10. 1002/2013JD019496.

Yang Weifeng, Huang Yipu, Chen Min, Qiu Yusheng, Peng Anguo, Zhang Lei, 2009. Export and remineralization of POM in the Southern Ocean and the South China Sea estimated from ^{210}Po/^{210}Pb disequilibria. Chinese Science Bulletin, doi: 10. 1007/s11434-009-0043-4.

Zhan Liyang, Chen Liqi. 2009. Distributions of N$_2$O and its air-sea fluxes in seawater along cruise tracks between 30°~67°S and in Prydz Bay, Antarctica. Journal of Geophysical Research, 114 (C3): C03019.

Zhang Run, Chen Min, Ma Qiang, Cao Jianping, Qiu Yusheng, 2011. Latitudinal distribution of nitrogen isotopic composition in suspended particulate organic matter in the tropical/subtropical seas. Isotopes in Environmental and Health Studies, 47 (4): 489-497.

Zhongyong GAO, Liqi CHEN, Yuan Gao, Air-sea Carbon Fluxes and their controlling Factors in Prydz Bay, the Antarctic, Acta Oceanologica Sinica 2008, 27 (3): 136-146.

Zhu, L., L. Chen, X. Yang, J. Du, Y. Zhang, 2004. Chemistry of Aerosols over Chukchi Sea and Bering Sea. Chinese Journal of Geochemistry. 23 (1): 26-36.

陈立奇[1]完成统稿；潘建明[2]完成 3.3.1 节编写；陈敏[3]完成 3.3.4 节编写工作，詹力扬[1]张介霞[1]完成 3.3.3 节编写工作，高众勇[1]完成 3.3.2 节编写工作，汪建君[1]完成 3.3.5 节编写工作

　　1 国家海洋局第三海洋研究所　福建　厦门　361005

　　2 国家海洋局第二海洋研究所　浙江　杭州　310000

　　3 厦门大学　福建　厦门　361005

第4章 生物海洋学考察与研究

概 述

南大洋生物多样性丰富。由于受南极高纬度寒冷气候的影响，这些生物在漫长的演化历史中，形成了适应这种特殊环境的形态结构和生态类群，充分体现了极地寒冷海域生态系统的鲜明特点，与中低纬度海域截然不同。因此，南大洋海洋生物学研究长期以来一直受到世界海洋生物学家的关注。近年来，全球变化对海洋生态系统的影响日趋显著，极地海洋生态系统由于其独特的特点，对于全球变化更为敏感，成为开展海洋生态系统对全球变化响应与反馈研究的重要窗口。

南大洋海洋生物学研究从海洋生物种类组成、数量分布到生物生产过程研究，以及南大洋生态系统对全球变化的响应与反馈机理等领域取得了一系列研究成果。我国的首次南极考察主要以新的发现和探索为主，首先是围绕南极磷虾生态学开展了一系列的海洋综合调查研究，并获得了南极半岛西北部水域大量海洋生物定性、定量样品和观测资料，还对浮游植物进行了广泛而深入的研究。

从1990年中国第6次南极考察开始，"八五"期间南大洋考察主要开展以磷虾生态学和磷虾资源为主的多学科海洋综合调查，在普里兹湾及其邻近海域约$50 \times 10^4 \ km^2$海区进行了磷虾、海洋水文、化学、生物学等多个项目的观测，在南印度洋磷虾资源的分布与变动、种群组成与结构、资源补充机制及其形成原因等方面取得了一系列重大研究成果，为我国开展南极磷虾资源开发和利用打下了坚实的基础。

从国家"九五"重点科技攻关项目"南极地区对全球变化的响应与反馈作用研究"开始，我国在南大洋的生物和生态学考察从磷虾资源为主向南大洋海洋生态系统结构、功能及其对全球变化的响应研究领域拓展，在前期研究的基础上，进一步确立和验证了以南极大磷虾负生长的出现与否作为环境变化指标的新的环境变化指标体系；分析了普里兹湾海区浮游动物的地理分布和种群结构特征，开展桡足类关键种的生殖特征研究，初步探讨了浮游桡足类和磷虾之间的相互作用；开展南大洋浮游动物关键种对垂直碳通量的作用特征研究，首次现场测定了浮游动物现场摄食率和代谢率，探讨了浮游动物不同类群的摄食和代谢活动对南极边缘浮冰区海洋初级生产力的影响；对南大洋夏季浮冰区经典食物链（网）与微食物环在海洋垂直碳通量中的作用进行了评价。

进入21世纪以来，随着我国综合国力的增强，尤其是国家极地"十五"能力建设项目的实施，我国在南极的科考能力得到了极大的提高。南大洋科考能力随着"雪龙"号破冰船改造完成也得到了提升。在南极磷虾数量分布长期变化、南极磷虾生长状况指标体系、南极微生物低温酶产生菌的筛选及其应用、南大洋环境变化预测与资源潜力评估技术的建立等方面取得了丰硕成果。

"十一五"以来，由于装备了流式细胞分析仪，浮游生物调查开始了依托全程走航观测的微微型浮游生物不同类群的丰度监测，并利用分子生物学分析和高效液相分析等方法对微微型浮游生物组成和生物多样性进行分析。"十二五"期间的南极的生物海洋学研究得到了极地环境专项的资助。

4.1 南大洋生物海洋学科学考察

自 1984 年中国开展首次南极考察以来，已进行了近 30 次南大洋科学考察，其中，生物海洋学科学考察是最早开展的学科之一。早期的南大洋生物海洋学考察以南极磷虾生态学为重点，同时为了了解磷虾分布与其他生物学因子的关系，也对测区水体叶绿素 a 和浮游植物、浮游动物进行了取样和调查。下面对生物海洋学各方向开展的考察进行分类描述。

1）叶绿素 a、初级生产力及浮游植物

自 1984 年中国首次南极科学考察起就开展了对南大洋叶绿素 a、初级生产力和浮游植物的调查研究。国内调查工作多集中在中山站和长城站附近海域，在戴维斯站附近和威德尔海也有少量研究，同时开展的还有环南极表层海水的叶绿素 a 和初级生产力调查工作。

2）微微型浮游植物

海洋微微型浮游生物是地球上种类最丰富、数量最多的有机体，在海洋生态系统和生物地球化学循环过程中起着极为重要的作用。我国对南大洋微微型浮游生物的研究始于"八五"末期，主要集中在普里兹湾，采用分级的方法来测定不同粒级（微微型< 2 μm、微型 2～20 μm、小型≥20 μm）浮游植物对生物量（叶绿素 a）和初级生产力的贡献率。"十一五"以来，由于装备了流式细胞分析仪，开始了依托全程走航观测的微微型浮游生物不同类群的丰度监测，并利用分子生物学分析和高效液相分析等方法对微微型浮游生物组成和生物多样性进行分析。"十二五"期间的相关研究得到了极地环境专项的资助。

3）浮游动物

中国南大洋浮游动物调查开始于首次南极考察，首次南极考察期间对南大洋南设得兰群岛和布兰斯菲尔德海峡水域进行了一个航次的调查，早期的调查集中在长城站附近水域，后期重点调查海域主要集中在普里兹湾及邻近海域。调查网具主要使用用北太平洋网对站区浮游动物进行 200 m 至表层的垂直拖网取样，同时在走航期间用自制的高速采集器进行全航程浮游动物取样。随着极地专项的实施，自 2011—2012 年中国第 28 次南极考察之后，增加了多联网（Multinet）全水层分层拖网，对南大洋站区中层水体浮游动物进行了分层取样。

4）南极磷虾

在南大洋生物海洋学调查中，南极磷虾是最早开展的方向之一。1984—1985 年开展的中国首次南大洋考察便以磷虾生态学为考察重点，后来的"八五"科技攻关专题"南大洋磷虾资源考察与开发利用预研究"基于南极磷虾在南大洋生态系统中的关键地位和南极磷虾作为已查明的人类可利用的最大蛋白资源针对磷虾资源和生物学展开了相关调查。调查网具主要包括 IKMT 中层拖网、高速采集器等。

5）底栖生物

相对于低纬度海区的底栖生物研究而言，极地海域由于较为偏远及海况恶劣，目前的研究相对少得多，我国在这方面的调查处于刚刚起步阶段。随着极地专项的实施，自 2011—2012 年中国第 28 次南极科学考察才开始在南大洋进行定点的底栖生物采样考察，对南极半岛海域和普里兹湾的底栖生物进行了研究，包括大型底栖生物和底栖鱼类的考察，2012—2013 年第 29 次南极考察又加入了小型底栖生物的考察工作。

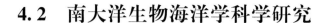

4.2 南大洋生物海洋学科学研究

自1984—1985年中国首次南极科学考察以来，随着南大洋生物海洋学科学考察的开展，我国围绕着生物海洋学各研究方向，做了大量的研究工作，取得了重要成果。下面对生物海洋学各方向开展的研究进行分类描述。

1）叶绿素a、初级生产力及浮游植物

依托已有考察数据，对普里兹湾及其邻近海域浮游植物现存量、初级生产力的分布特征、南大洋环极表层水浮游植物分级生物量等方面进行了大量研究（朱根海等，1993；1995；2006；Zhu et al.，2003；刘子琳等，1997；宁修仁等，1998），结果显示，在种类组成方面，以硅藻类占优势，甲藻次之，最重要的优势种为硅藻类的短菱形藻和针杆藻，影响浮游植物种类组成和丰度分布的因子主要有底层水涌升、水体稳定性、浮冰、水温、盐度、营养盐，以及浮游动物和大磷虾的摄食等。

2）微微型浮游植物

利用"雪龙"船南极考察全程走航观测，分析了浮游病毒的分布及其与宿主细胞的关系（白晓歌，2010）。利用走航观测对微微型浮游生物（聚球藻、原绿球藻、、微微型真核浮游植物和异养细菌）随纬度的分布特征及与环境相关性进行了分析，并对类群间相互作用进行了分析（白晓歌，2010；Lin et al.，2012）。利用多个航次对环南大洋和普里兹湾微微型浮游植物对浮游植物总生物量和初级产量的贡献率进行了分析，显示微微型浮游植物在南极夏季浮游植物水华期外起着重要作用（刘子琳等，1993；宁修仁等，1993；刘子琳等，1997；刘诚刚等，2004；蔡昱明等，2005）。首次利用流式细胞仪获得的微微型浮游植物生理参数用于对普里兹湾水团的指示（Zhang et al.，2012）。

3）浮游动物

浮游动物是海洋食物网的重要环节，在海洋生态系统中起着承上启下的关键作用。我国早期的南大洋浮游动物研究主要集中在南设得兰岛海域浮游动物优势物种组成和形态描述（何德华和杨关铭，1989；张金标和刘红斌，1989），以及南极长城湾附近水域的浮游动物物种组成（黄凤鹏和吴宝玲，1992）；依托后期的普里兹湾大洋考察，围绕普里兹湾浮游动物群落结构（张光涛和孙松，2000）、桡足类代谢（李超伦等，2000）、浮游动物摄食活动（Li et al.，2001）等方面开展了大量研究；随着国际极地年活动及极地专项的实施，围绕着浮游动物群落结构、浮游动物优势种种群结构的年际变动及对环境变化的响应（Yang et al.，2011a，b）以及浮游动物摄食生理生态学和营养策略（Yang et al.，2013）开展了相关研究，以期更好地了解南大洋浮游动物群落结构及优势种对环境变化的响应。

4）南极磷虾

南极磷虾是南大洋生态系统的关键物种，1984/1985年中国首次南大洋考察便以磷虾生态学为考察重点（王荣，1985），随着"八五"科技攻关专题的实施，围绕着磷虾负生长与年龄组成（孙松和王荣，1995a，b；王荣等，1995）、南极磷虾生殖生物学（王荣和陈时华，1989；王荣等，1993；仲学锋和王荣，1993；仲学锋和王荣，1996）、南极磷虾种群结构（王荣和陈时华，1988；王荣和仲学锋，1993；王荣等，1993；仲学锋和王荣，1993）等问题开展了大量研究。"国际极地年"期间，根据以往调查资料，围绕着磷虾与被囊类生物之间的相互关系开展了相关研究（杨光等，2010；刘永芹，2011），并对 2007—2009 年夏季南大洋南极大磷虾种群分布、结构及生长进行了深入的研究（时永强等，2014）。这些工作为更好地了解南极磷虾在南大洋生态系统中的地位提供了基础数据。

5）底栖生物

依托于 2011—2013 年南大洋威德尔海及普里兹湾的底栖生物拖网样品，对大型底栖生物、小型底栖生物和底栖鱼类的群落组成及其分布特征进行了研究。结果显示，威德尔海大型底栖生物以环节动物为主；普里兹湾大型底栖生物主要为海绵，小型底栖生物的主要类群为线虫，小型底栖生物丰度、生物量及多样性呈现湾内向湾外逐渐递减的趋势。

4.3 南大洋生物海洋学研究的重要进展

4.3.1 叶绿素 a、初级生产力及浮游植物研究进展

南大洋浮游植物是南大洋生物群落中生物量最大的颗粒有机物，是供养和维持南大洋巨大磷虾资源的物质基础。浮游植物基础生物量和生产力——叶绿素 a 浓度和初级生产力是生物海洋学研究的重要内容之一，是南大洋生态系统食物网结构与功能研究最重要的基础参数。另一方面，南大洋光合浮游生物的生命活动过程中固定数量巨大的海水中的 CO_2，使海水 CO_2 分压降低，驱使大气 CO_2 向表层海水转移，降低大气碳浓度，对全球气候变化和"温室效应"起到了重要的调节作用。此外，浮游植物的生物量和初级生产力还决定着海域的生物资源潜力，是科学开展资源评估和环境评价中所必须考虑的重要因素。

由于历史原因，我国海洋科学界对南大洋浮游植物生物量和初级生产力的研究起步较晚，20 世纪 80 年代才开始派遣科考队员参加澳大利亚、新西兰、智利、阿根廷、日本等国的南极考察队进行夏季越冬考察。1984 年开始每年自行组队奔赴南极开展综合科学考察。自 1985 年长城站和 1989 年中山站相继建成后，每年派驻越冬科考队员。近 30 年来，在各个研究领域均获得了丰硕的科研成果。在南大洋浮游植物研究方面，同样积累了大量宝贵的基础数据，为研究南大洋浮游植物群落的数量变化规律以及南大洋生态系结构与功能和生物海洋学过程提供与之可对比的科学资料。

国内对南大洋浮游植物生物量和生产力的研究多集中在中山站和长城站附近海域，在戴维斯站附近和威德尔海也有少量研究，同时开展的还有环南极表层海水的叶绿素 a 和初级生产力研究。

普里兹湾及北部海区的研究较多，如宁修仁等（1993，1998）、刘子琳等（2001，2002）、Cai 等（2003）、刘诚刚等（2004）、蔡昱明等（2005）。综合 1991 年 1 月—2002 年 2 月之间 7 个航次调查结果，对普里兹湾及其邻近海域浮游植物现存量和初级生产力的分布特征进行研究，结果表明：①调查海区不同自然地理区之间存在显著的区域性差异。在现存生物量较低的陆坡区和深海区，叶绿素 a 和初级生产力粒极结构以微型和微微型浮游植物占优势，表现出与寡营养的热带大洋海域相似的特征；现存生物量较高的湾内和陆架区，以小型浮游植物对叶绿素 a 和初级生产力的贡献所占比重为高，与其他海域的近岸富营养区和上升流区相似（表 4-1、表 4-2、图 4-1、图 4-2）。初级生产力垂直分布上，最大值除戴维斯湾出现在海面光强衰减至 10% 的层次外，其他各站均出现在表层（图 4-3）。在普遍呈现 HNLC 的南大洋海区出现高叶绿素 a 浓度，高初级生产力水平的普里兹湾浮游植物旺发区，其原因与普里兹湾的特殊地理位置和水文环境特征密切相关；②水体的垂直稳定

度是控制浮游植物种群发展的最重要因素，此外，光照、温度、营养盐、浮游动物摄食等因素也在浮游植物群落动态的各方面发挥着综合调控的作用；③在受环境因素调控的同时，浮游植物的生理活动对环境也存在显著的影响，浮游植物叶绿素 a 浓度、细胞丰度、颗粒有机碳浓度与营养盐浓度、真光层深度呈负相关，与溶解氧浓度呈正相关，表明了调查海区浮游植物与环境间辩证统一的关系。

普里兹湾内浮游植物碳对颗粒有机碳的贡献高于湾北部的大洋区，真光层上部浮游植物碳对颗粒有机碳的贡献高于深层水；南大洋上层水 POC 浓度主要来源于浮游植物的贡献（刘子琳等，2004）。

根据 2011 年南极夏季叶绿素 a 与营养盐的浓度及分布特征，结合温度、盐度、溶解氧饱和度等水文要素，分析探讨了两者之间的相互关系、叶绿素 a 深层最大值现象的成因及 67.5°S 以南表层海水中铵盐对硝酸盐吸收的抑制作用，认为普里兹湾表层海水中叶绿素 a 的含量普遍具有冰架边缘>陆架区>陆坡及深海区的分布特征，海冰的消融及水体的稳定性是影响表层海水叶绿素 a 分布的主要原因（孙维萍等，2012）。叶绿素 a 含量的垂直分布与光照条件相关，具有上层水体含量高，随着深度增加逐渐降低的分布特征。生物吸收作用是磷酸盐、硅酸盐和硝酸盐的分布特征的主要影响因素；冰架边缘和陆架区有机质降解过程主导着水柱中铵盐的浓度，而浮游植物吸收作用与有机质降解过程之间的平衡控制着陆坡及深海区铵盐的垂直分布。叶绿素 a 深层最大值现象与该区 75 m 深度附近增强的光合作用相关，而表层海水微量元素铁对浮游植物生长的限制和 75 m 水层冬季残留水对微量元素的补充极有可能有效地增强了浮游植物的光合作用。

对南极中山站近岸就海冰生态学进行了一系列研究，发现中山站近岸冰藻产量的季节变化显著，尤以春季的大幅度快速增值为特征；冰底有色层出现在春、秋两季，从而形成两个冰底叶绿素 a 峰值。叶绿素 a 的垂直分布以冰底为主，冬季期间则以冰底或冰的中上层为主（何剑锋等，1995；1996；1999）。

而在长城站附近水域，叶绿素 a 的时间序列变化研究较多。在 1988 年 3 月—1989 年 2 月对长城湾及其邻近水域叶绿素 a 的季节变化进行了调查研究发现，表层叶绿素 a 最高值出现在 2—3 月，然后逐月降低，至 8 月开始随着水温回升而逐渐增加（吴宝玲等，1992）。

在 1992 年 12 月—1993 年 3 月、1993 年 12 月—1994 年 2 月、1994 年 12 月—1995 年 3 月连续 3 个夏季期间对南极长城湾进行了海洋生态系统调查，利用获得的叶绿素 a 资料进行分析研究发现，1992—1993 年夏季叶绿素 a 含量最高，并认为除营养盐外，温度、光照是影响叶绿素 a 含量变化的直接控制因素。通过叶绿素 a 年际变化的分析认为，长城湾仍然是一个受人为干扰甚微的自然本底环境（朱明远等，1999）。

对长城站及邻近海域叶绿素 a 的次表层极大值现象进行了研究，发现该海域在 1999 年 12 月—2000 年 3 月期间营养盐类含量均较高，海域营养盐非常丰富，叶绿素 a 含量的次表层极大值现象显著，次表层位置随水深深度的增加而加深（图 4-4、图 4-5）。表明了该地区在次表层水体中微型浮游植物是该海域主要的初级生产者（李宝华，2004）。它们在该海域真光层内叶绿素 a 的垂直分布和时空变化以及其丰度均起着连续的、相当重要的作用，在适宜的光和营养盐环境中，快速生长、繁殖，使得叶绿素 a 的含量迅速升高，形成次表层叶绿素最大值（SCM），并时刻影响着该海域 SCM 存在的范围和强度，同时也影响着周围环境中营养盐类的垂直分布和断面分布。

搭载"极星"号在 2006 年 8—10 月对冬季威德尔海海冰物理结构与叶绿素 a 及其生态意义进行了研究，研究结果证实南极冬季海冰叶绿素 a 含量普遍处于较高水平，海冰冰藻具有较强活性，并处于初春旺发前期的活跃状态，由此表明，从整体上南极冬季海冰具有较高初级生产能力，这有利于暖季大量冰藻释放促成海域浮游植物水华与初级生产的迅速增长，并为浮游动物幼体的生长发育提供丰富饵料，确保海域生态系统的修复和可持续发展（戴芳芳等，2008a，b）。海冰叶绿素 a 的含量及其垂直分布，主要取决于冰芯不同冰晶结构类型及其所处冰层部位，相对受冰体温度和盐度的垂直变化影响较不显著。海冰叶绿素垂直分布总的趋势为上部低而底部较高。

对南大洋环极表层水浮游植物分级生物量和初级生产力进行了大量研究（刘子琳等，1993，2000；Ning et al.，1996）。结果表明，在南极水域中以南大西洋最为肥沃。叶绿素 a 浓度平均超过 2 mg/m³，这可能与该海域的"岛群效应"有关。尽管南大洋浮游植物生物量较高，但初级生产力并不高，这与低温和水团的不稳定性有关。而德雷克海峡和南印度洋较低。分级叶绿素 a 结果表明（表 4-2、图 4-6），在肥沃的南大西洋以细胞大于 20 μm 的绢滤浮游生物（主要是小型浮游生物）所占比重最高（65%）。而在较贫瘠的南印度洋则以微微型浮游生物（<2 μm）最高（47%）。分级初级生产力的结果表明，在南大西洋和德雷克海峡对总初级生产力的贡献以微微型浮游生物为最大，微型和小型浮游生物的贡献大致相当。微微型浮游生物相对高的光合作用生理活性显示了它们在南大洋海洋生态系中的重要性。与南极水域相比，亚南极和亚热带水域较为贫瘠。

对南大洋浮游植物群落结构的研究开展得也较早。在南极普里兹湾及其毗邻海区的研究结果显示，在种类组成方面，以硅藻类占优势，甲藻次之。最重要的优势种为硅藻类的短菱形藻和针杆藻（图 4-7）。影响浮游植物种类组成和丰度分布的因子主要有底层水涌升、水体稳定性、浮冰、水温、盐度、营养盐以及浮游动物和大磷虾的摄食等。微型和微微型浮游生物代谢生理活性高，能量转换速率快，在现存生物量和生产力中均占较高比重，其对初级生产力的贡献要高于对生物量的贡献（朱根海等，1993，1995，2006；Zhu et al.，2003；刘子琳等，1997；宁修仁等，1998）。

在普里兹湾及邻近水域的研究同样发现硅藻在种类和细胞丰度上占绝对优势，其次为甲藻（图 4-8）。调查区浮游植物分为两个群集，分布在 67°S 以南的普里兹湾内的群集主要以克格伦拟脆杆藻、短拟脆杆藻、胡克星脐藻和南极弯角藻等南极特有种类和常见种类为主；分布在 67°S 以北的大洋海域的群集主要以细条伪菱形藻、赖氏束盒藻、拟膨胀伪菱形藻和羽状环毛藻等南极常见种为主（孙军等，2003）。浮游植物细胞多分布于海水的表层，密集区分布在 67°S 以南的普里兹湾内，浮游植物的细胞丰度同硝酸盐的浓度密切相关。调查区浮游植物的多样性程度是低的。

对南极长城湾浮游植物数量分布和变化、生态特征及其与环境的关系等进行了研究（李瑞香等，1992，2001；俞建銮等，1992，1999）。结果表明，浮游植物种类组成显示出冷水性和近岸广温性种类为主的生态特点，优势种随季节变化而出现演替，其细胞数量变化呈夏季高峰的单峰型变化周期，各月细胞数量变化取决于该月优势种的演替。1985 年网采浮游植物主要优势种为聚生角刺藻、无刺冀根管藻和条纹盒形藻，前者的分布集中于湾内，后两者密集在湾口。1992—1995 年网采浮游植物有聚生角毛藻、海链藻属、脆杆藻属、珍珠异极藻和扁面角毛藻等优势种类，各夏季种类组成基本相似，数量有明显的年际变化，湾内和湾口数量变化趋势一致。浮游植物的分布受诸多环境因子制约，其中，水温和日照时数是主导因子。

除了海水中的浮游植物，冰藻作为南大洋食物链中关键物种——南极大磷虾在冬季的重要食物来源，在维持南大洋食物链和南极海冰区生态系统中起着至关重要的作用。在南大洋海冰区的初级总产量中，冰藻的直接贡献额超过 20%，并且贡献额占 50% 以上的春季冰缘水华与冰藻的在融冰期间的"播种作用"存在一定的相关性（何剑锋等，2003）。陈兴群和 G·迪克曼（1989）搭载德国"极星"号极地考察船于 1985 年 1—2 月沿威德尔海陆缘固冰区调查期间获得冰柱状样，对 3 个不同区域柱状样内叶绿素 a 及硅藻分布进行研究，发现底部 10~30 cm 的海冰多呈褐色。其内由大量藻类，特别是由硅藻细胞的富集而形成。丰度变化大。在融化的底部冰样中，细胞数高达每升亿个，

表4-1 各航次全测区真光层叶绿素 a 及有关参数的平均值 ($\bar{X}\pm SD$)

航次	I (n=34)	II (n=37)	III (n=31)	IV (n=31)	V (n=24)	VI (n=18)	VII (n=31)	总平均
ED (m)	44.0±12.0	49.2±15.5	37.3±14.4	34.74±12.57	33.4±12.0	41.3±16.7	48.5±16.5	41.8±14.2
t (℃)	0.40±1.13	-0.35±0.56	0.38±0.84	0.49±0.75	-1.13±0.66	0.06±0.98	-0.85±0.53	-0.12±0.77
S	33.99±0.40	33.83±0.72	33.63±0.35	33.69±0.19	33.81±0.22	34.58±0.25	33.88±0.16	33.88±0.35
DO (mg/dm³)	7.95±0.22	7.98±0.53	8.08±0.27	8.18±0.46	11.54±0.88	11.09±0.28	ND	8.84±0.43
NO_3^- (μmol/dm³)	26.38±8.32	28.25±5.67	ND	22.36±5.37	25.58±5.69	29.79±8.33	29.43±2.72	26.84±5.89
NH_4^+ (μmol/dm³)	ND	ND	ND	ND	0.37±0.36	0.39±0.34	1.03±0.30	0.66±0.33
PO_4^{3-} (μmol/dm³)	1.40±0.42	1.73±0.41	1.53±0.30	1.51±0.43	1.84±0.59	1.61±0.24	2.33±1.15	1.70±0.52
SiO_3^{2-} (μmol/dm³)	36.91±7.43	50.27±11.64	39.41±8.48	ND	54.43±8.11	39.58±10.00	53.53±12.76	45.80±9.81
Chl a (mg/m³) Net	0.52±0.28	0.53±0.89	0.69±0.72	1.27±1.82	0.71±0.86	0.91±1.04	0.40±0.73	0.70±0.89
Nano	0.20±0.12	0.52±0.92	0.53±0.48	0.53±0.55	0.40±0.35	0.25±0.18	0.17±0.23	0.43±0.41
Pico					0.25±0.28	0.16±0.11	0.07±0.07	
Sum	0.72±0.35	1.05±1.25	1.21±1.11	1.79±2.18	1.36±1.41	1.32±1.30	0.64±0.95	1.13±1.20
C_{N+P}/C_S (%)*	50.3±25.2	55.7±16.7	54.6±0.2	46.9±26.6	59.5±18.5	45.2±20.3	59.5±23.6	53.6±20.0
PA (×10³ind./dm³)	73.8±116.3	15.3±49.4	ND	39.0±64.0	40.2±51.7	29.4±40.3	8.8±29.3	35.3±56.2
POC	97.6±27.9	134.6±68.1	159.4±49.1	101.0±38.7	ND	ND	ND	123.1±46.5

* C_{N+P}/C_{Sum}: 微型和微微型浮游植物叶绿素 a 在浮游植物群落总叶绿素 a 中所占百分比。

表 4-2 初级生产力粒级结构及光合作用同化数

	航次		I	II	III	IV	V	VI	VII	总平均
全测区平均	PP [mg/(m²·d)]	Net	55.4±55.5	225.9±279.5	303.2±360.3	132.5±94.9	170.2±191.6	552.3±519.4	84.3±133.0	217.7±169.8
		Nano	174.2±332.6	351.0±274.6	312.2±230.7	98.4±91.3	157.5±119.4	245.0±190.2	46.3±41.4	197.8±110.9
		Pico	104.6±111.7			20.8±18.0	79.2±89.4	92.8±71.3	36.1±22.8	66.7±36.4
		Sum	334.2±439.9	576.9±536.9	615.5±519.2	251.7±169.9	390.0±362.4	890.1±727.9	166.7±160.3	460.7±249.3
	PP$_{N+P}$/PP$_{Sum}$ (%)		76.3±24.8	68.9±16.2	59.4±25.2	47.1±19.0	67.4±15.5	39.7±9.2	66.8±25.0	60.8±13.0
	AN [mg/(mg·h)]		0.85±0.46	0.72±0.21	0.67±0.12	0.31±0.09	1.65±1.10	2.01±0.84	1.07±0.97	1.04±0.59
湾内和陆架区	PP	Net	98.6±45.3	650.5±189.1	500.8±514.6	225.0±51.8	255.6±225.0	1 266.5±671.5	247.0±178.7	463.4±400.3
		Nano	312.0±450.7	676.9±344.6	519.8±212.6	145.7±118.5	224.0±115.6	543.0±16.7	78.8±36.9	357.2±225.5
		Pico	148.4±158.3			33.6±20.9	101.5±115.3	169.2±104.6	30.3±4.5	96.5±64.0
		Sum	559.0±575.0	1 327.4±533.7	1 020.5±597.0	404.2±141.0	550.8±414.9	1 978.7±583.6	355.8±192.1	885.2±597.1
	PP$_{N+P}$/PP$_{Sum}$ (%)		63.3±32.0	49.8±5.9	63.0±32.0	40.1±18.2	67.1±21.1	38.3±15.7	33.8±15.2	50.8±13.7
	AN		0.77±0.45	0.52±0.25	0.69±0.14	0.32±0.11	1.53±0.85	2.31±0.77	0.73±0.28	0.98±0.70
陆坡和深海区	PP	Net	12.2±6.9	84.4±77.9	155.1±121.9	58.4±24.6	63.4±55.1	314.2±124.1	23.3±23.2	101.6±104.7
		Nano	36.3±12.9	242.4±158.7	156.6±30.8	60.6±45.7	74.5±60.0	145.7±57.1	34.1±37.9	107.2±77.2
		Pico	60.8±20.1			10.6±5.5	51.2±41.2	67.4±42.7	38.4±26.8	45.7±22.4
		Sum	109.3±39.9	326.7±214.9	311.7±119.7	129.7±30.9	189.1±154.1	527.3±204.2	95.8±71.4	241.4±156.9
	PP$_{N+P}$/PP$_{Sum}$ (%)		89.3±2.1	75.3±12.9	56.8±23.8	52.7±19.7	67.7±6.7	40.2±8.3	79.2±13.7	65.9±17.0
	AN		0.93±0.56	0.78±0.17	0.66±0.12	0.30±0.09	1.79±1.49	1.90±0.91	1.20±1.12	1.08±0.59

PP$_{N+P}$/PP$_{Sum}$：微型和微微型浮游植物初级生产力在总初级生产力中所占百分比。

航次 I，1990 年 1—3 月；航次 II，1990 年 12 月—1991 年 1 月；航次 III，1991 年 12 月—1992 年 1 月；航次 IV，1993 年 1 月；航次 V，1998 年 12 月—1999 年 1 月；航次 VI，2000 年 1 月；航次 VII，2002 年 1—2 月。

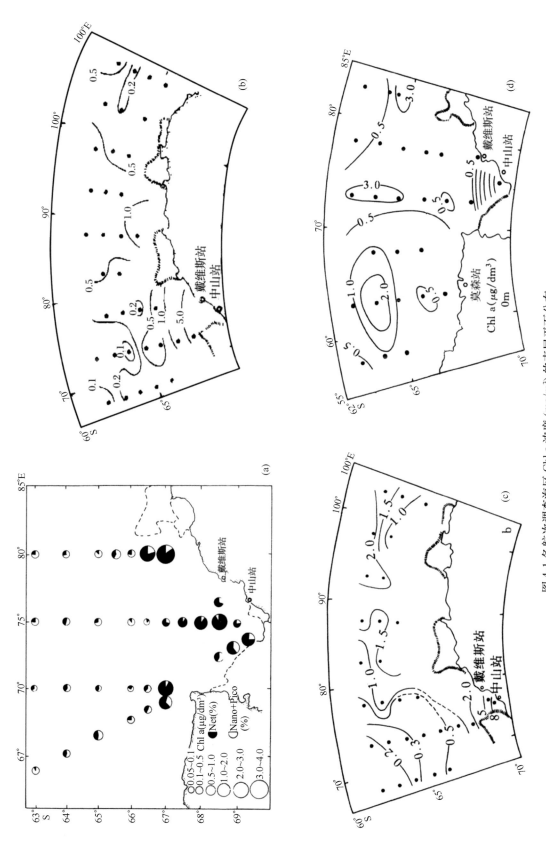

图 4-1 各航次调查海区 Chl a 浓度 (mg/m³) 的表层平面分布

（宁修仁等，1998；刘子琳等，2001，2002；Cai et al., 2003；刘诚刚等，2004）

a.1990 年 1—3 月；b.1990 年 12 月—1991 年 1 月；c.1991 年 12 月—1992 年 1 月；d.1993 年 1—2 月

叶绿素 a 浓度高达 2 220 mg/m³，中部常见到大量小型的失去色素乃至死亡的硅藻细胞。初步鉴定出 26 种硅藻，其多数隶属于茧形藻属、斜纹藻属、菱形藻属、盒形藻属、角刺藻属、海毛藻属、海链藻属及脆杆藻属等。认为叶绿素 a 及冰藻的分布与存活主要取决于海冰形成之前水体中浮游植物的组成和丰度，形成期间冰藻富集的物理和生物过程，以及形成后外界和冰内环境因子的变化及其生物对这种变化的反应。

其他的相关研究包括，浮游植物标志物（菜籽甾醇、甲藻甾醇和长链烯酮）作为重建单类浮游植物（硅藻、甲藻和颗石藻）指标对普里兹湾浮游植物群落结构的变化进行研究（于培松等，2012）；对南极不同海域磷虾胃含物中浮游植物的组成进行研究（朱根海，1988；朱根海和陈时华，1993）。

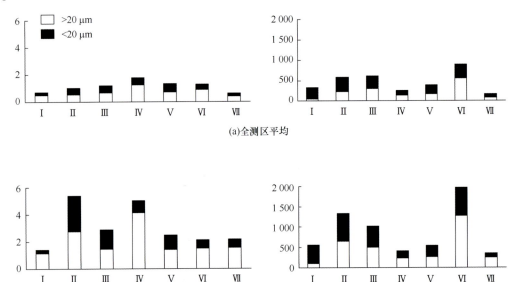

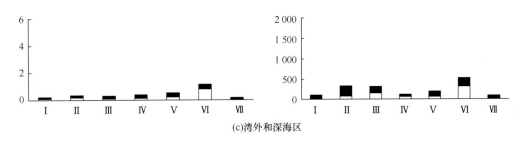

图 4-2　真光层平均 Chl a（左）和初级生产力（右）年际变化

航次 I，1990 年 1—3 月；航次 II，1990 年 12 月—1991 年 1 月；航次 III，1991 年 12 月—1992 年 1 月；航次 IV，1993 年 1—2 月；航次 V，1998 年 12 月—1999 年 1 月；航次 VI，2000 年 1 月；航次 VII，2002 年 1—2 月

4.3.2　微微型浮游生物群落特性及水团指示

以往的研究通常忽视微微型浮游植物的作用，但近年的研究则显示该类群在海洋生态系统中起着极为重要的作用，在低生物量海域更是如此。南大洋是典型的高营养盐低叶绿素区（HNLC），尽管有研究表明微微型浮游植物占的份额并不大，但多数的研究显示分级叶绿素微微型占浮游植物总生物的 47%～90%。对微微型浮游生物群落的了解，对于阐明其生态作用具有重要意义。

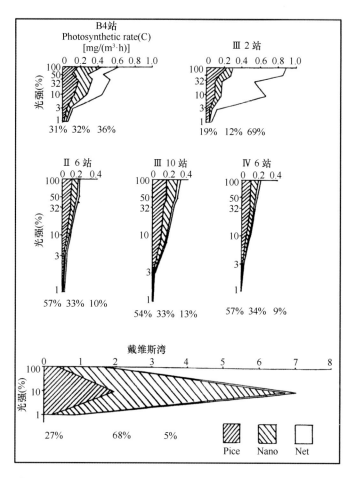

图 4-3　典型站位分级潜在初级生产力［mg/（m³·h）（以碳计）］的垂直分布

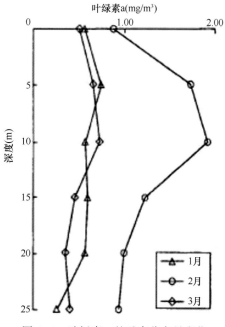

图 4-4　叶绿素 a 的垂直分布月变化

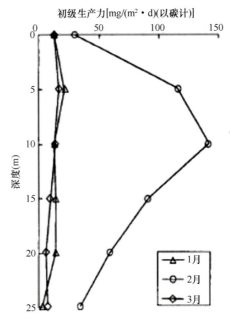

图 4-5　初级生产力的垂直分布月变化

4.3.2.1　浮游病毒丰度随纬度变化

通过"雪龙"船南极考察全程走航观测显示，浮游病毒广泛存在于所调查的海域（白晓歌，2010）。在水平分布上，浮游病毒的丰度与宿主细胞的丰度分布存在密切的联系。在赤道水域存在高值区，与原绿球藻的丰度分布趋势一致；而在中纬度水域，其高值区与聚球藻、微微型真核浮游植物和异养细菌的丰度分布一致。在南极水域浮游病毒在 2 000 m 以下水层均有分布，其垂直分布规律与异养细菌类似。在西太平洋、印度洋、环南大洋和南极水域的丰度分别为 $2.17 \times 10^6 \sim 2.49 \times 10^7$ ind/mL，$3.80 \times 10^6 \sim 2.41 \times 10^7$ ind/mL，$1.46 \times 10^6 \sim 2.98 \times 10^7$ ind/mL 和 $1.49 \times 10^6 \sim 4.39 \times 10^7$ ind/mL；生物量分别为 $0.42 \sim 4.95$ mg/m³，$0.76 \sim 4.82$ mg/m³，$0.11 \sim 13.3$ mg/m³ 和 $0.25 \sim 8.78$ mg/m³。在西太平洋，浮游病毒与微微型真核浮游植物、聚球藻和异养细菌生物量之间存在显著的正相关性（$p < 0.01$），但在赤道水域与原绿球藻生物量存在显著正相关性（$p < 0.01$）；浮游病毒生物量与硝酸盐+亚硝酸盐和硅酸盐呈显著正相关性（$p < 0.01$），与温度呈显著负相关性（$p < 0.01$）。在印度洋和环南大洋，浮游病毒的分布仅受异养细菌的影响，与异养细菌生物量呈显著正相关性（$p < 0.01$）。在南极水域，浮游病毒与叶绿素 a、微微型真核浮游植物丰度及异养细菌丰度呈显著正相关性（$p < 0.01$），与水深、盐度、磷酸盐和硅酸盐呈显著负相关性（$p < 0.01$）。研究表明，浮游病毒的分布主要受各海域浮游生物中主要优势类群丰度变化的影响，而营养盐等环境因子通过影响病毒宿主的生长从而间接地影响浮游病毒的空间分布。温度、盐度可能直接或间接影响病毒分布。

4.3.2.2　微微型浮游生物随纬度变化

中国第 24 次南极科学考察期间，利用"雪龙"船搭载的流式细胞仪进行了海洋表层微微型浮游生物群落结构和生物量的纬向和环南大洋分布研究，同时测定走航温度、盐度及叶绿素 a 浓度。结果显示，在航次调查过程中，聚球藻（Synechococcus）、原绿球藻（Prochlorococcus）、微微型真核浮游植物（Picoeukaryotes）和异养细菌的丰度变化范围分别是：$0.7 \times 10^7 \sim 1.1 \times 10^8$ ind/L、$1.3 \times 10^7 \sim 2.2 \times 10^8$ ind/L、$1 800 \sim 1.1 \times 10^8$ ind/L 和 $1.3 \times 10^7 \sim 2.7 \times 10^9$ ind/L（图 4-10）。聚球藻和原绿球

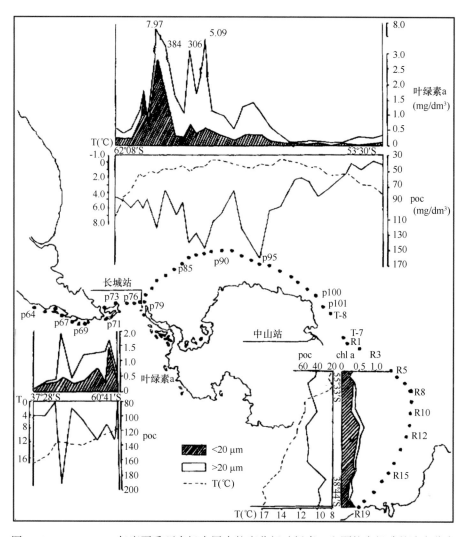

图 4-6 1989—1990 年度夏季环南极表层水粒度分级叶绿素 *a* 和颗粒有机碳的浓度分布

藻的主要分布范围在 30°N~30°S 之间，而微微型真核浮游植物和异养细菌则在所有调查区域都有分布，但是微微型真核浮游植物及异养细菌在南大洋高纬海域丰度较低。4 种微微型浮游生物的分布都与温度有很强的相关性，而对微微型浮游生物群落结构的主成分分析则显示各海区微微型浮游生物分布各不相同，并且没有明显的南北半球差异（Lin et al.，2012）。

分析表明，主要类群间存在拮抗和协调生长的作用。一方面，原绿球藻丰度和聚球藻、微微型真核浮游植物丰度呈显著的负相关性（$p < 0.01$），表明原绿球藻与这两者之间存在拮抗作用。在低纬度水域，水温高，营养盐（特别是磷酸盐浓度）较低，体积较小的原绿球藻有更强的生长竞争优势，丰度升高，而聚球藻和微微型真核浮游植物丰度降低；而在中纬度水域，水温降低，营养盐浓度升高，较大个体的藻类生长占优势地位，聚球藻和微微型真核浮游植物丰度升高，而不占竞争优势的原绿球藻丰度急剧降低。另一方面，异养细菌丰度和聚球藻、微微型真核浮游植物丰度之间存在着显著正相关性（$p < 0.01$），表明异养细菌与聚球藻、微微型真核浮游植物存在协同生长的作用。在中纬度水域，无机营养盐丰富，聚球藻和微微型真核浮游植物利用无机营养物生长，同时将无机营养物转化为有机营养成分，导致了水体中有机营养物的增加。这些增加的有机营养物被异养细菌利用，异养细菌快速生长，导致在中纬度水域异养细菌丰度随之升高。同时，异养细菌又制造出大量的无机营养物质，这些物质又可以维持聚球藻和微微型真核浮游植物的生长（白晓歌，2010）。

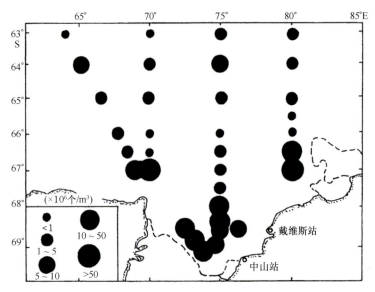

图 4-7　表层水微小型浮游植物的丰度（×10³cell/dm³）与分布

4.3.2.3　微微型浮游植物丰度及年际变化

微微型浮游植物对环境变化极为敏感，但对此研究仍很少。利用中国第 25 次和第 27 次南极科学考察的机会，对 2009 年和 2011 年南半球夏季普里兹湾微微型浮游植物丰度和分布进行了对比研究。结果显示，微微型浮游植物由微微型真核微藻（Pico-eukaryotes，Euk）和聚球藻（Synecho-coccus，Syn）组成（图 4-11）。2009 年和 2011 年夏季 Euk 丰度范围分别为 0.09~6.54 cells/μL 和 0.01~3.33 cells/μL，而 Syn 丰度范围分别为 0.00~15.61 cells/μL 和 0.00~2.45 cells/μL。Euk 主要分布在南极夏季表层水（ASSW），而聚球藻主要出现在埃默里冰架前缘海域。相关性分析显示，微微型浮游植物与水文和营养盐密切相关，而海冰分布状况会影响微微型浮游植物的年际分布。

4.3.2.4　微型和微微型浮游植物对初级产量的贡献

1989—1990 年夏季中国第 6 次南极考察环极航行中，对南大洋不同海区的浮游植物细胞大小分级叶绿素 a 和初级生产力、颗粒有机碳及有关环境参数进行了测定。分级叶绿素 a 结果表明，在肥沃的南大西洋以细胞大于 20 μm 的小型浮游生物所占比重最高（65%），而在较贫瘠的南印度洋则以微微型浮游生物（<2 μm）最高（47%）。分级初级生产力的结果表明，在南大西洋和德雷克海峡对总初级生产力的贡献以微微型浮游生物为最大，微型浮游生物和小型浮游生物的贡献大致相当。微微型浮游生物相对高的光合作用生理活性显示了它们在南大洋海洋生态系中的重要性（刘子琳等，1993）。

而对南极普里兹湾的研究则显示，1990—1991 年夏季微型（< 20 μm）和微微型（< 2.0 μm）浮游生物在浮游植物群落生物量和生产力中占有重要比重，它们对总生物量和总生产力的平均贡献分别为 53% 和 69%（宁修仁等，1993）。1991—1992 年夏季微型和微微型浮游生物在南极普里兹湾邻近海域浮游植物自然群落中占有重要比重，其代谢生理活性高，能量转换速率快，对总生产力的贡献要高于对总生物量的贡献；但存在区域差异，在普里兹湾毗邻陆架区和东部海区具有较高生物量和生产力的海区，小型浮游生物占优势，在低生物量和生产力的测区西部海区，微型和微微型浮游生物的贡献占优势（刘子琳等，1997）。1998—1999 年夏季调查海区叶绿素 a 的贡献，小型浮游

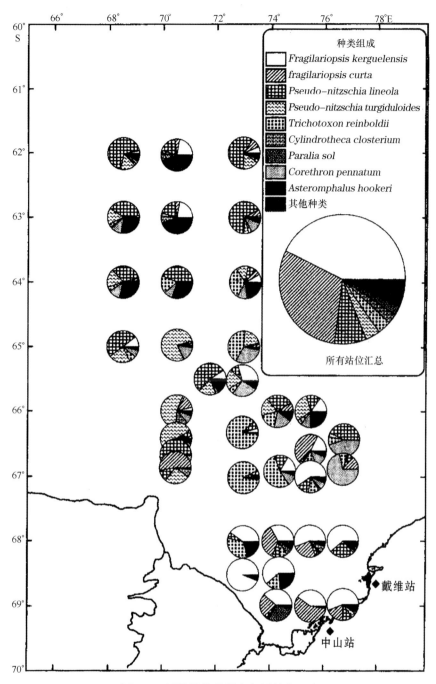

图4-8 浮游植物种类在各测站的组成

生物为52.2%，微型为29.4%，微微型为18.4%；对初级生产力的贡献，小型为52.4%，微型为28.7%，微微型为18.9%，显示与之前研究存在较大的不同（蔡昱明等，2005）。2002年夏季的结果则显示，在陆坡和深海区初级生产力的粒级结构以微微型浮游生物对初级生产力的贡献最大（分别为49.6%和46.2%），湾内和陆架区则以小型浮游生物（为20~280 μm）的贡献为主（66.2%）（刘诚刚等，2004）。因而尽管存在年际差异，微微型浮游植物在南极夏季浮游植物水华期外起着重要作用，并且对生产力的贡献要大于对生物量的贡献。

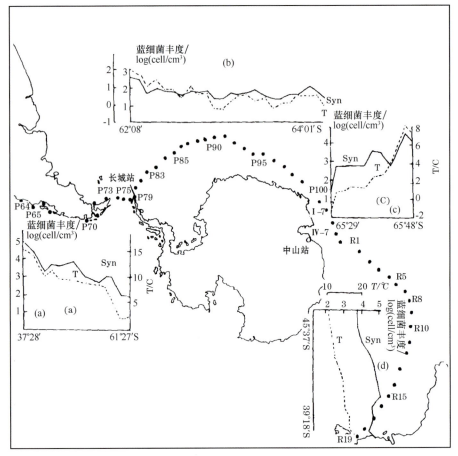

图 4-9 1989—1990 年南大洋夏季表层水蓝细菌 *Synechococcus* sp. 丰度 ［log（cell/cm³）］ 和水温（℃）分布

4.3.2.5 微微型浮游植物的水团指示

流式细胞仪（FCM）不仅可以高效地测定微微型浮游植物丰度，同时也可以有效地测量细胞的光学生理参数，如细胞大小、细胞碳含量（侧向散射，SSC）、类胡萝卜素含量（绿色和橙色荧光，FL1和FL2）、叶绿素 a 含量（红色荧光，FL3）等。Zhang 等（2012）首次利用这些参数用于对普里兹湾水团的指示（图 4-12）。微微型浮游植物对水温环境变化极为敏感，在不同的水团呈现不同的特征：在接近埃默里冰架的微微型浮游植物类群受盐度的影响要超过温度，而在较深的海域，温度的营养则要超过盐度。在较深海域，微微型浮游植物通过增加细胞大小以增加碳的固定来抵消光线的下降，在较高的温度和盐度下同样如此。纯水团可以增加细胞叶绿素和碳含量。通常情况下，上层水体中水团对所有 5 个参数的影响要大于温度或盐度，这些参数可用于指示夏季表层水（Summer Surface Water，SSW）、冬季水（Winter Water，WW）和陆架水（Continental Shelf Water，CSW）。

4.3.3 南极磷虾生物生态学研究

南极磷虾（*Euphausia superba*）是南大洋生态系统中的关键成员，其种群数量变动将影响到整个南大洋生态系统的动态变化，后者又制约着南大洋生源要素的生物地球化学循环，与全球变化的关系非常密切；南极磷虾是现已查明的人类可以利用的最大蛋白资源，并已经开始规模化商业捕捞，为了开发利用和保护这一重要资源，也是为了了解以南极磷虾为核心的南大洋生态系统，我们

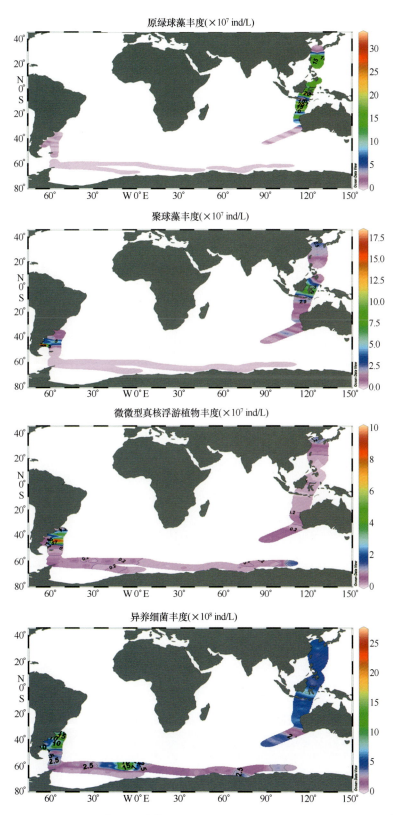

图 4-10　2007—2008 年原绿球藻（Prochlorococcus）、聚球藻（Synechococcus）、微微型真核浮游植物（Picoeukaryotes）和异养细菌丰度随纬度的分布变化

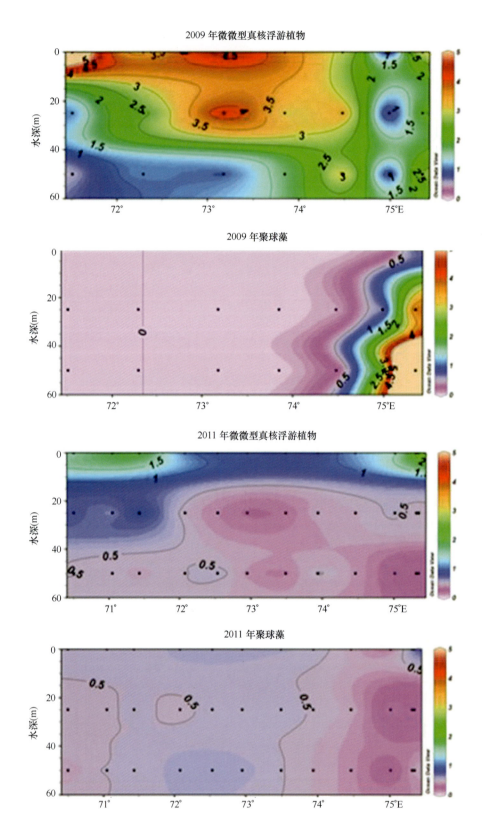

图 4-11　2009 年和 2011 年 IS 断面微微型浮游植物丰度剖面

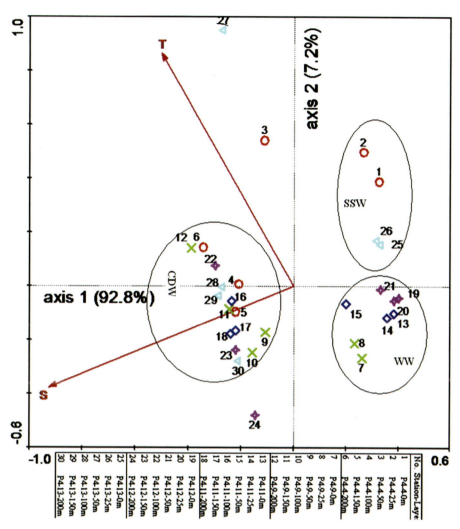

图4-12 个微微型浮游植物生理参数和2个水文参数的CCA分析

需要掌握南极磷虾的生物生态学。自中国首次南极考察以来，特别是"八五"科技攻关项目执行期间，我们围绕南极磷虾的生物生态学开展了大量研究，其中在南极磷虾生长及年龄鉴定等方面取得了较多成果。

到目前为止，人们除了对南极磷虾的生物学意义有了更加充分的认识之外，对南极磷虾种群分布及季节性变化、引起磷虾生物量巨大波动的原因、磷虾的越冬策略、磷虾的寿命多长及磷虾的年龄鉴定等问题知之甚少。而这些问题牵扯到南极磷虾未来的资源管理与合理开发利用。

南极磷虾的寿命有多长，有很长时间搞不清楚，主要是因为迄今仍然没有一种可靠的年龄鉴定方法。目前，依据实验条件下的饲养记录和自然群体的年龄组成分析已获得一定的认识，但还不能说十分肯定。我国科学家依据1989—1990年和1990—1991年南极夏季在普里兹湾及邻近海域所获得的拖网样品，应用分布混合分析方法对大磷虾种群的体长频数分布资料进行了分析（图4-13，王荣等，1995）。在种群中发现有6个年龄组：0^+龄、1^+龄、2^+龄、3^+龄、4^+龄和5^+龄，说明自然群体中最大年龄为5周岁。分布混合分析是在概率论基础上的最大或然分析，不排除群体内存在极少数更高龄个体的可能。可以这样认为，大磷虾的潜在寿命可以达到8年以上。但在自然条件下，能发现的最大年龄组为5^+龄。群体中2^+龄和3^+以下的累计比重已达91.62%。如果把4^+包括进去，则达99.51%。5^+龄在种群内的比重很小。1^+龄属于未成体，2^+龄属于次成体，3^+和3^+以上为成体。

在成体中，3⁺龄是主体，占87%。这一数字概念很重要，因为从南极磷虾渔业来讲，捕捞群体的组成将决定着资源的性质，从而影响着渔业对策。3⁺龄以后的比重迅速衰减，反映进入成体以后的自然死亡率相当高，3⁺~4⁺龄的衰减约为70%~90%，4⁺~5⁺龄为90%~100 %。由于南极磷虾幼体死亡率太高，其平均寿命很难估计。如果只考虑成体，即只统计能进入成体阶段（3⁺龄以上）的个体的平均寿命，根据王荣等（1995）的各年龄组强度的资料计算为 3.7 岁。

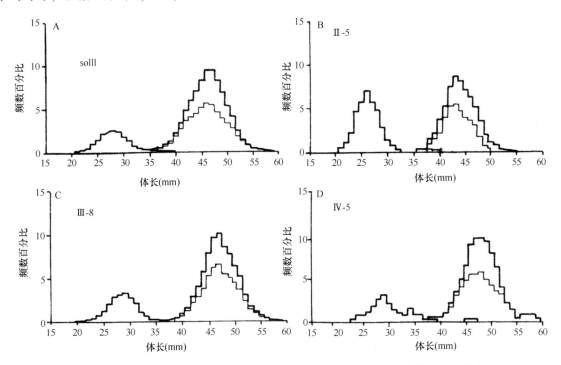

图 4-13　1990/1991 年南极夏季普里兹湾及其临近海域南极大磷虾体长频数分布（王荣等，1995）

在"八五"期间开展了对南极磷虾年龄鉴定指标方面的研究，利用国际合作的机会，在澳大利亚南极局对南极磷虾复眼结果与生长之间的关系进行了深入的研究。用于分析的活体磷虾样品采自普里兹湾及邻近海区。实验结果表明，南极磷虾在正常情况下（身体不出现负增长），复眼中的晶椎数和体长之间存在着指数函数的关系（图4-14）。如果体长可用来测定磷虾的年龄，那么体长与复眼晶椎数目之间以及体长与眼径之间的高相关性意味着后者也可以作为南极磷虾年龄鉴定的指标。磷虾在负生长的过程中，首先利用那些暂时用不上且将来易于恢复的器官或系统，而不应是那些对于维持其生命至关重要的部分。

低温实验室室内培养实验结果表明，在相同体长的情况下，处于负生长状态的磷虾复眼中的复眼直径明显大于正常状态下的磷虾复眼直径（图4-14）。本研究结果表明，南极磷虾在得不到足够的饵料的情况下，随着蜕皮的不断进行，其身体会出现负生长，但并不是身体的所有部分都会发生负生长。磷虾的复眼不受负生长的影响，因此南极磷虾复眼直径可以作为磷虾生长的更为准确和可靠的指标。

目前，人们对于南极自然环境下磷虾是否会发生负生长的问题一直争论不休，其主要原因是由于缺乏一种准确可靠的研究方法。由于南极恶劣的气象条件和复杂的冰情，人们无法对同一个磷虾种群进行跟踪重复取样，特别是在南极的冬季，整个调查海区全部被冰所覆盖，根本无法实施海上取样，所以磷虾如何度过南极漫长的冬季一直是人们试图了解而又无法了解的问题。利用晶椎数目与体长之间或者体长与眼径的比率可以准确地将在实验室内活体培养后已存在负生长的磷虾与其他

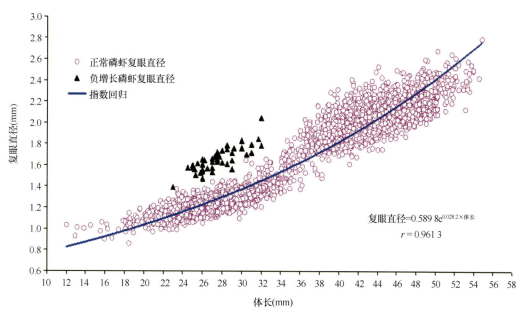

图4-14 磷虾复眼直径与体长之间的关系（孙松和王荣，1995a，b）

处于正常状态的磷虾分开。因此，晶椎数目与体长之间或体长与眼径之间的比率可以作为磷虾种群是否存在负生长的监测指标。为研究在自然状态下磷虾是否存在负生长的问题，提供了一种简便可靠的研究方法。

南极磷虾的生殖生物学研究是磷虾生物学研究中的一个重要方面，迄今已积累了一些有关大磷虾生殖生物学的知识，特别是在大西洋区，包括性腺发育的解剖学和组织学、性腺发育期的划分、怀卵量的测定等方面开展了较多的研究。但是印度洋扇区相关工作开展较少。"八五"期间，在南大洋印度洋扇区普里兹湾海域对磷虾生殖生物学开展了相关研究，取得了较系统的资料。

现场磷虾产卵培养实验结果显示，临产亲虾开始排卵的时间不等。最早的在第1天开始排卵，最晚的在第16天。磷虾排卵量在225~5 910个之间变动，平均2 132个。这一数值低于普里兹湾附近海域磷虾怀卵量的平均测定结果（5 283个）。造成这一差距的原因可能是未排出的卵母细胞在产卵后很快被吸收、部分卵子产出后被母体摄食。

生殖季节内的产卵次数是决定生殖力的关键因素之一。大磷虾卵巢和卵母细胞的发育特征决定了大磷虾的产卵次数。大磷虾在有关生殖季节可产卵3次或以上，但我们的结果显示产卵与卵母细胞全部发育成熟是一致的。虽然磷虾卵母细胞的发育在早期可能不同步，但随着发育成熟而趋向一致。当卵母细胞全部发育成熟后开始排卵，排卵一次完成。至于完成排卵之后，卵巢在该生殖季节内能否重新发育而再次排卵，从普里兹湾邻近海域的情况看是不可能的。据王荣和陈时华的测定结果，卵巢重占了体重的42.14%。他们对生殖群体的取样调查表明已产个体（3EF）比临产个体（3DF）平均减少34.4%。这个百分比较卵巢重占体重的百分比略小一些，这可能是排卵后卵巢原占据的位置部分为体液所充填的缘故。普里兹湾邻近海域磷虾产卵高峰季节较晚，在产卵之后、南极夏季结束之前获得如此多的能量积累是不太可能的。

一般认为磷虾的生殖季节主要在1—3月，或更长一点12—翌年4月。我们考察资料显示，1月上旬已排卵个体（3EF）极少，临产个体（3DF）也不多。2月中旬，临产个体已占优势（56.6%），现场实验显示，刚捕获的3DF临产平均在捕获后5.9 d产卵，因此2月下旬可能是产卵的高峰期。3月初情况较特殊，临产个体虽占优势，但比例已下降至29.4%。总体来看，普里兹湾邻近海域磷虾产卵期开始于 1 月上旬，高峰期出现在 2 月下旬，可能持续到 3 月。与大西洋扇区相比，要推迟 1 个月。

磷虾是在第 2 年或第 3 年达到性成熟仍有争议。对于大西洋区，根据体长频数的"双态"分布，最早提出磷虾 2 年性成熟的推论。后来 Bargmann（1945）提出了 3 年性成熟的观点。在南大洋区，总的情况是 2 年期成熟，但在某些海区如威德尔海，由于低温和较短的夏季可能 3 年性成熟。我们的资料显示普里兹湾产卵群体中以 3 龄虾为主，4 龄虾也占一定的比重，估计不超过 30%。与南大西洋相比，南印度洋性成熟可能晚 1 年。

在性期组成频数分布中，成体的性期组成频数分布有时呈马鞍形，这是由于发育于某地的种群乃至种群的某个世代，可能是由不同来源、不同历史的群体组成，它们的性腺发育过程不是同步的。这种马鞍形分布，可能反映了不同来源或不同经历的群体可再成熟过程。

有关磷虾的产卵量、产卵次数、产卵时间等生殖特点的研究，是探讨其资源补充机制的基本问题。由于南极工作条件的限制，对这些问题进行研究是比较困难的。从磷虾的怀卵量及怀卵细胞的发育特点入手，是研究这些问题的一个简捷方法和补充手段。怀卵量在一定程度上代表着磷虾的产卵量，其与体长、体重的关系，以及年际变化也在一定程度上代表了不同年龄磷虾的生殖力和生殖力的年际变化。另外，卵母细胞的组成和发育特点，也可以从侧面说明磷虾的产卵次数和产卵时间等生殖习性。

利用 2007/2008 年和 2008/2009 年南极夏季高速采集器和 IKMT 网走航采样样品，结合同步环境调查资料，研究了南极大磷虾的水平分布、生长状况及种群结构（时永强等，2014）。结果表明，南极大磷虾在威德尔海域丰度高于普里兹湾海域，2 个海域的磷虾丰度都低于历史同期。从 2 个年度南极考察的整个调查海区来看，南极大磷虾处于正常生长状况，但也存在个别生长状况较差站位，推测与海冰回退时间较晚或叶绿素浓度较低有关。利用高速采集器采集的大磷虾样品，在海冰边缘区域站位，未成体磷虾占有很大比例；而在海冰已经消退较长时间的海域，成体磷虾占比例较大，这反映了大磷虾未成体与成体不同的分布特征。南极大磷虾在不同海域种群结构存在一定的差异，对种群补充产生一定的影响。

4.3.4 南大洋普里兹湾夏季浮游动物群落结构的年际变动

普里兹湾是继威德尔海和罗斯海之后，深入南极大陆的第三大湾。湾的东西两侧有 2 个浅滩，分别是福拉姆浅滩和四女士浅滩（蒲书箴和董兆乾，2003）。本章数据基于 1998—2006 年中国 6 次南极考察的结果，浮游动物采样集中在 1 月中下旬。我们对普里兹湾浮游动物群落结构是否存在年际变动及其对环境变化的响应进行初步阐明。

基于 1998—2006 年中国 6 次南极考察的结果，对普里兹湾浮游动物群落组成、年际变动及其对环境变化的响应进行分析。由于历次南极考察的时间和调查区域不统一，为了方便数据比较，我们挑取调查时间集中于 1 月中下旬和调查最为频繁的 70.5°E 断面和 73°E 断面区域（图 4-15）的浮游动物样品资料。样品采集使用改进的北太平洋网（0.5 m²，330 μm）对浮游动物进行 200 m 至表层的拖网。

数据分析使用聚类分析、多元多度分析、相似比百分度分析、指示种分析、非参数相似性分析、Bio-Env 分析等多元统计方法。

各航次 12 月中旬（采样 1 个月以前）的冰缘线和冰间湖位置存在显著的年际差异（图 4-16）。在 2000 年、2003 年、2005 年和 2006 年，深海站位海冰在我们采样前已经回退了至少 15 d，而在 1999 年和 2002 年，在采样时海冰正在回退（表 4-3）。在 1999 年、2003 年和 2006 年，冰间湖已经形成并覆盖了近岸区域（图 4-16）。在 2000 年、2002 年和 2005 年，冰间湖面积很小或是不存在（图 4-16）。在 1999 年和 2006 年，陆坡区域冰情严重，与近岸区域和深海区域存在很大的不相似性（表 4-3）。

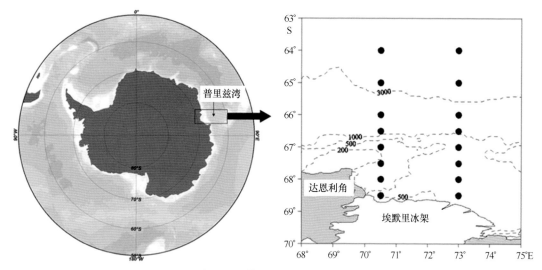

图 4-15 普里兹湾调查站位设计

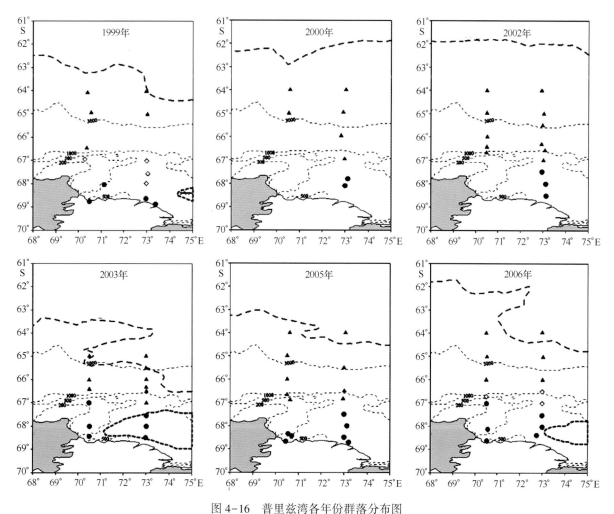

图 4-16 普里兹湾各年份群落分布图

▲、◇ 和 ● 分别代表大洋群落、过渡群落和近岸群落。

各航次 12 月中旬（采样前 1 个月）的冰缘线和冰间湖位置由粗线显示（引自 Yang et al.，2011a）

单因素方差分析显示表层温度和平均温度年际间差异显著（$P < 0.01$）。深海区域 200 m 以浅平均温度高于近岸区域。在深海区域，1999 年及 2002 年海冰正在消退，此时表层温度、表层及平均叶绿素要低于其他年份（表 4-3）。在近岸区域，当 1999 年及 2006 年冰间湖已经存在时，此时温度及叶绿素更高（表 4-3）。从 SeaWiFS 水色数据发现 2003 年整个 1 月海区叶绿素浓度很高。

表 4-3　各航次深海区域（A）、陆坡区域（B）和近岸区域（C）站位的环境特征（Yang et al.，2011a）

年份	项目	A	B	C
1999	海冰密集度	30%~50% to 0	60%~80% 60%~80%	60%~80% to 0
	表层温度（℃）	-1.27（-1.41~-1.09）	-1.64（-1.79~-1.39）	0.19（-1.55~1.92）
	平均温度（℃）	-0.63（-1.07~0.13）	-1.62（-1.80~-1.51）	-1.45（-1.72~-0.97）
	表层叶绿素（μg/L）	0.33（0.16~0.52）	0.55（0.51~0.60）	5.72（3.42~9.39）
	平均叶绿素（μg/L）	0.20（0.10~0.41）	0.41（0.25~0.57）	2.29（2.08~2.56）
2000	海冰密集度	海冰消退 20 d	海冰消退 10 d	90%~100% to 70%~90%
	表层温度（℃）	0.48（0.19~0.86）	-0.60（-0.60~-0.60）	-1.47（-1.49~-1.44）
	平均温度（℃）	-0.66（-1.39~-0.25）	-1.52（-1.52~-1.52）	-1.69（-1.72~-1.65）
	表层叶绿素（μg/L）	0.54（0.22~1.25）	3.03（2.75~3.31）	3.08
	平均叶绿素（μg/L）	0.36（0.19~0.71）	0.97（0.63~1.30）	0.85
2002	海冰密集度	40%~60% to 0	40%~60% to 0	90%~100% to 20%~30%
	表层温度（℃）	-0.18（-0.42~-0.02）	-0.93（-1.72~-0.14）	-1.81（-1.90~-1.72）
	平均温度（℃）	-0.57（-1.20~0.92）	-1.21（-1.32~-1.16）	-1.73（-1.83~-1.62）
	表层叶绿素（μg/L）	0.15（0.09~0.27）	0.38（0.28~0.58）	3.09（1.90~3.85）
	平均叶绿素（μg/L）	0.17（0.14~0.22）	0.18（0.14~0.26）	0.83（0.30~1.43）
2003	海冰密集度	海冰消退 40 d	海冰消退 40 d	海冰消退 40 d
	表层温度（℃）	1.08（0.94~1.29）	1.16（0.88~1.80）	1.09（0.91~1.44）
	平均温度（℃）	-0.26（-0.45~-0.15）	-0.98（-1.43~-0.56）	-1.09（-1.42~-0.76）
2005	海冰密集度	海冰消退 30 d	90% to 40%	70%~80% to 10%~30%
	表层温度（℃）	0.85（0.61~1.10）	-0.31（-0.99~0.38）	-0.07（-1.80~0.88）
	平均温度（℃）	-0.41（-1.19~0.48）	-1.50（-1.71~-1.29）	-1.64（-1.87~-1.42）
2006	海冰密集度	海冰消退 15 d	90%~100% to 70%~80%	海冰消退 20 d
	表层温度（℃）	1.09（0.72~1.72）	-0.48（-1.13~0.10）	1.60（0.84~3.83）
	平均温度（℃）	-0.08（-0.28~0.17）	-1.22（-1.59~-1.01）	-0.75（-1.21~-0.32）
	表层叶绿素（μg/L）	0.27（0.18~0.57）	0.67（0.39~1.11）	4.95（3.60~6.89）
	平均叶绿素（μg/L）	0.27（0.20~0.37）	0.37（0.18~0.64）	1.82（0.75~2.65）

所有航次样品中共鉴定出 47 个种，隶属于 13 科。基于 Bray-Curtis 相似性指数和组平均方法，在深海区域和近岸区域，共有两个大的站位群组被划分出，分别命名为大洋群落和近岸群落。在 1999 年和 2006 年，陆坡区域有一新的群组被划分，我们称之为过渡群落（图 4-16）。对组内相似性和组间不相似性起主要贡献的 21 个种列在表 4-4 中，这些物种主要由桡足类和磷虾组成，它们对所有站位浮游动物总丰度的贡献高于 90%。

所有航次大洋群落主要位于陆架坡折以北，大洋群落特点是多样性高（图 4-17），其指示种主要包括桡足类 *Haloptilus ocellatus*，*Heterorhabdus austrinus*，*Scolecithricella minor*，*Rhincalanus gigas*，磷虾 *Thysanoessa macrura* 及短尾类 *Oikopleura* sp（表 4-4）。近岸群落主要限定在陆坡以南区域。相比

于大洋群落，t 检验显示近岸群落多样性低且丰度高（$p<0.05$）。指示种为晶磷虾（*Euphausia crystallorophias*）及桡足类 *Stephos longipes*（表 4-4）。过渡群落在 1999 年及 2006 年位于陆架区域，其丰度非常低且指示种很少（表 4-4）。

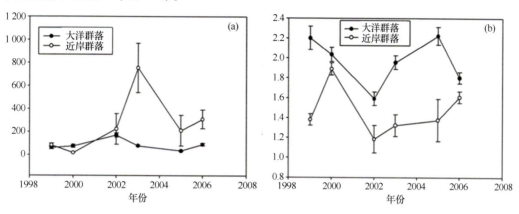

图 4-17 大洋群落、近岸群落（a）丰度（ind/m³）及（b）多样性年际变化

表 4-4 所有航次各群落浮游动物指示种（＊表示）丰度

O、T、N 分别代表大洋群落、过渡群落和近岸群落（Yang et al.，2011a）

年份	1999			2000		2002		2003		2005		2006		
群落	O	T	N	O	N	O	N	O	N	O	N	O	T	N
Calanoides. acutus	3.03	2.81	＊11.54	＊5.36	0.88	＊4.43	0.37	20.29	＊433.99	3.95	＊6	4.43	2.70	＊105.33
Calanus propinquus	＊1.62	1.11	1.23	＊2.52	1.52	＊0.86	0.18	9.69	39.43	1.34	＊5.06	5.30	1.57	＊7.19
Conchoecia innominata	＊0.97	0.15	0.14	＊0.37	0.14	＊1.10	0.05	＊0.62	0.00	＊0.47	0.00	0.48	＊0.77	0.03
Ctenocalanus citer	＊15.2	2.12	3.41	＊17.56	2.56	＊13.13	4.98	9.51	＊62.69	6.55	＊12.31	25.13	16.12	＊52.57
Eukrohnia hamata	＊1.89	0.26	0.04	＊1.22	0.08	＊0.98	0.02	＊0.52	0.23	＊0.73	0.02	＊0.84	0.26	0.12
Euphausia crystallorophias	0.03	0.32	＊49.63	0.00	＊0.27	0.00	＊0.10	0.19	＊27.77	0.00	＊0.77	0.00	0.10	＊43.92
Euphausia superba	0.84	0.05	＊1.38	＊0.28	0.00	0.01	0.00	＊0.12	0.00	＊0.39	0.00	0.31	0.32	0.57
Haloptilus ocellatus	＊0.35	0.00	0.00	＊0.27	0.01	＊0.22	0.02	＊0.05	0.00	＊0.23	0.00	＊0.2	0.02	0.03
Heterorhabdus autrinus	＊0.35	0.01	0.00	＊0.28	0.00	＊0.26	0.01	＊0.04	0.00	＊0.15	0.00	＊0.21	0.02	0.00
Metridia gerlachei	5.03	3.32	＊6.99	＊10.35	4.88	＊4.90	1.65	8.45	33.28	3.40	＊7.57	4.73	10.42	＊14.05
Oikopleura sp.	＊0.28	0.06	0.01	＊0.05	0.01	＊0.60	0.00	＊0.04	0.00	＊0.11	0.00	＊0.49	0.08	0.03
Oithona frigida	＊2.3	0.73	0.26	＊1.73	0.57	＊3.76	0.37	＊4.49	0.70	＊1.35	0.43	1.47	＊2.38	1.28
Oithona similis	＊17.61	1.55	3.24	＊21.91	5.15	＊57.91	64.60	18.14	151.70	3.17	＊168.66	32.50	24.25	＊77.31
Oncaea curvara	＊4.28	0.33	0.18	＊5.62	0.34	62.10	＊172.84	3.31	6.10	0.58	＊4.12	＊7.98	0.55	2.37
Paraeuchaeta antarctica	1.30	0.63	2.49	＊0.73	0.64	0.84	1.19	＊0.09	0.03	＊1.47	1.45	0.87	＊4.43	0.64
Pleuragramma antarcticum	0.00	0.00	＊0.46	＊0.03	0.00	0.00	0.00	0.19	0.01	0.01	＊0.96	＊0.05	0.00	0.01
Rhincalanus gigas	＊2.21	0.02	0.00	＊3.17	0.00	＊0.35	0.00	＊0.77	0.07	＊0.73	0.00	＊2.16	0.35	0.02
Scolecithricella mimor	1.15	0.02	0.00	＊1.87	0.02	＊1.49	0.02	＊2.49	0.33	＊0.71	0.04	＊2.13	0.30	0.37
Salp thompsoni	0.46	0.00	＊0.5	0.01	0.00	0.00	0.00	＊0.29	0.00	0.01	＊0.13	0.00		
Stephos longipes	＊0.39	0.12	0.12	0.04	0.88	0.00	0.15	0.01	3.30	0.02	＊3.11	0.00	0.17	＊2.58
Thysanoessa macrura	＊0.89	0.02	0.06	＊0.75	0.00	＊0.26	0.01	0.65	＊0.3	＊0.14	0.10	＊1.33	1.25	0.03

为了更好地研究种间群聚情况，我们对百分比相似度分析中对年内群落划分起主要贡献的 21 个种进行了反向聚类。除了大磷虾、纽鳃樽和仔鱼 *Pleuragramma antarcticum* 外，可以划分出 3 个重要的群组（图 4-18）。组 A 包括晶磷虾和桡足类 *S. longips*，同时它们也是近岸站位的指示种。组 B 由 10 个种构成，其中 7 种是广布型桡足类（4 种大型桡足类，3 种小型桡足类）在 80% 以上的站位中出现。这 7 个种在近岸站位的丰度高于深海站位。箭虫 *Eukrohnia hamata*、桡足类 *Oithona frigida* 和介行类 *Alacia spp* 经常是大洋群落的指示种，尽管在近岸区域也有分布。组 C 中物种趋于深海站位出现，是所有航次深海站位的指示种。组 A 和组 C 种的物种分别命名为近岸种和大洋种。

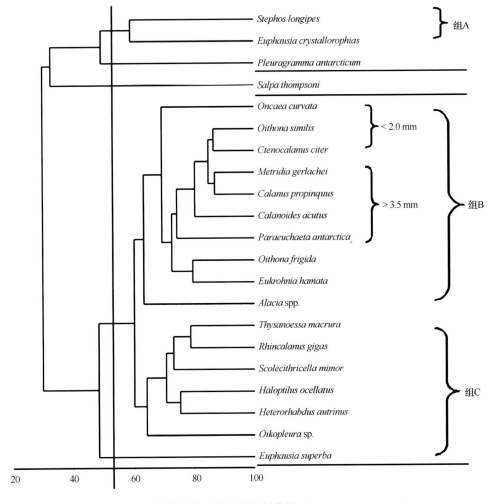

图 4-18　浮游动物优势种种间群聚划分图（Yang et al.，2011a）

ANOSIM 分析显示大洋群落和近岸群落年际间差异显著（$p < 0.001$），其中近岸群落的变动更大（t 检验，$p < 0.05$）。

根据反向聚类结果将各年份群落划分成不同的群组来研究各群组对群落变动的贡献（图 4-18）。在大洋群落，大洋物种有相对稳定的密度（约为 5 ind/m³），大型桡足类和小型桡足类对群落丰度的总贡献大于 75%。不同群组对群落组成的贡献存在显著的年际差异。在 1999 年和 2002 年，小型桡足类占浮游动物总丰度的主要部分，大型桡足类尖角似哲水蚤和近缘哲水蚤种群主要由雌体和晚期桡足幼体组成（图 4-19）。在 2000 年、2003 年、2005 年和 2006 年，大型桡足类主要由早期桡足幼体构成，其对浮游动物总丰度的贡献更高（图 4-18、图 4-19）。

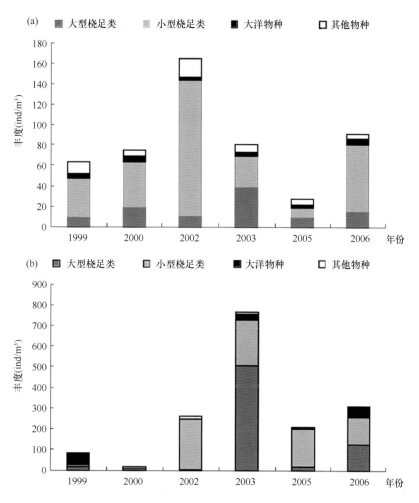

图4-19 大洋群落（a）和近岸群落（b）不同浮游动物群组的丰度（ind/m³）组成（Yang et al.，2011a）

与大洋群落相比，近岸群落的物种丰度和组成存在更高的年际差异（图4-18b）。近岸群落在冰间湖出现的1999年、2003年和2006年总丰度更高，其中大型桡足类和近岸物种晶磷虾的比重高于其他航次（图4-20）。两种大型桡足类尖角似哲水蚤和近缘哲水蚤种群主要由桡足幼体构成（图4-19）。在2000年、2002年和2005年，近岸群落丰度低，且小型桡足类占浮游动物总丰度的85%以上。

南大洋生态系统经常由海冰划分为3个环南极浮游动物区：北部无冰区、季节性浮冰区和常年冰区。浮游动物多样性可能由海洋近表层水的物理结构所控制，近岸区域水团相对于深海区域具有高的均一性，所以大洋群落多样性高于近岸群落。与以往研究类似的是，中型浮游动物种间群聚与指示种分析之间存在很好的相关性。深海指示种和近岸指示种分别构成了深海集合和近岸集合。

在普里兹湾以往研究中，大磷虾经常与其他物种分离形成一个单独的磷虾控制群落。虽然本研究没有划分出此群落，大磷虾与其他物种的分离大体上与以往结果相似。在所有的21个用于反向聚类分析的物种中，纽鳃樽和仔鱼的丰度及出现频率均不高，这两个物种在聚类分析中也与其他物种存在分离。

我们对大洋群落和近岸群落分别进行ANOSIM相似性分析检验。相似百分比SIMPER分析中对群落聚类贡献大于80%的21个物种占所有站位总丰度的90%以上。群落变动反映的正是这些物种丰度的年际变化。这在所有站位的物种组成中存在很好的反映，所有站位大致由几个具有不同丰度

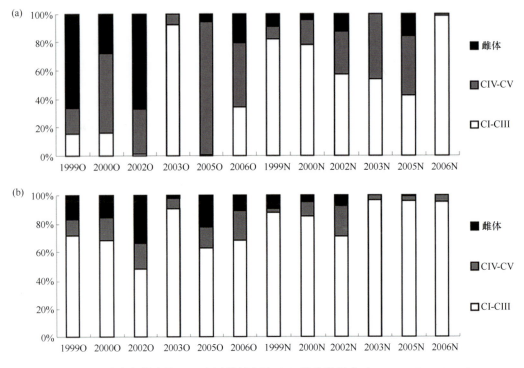

图4-20 尖角似哲水蚤（a）和近缘哲水蚤（b）的种群组成（Yang et al.，2011a）

的浮游动物群组构成。

在普里兹湾以往的大型浮游动物群落调查中，群落变动体现在磷虾群落和大洋群落上。对于此章节中的中型浮游动物群落，近岸群落物种丰度变化更大，相应近岸群落比大洋群落体现更高的年际变动。我们认为近岸区域对气候变化有更敏感的响应，利于研究海-冰-汽相耦合系统下浮游动物群落对环境变化响应。

温度经常被认为是与群落分布最相关的因子，其对群落划分的影响在普里兹湾和南大洋其他地区可能会超过70%。本研究所有站位多维多度分析数值与温度相关性不显著（$p>0.05$），群落结构变化与种群变动与海冰存在很好的相关性。在1999年和2006年，深海区域、陆架区域及近岸区域存在不同的海冰密集度，相应的3种不同的群落被划分出。在其他航次陆坡区域海冰密集度与近岸或深海区域差异不明显，相应只有两个群落被划分出。

在1999年及2002年，当海冰正开始回退时（预示着浮游植物暴发早期），小型桡足类丰度高且对大洋群落贡献大。大型桡足类如尖角似哲水蚤密度低并且雌体比例高（图4-18）。在其他年份，深海区域海冰在我们采样前多日已经处于开阔水状态，相应叶绿素a浓度也很高（表4-3）。在这种浮游植物暴发后期，大型桡足类和小型桡足类似乎存在相反的反应。随着海冰回退，小型桡足类（Ctenocalanus citer、Oithona similis 和 Oncaea curvata）丰度降低，而大型桡足类（C. acutus、Calanus propinquus 和 Metridia gerlachei）丰度增加（图4-21）。与尖角似哲水蚤相比，近缘哲水蚤种群中早期桡足幼体占很高比例（图4-19），可能是由于近缘哲水蚤繁殖开始早并且持续时间长。

在1999年和2006年调查航次，陆架海冰密集度超过60%且不存在减少迹象，这说明此区域处于浮游植物暴发前的状态。桡足类可能大致处于深水区域，还没有上升至200 m水体。因此，过渡群落更低的丰度可能是由当时冰情所决定的。

在1999年和2006年调查区域冰间湖已经存在或正在形成时，近岸区域温度及叶绿素浓度相对较高，大多数浮游动物受益于此"绿洲效应"进行种群补充。大型桡足类（尖角似哲水蚤和近缘哲

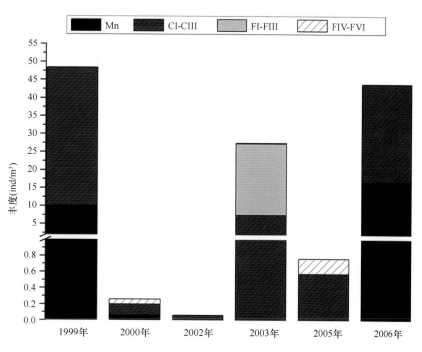

图4-21 各航次晶磷虾的种群变动（Yang et al.，2011a）

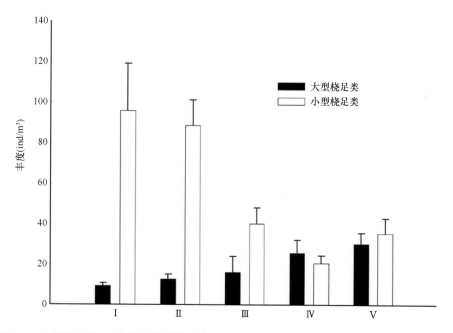

图4-22 深海区域39个站位各种海冰消退阶段大型桡足类和小型桡足类的种群丰度变动

（Yang et al.，2011a）

水蚤）和冷水种晶磷虾相应有更高的丰度和幼体发育期组成（图4-19）。SeaWiFS水色数据显示的高叶绿素浓度说明整个1月持续的浮游植物暴发。浮游动物特别是晶磷虾产卵早于其他年份，在我们调查时已经蜕皮至更老生长阶段（图4-20）。以前研究发现普里兹湾近岸区域尖角似哲水蚤和近缘哲水蚤新生代丰度高，冰间湖对控制晶磷虾种群变动存在重要作用，在我们的结果中也发现了类似的现象。风，特别是下降风，似乎通过影响冰间湖的形成和起始时间来调控浮游动物群落。

海冰密集度的年际及长期变化可能缘于厄尔尼诺及大平洋降水模式等大尺度气候及海洋环流效应。温度在连接中纬度利古里亚海域大尺度气候现象和浮游动物丰度年际变动中起重要作用，海冰可能在联系大尺度气候变化和极地浮游动物群落及生态系统年际变动中起重要作用。本章强调了普里兹湾区域浮游动物群落结构年际变动与海冰变化紧密关联。今后工作的一个难题是量化海冰对群落变动的贡献。为了更好地理解和预测气候变化对浮游动物群落及相关生态系统的效应，我们需要对此进行长期的观察。

4.3.5　南大洋浮游动物摄食生理生态学

传统意义上，大磷虾是南大洋生态系统中的关键物种，由于其经常以集群的形式存在，在南大洋食物网中起着承上启下的重要作用。近些年来研究显示，桡足类对浮游动物总生物量起着更重要的贡献（Hosie et al.，1997），它们对初级生产力的摄食甚至能达到大磷虾摄食的 3 倍以上。

小型浮游动物（20~200 μm）是南大洋海洋食物网结构及效率的主要决定因子，此类群能够对初级生产力存在巨大的摄食压力，对营养物质的再循环产生重要作用；另外，小型浮游动物作为连接浮游细菌和大型浮游动物的重要媒介，是大中型浮游动物摄食碳量的重要组成部分。南大洋海冰的季节性回退使得浮游动物暴露于一种剧烈多变的环境中。在几个月内，其生境从冰下黑暗的、寡营养水体转换为开阔水多饵料状态。在较短的浮游植物暴发时期，大中型浮游动物进行摄食储存能量，完成种群补充。

于 1998—1999 年南极夏季对普里兹湾浮游动物优势物种摄食运用肠道色素法进行了研究。调查海区具有典型的南大洋边缘海冰区特征（图 4-22），包括海冰区、浮冰区和开阔海区。

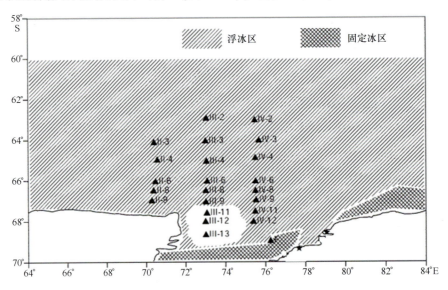

图 4-23　1998—1999 年普里兹湾调查站位（Li et al.，2011）

尖角似哲水蚤（*Calanoides acutus*）的肠道色素含量变化范围是 0.44~17.36 ng/ind，平均为 5.94。肠道色素昼夜变化站位之间差异显著。在冰间湖区的 III-13 站，在 20：00 时肠道色素含量有一高峰，是其他时间点的 2 倍以上，但是在浮冰区（III-4）和陆源冰站（F 站）未发现如此大的昼夜变化（图 4-24）。根据尖角似哲水蚤的种群丰度和个体摄食率，尖角似哲水蚤群体每天消耗的浮游植物少于浮游植物现存量的 1%，占初级生产力的 3.8%~12.5%（Li et al.，2001）。

戈式长腹水蚤（*Metridia gerlachei*）的肠道色素含量变化范围为 0.44~17.36 ng/ind，平均为

2.72，并且也存在一定的昼夜变化（图4-24）。戈式长腹水蚤对浮游植物的摄食压力小于尖角似哲水蚤。

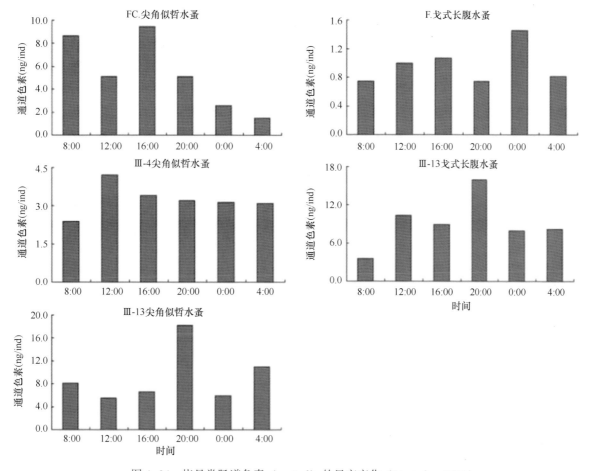

图4-24 桡足类肠道色素（ng/ind）的昼夜变化（Li et al.，2011）

大量研究表明，浮游桡足类的昼夜摄食节律通常与光周期的关系明显。尽管处于极昼时期，无论 *C. acutus* 还是 *M. gerlachei* 都显示其昼夜摄食节律受光照的影响。在冰间湖区（III-13）桡足类的摄食高峰处于 1 d 内光线最弱的时候。在浮冰区及陆源冰区，由于光照受到海冰的阻挡，浮游动物的摄食节律不够明显。

于2009—2010年南极大洋考察期间，在普里兹湾近岸、陆坡和深海区域6个站位开展浮游动物优势种摄食原位培养实验，对不同物种（尖角似哲水蚤、戈式长腹水蚤、巨锚哲水蚤、长尾缨磷虾、晶磷虾）摄食活动的时空变化进行了初步探讨。

各站位浮游动物饵料主要由硅藻和纤毛虫构成，其组成和生物量存在显著差异（图4-25）。近岸站位 Sice 和 IS-21 的浮游植物以硅藻为主要成分。春季末期靠近陆缘冰的 Sice 站饵料生物量达到39.81 μg/L（以碳计），以舟形藻和脆杆藻为主（图4-25）；夏季初期近岸站位 IS-21 处于水华暴发期，此站位浮游植物和纤毛虫生物量在所有实验站位中最高，达到247.67 μg/L（以碳计），其优势类群为海链藻和脆杆藻，浓度分别达到191.32 μg/L（以碳计）和36.20 μg/L（以碳计）；剩下的4个站位饵料浓度较低，均低于20 μg/L（以碳计），P3-9 培养动物饵料主要由纤毛虫和脆杆藻构成，纤毛虫在深海站位 P3-1 的生物量中占绝对优势，夏末调查站位 P2-15 和 P2-7 饵料浓度低于10 μg/L（以碳计），主要由拟菱形藻和纤毛虫组成（图4-25）。

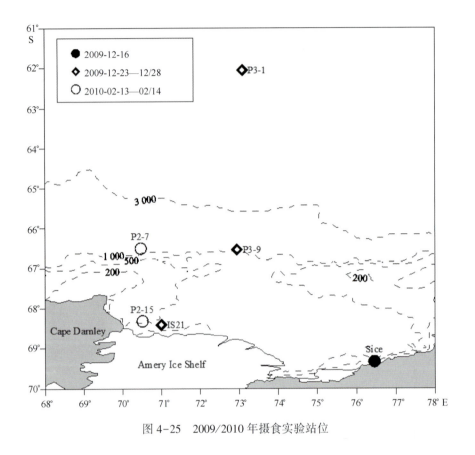

图 4-25 2009/2010 年摄食实验站位

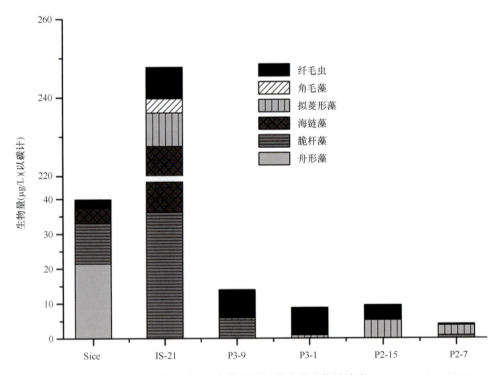

图 4-26 实验站位浮游植物和纤毛虫优势类群的组成及生物量浓度（Yang et al.，2013）

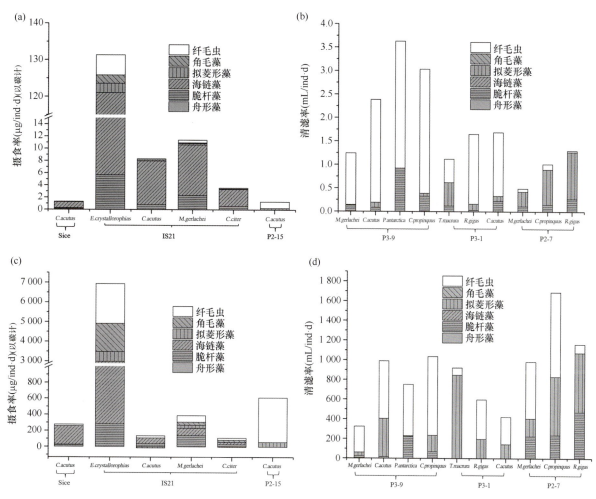

图4-27 普里兹湾近岸站位（a，c）及陆坡、大洋站位（b，d）浮游动物优势物种摄食率
［μg/（ind·d）（以碳计）］和清滤率（mL/（ind·d））（Yang et al.，2013）

桡足类及磷虾等浮游动物优势物种摄食率及清滤率呈现显著的时空变化。春季末期，尖角似哲水蚤日摄食率仅有1.3 μg/ind（以碳计）；夏季初期，近岸区域发生硅藻水华，浮游动物摄食率较高，而在饵料浓度较低［<20 μg/L（以碳计）］的陆坡及大洋区域，桡足类主要摄食纤毛虫；夏季末期，近岸区域饵料浓度低于10 μg/L（以碳计），尖角似哲水蚤主要以纤毛虫为食。研究结果表明，普里兹湾桡足类及磷虾等浮游动物优势物种对饵料供应的时空变化呈现灵活的摄食策略。同时，与以往南大洋其他海域的研究结果类似，在浮游植物饵料浓度较低的区域，纤毛虫对浮游动物饵料有较大的贡献。在陆坡区域、大洋区域及夏季末期期间，磷虾及桡足类通过摄食纤毛虫来满足其大部分的需碳量。即使是在近岸站位IS-21浮游植物爆发期间，晶磷虾会选择性地摄食纤毛虫（图4-26）。

传统的南大洋食物网研究包括肠道内含物分析法、肠道色素法以和现场培养实验，这些方法能够提供浮游动物优势物种短期内的食物组成和对不同饵料的摄食率信息。我们于2009—2010年夏季在南大洋普里兹湾开展的浮游动物优势物种摄食培养实验显示在饵料浓度较低的站位，即使是植食性的尖角似哲水蚤也会优先摄食纤毛虫（Yang et al.，2013）。与同粒径范围的硅藻相比，纤毛虫有更高的DHA含量（Brown et al.，1997）。饵料质量对于理解南大洋食物网食物网碳循环和营养动力学过程起着重要的作用。近期，脂肪酸、稳定同位素等生物标记方法越来越多地用于食物网研究中（EI-Sabaawi et al.，2013）。不同的饵料特定的生化组成成分（脂肪酸、稳定同位素）在整合到捕食者机体组织过程中不加修饰或者很小地修饰，从而为研究食物网不同营养级之间的营养关系提供一种新的手段（Sano et al.，2013）。

受到冰间湖的影响，普里兹湾近岸区域 Chl a 及浮游植物丰度经常高于大洋区域（Yang et al.，2011）。这是否会在浮游植物和颗粒悬浮物的脂肪酸和稳定同位素组成上得以体现？如果存在这种现象，浮游动物优势物种对不同的饵料环境又将如何响应？

基于此问题，我们在 2013 年中国第 29 次南极考察期间，运用脂肪酸和稳定同位素标记相结合的方法对普里兹湾大洋、近岸区域浮游动物优势物种的食物供应和饵料组成进行了研究（图 4-27）。此项工作的目的是从营养动力学的角度研究普里兹湾浮游动物优势物种的摄食策略。

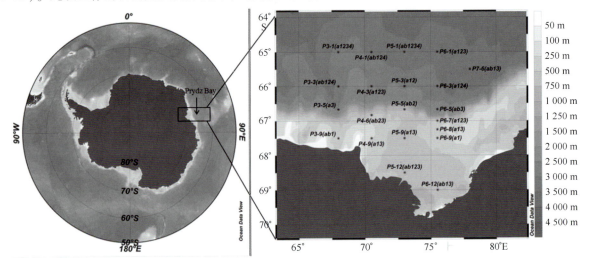

图 4-28　2012—2013 年采样站位

脂肪酸和稳定同位素样品在括号中加以标注，其中 a、b、1、2、3 和分别代表浮游植物、水体颗粒悬浮物、尖角似哲水蚤、近缘哲水蚤、戈式长腹水蚤和巨锚哲水蚤

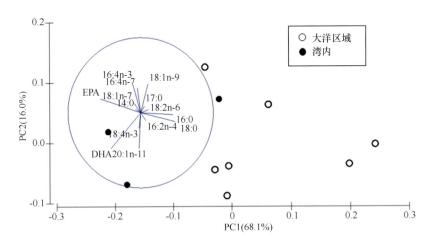

图 4-29　基于颗粒悬浮物脂肪酸组成数据的主成分分析

浮游植物和颗粒悬浮物样品镜检结果显示普里兹湾近岸区域多数硅藻、甲藻和纤毛虫丰度高于大洋区域。相应地，近岸区域浮游植物和颗粒悬浮物脂肪酸含量是大洋区域的 2 倍。基于脂肪酸相对含量的主成分分析显示近岸区域甲藻来源脂肪酸 18：1n-9，18：4n-3 和 DHA 高于大洋区域（图 4-28）。同时近岸区域浮游植物和水体颗粒悬浮物相比大洋区域有更高的 δ^{13}C 和 δ^{15}N 值（图

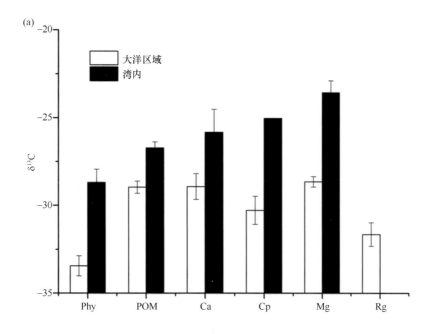

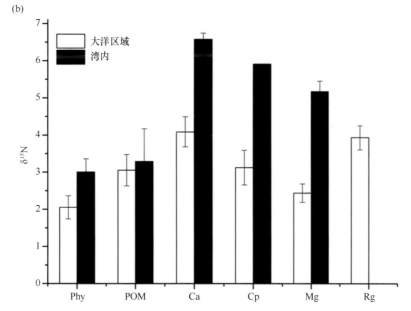

图4-30 大洋区域和近岸区域浮游植物（Phy）、颗粒悬浮物（POM）、尖角似哲水蚤（Ca）、近缘哲水蚤（Cp）、戈式长腹水蚤（Mg）和巨锚哲水蚤（Rg）的 $\delta^{13}C$ 、$\delta^{15}N$ 稳定同位素值（平均值± 标准误）

4-29）。脂肪酸和稳定同位素的区域差异同样在桡足类优势种中得以体现（图4-30）。近岸区域桡足类体内甲藻来源脂肪酸、$\delta^{13}C$ 和 $\delta^{15}N$ 稳定同位素数值高于大洋区域。同时，桡足类脂肪酸和稳定同位素数值也存在一定的种间差异。*C. acutus* 和 *C. propinquus* 在总脂肪酸含量上区域差异不显著，而近岸区域的 *M. gerlachei* 相对大洋区域有更高的脂肪酸含量。长链脂肪酸 20：1n-9，22：1n-9 和 22：1n-11 在 *C. acutus* 和 *C. propinquus* 中有较高含量而 DHA 在 *M. gerlachei* 中含量高。$\delta^{15}N$ 值显示 *C. acutus* 比其他桡足类物种有更高的营养级地位，而 *M. gerlachei* 中较高的脂肪酸比率 DHA/EPA 和 18：1n-9/18：1n-7 显示此物种更倾向有机会摄食并且偏好动物性饵料。

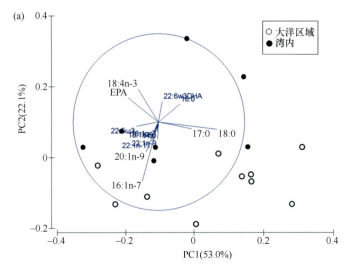

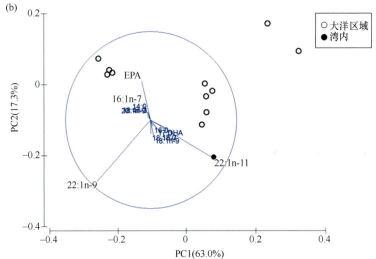

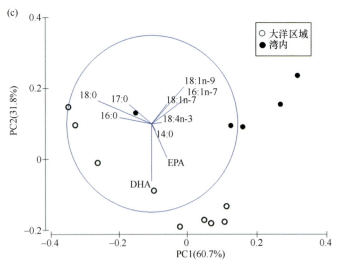

图 4-31　基于桡足类脂肪酸组成的主成分分析

（a）尖角似哲水蚤；（b）近缘哲水蚤；（c）戈式长腹水蚤

4.3.6 南极底栖生物

海洋底栖动物是指生活在海洋基底表面或内部的各种动物，涉及各大分类单元（门、纲），种类和数量都很大（沈国英和施并章，2010）。南极常年冰雪覆盖，气温低，而且有漫长的极夜现象。生存在南极洲的生物有着奇特的环境适应能力，主要表现在耐黑暗、抗低温、耐高盐、抗干燥等方面。然而，冰下海水的温度相对冰上来说却是非常暖和，可以达到零下 1.8℃，生活着为数众多的海底生物，有些地方的底栖生物量比温带海域还多（邹丽珍，2006）。

相对于低纬度海区的底栖动物研究而言，极地海域由于较为偏远及海况恶劣，目前的研究相对少得多，我国在这方面的研究处于刚刚起步阶段，随着极地专项的实施，自 2011—2012 年中国第 28 次南极科学考察才开始在南大洋进行定点的底栖生物采样考察，对南极半岛海域和普里兹湾的底栖生物进行了研究，包括大型底栖生物和底栖鱼类的考察。2012—2013 年第 29 次南极考察又进行了小型底栖生物的考察研究。

4.3.6.1 南大洋威德尔海海域底栖生物考察

第 28 次南极考察沉积物样品中共在 7 个站位鉴定出大型底栖生物，共 47 种，环节动物种类最多，有 26 种，约占 55.3%，其他种类还包括节肢动物、软体动物、棘皮动物、藻类等种类，分别占 19.4%、6.4%、6.4%、2.1%。根据物种的数量及其出现频率，该海域大型底栖生物群落中的优势种有：纤细原斯氏钩虾（*Prostebbingia gracilis Shevreux*）、不倒翁虫（*Sternaspis scutata*）、自裂虫（*Autolytus* sp.）、节节虫（Maldanidae und.）、索沙蚕（*Lumbrineris* sp.）等种类。

威德尔海域大型底栖生物平均栖息密度和生物量分别为 194 ind/m² 和 211.7 g/m²，均以象岛附近站为最高，达 356 ind/m² 和 964.9 g/m²，其余各站都是集中在 D5 断面，栖息密度以 D5-6 站为最高，为 233 ind/m²，总体来看有从北到南逐渐增加的趋势，而生物量则以 D5-4 站最高，为 41.6 g/m²。普里兹湾站栖息密度和生物量分别为 256 ind/m² 和 84.7 g/m²，比 D5 断面各站位都要高。

从类群来看，棘皮动物的生物量在威德尔海和普里兹湾都最高，分别为 170.1 g/m² 和 60.7 g/m²，个体密度以环节动物为最高，两个海域分别为 151 ind/m² 和 211 ind/m²。在威德尔海域，环节动物和其他类（主要是多空动物和纽形动物）的生物量也较高，分别为 19.2 g/m² 和 23.2 g/m²，占 10.9% 和 9.0%，而节肢动物的栖息密度也较高，为 64 ind/m²，占 26.7%。

第 28 次南极考察期间由于底质原因多次破网，采集到的鱼类种类数量都比较少，总共只采集到鱼类 22 尾，隶属于 7 个种，全部为南极鱼亚目的种类。以拉氏渊龙䲢（*Racovitzia glacialis*）数量最多，有 6 尾（表 4-5）。

表 4-5 第 28 次南极考察底栖鱼类种类组成及分布

站位	中文名	拉丁文名	尾数（尾）
D1-9	南冰䲢	*Chionobathyscus dewitti*	4
	锯渊龙䲢	*Prionodraco evansii*	1
	拉氏渊龙䲢	*Racovitzia glacialis*	4
	纽氏尖孔南极鱼	*Trematomus newnesi*	2
D5-2B	雪冰䲢	*Chionobathyscus dewitti*	1
D5-2A	尖头裸龙䲢	*Gymnodraco acuticeps*	1

站位	中文名	拉丁文名	尾数（尾）
D5-6	拉氏渊龙䲢	*Racovitzia glacialis*	2
	斯氏尖孔南极鱼	*Trematomus scotti*	4
	尖头裸龙䲢	*Gymnodraco acuticeps*	1
D42-B	斯氏尖孔南极鱼	*Trematomus scotti*	1
	锯渊龙䲢	*Prionodraco evansii*	1

4.3.6.2　南大洋普里兹湾海域底栖生物考察

1）大型底栖生物

第29次南极考察期间共进行了15个站位的三角底拖网作业。虽然破网率较高，6个网次都有破网的情况发生，1个网次可能未触底，但大部分站位有采集到拖网样品，用于大型底栖生物的定性分析。经初步鉴定，拖网样品种类丰富，最优势类群为海绵、海胆、海星、海葵、蛇尾、海百合、海参、水螅体等也有大量发现，螺类、多毛类、端足类等也较丰富。14个站位的大型底栖生物拖网样品的生物量相对组成见图4-32，主要以其他动物和棘皮动物为主，甲壳类在P6-9、P6-7、P5-10、PA-5、PA-4等站位也具有较大比例。

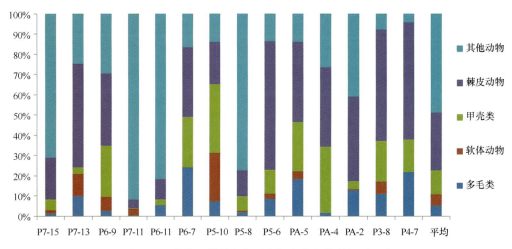

图4-32　底拖网样品中大型底栖生物生物量相对组成

12个站位的箱式采泥器定量采泥调查所获样品，经初步鉴定共有大型底栖生物42种，以环节动物多毛类所占种类数最多，有17种，占总种数的40.5%；其次甲壳动物有10种，棘皮动物和其他动物分别有5种和9种，软体动物仅有1种。根据物种的数量及其出现频率，调查海域大型底栖生物群落的优势种和主要种有：独毛虫（*Tharyx* sp.）、*Isocirrus yungi*、缩头节节虫（*Maldane sarsi*）、南极假帽钩虾（*Pseudharpinia antarctica*）、面包软海绵（*Halichondria* sp.）等。

2）小型底栖动物

普里兹湾15个小型底栖动物站位，共检出10个类群，分别为自由生活海洋线虫（Nematoda）、底栖桡足类（Copepoda）、多毛类（Polycheata）、动吻类（Kinorhyncha）、双壳类（Bivalvia）、介形类（*Ostracoda*）、寡毛类（*Oligochaeta*）、蜱螨类（*Acari*）、海蛇尾（*Ophiura*）和待定类群（*Indet.*）。线虫为丰度的最优势类群，占平均丰度比例的 94.80%，桡足类为第二优势类群，但仅占 1.85%，蜱螨类为第三优势类群，占 1.77%，剩余类群均未超过 1%（图 4-32）。

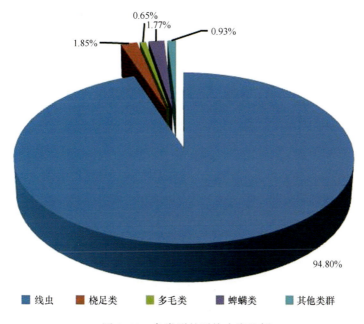

0.65%
1.77%
1.85%
0.93%
94.80%

■ 线虫 ■ 桡足类 ■ 多毛类 ■ 蜱螨类 ■ 其他类群

图 4-33 各类群的平均丰度比例

就丰度比例而言，在检出的 10 个类群中，线虫在 13 个站位都超过了 90%，甚至 P3-3 站位仅检出线虫一个类群，这与罗斯海、秘鲁近岸、南大西洋南桑德韦奇海沟（South Sandwich Trench）、我国沿海的研究相似，但高于中太平洋的中国多金属结核开辟区和夏季的珠江口等海域；桡足类和蜱螨类虽然有一定比例，但主要集中在个别站位，如桡足类主要在 P3-8 站位，蜱螨类主要在 P5-1 站位；多毛类虽然比例较低，但分布较广，在 2/3 的站位中均有检出且比例也较为接近。

普里兹湾 15 个小型底栖动物站位平均丰度和平均生物量分别为（1176.13±1821.13）ind/10cm² 和（582.82±199.85）μg·dwt /10 cm²，不同站位的数值相差很大。其丰度和生物量的平面分布可大致分为湾内区、湾口陆架区和湾外深海区 3 个数值差异较大的海区，并呈现自湾内向湾外逐渐递减的情形，同时，检出的类群数也逐步减少（表 4-6）。

表 4-6 普里兹湾的 3 个分区

分区	平均深度（m）	平均丰度（ind/10 cm²）	平均生物量（μg·dwt/10 cm²）	平均类群数（个）
湾外深海区	3 010	103.00±104.12	48.57±50.67	1.7
湾口陆架区	356	446.66±174.70	312.95±159.52	4.6
湾内区	592	3 439.95±2 448.43	1 523.23±1 037.31	4.8

3）底栖鱼类

23 种鱼类分别隶属于 2 目 6 科 18 属，除 1 种属鳐目中的深海鳐属鱼类外，其余全部为鲈形目种类。以科水平计，阿氏龙䲢科种类最多，有 6 种，鳄冰鱼科有 5 种，南极鱼科和龙䲢科都有 4 种，绵鳚科有 3 种（表 4-7）。

表 4-7　第 29 次南极考察鱼类种类组成

目	科	属	中文名	拉丁文名
鲈形目	鳄冰鱼科	鳌冰鱼属	鳌冰鱼	*Dacodraco hunteri*
	鳄冰鱼科	雪冰䲢属	雪冰䲢	*Chionobathyscus dewitti*
	鳄冰鱼科	雪冰鱼属	独角雪冰鱼	*Chionodraco hamatus*
	鳄冰鱼科	棘冰鱼属	威氏棘鱼	*Chaenodraco wilsoni*
	鳄冰鱼科	小带腭鱼属	南极小带腭鱼	*Cryodraco antarcticus*
	阿氏龙䲢科	阿氏龙䲢属	尖须阿氏龙䲢	*Artedidraco lonnbergi*
	阿氏龙䲢科	阿氏龙䲢属	阿氏龙䲢属 1 sp1	*Artedidraco sp1*
	阿氏龙䲢科	阿氏龙䲢属	阿氏龙䲢属 2 sp2	*Artedidraco sp2*
	阿氏龙䲢科	须蟾䲢属	须蟾䲢属 sp.	*Pogonophryne sp.*
	阿氏龙䲢科	多罗龙䲢属	多罗龙䲢属 sp.	*Dolloidraco sp.*
	阿氏龙䲢科	多罗龙䲢属	长背多罗龙䲢	*Dolloidraco longedorsalis*
	龙䲢科	姥龙䲢属	澳洲姥龙䲢	*Gerlachea australis*
	龙䲢科	锯渊龙䲢属	锯渊龙䲢	*Prionodraco evansii*
	龙䲢科	拉氏渊龙䲢属	拉氏渊龙䲢	*Racovitzia glacialis*
	龙䲢科	渊龙䲢属	大鳞渊龙䲢	*Bathydraco macrolepis*
	绵鳚科	真狼绵鳚属	南极真狼绵鳚	*Lycodichthys antarcticus*
	绵鳚科	双狼绵鳚属	双狼绵鳚属 sp.	*Dieidolycus sp.*
	绵鳚科	壮绵鳚属	短头壮绵鳚	*Pachycara brachycephalum*
	南极鱼科	侧纹南极鱼属	侧纹南极鱼属 sp.	*Pleuragramma sp*
	南极鱼科	拟肩孔南极鱼属	彭氏拟肩孔南极鱼	*Pseudotrematomus pennelli*
	南极鱼科	拟肩孔南极鱼属	斯氏拟肩孔南极鱼	*Pseudotrematomus scotti*
	南极鱼科	肩孔南极鱼属	肩孔南极鱼属 sp.	*Trematomus sp.*
鳐目	鳐科	深水鳐属	深水鳐 sp1	*Bathyraja sp.*

生物量上以雪冰䲢和南极小带腭鱼最大，分别占 16.1% 和 15.9%，其次为鳌冰鱼和彭氏拟肩孔南极鱼，所占比例分别为 12.7% 和 10.4%，其余种类则都在 10% 以下（图 4-34）。

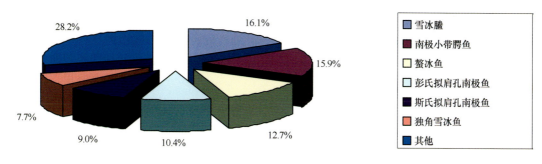

图 4-34　鱼类生物量组成

生物量的分布各站位间差别也较大，生物量超过 1 000 g 的站位有 3 个，为 P5-10、P4-7 和 P5-8 站，PA-5 站位的生物量也较高，为 632.1 g。

据统计，在高纬度海域（65°S 以南）底栖鱼类群落以绵鳚和狮子鱼为主（Eastman，1997），本次调查中，普里兹湾的站位全部集中在高纬度海域，但是结果却有所不同，结果显示，该海域鱼类群落是以南极鱼亚目占绝对优势，占调查所获种类数的 82.6%，生物量占 96.16%，尾数占 96.04，与罗斯海的结果接近（Eastman and Hubold，1999）。

4.4　结语与展望

全球变化是当前人类社会面临的主要问题之一。南大洋由于其独特的地理环境和气候系统，成为全球变化研究的重要窗口。海洋生态系统对气候变化敏感，同时其动态变化又会对气候变化产生反馈。因此，研究南大洋生态系统对全球变化的响应过程与反馈机理是当前的重要的研究课题之一。随着近海渔业资源的衰退使得世界各国对南极磷虾资源日益关注，由此越来越多的国家加入到南极磷虾商业捕捞的行列，计划捕捞南极磷虾量有明显的上升趋势，势必对磷虾资源产生巨大的压力。因此，加强南极磷虾和南大洋生态系统的研究，建立基于生态系统方法的磷虾渔业开发和管理模式，提高南极磷虾产品的高值利用，保证南大洋磷虾资源渔业的可持续发展。由于恶劣的气候环境，人类对南大洋生物多样性的了解相对较少。随着极地科考能力的不断提高，在极地海域发现了大量的新物种，使我们对极地海洋生物多样性及极端环境生命过程有了一些新的了解和认识，也使这一领域成为当前科学研究的热点。

自 20 世纪 80 年代中国首次南极科学考察以来，依托于考察船和考察站，南大洋生物海洋学科学考察研究逐步开展，2007—2008 年"国际极地年"活动以及 2012 年极地专项的实施将中国的南大洋生物海洋学调查研究推向了新的高度。今后工作重点需注重南大洋生物海洋学学科内及与其他学科间的联系，在调查研究中引入新的方法技术手段，并加强国际合作，从系统生态学的角度对南大洋生态系统变化及对全球变化的响应进行阐述。

参考文献

白晓歌．2010．泛三大洋微微型浮游生物的分布及其与环境因子的相关性．中国海洋大学博士学位论文．

蔡昱明，宁修仁，朱根海，等．2005．南极普里兹湾浮游植物现存量与初级生产力粒级结构和新生产力研究．海洋学报，27（4），135-147．

陈立奇．2003．北极海洋环境与海气相互作用研究［M］．北京：海洋出版社．

陈兴群，G. 迪克曼，1989．南极威德尔海陆缘固冰区叶绿素 a 及硅藻的分布．海洋学报，11（4）：501-509．

戴聪杰．2007．极地近海微食物环的主要类群组成及其功能．厦门大学博士学位论文．

戴芳芳，王自磐，E. Allhusen，G. Dieckmann．2008a．南极威德尔海冬季海冰叶绿素及其生态意义．极地研究，20（3）：248-257．

戴芳芳，王自磐，李志军，E. ALLHUSEN，G. DIECKMANN．2008b．南极冬季威德尔海海冰物理结构与叶绿素 a 垂直分布特征，海洋学报，30（4）：104-113．

何德华，杨关铭．1989．南极半岛西北海域的浮游桡足类．南极科学考察论文集，6：197-219．

何剑锋，陈波，吴康．1999．南极中山站近岸海冰生态学研究Ⅳ．海冰营养盐浓度的季节变化及其与生物量的关系．极地研究，11（1）：25-33．

何剑锋，陈波．1995．南极中山站近岸海冰生态学研究Ⅰ．1992 年冰藻生物量的垂直分布及季节变化．南极研究，7（4）：53-64．

何剑锋，陈波．1996．南极中山站近岸海冰生态学研究Ⅰ．1992 年冰下水柱浮游植物生物量的季节变化及其与环境因子的关系．南极研究，8（2）：23-34．

何剑锋，王桂忠，李少菁，等．2003．南极海冰区冰藻类群及兴衰过程．极地研究，15（2）：102-114．

黄凤鹏，吴宝玲．1992．南极长城湾及其附近水域浮游动物的种类组成和数量变化．南极研究，4（4）：13-19．

李宝华．2004．南极长城站及邻近海域叶绿素 a 次表层极大值的研究．极地研究，16（2）：127-134．

李超伦，孙松，张光涛，等．2000．南极普里兹湾夏季边缘浮冰区两种主要浮游桡足类的代谢研究．极地研究，12（3）：183-190．

李瑞香，俞建銮，吕培顶．1992．南极长城湾网采浮游植物的数量分布．南极研究，4（1）：30-61．

李瑞香，朱明远，洪旭光．2001．南极长城湾夏季浮游植物数量与环境的关系．黄渤海海洋，3：71-75．

刘诚刚，宁修仁，孙军，等．2004．2002 年夏季南极普里兹湾及其邻近海域浮游植物现存量、初级生产力粒级结构和新生产力研究．海洋学报，6：107-117．

刘诚刚，宁修仁，孙军，等．2004．2002 年夏季南极普里兹湾及其邻近海域浮游植物现存量、初级生产力粒级结构和新生产力研究．26（6）：107-117．

刘永芹．2011．磷虾和纽鳃樽种群生态学研究．中科院海洋研究所博士学位论文．

刘子琳，蔡昱明，陈中元，等．2002．1998/1999 年南极夏季普里兹湾及北部海区叶绿素 a 和初级生产力的分布特征．极地研究，14（1）：12-21．

刘子琳，蔡昱明，宁修仁，等．2001．1999/2000 年夏季南极普里兹湾及湾口区叶绿素 a 和初级生产力．极地研究，13（1）：1-12．

刘子琳，宁修仁．1993．南大洋环极表层水浮游植物分级生物量，初级生产力和颗粒有机碳的分布．南极研究，5（4）：63-72．

刘子琳，宁修仁，蔡昱明，等．2000．1999/2000 年夏季环南极表层海水叶绿素 a 和初级生产力．极地研究，12（4）：235-244．

刘子琳，宁修仁，朱根海，等．1993．大洋环极表层水浮游植物分级生物量、初级生产力和颗粒有机碳的分布．南极研究（中文版），5（4）：63-72．

刘子琳，潘建明，陈忠元．2004．南大洋浮游植物现存量对颗粒有机碳的贡献．海洋科学，28（5）：44-49．

刘子琳，史君贤，陈忠元，等．1997．南极夏季普里兹湾邻近海域浮游植物，粒度分级叶绿素 a 和初级生产力的分布．极地研究，1：18-27．

吕培顶，等．1986．南极戴维斯站附近水域叶绿素 a 的季节变化及其与环境因子的相关关系．南极科学考察论文集，3：20-34．

宁修仁，刘子琳．1993．南极普里兹湾及其邻近海域浮游植物粒度分级生物量和初级生产力．南极研究，5（4）：50-62．

宁修仁，刘子琳，史君贤，等．1993．南极普里兹湾及其邻近海域浮游植物粒度分级生物量和初级生产力．南极研究（中文版），5（4）：50-62．

宁修仁，刘子琳，朱根海，等．1998．1989/1990 年南极普里兹湾及其毗邻海域浮游植物现存量和生产力的粒度结构及其环境制约．中国海洋学文集，9：1-21．

宁修仁，史君贤，刘子琳，等．1996．南大洋蓝细菌和微微型光合真核生物的丰度与分布．中国科学（C 辑），26（2）：164-171．

沈国英，施并章．2010．海洋生态学［M］．北京：科学出版社．

孙军，刘东艳，宁修仁，等．2003．2001/2002 年夏季南极普里兹湾及其邻近海域的浮游植物．海洋与湖沼，34（5）：519-532．

孙松，王荣．1995a．南极磷虾的生长与复眼晶椎数目关系的研究。南极研究，7（4）：1-6．

孙松，王荣．1995b．南极磷虾年龄鉴定研究简述．南极研究，7（2）：59-62．

孙维萍，扈传昱，韩正兵，等．2012．2011 年南极夏季普里兹湾营养盐与浮游植物生物量的分布．极地研究，24（2）：178-186．

王荣．1985．我国首次南大洋考察与南极磷虾．海洋科学，9（6）：58-59．

王荣，陈时华．1988．乔治王岛东北海域大磷虾种群构成分析．南极研究，1（2）：15-21．

王荣，陈时华．1989．大磷虾性比、怀卵量与某些生殖特点的分析．南极研究，1（3）：61-67．

王荣，鲁北纬，李超伦，等．1995．南极磷虾年龄组成的体长频数分布混合分析．海洋与湖沼，26（6）：598-605．

王荣，张云波，仲学锋，等．1993．普里兹湾邻近海域大磷虾的生殖特点研究．南极研究，5（4）：12-21．

王荣，仲学锋．1993．南大洋普里兹湾邻近海域大磷虾幼体的分布与丰度研究．南极研究，5（4）：22-31．

王荣，仲学锋，孙松，等．1993．普里兹湾邻近海域大磷虾的种群结构研究．南极研究，5（4）：1-11．

吴宝铃，朱明远，黄凤鹏．1992．南极长城湾叶绿素 a 的季节变化．南极研究，4（4）：14-17．

闫福桂，王海军，王洪铸，等．2010．藻型浅水湖泊小型底栖动物的群落特征及生态地位探讨．水生生物学报，34．

杨光，李超伦，孙松．2010．南极夏季普里兹湾磷虾幼体及纽鳃樽的丰度和分布特征．极地研究，22（2）：125-134．

于培松，张海生，扈传昱，等．2012．利用沉积生物标志物分析南极普里兹湾浮游植物群落结构变化．极地研究，24（2）：143-150．

俞建銮，李瑞香，黄凤鹏．1992．南极长城湾浮游植物生态的初步研究．南极研究，4：34-39．

俞建銮，朱明远，李瑞香，等．1999．南极长城湾夏季浮游植物变化特征．极地研究，11（1）：39-45．

张光涛，孙松．2000．普里兹湾的浮游动物群落生态研究Ⅰ：分布和结构．极地研究，12（2）：89-96．

张金标，刘红斌．1989．南极半岛西北海域的水螅水母类和管水母类．南极科学考察论文集，6：151-156．

仲学锋，王荣．1993．普里兹湾邻近海域长臂樱磷虾数量分布与发育特点的研究．南极研究，5（4）：40-49．

仲学锋，王荣．1996．大磷虾临产个体卵母细胞数量及组成特点研究．南极磷虾，8（2）：16-22．

朱根海．1988．南极大磷虾胃含物中浮游植物的初步分析．海洋学报，10（5）：646-652．

朱根海，陈时华．1993．南极附近水域微小型藻类的研究Ⅲ．南设得兰群岛邻近海域大磷虾胃含物中微小型藻类的组成．2：43-51．

朱根海，李瑞香．1991．南极附近水域微小型藻类的研究：Ⅱ．南设得兰群岛邻近海域微小型浮游甲藻的分布特征．南极研究，4：31-44．

朱根海，刘子琳．1993．南极普里兹湾及其毗邻南印度洋夏季微小型浮游植物的分布特征．南极研究，4：6-8．

朱根海，宁修仁，陈忠元，等．1995. 1991/1992 年夏季南极普里兹湾邻近海域网采浮游植物的聚类分析．南极研究，
　（2）：38-44.

朱根海，宁修仁，刘子琳，等．2006. 2000 年夏季南极普里兹湾及邻近海域浮游植物研究．海洋学报，28（1）：
　118-126.

朱根海，王春生．1993. 南极南设得兰群岛邻近水域表层微小型浮游藻类的分布特征．生态学报，4：383-386.

朱根海．1993. 南极布兰斯菲尔德海峡及象岛邻近水域小型浮游植物的分布特征研究，东海海洋，11（13）：40-52.

朱明远，李宝华，黄凤鹏，等．1999. 南极长城湾夏季叶绿素 a 变化的研究．极地研究，11（2）：113-121.

邹丽珍．2006. 中国合同区小型底栖动物及其深海沉积物中 18S rDNA 基因多样性研究．国家海洋局第三海洋研究
　所，福建厦门．

Brown M R, Jeffrey S W, Volkman J K, Dunstan G A（1997）Nutritional properties of microalgae for mariculture. Aquacul-
　ture 151：315-331.

Cai Y, Ning X, Zhu G, Shi J, 2003. Size fractionated biomass and productivity of phytoplankton and new production in the
　Prydz Bay and the adjacent Indian sector of the Southern Ocean during the austral summer 1998/1999. Acta Oceanologica
　Sinica, 22（4）：651-670.

Eastman J T, Hubold G. 1999. The fish fauna of the Ross Sea, Antarctica. Antarct Sci, 11：293-304.

Eastman J T. 1997. Comparison of the Antarctic and Arctic fish faunas. Cybium, 21（4）：335-352.

Eastman J T. 2005. The nature of the diversity of Antarctic fishes. Polar Biol, 28：93-107.

EI-Sabaawi R, Trudel M, Mazumder A（2013）Zooplankton stable isotopes as integrators of bottom-up variability in coastal
　margins：A case study from the Strait of Georgia and adjacent coastal regions. Prog Oceanogr 115：76-89.

Hosie G W, Cochran T G, Pauly T, Beaumont K L, Wright S W, Kitchener J A（1997）Zooplankton community structure of
　Prydz Bay, Antarctic, January-February 1993. Polar Biol 10：90-133.

Li C L, Sun Song, Zhang G T, Ji P（2001）Summer feeding activities of zooplankton in Prydz Bay, Antarctica. Polar Biology
　24：892-900.

Lin Ling, He Jianfeng, Zhao Yunlong, Zhang Fang, Cai Minghong. Flow cytometry investigation of picoplankton across lati-
　tudes and along the circum Antarctic Ocean. Acta Oceanologica Sinica, 2012, 31（1）：134-142.

Ning, X., Liu, Z., Zhu, G., Shi, J., 1996. Size-fractionated biomass and productivity of phytoplankton and particulate or-
　ganic carbon in the Southern Ocean. Polar Biology（16）：1-11.

Ning, X., Liu, Z., Zhu, G., Shi, J., 1996. Size-fractionated biomass and productivity of phytoplankton and particulate or-
　ganic carbon in the Southern Ocean. Polar Biology（16）：1-11.

Pu S, Dong Z（2003）Progress in physical oceanographic studies of Prydz Bay and its adjacent oceanic area. Chin J Polar Res
　15：53-64.

Sano M, Maki K, Nishibe Y, Nagata T, Nishida S（2013）Feeding habits of mesopelagic copepods in Sagami Bay：Insights
　from integrative analysis. Prog Oceanogr 110：11-26.

Yang G, Li C L, Sun S（2011a）Inter-annual variation of summer zooplankton community structure in Prydz Bay, Antarctica,
　from 1999 to 2006. Polar Biology, 34（6）：921-932.

Yang G, Li C L, Sun S, Zhang CX, He Q（2013）Feeding of dominant zooplankton in Prydz Bay, Antarctica, during austral
　spring/summer：food availability and species responses. Polar Biol 36：1701-1707.

Yang G, Li C L, Sun S, Zhang C X, He Q（2013）Feeding of dominant zooplankton in Prydz Bay, Antarctica, during austral
　spring/summer：food availability and species responses. Polar Biology, 36（11）：1701-1707.

Yang G, Li C L, Sun, S（2011b）Inter-annual variation in summer zooplankton community structure in Prydz Bay, Antarcti-
　ca, from 1999 to 2006. Polar Biol. 34：921-932.

Zhang Fang, Ma Yuxin, Lin Ling, He Jianfeng. Hydrophysical correlation and water mass indication of optical physiological
　parameters of picophytoplankton in Prydz Bay during autumn 2008. Journal of Microbiological Methods, 2012, 91：559
　-565.

Zhu G, Ning X, Cai Y, Liu Z, 2003. Phytoplankton in Prydz Bay and its adjacent sea area of Antarctica during the austral summer（1998/1999）. Acta Botanica Sinica, 45（4）: 390-398.

组稿人李超伦[1]，撰稿人李超伦[1]完成第4节撰写，郝锵[2]、蔡昱明[2]完成第3节3-1部分编写，何剑锋[3]完成第3节3-2部分编写，黄洪亮[4]、陶振铖[1]完成第3节3-3部分编写，杨光[1]、李超伦[1]完成第3节3-4、3-5部分编写，林龙山[5]完成第3节3-6部分编写，以上撰稿人共同完成第1、第2节撰写。

1 中国科学院海洋研究所
2 国家海洋局第二海洋研究所
3 中国极地研究中心
4 中国水产科学院东海水产研究所
5 国家海洋局第三海洋研究所

第5章 生物资源考察与研究

概　述

从中生代晚期开始，南极大陆的气候逐渐变冷并开始被厚厚的冰雪覆盖（Clarke and Crame，1989；Francis and Poole，2002）。伴随着德雷克海峡的打开，环绕南极的洋流开始形成。作为世界上最强的海洋环流，南极绕极流（the Antarctic Circumpolar Current，ACC）在一定程度上阻碍了南极海域与其他海域的交流，南极圈内的海水温度比南极圈北面的海水温度低3℃，是一面极佳的热量交流屏障（Eastman，1993）。南大洋（the Southern Ocean）是指从南极大陆海岸线一直到60°S之间的海域，其海水温度常年维持在0℃以下。随着南大洋水温的不断降低，原本生活于其内的大多数生物都逐渐走向灭绝，只有少数能够适应极端环境的独特生命形态存留下来（Shevenell et al.，2004）。南大洋覆盖了地球系统的低温、高盐、高压、寡营养、巨幅变化的光辐射等多种特殊环境，这些特殊环境造就了南大洋生态系统中各生物类群在基因结构、遗传、适应、代谢及产物等方面的独特性和多样性，蕴含着生命进化历程的丰富信息，是生物遗传和功能多样性非常丰富的资源宝藏。南大洋所蕴藏的丰富生物资源，不仅是地球上最大的动物蛋白库，同时也是我们这个星球最重要的物种资源和基因资源库之一。

20世纪80年代以来，现代海洋生物技术的快速发展对南极生物资源的特性和利用潜力的认识起着强劲的推动作用，南极生物资源的勘探技术、南极磷虾等渔业资源调查/捕捞/加工技术、基因工程技术、生物化学技术和生物信息学技术等一系列前沿技术的发展极大地激发了全球性的对从过去长久以来被认为是地球上最后一块未被利用的南极生物资源中寻找有用的生物资源产品的广泛兴趣，国际社会对在南极开展的与该地区生物资源相关的基础研究、技术开发及其国家政策与战略走向给予了越来越多的关注。

我国南极科学考察30年以来，历次科学考察活动都将南极磷虾等生物资源的调查和相关研究纳入执行计划，南极生物资源调查与研究的多个学科领域受到中国南极科学考察各个5年计划项目、科技部基础性和公益性研究专项、国家"863计划"项目、国家自然科学基金项目、有关部门资助项目等多方面的支持，我国在南极磷虾资源调查与研究、南极鱼类的生态适应和基因组进化研究和南极海洋微生物资源及其利用潜力研究等主要研究领域持续开展了相应的研究工作，取得了丰富的研究积累，形成了丰硕的研究成果。

5.1　我国南极磷虾资源调查与研究

从全球范围来看，南极磷虾资源的开发利用已经产生明显的经济效益和社会效益。据CCAMLR的统计：1977/1978—1990/1991年南极磷虾资源量基本维持在40×10^4 t左右，1981/1982年达到历

史最高的 $66.6×10^4$ t；1992/1993 年开始呈下降趋势，此后多年稳定在 $13×10^4$ t 左右，但 2008 年以来南极磷虾总产量呈现恢复增长的趋势，2003 年已经恢复到 $20×10^4$ t 以上，其中挪威和我国的产量增长是南极磷虾世界总产量增长的主要因素。

我国南极磷虾渔业探捕始于 2009 年，短短 5 年间，我国南极磷虾的捕获量从 2009 年的 $1\,956×10^4$ t 迅速提高到 2014 年的 $4.5×10^4$ t，跃居世界第 3 位，渔业生产能力上已经实现渔场、渔季全覆盖。

我国自 1984 年首次开展南极科学考察以来，至今已有 30 年的历史，南极磷虾的相关研究始终作为南极考察的一项重要内容，研究内容涉及南极磷虾基础生物学、分布与环境、资源评估、捕捞技术等多个领域。在南极磷虾基础生物学研究方面，我国科学家提出了重要的南极磷虾种群的年龄结构计算方法和南极大磷虾的生长率（王荣等，1995），并创造性地提出复眼的晶锥数目与体长的关系来检验磷虾种群的负生长状态，该方法受到世界上许多同行的关注，被认为是一种有效的方法（Sun et al.，2002）。同时在南极磷虾生殖生物学、氟的富集、胃含物分析等多方面积累丰厚。在南极磷虾资源调查与评估方面，我国多年开展了南极夏季普里兹湾海域的大磷虾声学映像观测与数据分析，使该海域南极大磷虾的水平和垂直分布及其海洋环境的关系研究方面作出非常有价值的研究结果。资源量调查和评估分析表明，普里兹湾附近海域南极磷虾资源总量存在较大差异，1990/1991 年度调查海区中资源量为 $22×10^6$ t，资源密度为 32.56 t/km^2（郭南麟，1993）；1991/1992 年度资源量为 $1.699×10^6$ t，资源密度为 15.6 t/km^2；1992/1993 年度资源总量为 $4.043×10^6$ t，资源密度为 32.15 t/km^2（陈雪忠，1996）；2012/2013 年度调查区域主要分布于 65°S 以南的普里兹湾近岸水域，平均资源密度为 32.8 t/km^2。而在 2011/2012 年度，南极半岛北部、西北部陆架和陆坡区域的调查海域，调查总面积为 $6.11×10^5$ km^2，南极大磷虾的平均密度为 27.30 g/m^2，总资源量为 $2.06×10^7$ t。在南极磷虾捕捞技术方面，我国在采用传统的 IKMT 拖网进行南大洋海洋生物资源调查的基础上，先后设计了桁杆式变水层拖网、框架式南极磷虾资源评估用双囊拖网、磷虾活体采样敷网，研制的桁杆式变水层拖网——南极磷虾取样拖网获得国家实用新型专利（ZL 2006 2 0043998.4），框架式南极磷虾资源评估用双囊拖网（ZL 2012 1 0172558.9）获得国家发明专利授权，南极磷虾活体采样敷网获得国家使用型专利授权（ZL2013 2 0364744.2）。

5.2 我国南极鱼类的生态适应和基因组进化研究

若干南极鱼类是未来渔业的潜在品种。CCAMLR 有渔捞统计的渔业种类有 50～60 种，其中重要资源品种：小鳞犬齿南极鱼、鳄头冰鱼等。目前生活于南极海洋的鱼类种类很多，生物量最大的是鲈形目南极鱼亚目（Notothenioidei）。南极鱼亚目鱼类由一个共同的底栖祖先在南极逐渐变冷的过程中发生快速进化。由于生存的小环境缺乏明显的竞争压力，其种群得以壮大而成为南大洋明显的优势种，占所有南大洋鱼类总数的 46%，在接近南极洲的海域比例更是高达 90%。迄今的统计表明：南极鱼亚目鱼类共有 8 科 129 种，其中大多数种类分布在极端低温的南大洋，少部分种类生活在温度为 5～15℃的南美和新西兰等非南极海域（Eastman，2005；Coppe et al.，2013）。基于线粒体 16SrRNA 序列构建的 MP（Maximum-parsimony）系统发育树显示：裸南极鱼科、阿氏龙腾科、龙腾科和鳄冰鱼科的成员聚为一支后再与南极鱼科的成员聚在一起，这 5 个科共同构成了南极鱼亚目鱼类在南大洋的主要进化分支（Near et al.，2004）。

今天的生物技术已经进入了基因组时代。2008 年，基于基因芯片的比较基因组杂交技术的应用已经初步揭示了南极鱼类适应寒冷的转录组和基因组进化的重要机制。已经发现南极鱼转录组水平上 177 个特有的蛋白基因表达量发生了上调，基因组水平上 118 个蛋白质编码基因拷贝数发生了不同程度的扩增，揭示了基因扩增是鱼类适应低温环境的关键进化机制（Chen et al.，2008）。这些发现为后续鱼类低温适应的分子机制研究奠定了重要基础。南极鱼类在长期的进化过程中发生了一系列细胞、分子和基因组水平上的改变，以适应南大洋冰冷的环境。这些适应性变化包括现有基因的改造和新基因的获得，如酶的改造和抗冻糖蛋白的进化（Chen et al.，1997），以及一些必需基因功能的衰退甚至丢失，如热休克反应的丧失（Hofmann et al.，2000）、鳄冰鱼科鱼类血红蛋白及肌红蛋白基因的丢失等（Sidell and O'Brien，2006）。这些研究大大加深了人们对生物环境适应机制的认识。

我国在南极鱼类的生态适应和基因组进化研究获得重要进展，发现了若干重要的南极鱼类调节、适应和基因进化等机制。在南极鱼类体内，铁调素（hepcidin）可以与铁转运蛋白结合，调节生物体内铁离子的平衡。我国学者发现Ⅱ型铁调素只存在于生活在南极圈内的南极鱼中，南极圈外的南极鱼只有Ⅰ型铁调素。Ⅱ型铁调素受到了正选择，与低温适应相关（Xu et al.，2008）。透明带蛋白（zone pellucida proteins，ZP 蛋白）作为动物卵壳蛋白的主要成分，几乎存在于所有脊椎动物和非脊椎动物的卵细胞表面，鱼的卵壳蛋白作为重要的生物屏障可以保护卵细胞、受精卵及发育早期的胚胎不会受到水温、渗透压等外界环境因素的破坏。曹立雪（2009）发现南极鱼 ZP 基因发生了特异性的大规模扩增，它使得南极鱼类的卵壳蛋白足够致密，可有效地抵抗冰晶的穿透而正常孵化。Chen 等（2008）首次发现在寒冷环境下 LINE 基因家族在多种南极鱼中都发生了大规模扩增，寒冷诱使南极鱼逆转座子活化，增强了它的表达。Deng 等（2010）揭示了这些鱼类中的Ⅲ型抗冻蛋白基因起源于唾液酸合成酶的分子过程和进化驱动力，第一次完整地验证了"避免适应冲突"可以是基因倍增和新功能产生的进化机制，并解释了基因组中现存基因之间的一种潜在的相互制约的关系，这一结果在《美国科学院院刊》发表后得到了分子进化领域同行的重视。

1）我国南极海洋微生物资源及其利用潜力研究

南极海洋系统中另一类潜在但重要的生物资源是海洋微生物资源。20 世纪 70 年代，美国伊利诺斯大学在进行南极鱼类研究时，发现了具有商业用途的抗冻糖蛋白，打开了南极生物探查之门。近年来，南极生物资源开发方兴未艾。目前，生物勘探（Biological prospecting or Bioprospecting）已成为南极生物资源研究新热点，并成为各国竞相占有和开发战略资源的重点之一。南极海洋微生物资源是目前南极生物勘探最活跃的勘探和研究对象。

南极海洋微生物资源具有重大的科学价值。为适应南极海洋与世隔绝的地理条件、恶劣的极端环境、多样的生境类型以及支撑稳定生态系统所需的能流等诸多特殊性，微生物生命系统展现了在生命生存极限、特殊的生物多样性、环境适应性、生物进化和生物地球化学过程、生物系统参与海洋-大气的相互作用过程等多方面的适应和进化机制，因而微生物及其生命机制与一系列生命科学、地球科学、海洋科学的诸多基础前沿科学问题密不可分，这些科学前沿问题的持续深入研究，对加深人类对生命和地球系统的认识具有重要意义。

以微生物为主要生物技术研究对象的南极生物遗传资源近年来不断显现其诱人的技术和经济价值。通过生物勘探数据库、美国专利和商标局数据库和 Goggle Patent betaTM 等数据库的检索发现，与南极生物遗传资源相关的专利至少有 200 多条，应用领域涵盖了医药、绿色化工、食品与饮料加工、生物技术、工业、水产养殖、农业、化妆品与个人护理品、保健品、生物能源及环境整治等众多行业。已有少量利用生物遗传资源开发的产品上市销售（如新西兰 ZyGEM 公司的系列生物 DNA 提取试剂、跨国酶制剂巨头 Novozymes 的南极假丝酵母脂肪酶 Novozyme 435TM、法国化妆品巨头

Clarins 的 Extra Firming Day Cream 面霜等），显现了生物技术应用的诱人潜力。这些技术虽然还没有足够的成熟，但是随着研究和开发的深入，可以预见将在医药、绿色化工、生物工程和生物能源等行业催生出新的产业，带来巨大的经济效益和社会效益。而涉及人类健康、环境保护、节能减排、能源安全等重要领域的众多生物技术研究和开发正由全球几乎所有极地考察国家不断增加投资，南极生物遗传资源已成为国际关注的热点问题之一。

2）南极海洋微生物的多样性和基因组学研究

随着十多年来我国南极微生物学研究的逐步深入，我国科学家对南极海洋微生物的科学意义和资源价值的认识越来越清晰。我国众多的研究机构和学者长期以来在南极海洋微生物的多样性、基因组学、酶学、活性代谢产物研究等领域潜心积累，获得了众多的研究成果。

在微生物多样性研究方面，宁修仁 1996 年在 Valporaiso 至 Melbourne 的南太平洋、南大西洋和南印度洋的广阔海域观测研究了表层水微微型光合浮游生物，包括蓝细菌和微微型光合真核生物的丰度与分布及其环境制约，证明了蓝细菌在极地海洋的存在和水温是制约其丰度与分布的主要因子。普里兹湾及邻近海域海洋沉积物中微生物多样性研究中，南极沙滩潮间带沉积物主要由 5 个系统发育类群组成：α-和 γ-变形菌、拟杆菌、放线菌和厚壁菌门，阐述了沙滩潮间带沉积物的细菌群落内可培养细菌的高多样性特征（Yu, et al., 2010）；普里兹湾及邻近海域的 25 个站位的海洋沉积物表层样品的微生物多样性调查，鉴定了 12 个属的 29 株细菌和 7 个属的 10 株真菌，其中假交替单胞菌属（*Pseudoalteromonas*）占优势，真菌则分属于 4 个纲 7 个属，也表明南极普里兹湾及邻近海域沉积物存在丰富的细菌、真菌多样性（丁新彪等，2014）。对普利兹湾测区 19 个沉积物样品的微生物多样性分析表明，普利兹湾及邻近海域的沉积物样本微生物主要包括 Acidibacteria、Actinobacteria（放线菌门）、Bacterides（厚壁菌门）、Chlorobi（绿菌门）、Crenarchaeota（泉古菌门）、Euryarchaeota（广古菌门）、Planctomycetes（浮霉菌门）、Proteobacteria（变形菌门）、Verrucomicrobia（疣微菌门）以及少量的未分类的微生物，*Proteobacteria* 在所有的站位中都是优势种群。不同地理位置不同站位间微生物多样性差异显著。普里兹湾海域海水中获得的 371 株可培养细菌多样性分析显示，这些细菌分属于 24 个属，其中 *Pseudoalteromonas*、*Halomonas*、*Psychrobacter*、*Pseudomonas* 和 *Sulfitobacter* 为优势菌群，分别占分离总菌株数的 33.8%、18.4%、17.6%、5.9% 和 5.3%。

在微生物基因组研究方面，随着高通量测序技术和基因组学分析技术的应用，我国南极海洋微生物基因组分析逐渐展开。Qi-Long Qin 等于 2011 开展了南极表层海水与深海来源的假交替单胞菌的比较基因组学研究，发现了它们双脱氧酶基因的差别和深海假交替单胞菌 SM9913 基因组同时含有合成极生鞭毛和侧生鞭毛的基因簇，而侧生鞭毛通常存在于深海细菌中并且在相应的表层海水细菌中没有，SM9913 基因组中含有非常多的信号转导基因和一个糖原合成操纵子，有利于其在深海环境中对营养物质快速反应并储存碳源和能量以应对不良环境。Che 等于 2013 年发表了南极适冷菌 *Psychrobacter* sp. G 的全基因组分析结果，从分子功能、生物学途径和细胞组件 3 个方面进行聚类分析，并利用 RNA-seq 技术分别对高温胁迫（30℃）、低温胁迫（0℃）和最适生长温度（20℃）3 种条件下 *Psychrobacter* sp. G 的转录组进行了测序和分析。

3）南极海洋微生物酶学研究

在微生物酶学研究方面，大量低温、新型酶和酶基因不断被认识，使酶学研究成为南极海洋微生物学研究中非常活跃的领域。曾胤新等从 2001 年中国第 13 次南极考察期间在南极中山站近岸采集的海洋沉积物样品中分离到 1 株产胞外酸性蛋白酶的革兰氏阴性杆菌，其最适生长温度在 20℃左右，蛋白酶反应的最适温度为 40℃，酶活力在 35℃以下保持稳定，最适 pH 为 5；Zeng 等于 2004

年对 1999—2002 年夏季南极普里兹湾海域海水样品、加拿大海盆和格陵兰海海冰样品及楚科奇海和白令海沉积物样品中分离的 324 株细菌菌株开展的脂肪酶、蛋白酶、淀粉酶、明胶酶、琼脂分解酶、壳多糖酶、纤维素酶等多种胞外酶活性分析表明，脂肪酶一般普遍存在于极地海洋环境生活的细菌中，蛋白酶产生菌则是可培养细菌菌株中占比第二，淀粉酶产生菌在各类不同极地海洋环境中约相对稳定占 30%；俞勇等于 2005 年从南极普里兹湾海域海水中分离到 1 株产海藻糖合成酶的海洋低温细菌 BSw10041，鉴定为恶臭假单胞菌（*Pseudomonas putida*），定名为 *Pseudomonas putida* BSw10041；王水琦等于 2007 年从南极普里兹湾深海沉积物中获得 1 株产低温脂肪酶的菌株 7323，其最适温度和最高生长温度分别为 20℃ 和 30℃，酶学性质研究表明，该脂肪酶的最适温度为 35℃，最适 pH 为 9.0，为碱性低温酶；曾润颖等于 2006 年从南极普里兹湾深海底泥样品中分离得到一批嗜冷细菌，筛选出 1 株具有产较高几丁质酶酶活性的假单胞菌属菌株 ACl67，该菌株只在低于 25℃ 的条件下分泌几丁质酶，酶的最适反应温度为 30℃，属于低温酶；张金伟等于 2006 年从南极普里兹湾深海 900 m 深的沉积物中提取获得宏基因组 DNA，从中克隆到全长为 948 bp 的低温脂肪酶（lip3）开放阅读框完整序列，该基因编码一个由 315 个氨基酸残基组成、预计分子质量为 34.557 ku 酶蛋白（Lip3）。酶学性质分析表明，该酶的最适温度为 25℃，在 0℃ 时表现为最高活力的 22%，最适 pH 为 8.0，对热敏感，35℃ 热处理 60 min 剩余酶活为 10%，以硝基苯棕榈酸酯为底物，Lip3 的酶促反应常数 Km 值随着反应温度的升高而升高，是典型的低温酶；Zhang 等于 2007 年从南极普里兹湾深海沉积物中分离到 1 株嗜冷菌株 7195，开展了其冷活性脂肪酶的基因克隆与表达研究。纯酶 30℃ 时表现最高活性，最适 pH 为 9.0，且在 4℃ 下条件下经过 24 h 培养后 pH 在 7.0~10.0 范围内都是稳定的，该酶最适底物为甘油三肉豆蔻酸酯和对硝基苯基肉豆蔻酸酯；Lin 等于 2010 年通过构建产低温脂肪酶活力较高的南极适冷菌 *Psychrobacter* sp. G 的基因组 DNA 质粒文库，获得 2 个脂肪酶分别属于细菌脂肪酶家族Ⅳ和Ⅴ。Yang 等于 2008 年通过构建产低温脂肪酶活力较高的南极适冷菌 *Moritella* sp. 2-5-10-1. G 的基因组 DNA 质粒文库，克隆到 1 个含有 1 个绝大多数脂肪酶都存在的以 Ser 为中心的共有特征序列和一个保守 His-Gly 二肽的脂肪酶，重组的脂肪酶基因表现出明显的低温活性。Xu 等于 2012 年通过构建南极适冷菌 *Pseudoalteromonas* sp. QI-1 基因组 DNA 文库，筛选到 1 个适冷蛋白酶 PRO-2127，其蛋白质序列中精氨酸及精氨酸与精氨酸+赖氨酸（Arg/（Arg + Lys））的摩尔比例下降，脯氨酸含量下降，甘氨酸含量上升；从柏林等对一种产低温木质素酶的菌株 *Aspergillus sydowii* MS-19 进行了转录组测序，通过拼接聚类得到 14 828 条 unigene。Yu 等于 2011 年关于东南极内拉峡湾沉积物可培养细菌的多样性与冷活性水解酶的生物勘探的研究阐明了东南极中山站附近的 1 个面积很小的内拉风峡湾（69°22′6″S，76°21′45″E）中丰富的细菌多样性和多种酶活性：33 株好氧异养细菌菌株，这些细菌菌株可分成基于属于 4 个门，分别是 Alphaproteobacteria、Gammaproteobacteria、拟杆菌（Bacteroidetes）和放线菌（Actinobacteria），其中 7 株为嗜冷，15 株为中度嗜冷，11 株为耐冷菌。4℃ 条件下 45% 的菌株被检测具有酯酶、β-葡糖苷酶和蛋白酶的活性，且分别有约 21%、15% 和 12% 的菌株具有脂肪酶，淀粉酶和几丁质酶活性。Meiling An 等于 2013 年对南极冰藻 *Chlamydomonas* sp. ICE-L 的脂肪酸去饱和酶基因进行了生物信息学分析，克隆了南极冰藻 *Chlamydomonas* sp. ICE-L 不饱和脂肪酸合成途径中的 Δ9CiFAD、Δ12CiFAD、Δ6CiFAD、ω3CiFAD1 和 ω3CiFAD2 去饱和酶基因并进行了定量表达分析，对不同温盐条件下南极冰藻脂肪酸去饱和酶基因的表达及脂肪酸的积累进行了详细研究。

4）南极微生物活性代谢产物研究

南极地区由于其自然环境独特，决定了南极微生物在适应低温、干燥、高辐射等严酷环境的进化过程中在基因组成、酶学特征及代谢调控等方面形成了独特的分子生物学机制和生理生化特征，其代谢产物也在极地微生物对环境的适应方面具有着重要的作用（Clare，2001；Cavicchioli et al.，2002）。因此，南极地区被认为是是产生新型生物活性物质和先导化合物菌株的潜在种源地。近年来，国内外研究已从极地微生物中得到了许多结构新颖且具有良好生物活性的天然产物，显示了其巨大的应用潜力。

在南极微生物活性代谢产物研究方面，我国在南极微生物的活性代谢产物的筛选研究工作已经陆续展开，发现了一批结构新颖且具有显著抗肿瘤、抗菌、抗虫害及抗病毒活性的次级代谢产物，这些化合物的发现为药物研究提供了重要的先导化合物，显示了南极微生物具有潜在但重要的药用潜力。

彭玉娇等于 2013 年从南极适冷菌 Pseudomonas sp. C 分离得到 3 个对常见植物病原真菌尖孢镰刀菌具有抑菌活性的化合物，并对其中的 2 个化合物进行了结构鉴定，为环二肽类（环（苯丙氨酸-脯氨酸））和壬基酚聚氧乙烯醚类（14-壬基苯氧基-3，6，9，12-四氧十四烷-1-醇），两者对枯草芽孢杆菌也具有一定的抑菌活性；类似的壬基酚聚氧乙烯醚类化合物也由王红梅等于 2014 年从家单胞菌 Pseudomonas sp. P4-11 中分离获得，该类化合物主要作用于细胞壁或细胞膜，造成细胞内容物外泄，对孢子萌发和菌丝体生长起到抑制作用；田黎等从南极乔治王岛碧玉滩沿岸分离的真菌粘帚菌 Gliocladium sp. NT31 发酵液中分离纯化获得 4 个具有杀虫活性的化合物：emodin、citreorosein、Isorhodoptilometrin、secalonic acid D（黑麦酸 D），其中黑麦酸 D 的活性最强，小菜蛾致死率达 92%。胡继兰等于 2005 年在 1 株南极真菌 Chrysosporium verrucosum Tubaki C3368 中发现了抗生素 C3368-A，该抗生素具有阻断核苷转移和增强抗癌药物活性的作用，可作为一种核苷转移抑制剂，具有成为抗癌药物的增效剂的潜力；车永胜等（2008）从南极子囊菌纲真菌 Geomyces sp. 中分离得到包括抗生素 C3368-A 在内的 8 个 asterric acid 衍生物，其中包括 5 个新化合物，其中 1 个新化合物表现了较强的抗烟曲霉菌真菌活性，其 IC_{50} 为 0.86 μmol/L，MIC 为 29.5 μmol/L；林文瀚等（2009）从 1 株南极来源真菌 Trichoderma asperellum 中分离得到 6 个结构新颖的多肽类化合物 asperelines A~F（34~39），这一组化合物的 N 端均被乙酰化，并且 C 端含有不常见的脯氨酸残基；马红艳等（2011）从 1 株南极来源的青霉菌 Penicillium chrysogenum 中分离得到了 5 个芳香酚醌类化合物，其结构分别鉴定为 secalonic acid D、secalonic acid F、chrysophanol、emodin 和 citreorosein，这几个化合物均具有不同程度的细胞毒活性，ecalonic acid D 具有一定的抗 H1N1 病毒活性；李莉媛（2012）从 1 株南极来源的真菌 Oidiodendron truncatum 中分离得到了 2 个新的 epipolythiodioxopiperazines 类化合物 chetracins B 和 C，5 个新的二酮哌嗪类化合物 chetracins D 和 oidioperazines A~D 及 6 个已知化合物，chetracins B 对人癌细胞株 HCT-8、Hel-7402、BGC-823、A549 和 A2370 的 IC_{50} 分别为 0.013 μmol/L、0.003 μmol/L、0.011 μmol/L、0.022 μmol/L 和 0.028 μmol/L，表现出良好的细胞毒活性；吴广畏（2012）从 1 株南极深海来源的青霉菌 Penicillium crustosum PRB-2 中分离得到 2 个结构新颖的具有相反构型的聚酮类化合物 Penilactones A and B，其绝对构型通过单晶衍射和 CD 得到确定；吴广畏（2013）和林爱群（2013）在另 1 株南极深海来源青霉菌 Penicillium crustosum PR19R-1 中分离得到 10 个新的艾里莫芬烷型倍半萜类化合物，其中 2 个化合物表现出对细胞株 HL-60 和 A549 良好的细胞毒活性。

5.3 南大洋生物资源考察

5.3.1 南极磷虾资源考察

自 1984/1985 年中国开展首次南大洋考察以来，南大洋海洋生物资源考察始终是我国南极科学考察期间最主要的考察内容之一，至今已进行了 20 多次的南大洋磷虾资源考察与研究。我国对资源量丰富的南极磷虾资源进行了综合调查与研究，对普里兹湾海域磷虾种群结构、年龄组成、幼体分布、产卵群体的结构、生殖特征、消化生理、磷虾的生长、资源量与分布、利用与对策等方面有了深入的了解，在我国南大洋海洋生物资源考察中发挥了一定的作用。在多次南大洋磷虾资源考察中，通过探鱼仪映像跟踪观察与声学评估、IKMT 调查拖网的活体采样，对不同调查区域的南大洋磷虾资源的种群结构、栖息水层与分布和南极磷虾资源生物量进行了初步分析与评估。

5.3.2　南极海洋微生物考察

历次南极科学考察期间，利用考察船或考察站配备的冰芯钻机、CTD-Rossette 采水器、箱式采泥器、多管采集器或重力采样器等采集设备和工具，在长城站、中山站沿岸及邻近海域、普里兹湾海域、环南极航线区域选择性地采集海冰、海水、海洋沉积物及大中型生物个体样品，采用现场菌株分离培养或保藏样品回国内实验室开展分离培养，获得原位样品或可培养微生物菌株，进一步通过发酵培养、酶学筛选、产物分离、活性筛选等技术，若干研究机构已经积累了较大量的南极海洋微生物菌株或样品，持续性地开展与物种资源、基因资源和产物资源的分析和研究，船基、站基和国内实验室的连接对这些微生物学研究工作非常重要，尽管目前我国开展微生物研究的考察海域尚未覆盖南大洋的大部分区域，但海洋微生物的调查和研究工作仍在持续不断地展开。

5.4　南大洋生物资源研究

5.4.1　南极磷虾资源研究

自 1984—1985 年我国首次开展南极科学考察以来，已经对普里兹湾海域磷虾种群结构、年龄组成、幼体分布、产卵群体的结构、生殖特征、消化生理、磷虾的生长、资源量与分布、利用与对策等方面进行了长期的跟踪、分析与研究，在相关渔具性能、渔法研究方面也开展了大量的研究工作，积累了丰富的技术储备。

在磷虾种群年龄结构研究中，发现普里兹湾南极磷虾种群内的各年龄组由低龄到高龄比例应呈指数衰减。3^+ 龄和 3^+ 龄以下的累计比重已达 91.62%。如果把 4^+ 龄包括进去，则达 99.51%。在成体中，3^+ 龄是主体，占 87%。大磷虾在印度洋区为 3 年性成熟，第一次生殖后的死亡率相当高。虽然有一部分个体可以第二次性成熟，很显然，产卵群体中补充群体远远大于剩余群体。这也正是大磷虾资源年际变化大的原因。以上结果首次阐明了普里兹湾地区大磷虾的年龄结构。在此之前，不论是普里兹湾地区还是整个南大洋对大磷虾的种群只有对年龄组数有估计，从来没有人给出各年龄组强度的资料。因此，我们的工作对国际磷虾研究是一项重要贡献。

在磷虾年龄鉴定与负生长研究中，从拟合的各年龄组平均体长的增长估计大磷虾的生长率。从 1^+ 到 2^+ 龄是未成体到次成体的阶段，主要是体长的增长，因而增长率最高，为 0.08~0.16 mm/d。从 2^+ 至 3^+ 龄是从次成体到成体的发育阶段，主要是性腺的发育，生长率大大降低，为 0.03~0.06 mm/d。3^+ 龄以上的生长也主要体现在性腺的发育上。在即将排卵的雌性（3DF）中，卵巢重量占了体重的 42%，能量的累计主要体现在性腺发育上。发现大磷虾复眼的晶锥数目不因负生长而减少，因此可以用复眼的晶锥数目与体长的关系去检验某种群是否处于负生长状态。这一方法还可以用于区分自然种群内那些是处于负生长状态的大磷虾。南极磷虾的生长与复眼直径关系研究，较好地解决了南极磷虾负增长对其生长研究的世界难题，得到了国内外专家的一致公认。

在磷虾生殖生物学研究中，围绕磷虾生殖群体的年龄结构、生殖次数、繁殖时间、繁殖力、幼体变态与发育的惯技繁殖生物学特征，开展了一系列的研究工作，特别是通过在船上对大量活的临产雌性磷虾的培养观察，证实绝大多数大磷虾的排卵是一次完成的，全部卵子一次排完，整个过程只有几个小时。过去的学者多认为大磷虾是多次、分批排卵的。这是大磷虾生殖生物学方面的重要发现，关系到大磷虾的生殖行为、分布和结群等。

通过对20世纪90年代以来我国绕南极航次走航采集的磷虾样品分析，发现大磷虾的丰度有年际性变化，从1997—1998年度开始，大磷虾环南极的丰度分布有下降的趋势。而且就威德尔海海区来说，1992—1993年、1997—1998年、1999—2000年3个年度间大磷虾的丰度也有逐年下降的趋势。另外，同一年度内，不同海区甚至在同一海区的不同区域内大磷虾的丰度也存在着一定的差异。从大磷虾的生长状况看，环南极分布的3个海区中，威德尔海区大磷虾的生长状况较复杂，并且有年际性和区域性的差异；普里兹湾海区大磷虾的生长状况较稳定，区域性差异和年际性变化都较威德尔海区小。

5.4.2 南极鱼类低温适应机制和基因组进化研究

南极鱼类在南极海洋的生态环境中起着重要的作用，不仅数量多，而且分布于从浅表到几千米深度的各水层。它们主要以磷虾和藻类为食，而本身又是企鹅和海豹等较大型动物的食物。一些种类，如南极犬牙齿鱼及多种鳄冰鱼科鱼类（以下简称冰鱼）也是人们捕捞的对象。在全球变暖的今天，保持南极鱼类的物种延续，对南极海域生态的维持具有重要的意义。

南极鱼类在长期的进化过程中发生了一系列细胞、分子和基因组水平上的改变，以适应南大洋冰冷的环境。这些适应性变化包括现有基因的改造和新基因的获得，如酶的改造和抗冻糖蛋白的进化（Chen et al.，1997），以及一些必需基因功能的衰退甚至丢失，如热休克反应的丧失（Hofmann et al.，2000）、鳄冰鱼科鱼类血红蛋白及肌红蛋白基因的丢失等（Sidell and O'Brien，2006）。这些研究大大加深了人们对生物环境适应机制的认识。

抗冻糖蛋白AFGP（Antifreeze Glycoprotein），是抗冻蛋白家族中的一种，它是南极和非南极的Notothenioidei鱼类之间最大的一个差别。这种蛋白可以在零度以下的南极海域中阻止南极鱼体内冰晶的生长，有效地降低南极鱼类血液和体液的冰点，进而使南极鱼类可以在南极海域中存活下来（DeVries and Cheng，2005）。AFGP基因的形成在南极Notothenioidei鱼类的进化过程中具有划时代的意义。Chen等（1997）发现AFGP基因起源于一个肠道胰蛋白酶基因，明确了抗冻蛋白合成的位置在胰腺而不是过去认为的肝脏，首次揭示了一个新的在适应上具有重要意义的基因是如何起源的，为新基因的起源机制提供了一个重要的实例。

南极鱼类是南极海域极端低温环境下进化出来的适应性物种，低温导致其所有生理过程变慢、蛋白质之间的相互作用关系改变、膜的流动性降低。Ye等通过预测二级结构及分析二级结构的氨基酸组成发现生活在较低温度下的南极鱼在螺旋结构中具有更高的甲硫氨酸含量，而甲硫氨酸在二级结构中更倾向于形成螺旋构象，从而增大肽链骨架的灵活性，使得蛋白质更好地在低温条件下发挥作用。

在南极鱼类物种分化时间和环境因素的关系研究方面，结合古气候研究和基于时间校正的南极鱼分子系统学研究，可以推断出AFGP的起源大约发生在距今4 200万年到2 200万年前，与此同时，南极鱼的进化分支保守估计起源于2 240万年前后。然而，目前种类数量最多的肩孔南极鱼属、鳄冰鱼科和阿氏龙螣科却分别起源于 910 万年、630 万年和 300 万年前，远远晚于南极鱼祖先出现的时间，而此期间处于中新世中期，气候的强烈变化使得南大洋温度降至 0℃以下，早先存在的鱼类大多数也在这一过程中消失，南极鱼类在这种极端低温下存活下来。最近的研究结果表明，温度的下降造就了南极鱼类的物种多样性，在 AFGP 起源 1 000 万年后，物种最为丰富的南极鱼分支变得多样化，物种间进化出显著的生态差异（Near et al.，2012）。中新世晚期部分南极鱼随着向北流动的洋流进入低纬度地区，在长期的进化过程中慢慢的减弱了抗冻性能，主要包括牛鱼科、油南极鱼科、拟牛鱼科和少部分南极鱼科鱼类（Cheng et al.，2003）。

5.4.3　南极海洋微生物资源及其利用潜力研究

南极海洋微生物资源及其利用潜力研究可以分解为微生物物种资源、基因资源和产物资源 3 大资源类别。科研人员从水样、雪样、冰芯、沉积物、土壤、海洋生物、岩石等多种生境样品中发现了大量微生物种群，其中耐冷、嗜冷微生物占优势（Rothschild et al.，2001；Onofri et al.，2007）。南极地区因其严酷的自然环境条件和独特的地理位置，还没有受到人类活动的过多干预，较好地保留了其自然生态状态。南极海洋系统被认为是记录地球系统历史演变过程的重要场所，因而也是探查和研究微生物新物种、新基因和新型活性代谢产物的资源宝库，发现南极海洋微生物在适应低温、高盐和巨幅辐射变化等特殊生境的进化历程蕴含的基因组成、酶学特性、代谢调控和活性代谢产物及其应用潜力是微生物资源研究的重要主题。我国众多学者长期以来在南极海洋微生物的多样性、基因组学、酶学、活性代谢产物研究等领域潜心积累，持续发现一系列重要的新物种、新基因和新产物。

在微生物多样性研究中，以普里兹湾和我国南极长城站、中山站邻近海域为主要研究区域，形成了一系列水体和海洋沉积物的微生物多样性认识。中山站沿岸沙滩潮间带沉积物主要由 α-和 γ-变形菌、拟杆菌、放线菌和厚壁菌门 5 个发育类群组成（Yu，et al.，2010）；开展的普里兹湾及邻近海域的海洋表层沉积物的微生物多样性调查，鉴定了 12 个属的 29 株细菌和 7 个属的 10 株真菌，其中假交替单胞菌属（*Pseudoalteromonas*）占优势，真菌则分属于 4 个纲 7 个属（丁新彪等，2014）；普里兹湾测区沉积物的微生物主要包括 Acidibacteria、Actinobacteria（放线菌门）、Bacteridetes（厚壁菌门）、Chlorobi（绿菌门）、Crenarchaeota（泉古菌门）、Euryarchaeota（广古菌门）、Planctomycetes（浮霉菌门）、Proteobacteria（变形菌门）、Verrucomicrobia（疣微菌门），以及少量的未分类的微生物，*Proteobacteria* 在所有的站位中都是优势种群。

在微生物酶学与酶基因研究中，发现了适冷胞外酸性蛋白酶（曾胤新等，2001）、碱性低温脂肪酶（王水琦等，2007；张金伟等，2006；Zhang J. et al.，2007；Lin et al.，2010）、海藻糖合成酶（俞勇等，2005）、低温几丁质酶（曾润颖等，2006）、脂肪酸去饱和酶（Meiling An et al.，2013）等多个新型酶及其部分酶基因。这些酶中部分酶的催化特性适合对特定底物形成高效催化，待其遗传操作工具和基因工程技术成熟后将具有工业或商业开发应用前景。

在微生物活性代谢产物研究中，发现了对枯草芽孢杆菌具有一定抗真菌活性的环二肽类和壬基酚聚氧乙烯醚类化合物（彭玉娇等，2013；王红梅等，2014）；发现了高效抗虫活性的黑麦酸 D 化合物（田黎等）、具有成为抗癌药物的增效剂潜力的抗生素 C3368-A（胡继兰等，2005）和较强抗烟曲霉菌真菌活性的 asteric acid 衍生物及 5 个新化合物（车永胜等，2008）、具有细胞毒活性的芳香酚醌类化合物（马红艳等，2011）和二酮哌嗪类化合物（李莉媛，2012）及艾里莫芬烷型倍半萜类化合物（吴广畏，2013；林爱群，2013）；此外一批结构新颖的微生物代谢产物包括多肽类化合物 asperelines（林文瀚等，2009）、具有相反构型的聚酮类化合物 Penilactones A and B（吴广畏，

2012）。这些结构新颖、活性多样的次级代谢产物，将是药物先导化合物的重要来源，其中一些活性化合物具有进一步研发其药用价值的潜力。

5.5 我国南极海洋生物资源调查与研究重要进展

5.5.1 我国南极磷虾资源调查与评估重要进展

5.5.1.1 南极大磷虾水平分布

南极大磷虾不均匀地分布于环南极南大洋水域，对1992—1993年、1997—1998年、1999—2000年、2001—2002年及2002—2003年度环南极走航采集的磷虾样品的分析表明，各海区内大磷虾的丰度分布不同，通常大磷虾在威德尔海较丰富，普里滋湾海区次之；大磷虾的丰度有年际性变化，从1997—1998年度开始，大磷虾环南极的丰度分布有下降的趋势。而且就威德尔海区来说，1992—1993年、1997—1998年、1999—2000年这3个年度间大磷虾的丰度也有逐年下降的趋势。

根据1990—1991年（郭南麟，1993）、1991—1992年（陈雪忠，1996）、1992—1993年（陈雪忠，1996）、2012—2013年南极夏季普里兹湾海域的大磷虾声学映像数据，分析表明1990—1991年度普里兹湾外海，调查时间为12月27日—1月11日，在65°S、106°E区域内大磷虾映像面积居首位，占整个调查海区大磷虾映像总面积的91.42%；其次为64°S、85°E区域内映像面积，占映像总面积的2.28%；1991—1992年度，调查时间为12月31日—1月28日，67°S、68°E小区的映像总面积居首位，63°~67°S、68°E海区大磷虾群映像面积占总映像面积的58.4%；1992—1993年度，调查时间为1月11日—2月3日大磷虾主要分布于3个海区，68°E沿线的63°~66°S海区，大磷虾映像面积占总面积的15.39%，73°E沿线的65°~67°S海区，大磷虾映像面积占总面积的24.09%，78°E沿线的63°~65°S海区，大磷虾映像面积占总面积的21.67%；2012—2013年度，调查时间为2月1日—3月5日，大磷虾群主要分布于普里兹湾大陆坡海域，资源密度非0的采样点中77.8%的采样点分布于大陆坡，22.2%的采样点分布于深海区如图5-1所示。

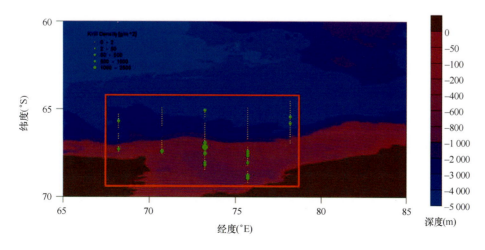

图5-1　2012—2013年度普里兹湾调查海域200 m以内水层南极磷虾的资源密度分布

南极磷虾资源密度的第一个等级0~2 g/m² 的数值全部为0 g/m²

比较分析表明，1989—1993 年、2012—2013 年，从 12 月初—翌年 3 月初，普里兹湾外海磷虾资源分布呈现出自东向西、由深海向陆坡区迁徙的趋势，1990—1991 年度，12 月—翌年 1 月中旬，磷虾虾群分布集中于 106°E，1992—1993 年度 1 月中旬—2 月初，虾群分布较为分散，68°E、73°E、78°E 均有大量虾群且分布，2012—2013 年度，2 月初—3 月初，磷虾群主要分布于大陆坡（65°S 以南），这是否为磷虾虾群分布季节变化轨迹还有待进一步研究，但是许多研究表明，夏季普里兹湾海冰消退，浮游植物大量生长，大磷虾的分布随着海冰的消退而逐渐向南移动。

2011—2012 年度南极夏季，南极半岛北部和西北部陆架和陆坡区域，大磷虾资源分布如图 5-2 所示，整个调查区均有大磷虾分布，其中虾群密集区域为 2 个：其一为 60.50°S 、55.00°W 至 60.25°S 、51.00°W 之间，宽 58.61 km 的区域；其二为 62.80°S、47.50°W 附近海域；其他区域磷虾资源密度较小。

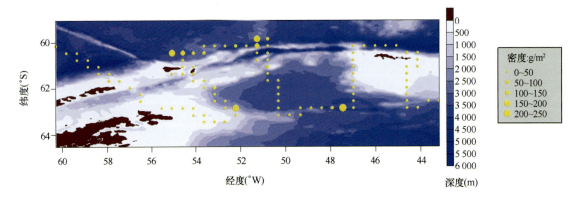

图 5-2　2011—2012 年度南极半岛调查海域 200 m 以内水层南极磷虾的资源密度分布

5.5.1.2　南极大磷虾垂直分布

根据 1990—1993 年调查数据，普里兹湾外海南极大磷虾主要分布水层为 0~100 m，1990—1991 年度夏季，该海域磷虾主要分布在 30~60 m 的水层，其映像面积占总面积的 81.36%，80 m 以下水层，磷虾映像占总映像面积的比例为 0.1%；1991—1992 年调查中，磷虾主要分布在 20~60 m 的水层，其映像面积占总面积的 80.88%，70 m 以下水层，磷虾映像占总映像面积的比例为 2% 左右；这一结果与国外研究结论一致，由此可得出普里兹湾外海大磷虾主要分布在 70 m 以上水层。

大磷虾垂直分布存在十分明显的昼夜变化，根据 1990—1993 年调查数据，显示磷虾映像形心深度呈现出昼深夜浅的规律性变化，变化周期为 24 h，最浅时间大约在 0：00，形心深度约为 20.24 m，最深的时刻大约出现在 14：00，形心深度 58.96 m；相关研究表明，大磷虾的昼夜垂直变化可能与索饵周期活动有关。

5.5.1.3　南极大磷虾分布与环境

南极磷虾分布具有显著的季节和年际变化特点，研究表明，大磷虾的分布与海冰的消退和海冰的季节性移动之间存在着复杂的关系，春夏季，浮冰逐渐融化消退，海面光照加强，水温升高，浮游植物大量繁殖生长，为南极磷虾提供丰富的饵料来源，此时，磷虾随着海冰的融化，从外海向近岸索饵洄游，夏季也是磷虾繁殖的高峰期；相反，秋冬季，海冰面积扩大，浮冰覆盖区的海域饵料不断减少，磷虾为了获得更充足的饵料由浮冰区向外海迁徙，因此，南大洋浮冰区海冰的消涨直接影响着磷虾的资源分布。陈峰（2011）和戴立峰（2012）曾利用商业捕捞数据，分析表明南极磷虾的单位时间渔获量与海冰总面积的年间变化成显著的负相关关系。

普遍认为在初级生产力高的海域，即叶绿素浓度高的海域，其磷虾资源密度也较高，而在1984年的首次南极考察中发现（南大洋考察报告，1984—1985），南极磷虾分布与叶绿素浓度成负相关，原因是南极磷虾摄食了大量的浮游植物。朱国平（2012）认为大比例的CPUE值通常出现在叶绿素浓度为 $0\sim0.2$ mg/m³的海域，而并非叶绿素浓度最高的海区；事实上这点并不难理解，根据大磷虾的胃含物研究（朱根海，1988），大磷虾主要摄食硅藻类，而对于角刺藻并不喜欢摄食，因此在1984年考察中，角刺藻生物量大的海区，虽然叶绿素浓度大，但磷虾的生物量也不高，这并不是否定初级生产力对于南极磷虾分布的影响，反而是提出一个更为准确的结论，饵料生物分布对大磷虾资源分布息息相关。

由于南极磷虾游泳能力较弱，南极海流也被认为是南极磷虾分布的重要影响因子，另外，还有敌害生物等，目前国内未见有关研究报道。

5.5.1.4 大磷虾资源量评估

根据历年的调查数据，由于年度之间调查区域位置、面积等因素差别较大，获得的普里兹湾附近海域南极磷虾资源总量存在较大差异，1990—1991年度调查海区中资源量为 22×10^6 t，资源密度为 32.56 t/km²（郭南麟，1993）；1991—1992年度资源量为 1.699×10^6 t，资源密度为 15.6 t/km²；1992—1993年度资源总量为 4.043×10^6 t，资源密度为 32.15 t/km²（陈雪忠，1996）；2012—2013年度调查区域主要分布于65°S以南的普里兹湾近岸水域，平均资源密度为 32.8 t/km²。

2011—2012年度，南极半岛北部、西北部陆架和陆坡区域的调查海域，调查总面积为 6.11×10^5 km²，南极大磷虾的平均密度为 27.30 g/m²，总资源量为 2.06×10^7 t。

由于近年来，缺乏对同一区域的连续观测，因此尚不能对普里兹湾邻近海域的磷虾资源变动进行评价，普遍认为南极磷虾资源量存在较大的年度变化，1989—1990年的普里兹湾外海调查中发现，整个调查海域始终未获得连续和浓密的映像记录，资源密度较低，而在1990—1991年度，相同区域，发现大量的虾群映像；另外，相同调查区域，1991—1992年的资源密度要显著小于1990—1991年度和1992—1993年度。

5.5.1.5 磷虾资源评估设备的改进

声学探测一直是开展海洋生物资源评估的重要手段。从首次南极考察开始，我国海洋渔业学家就利用鱼探仪开展磷虾分布和资源评估的技术研究，用TCL-204型垂直探鱼仪进行全程侦察，以了解测区内磷虾的水平分布、垂直分布和变化规律。通过"八五"攻关项目"南极磷虾资源考察与开发利用与研究"实施，在利用探鱼仪映像进行南极磷虾资源量分析评估方面获得了大量的现场资料、数据和成果。2001年"雪龙"号极地考察船安装了国际先进的SIMRAD EK500-BI500科研用回声探测-积分系统，沿调查航线对不同水层的大磷虾分布密度进行连续观测，研究磷虾的水平密度分布及垂直分布特征，对南极磷虾的进行声学调查与评估，2002年在第2届全球海洋生态系统动力学（GLOBEC）开放科学大会上展示的我国第18次南极考察期间对普里兹湾及其外海磷虾资源的调查结果引起国际磷虾专家的广泛关注，认为中国采用国际标准方法在该海域的调查作为国际综合调查的一部分，将对揭示磷虾的环南极分布状况和资源变动情况提供很大的帮助。

2013年"雪龙"号极地考察船再次更新声学探测设备，安装了更为先进的SIMRAD EY-60双频科研用回声探测-积分系统，声学评估技术和声学设备的不断改进，使资源调查者可以获得被调查物种更加丰富的信息，提高资源量评估结果的准确性，通过多频差分技术原理实现生物回波的自

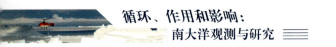

动分类，在减小劳动强度的同时也提高了物种回波分类的准确性。

5.5.1.6 南极磷虾捕捞采样网具设计

随着我国对南大洋海洋生物资源考察的不断深入，我国极地科学考察船的更新换代，我国对南大洋海洋生物资源考察的能力与手段得到了不断发展和提升，特别在南大洋海洋生物资源捕捞技术上，在采用传统的 IKMT 拖网进行南大洋海洋生物资源调查的基础上，中国水产科学研究院东海水产研究所的科学家根据不同科学考察船的甲板布置与操作机械的特点，为"极地"号科学考察船设计了变水层帆拖网，自 2006 年至今，先后为"雪龙"号科学考察船设计了桁杆式变水层拖网、框架式南极磷虾资源评估用双囊拖网、磷虾活体采样敷网，较好地解决了"雪龙"船甲板机械简单，无法开展专业拖网作业的难题，采集了一定数量的磷虾样品，满足了科研与磷虾加工试验的要求。中国水产科学研究院东海水产研究所开发研制的桁杆式变水层拖网——南极磷虾取样拖网已获得国家实用新型专利（ZL 2006 2 0043998.4），框架式南极磷虾资源评估用双囊拖网（ZL 2012 1 0172558.9）已经获得国家发明专利授权，南极磷虾活体采样敷网已经获得国家使用型专利授权（ZL2013 2 0364744.2）。为加大对调查区域海洋生物样品的采样频率，又不影响船舶航行，中国科学院海洋研究所研制发明了海洋生物资源高速采集器，实现了对调查航行区间断面海洋生物资源的实时采样，提高了对南大洋海洋生物资源的全面分析与了解。

5.5.2 我国南极鱼类的生态适应和基因组进化研究重要进展

5.5.2.1 Ⅱ型铁调素只存在于生活在南极圈内的南极鱼中

铁调素（hepcidin）可以与铁转运蛋白结合，调节生物体内铁离子的平衡。在南极鱼体内，至少有 4 种铁调素变体，具有 2 种结构类型；其中 3 种变体属于Ⅰ型铁调素，是广泛存在的 8-半胱氨酸铁调素；Ⅱ型铁调素只有 4 个半胱氨酸，只能生成 2 个分子内二硫键，具有更高的分子柔性。扩增后的铁调素基因产生的Ⅱ型铁调素只存在于生活在南极圈内的南极鱼中，南极圈外的南极鱼只有Ⅰ型铁调素。Ⅱ型铁调素受到了正选择，与低温适应相关（Xu et al.，2008）。

5.5.2.2 南极鱼类的卵壳蛋白致密可有效地抵抗冰晶的穿透而正常孵化

透明带蛋白（zone pellucida proteins，ZP 蛋白）作为动物卵壳蛋白的主要成分，几乎存在于所有脊椎动物和非脊椎动物的卵细胞表面，鱼的卵壳蛋白作为重要的生物屏障可以保护卵细胞、受精卵及发育早期的胚胎不会受到水温、渗透压等外界环境因素的破坏。南极鱼的鱼卵中没有任何抗冻蛋白，必定发生了某些特殊的变化以适应南大洋极端寒冷的环境。曹立雪（2009）发现南极鱼 ZP 基因发生了特异性的大规模扩增，它使得南极鱼类的卵壳蛋白足够致密，可有效地抵抗冰晶的穿透而正常孵化。

5.5.2.3 寒冷诱使南极鱼逆转座子活化

逆转座在一定范围内能够提高细胞对外界环境的耐受能力，有益于细胞的存活。Chen 等（2008）首次发现在寒冷环境下 LINE 基因家族在多种南极鱼中都发生了大规模扩增，寒冷诱使南极鱼逆转座子活化，增强了它的表达。

另外，该实验室在南极 zoarcid 鱼类Ⅲ型抗冻蛋白基因起源的进化中也取得了重要进展。Deng 等（2010）揭示了这些鱼类中的Ⅲ型抗冻蛋白基因起源于唾液酸合成酶的分子过程和进化驱动力，第一次完整地验证了"避免适应冲突"可以是基因倍增和新功能产生的进化机制，并解释了基因组中现存基因之间的一种潜在的相互制约的关系。在《美国科学院院刊》发表后得到了分子进化领域同行学者的重视。因此，南极鱼类的研究对了解基因的起源和进化机制等基础的生物学问题产生了重要的影响。

5.5.3　南极海洋微生物资源及其利用潜力研究重要进展

5.5.3.1　南极海洋微生物多样性研究

1）南大洋夏季表层海水中蓝细菌的研究

宁修仁于 1989—1990 年南半球夏季，在自瓦尔帕莱索至墨尔本的南太平洋、南大西洋和南印度洋的广阔海域观测研究了表层水微微型光合浮游生物，包括蓝细菌和微微型光合真核生物的丰度与分布及其环境制约。结果表明，蓝细菌的丰度以亚热带海域最高，亚南极海域次之，南极海域最低，总的分布范围为 1.34~5.13 log（cells/cm^3）。蓝细菌丰度随纬度的增高和水温的降低而降低，其对数值与水温呈现极好的正相关（P0.001），即使在水温变幅仅-0.3~2.1℃的绕极海域，观测结果也是如此。这充分证明了蓝细菌在极地海洋的存在和水温是制约其丰度与分布的主要因子。

2）普里兹湾及邻近海域海洋沉积物中微生物多样性研究

俞勇等对中国第 23 次南极科学考察期间于中山站所在的拉斯曼丘陵地区沿岸采获的潮间带砂质沉积物样品的可培养微生物多样性分析显示，4℃条件下分离获得 65 株好氧异养细菌菌株。显微观察和 16S rRNA 基因序列分析表明，这些菌株由革兰阴性菌占优势，只有 16 革兰氏阳性菌株得到分离。这些菌株分属一下 5 个系统发育类群：α-和 γ-变形菌、拟杆菌、放线菌和厚壁菌门。根据系统发育树，所有的 65 个分离菌株分属 29 主群簇，对应于至少 29 个不同的属。基于序列分析（<98%的序列相似性），这些南极菌株至少属于 37 个不同的种，其中 14 个菌株代表了潜在的新类群，显示了南极沙滩潮间带沉积物中的细菌群落内可培养细菌的高多样性特征（Yu, et al., 2010）。

丁新彪等对中国第 29 次南极科学考察期间在普里兹湾及邻近海域的 25 个站位的海洋沉积物表层样品的微生物多样性调查，共鉴定得到 12 个属的 29 株细菌和 7 个属的 10 株真菌，基于细菌 16S rRNA 和真菌 ITS 基因序列的系统发育分析表明，29 株细菌分属于放线菌门（Actinobacteria，1 株）、厚壁菌门（Firmicutes，2 株）；γ-变形菌（γ-proteobacteria，24 株）；α-变形菌（α-proteobacteria，1 株）；拟杆菌门（Bacteroidetes，1 株）；其中最多的是假交替单胞菌属（Pseudoalteromonas），有 8 株；菌株 P7-9-1 的 16S rRNA 基因序列比对，与其最近的模式菌的相似度最高为 97%，可能是一个新种。真菌分别属于 4 个纲 7 个属，分别为散囊菌纲（Eurotiomycetes）的青霉属（Penicillium）和曲霉属（Aspergillus）、座囊菌纲（Dothideomycetes）的枝孢属（Cladosporium）、粪壳菌纲（Sordariomycetes）的帚霉属（Scopulariopsis）和 Geosmithia pallida、微球黑粉菌纲（Microbotryomycetes）的红酵母属（Rhodotorula）和 Glaciozyma，其中菌株 P7-16-7 与 Geosmithia pallida（HF546256）相似度最高，只有 88%。由此可知，南极普里兹湾及邻近海域沉积物存在丰富的细菌、真菌多样性（丁新彪等，2014）。

采用 16S rDNA 的高变区测序技术，对 19 个普里兹湾及邻近海域的沉积物样本微生物 16S rDNA 的可变区 PCR 产物进行测序，并拼接成 Taq，根据 Taq 进行物种的分类 OUT 分析、多样性分析及多样品的比较分析等工作。研究结果显示，普利兹湾及邻近海域的沉积物样本微生物主要包括 Acidibacteria、Actinobacteria（放线菌门）、Bacteridetes（厚壁菌门）、Chlorobi（绿菌门）、Crenarchaeota（泉古菌门）、Euryarchaeota（广古菌门）、Planctomycetes（浮霉菌门）、Proteobacteria（变形菌门）、Verrucomicrobia（疣微菌门）以及少量的未分类的微生物，其多样性要远高于纯培养手段获得的种类。*Proteobacteria* 在所有的站位中都是优势种群。其中 M4、P3-7、P4-6 和 P6-10 站位微生物多样性较高，而 P3-3、P3-9 和 PA-5 站位微生物多样性较低。P6-10 站位中 *Acinetobacter*（不动杆菌）、*Sphingomonas*（少动鞘氨醇单胞）、*Stenotrophomonas*（寡养单胞菌属）、*Lactococcus*（乳杆菌属）、*Kaistobacter*、*Limnobacter*、*Nocardiodes* 具有很高的丰度，而其他站位上述物种的丰度则非常低。站位 M2、P3-5、P6-12、M4、P3-7、P7-12、P4-6 在物种组成相似性较高；站位 P3-8、P6-8、P7-16、PA-1、P4-3、P7-14、PA-03、P6-10 在物种组成相似性较高；站位 P3-3、PA-5、P3-9、P5-1 在物种组成上相似性较高，但与前面两个类群相似性较低。推测以上情况的形成主要是因为采样站位之间地理位置及不同站位间沉积物营养成分组成不同。

3）普里兹湾海域海水中细菌多样性

中国第 25 次南极科学考察期间利用海水培养基（Zobell 2216E）平板对中国第 25 次南极科考采集的普里兹湾不同层次的海水样品中的细菌进行了分离纯化和分子鉴定。根据在平板上菌落的形态学特征，共获得了 371 株细菌并进行了基于 16S rRNA 的分子鉴定。系统发育分析表明，分离到的细菌分属于 24 个属，其中 *Pseudoalteromonas*、*Halomonas*、*Psychrobacter*、*Pseudomonas* 和 *Sulfitobacter* 为优势菌群，分别占分离总菌株数的 33.8%、18.4%、17.6%、5.9% 和 5.3%。

5.5.3.2 南极微生物基因组学研究

1）南极表层海水与深海来源的假交替单胞菌的比较基因组学研究

秦启龙等对深海沉积物来源的假交替单胞菌 SM9913 进行了全基因组测序，并与南极表层海水来源的假交替单胞菌 TAC125 的基因组进行了比较。通过比较发现 SM9913 基因组中双脱氧酶基因比 TAC125 中的少，这表明 SM9913 对活性氧更加敏感。实验结果也显示 SM9913 对双氧水的耐受性要低于 TAC125。SM9913 基因组同时含有合成极生鞭毛和侧生鞭毛的基因簇。侧生鞭毛通常存在于深海细菌中并且在相应的表层海水细菌中没有。这说明侧生鞭毛对于 SM9913 适应深海环境有重要的作用。具有两套鞭毛系统，SM9913 就既可以在海水中游动又可以在深海沉积物固体表明移动。这有利于其在深海环境中对颗粒有机物的分解利用。与南极细菌 TAC125 相比，SM9913 基因组中有 12 个 TAC125 中所没有的基因岛。这些基因岛赋予了 SM9913 一些特殊的生理生化性质如对抗生素和重金属离子抗性强等。SM9913 基因组中含有非常多的信号转导基因和一个糖原合成操纵子，这有利于其在深海环境中对营养物质快速反应并储存碳源和能量以应对不良环境。

2）南极适冷菌 *Psychrobacter* sp. G 的全基因组分析

Che 等（2013）通过基因组测序表明，南极适冷菌 *Psychrobacter* sp. G 的全基因组包括 1 条环形染色体和 3 个质粒（Psy_G26、Psy_G4 和 Psy_G3）；环形染色体全长共 3 079 438 bp，G+C 含量为 42.44%；其中有 2 578 个 ORF 在 Genbank 数据库中通过 Blast 比对找到了同源序列。利用 Blast2GO 软件将具有同源序列的 2 578 个 ORF 进行了 GO 语义分析，发现其中共有 1 862 个 ORF 的基因功能得到注释。从分子功能、生物学途径和细胞组件 3 个方面进行的聚类分析表明，有 91 个基因编码的蛋白参与细胞对刺激的应答；还有 73 个基因编码的蛋白质参与胁迫应答。

利用 RNA-seq 技术分别对高温胁迫（30℃）、低温胁迫（0℃）和最适生长温度（20℃）3 种条件下 *Psychrobacter* sp. G 的转录组进行了测序与分析。研究结果表明，对照组（20℃）的高质量

序列为 21 332 482 条, 高质量碱基达 2 094 022 257 bp; 高温 (30℃) 处理组 (H) 的高质量序列为 20 153 164 条, 高质量碱基达 1 977 682 536 bp; 低温 (0℃) 处理组 (L) 的高质量序列为 23 352 554 条, 高质量碱基达 2 293 153 422 bp。转录组的比较分析表明, 高温 (30℃) 胁迫相对于对照组 (20℃), 菌株 G 中表达量上升的基因有 1 345 个, 其中差异显著的为 12 个 (FDR ≤ 0.05, | log2FC | ≥ 2); 表达量下降的基因有 1 278 个, 其中差异显著的为 48 个。低温 (0℃) 胁迫相对于对照组, 菌株 G 中表达量上升的基因有 1 266 个, 其中有显著性差异的为 11 个; 1 345 个基因的表达量下降, 其中显著下调的有 46 个。

5.5.3.3 南极海洋微生物酶学研究

1) 不同温盐条件下南极冰藻脂肪酸去饱和酶基因的表达及脂肪酸的积累

缪锦来等对南极冰藻 *Chlamydomonas* sp. ICE-L 的脂肪酸去饱和酶基因进行了生物信息学分析; 克隆了南极冰藻 *Chlamydomonas* sp. ICE-L 不饱和脂肪酸合成途径中的 Δ9CiFAD、Δ12CiFAD、Δ6CiFAD、ω3CiFAD1 和 ω3CiFAD2 去饱和酶基因。环境因素 (如温度) 可通过某些分子机理来实现对去饱和酶的表达及其活性调控, 使细胞得以迅速改变脂肪酸的组成来适应环境的变化。不同温度下基因表达结果显示, 在 0℃, Δ9CiFAD、ω3CiFAD1 和 ω3CiFAD2 表达量上调; 而 Δ6CiFAD 的表达量随着温度升高而上调。同时, 脂肪酸含量分析显示在 0℃ 和 5℃, 多不饱和脂肪酸含量升高, 尤其是 C18:3 和 C20:3。但是在 15℃多不饱和脂肪酸含量显著下降, 伴随的是饱和脂肪酸含量显著增加。

对南极冰藻 *Chlamydomonas* sp. ICE-L 的不饱和脂肪酸合成途径中的 Δ9CiFAD、Δ12CiFAD、Δ6CiFAD、ω3CiFAD1 和 ω3CiFAD2 去饱和酶基因进行了定量表达分析。在不同盐度条件下, Δ9CiFAD 表达量迅速上调, 而 Δ12CiFAD、ω3CiFAD2 和 Δ6CiFAD 的表达调控上有延迟现象。在高盐 (盐度为 96 和 128) 条件下, C20:5 的含量几乎接近 C18:3 的含量。相反, 在低盐条件下, 随着 C20:3 和 C20:5 含量的降低, C18:3 含量占主要地位。

2) 南极适冷菌的低温酶研究

曾胤新等从中国第 13 次南极考察期在南极中山站近岸采集的海洋沉积物样品中分离到 1 株产胞外酸性蛋白酶的革兰氏阴性杆菌。该菌能在 7℃、20℃ 及 30℃ 生长并产酶; 其最适生长温度在 20℃左右, 不耐盐。碳源物质中, 葡萄糖对菌株的生长有利, 但对蛋白酶的生成影响不大; 氮源物质中, 蛋白胨对菌株的生长及蛋白酶的生成效果最好, 而 (NH₄)₂SO₄ 则是效果最好的无机氮源。该菌所产胞外蛋白酶占其蛋白酶总量的 83.2%, 蛋白酶反应的最适温度为 40℃, 最适 pH 为 5; 酶活力在 35℃ 以下保持稳定。直接以酪蛋白液为培养基, 在 20℃ 条件下对该菌进行摇瓶培养, 6 d 后菌液浓度及产酶量皆到达高值并基本保持稳定; 而以 LB 培养基 (Luria-Bertani) 在相同条件下培养该菌, 3 d 后菌液浓度即到达高值并基本保持稳定, 酶活力则在 2 d 后到达高值 (曾胤新等, 2001)。

曾胤新等对 1999—2002 年夏季南极普里兹湾海域海水样品、加拿大海盆和格陵兰海海冰样品、及楚科奇海和白令海沉积物样品中分离的 324 株细菌菌株开展的脂肪酶、蛋白酶、淀粉酶、明胶酶、琼脂分解酶、壳多糖酶、纤维素酶等多种胞外酶活性分析表明, 脂肪酶一般普遍存在于极地海洋环境生活得的细菌中, 蛋白酶产生菌则是可培养细菌菌株中占比第二, 淀粉酶产生菌在各类不同极地海洋环境中约相对稳定占 30%左右。98%的菌株能够在 3%的盐度条件下生长, 但 56%的菌株可以在不含 NaCl 的培养基中生长。大多数南北极海洋海水和沉积物来源的细菌在 25~35℃ 之间其胞外酶达到最高活性。而菌株 BSw20308 分泌的胞外纤维素酶 40℃时酶活最高，35℃时多糖水解酶活性最高，25℃时脂肪酶活性最高（Zeng et, al., 2004）。

俞勇等从南极普里兹湾海域海水中分离到一株产海藻糖合成酶的海洋低温细菌 BSw10041，革兰氏阴性，杆状，有极生鞭毛，能运动，菌落半透明。进行了常规生理生化和 BIOLOG GN2 细菌鉴定系统测试，结果表明菌株 BSw10041 与恶臭假单胞菌（*Pseudomonas putida*）的表型特征非常相似。为了进一步确定菌株 BSw10041 的分类学地位，测定了其 16S rDNA 序列，分析了相关细菌相应序列的同源性，构建了系统发育树，结果表明 BSw10041 与 *P. putida* 的亲缘关系最近。综合上述结果，菌株 BSw10041 可鉴定为 *Pseudomonas putida*，定名为 *Pseudomonas putida* BSw10041（俞勇等，2005）。

王水琦等（2007）从南极普里兹湾深海沉积物中获得 1 株产低温脂肪酶的菌株 7323，其最适温度和最高生长温度分别为 20℃和 30℃，属于耐冷菌。16S rDNA 序列分析表明，该菌属于假单胞菌属（*Pseudomonas*）。通过设计引物扩增出的脂肪酶基因全长为 1 854 bp，该基因编码一个由 617 氨基酸、分子量预计为 64 466 的蛋白质。氨基酸序列分析表明，该酶与 *Pseudomonas* sp. UB48 的脂肪酶有 89% 的相似性，在催化区和 C 末端信号肽中存在高度保守的序列。纯化后的酶学性质研究表明，该脂肪酶的最适温度为 35℃，最适 pH 为 9.0，为碱性低温酶。曾润颖等（2006）从南极普里兹湾深海底泥样品中分离得到一批嗜冷细菌，对这些嗜冷细菌进行了几丁质酶菌株的筛选，对其中一株具有较高产酶活性的菌株 ACl67 所分泌的几丁质酶进行了性质分析，并通过 16S rDNA 序列分析进行了菌株的分子鉴定。该菌株最适生长温度为 10℃，最高生长温度为 25℃，是典型的嗜冷菌，经 16S rDNA 序列比较及系统发育分析鉴定为假单胞菌属（*Pseudomonas*）。该菌株只在低于 25℃的条件下分泌几丁质酶，酶的最适反应温度为 30℃，属于低温酶。

张金伟等从南极普里兹湾深海 900 m 深的沉积物中提取获得宏基因组 DNA，并通过设计引物，从中克隆到全长为 948 bp 的低温脂肪酶（Lip3）开放阅读框完整序列，该基因编码一个由 315 个氨基酸残基组成、预计分子质量为 34. 557 ku 酶蛋白（Lip3）；氨基酸序列上的 GFGNS（GXGXS）和 G-N-S-M-G（GXSXG）在许多脂肪酶中有很高的保守性，它们是水解机制所必需的序列，也是丝氨酸水解酶中最保守的序列。构建了 lip3 基因重组表达载体，并在大肠杆菌中获得表达，采用镍离子亲和层析柱对表达的酶蛋白 Lip3 进行纯化，得到约 35 ku 蛋白条带。酶学性质分析表明，该酶的最适作用温度为 25℃，在 0℃时表现为最高活力的 22%，最适 pH 为 8.0，对热敏感，35℃热处理 60 min 剩余酶活为 10%，以硝基苯棕榈酸酯为底物，Lip3 的酶促反应常数 *Km* 值随着反应温度的升高而升高，是典型的低温酶（张金伟等，2006）。

张金伟等从南极普里兹湾深海沉积物中分离到 1 株嗜冷菌株 7195，开展了其冷活性脂肪酶的基因克隆与表达研究。通过筛选该菌株的基因组 DNA 文库，鉴定了 1 个 954 bp 的编码脂酶基因的开放阅读框 lipA1，并克隆和测序。推测 LipA1 由 317 个氨基酸组成，分子量为 35 210 kDa。它含有 1 个共有基序 G-N-S-M-G（GXSXG），含推测其他适应寒冷脂解酶保守的的丝氨酸活性位点。重组的 LipA1 用 DEAE 琼脂糖凝胶柱 CL-4B 及 Sephadex G-75 纯化，纯酶 30℃时表现最高活性，高于 30℃则是不稳定，这表明它是一个典型的冷适应酶。酶活性的最适 pH 为 9.0，且在 4℃下条件下经过 24 h 培养后 pH 在 7.0~10.0 范围都是稳定的。添加 Ca^{2+} 和 Mg^{2+} 可增强 LipA1 酶活性，而 Cd^{2+}、Zn^{2+}、Co^{2+}、Fe^{3+}、Hg^{2+}、Fe^{2+}、Rb^{2+} 和 EDTA 则强烈地抑制活性。LipA1 可通过各种洗涤剂如 Triton X-100、吐温 80、吐温 40、司盘 60、司盘 40、CHAPS 和 SDS 等激活，并对这些激活剂显示更好的抗性。底物特异性分析表明，该酶最适底物为甘油三肉豆蔻酸酯和对硝基苯基肉豆蔻酸酯（C14 酰基）（Zhang J. et al., 2007）。

林学政等通过构建产低温脂肪酶活力较高的南极适冷菌 *Psychrobacter* sp. G 的基因组 DNA 质粒文库，利用鸟枪法克隆到两个包含调控区在内的开放读码框架分别为 1 452 bp（Lip-1452）和 948 bp（Lip-948）的低温脂肪酶全长基因。由基因序列推测的两个脂肪酶的氨基酸序列的 N 端均包含了以丝氨酸为活性中心的保守五肽（Lip-1452，GDSAG；Lip-948，GNSMG）和保守二肽 His-Gly。蛋白序列比对和保守区分析表明，这两个脂肪酶分别属于细菌脂肪酶家族Ⅳ和 V（Lin et al., 2010）。

将重组质粒 pCold I + LIP-948 分别与不同分子伴侣质粒如 pG-KJE8、pGro7、pKJE7、pG-Tf2 和 pTf16 在 *E. coli* BL21（DE3）中实现了共表达。研究结果表明，与 5 种不同的分子伴侣组合共表达能够在不同程度上显著的增加或减少可溶性的脂肪酶，酶活力及可溶性脂肪酶产量都有所不同。与 pTf16 和 pGro7 共表达后能减少可溶性 LIP-948，而与编码多个分子伴侣的质粒（pKJE7、pG-Tf2 和 pG-KJE8）共表达后能提高 LIP-948 的可溶性表达。当与编码分子伴侣最多的质粒 pG-KJE8 共表达后，可溶性 LIP-948 比例达到 19.8%，且酶活达到 108.77 U/mg（Cui et al., 2011）。

杨秀霞等通过构建产低温脂肪酶活力较高的南极适冷菌 *Moritella* sp. 2-5-10-1. G 的基因组 DNA 质粒文库，利用鸟枪法克隆到 1 个在 tributyrin 平板上有显著透明圈的克隆子，测序表明，该核苷酸序列包含完整的脂肪酶的可读框长 837 bp，编码 279 个氨基酸。该酶含有 1 个绝大多数脂肪酶都存在的以 Ser 为中心的共有特征序列和 1 个保守的 His-Gly 二肽。上游有关启动子的保守序列-10 序列 TAAATA 和-35 序列 TATCCT 以及 SD 序列 AAGTG，说明此基因是靠自己的启动子在大肠杆菌中得到了表达。酶活研究发现，重组的脂肪酶基因表现出明显的低温活性（Yang et al., 2008）。

通过构建南极适冷菌 *Pseudoalteromonas* sp. QI-1 基因组 DNA 文库，利用鸟枪法筛选到了 1 个有明显透明圈的克隆子，测序发现该克隆子质粒包含 1 个完整的蛋白酶的可读框架（2 127 bp），编码 708 个氨基酸，其序列已经提交 Genbank，序列注册号为 HM047289。结构分析表明，该酶基因编码的蛋白质序列可能包括 4 个结构域：信号肽、N 端前导序列、催化中心及 C 端延伸序列，并具有 Asp185、His244 和 Ser425 组成的活性催化中心。对适冷蛋白酶 PRO-2127 的氨基酸组成分析结果显示，PRO-2127 具有大多数适冷酶的特性，蛋白质序列中精氨酸及精氨酸与精氨酸+赖氨酸（Arg/（Arg + Lys））的摩尔比例下降，脯氨酸含量下降，甘氨酸含量上升（Xu et al., 2012）。

从柏林等对 1 种产低温木质素酶的菌株 *Aspergillus sydowii* MS-19 进行了转录组测序，测序数据量 3 G；对 *Aspergillus sydowii* MS-19 产低温木质素酶的菌株进行了转录组测序，通过拼接聚类得到 14 828 条 unigene。

俞勇等对东南极内拉峡湾沉积物可培养细菌的多样性与冷活性水解酶的生物勘探的研究阐明了东南极中山站附近的一个面积很小的内拉风峡湾（69°22′6″S，76°21′45″E）中丰富的细菌多样性和多种酶活性：从东南极内拉风峡湾沙质沉积物共有 33 株好氧异养细菌菌株，这些细菌菌株可分成基于属于 4 个门，分别是 *Alphaproteobacteria*、*Gammaproteobacteria*、拟杆菌、*Bacteroidetes* 和放线菌（*Actinobacteria*），其中 7 株为嗜冷，15 株为中度嗜冷，11 株为耐冷菌。33 株菌株中 72%以上菌株的生长需要氯化钠，4℃条件下 45%的菌株被检测具有酯酶、β-葡糖苷酶和蛋白酶的活性，且分别有约 21%、15%和 12%的菌株具有脂肪酶，淀粉酶和几丁质酶活性（Yu, et al., 2011）。

5.5.3.4 南极微生物农用活性产物研究

彭玉娇等分离到 37 株对尖刀镰孢菌具有明显抑菌效果的极地微生物菌株，其中 26 株活性菌株属于假交替单胞菌，6 株属于假单胞菌属，4 株属于嗜冷杆菌属，1 株属于伦黑墨氏菌属。对南极适冷菌 *Pseudomonas* sp. C 发酵液上清活性物质性质的初步研究表明，在温度 40~70℃和 pH 5~9 范围内，发酵液上清的抑菌活性稳定。根据活性追踪，通过硅胶柱层析和高效液相对南极适冷菌 *Pseudomonas* sp. C 发酵液上清中的生物活性物质进行了分离纯化、利用 EI-MS/MS 和核磁共振技术（13CNMR 和 1HNMR）对分离纯化，得到了 3 个对常见植物病原真菌尖孢镰刀菌具有抑菌活性的化合物，并对其中的 2 个化合物进行了结构鉴定。化合物 1 为环二肽类（环（苯丙氨酸-脯氨酸）），化合物 2 为壬基酚聚氧乙烯醚类（14-壬基苯氧基-3，6，9，12-四氧十四烷-1-醇），两者对枯草芽孢杆菌也具有一定的抑菌活性。

王红梅等对菌株 *Pseudomonas* sp. P4-11 活性物质的稳定特性的研究结果表明，发酵液抑菌活性对保存时间（0~8 周）、温度（30~60℃）、pH（6.0~11.0）都具有良好的稳定性，产生的抑菌活性物质为一类中等极性的物质。通过抑菌活性追踪检测，采用乙酸乙酯萃取、硅胶柱层析法、高效液相色谱法，对菌株 Pseudomonas sp. P4-11 发酵液中的抑菌活性物质进行分离纯化，获得 3 个纯度较高且具有明显抑菌效果的化合物（T2-20-7-11-5、T2-20-7-11-6、T2-20-7-11-7）。利用质谱（MS）、核磁共振氢谱（1H NMR）/碳谱（13C NMR）等技术对其进行了结构鉴定。结果表明，化合物 T2-20-7-11-5 和 T2-20-7-11-7 均为壬基酚聚氧乙烯醚类化合物。利用扫描电镜对化合物 T2-20-7-11-5 抑制尖孢镰刀菌孢子的初步研究表明，该化合物可能主要作用于细胞壁或细胞膜，造成细胞内容物外泄，最终对孢子萌发及菌丝体生长起到抑制作用。

采用生物活性追踪方法对南极真菌粘帚菌 *Gliocladium* sp. NT31 发酵物的化合物活性组分进行了分离，发酵物经乙酸乙酯萃取获粗浸膏（34.4 g）用石油醚-氯仿-甲醇溶液梯度洗脱，洗脱组分经 TLC 薄层检测后合并成 7 个组分（T1~T7），对有活性的 T3、T4、T5、T6 采用反复正相、反相硅胶柱层析、Sephadex LH-20、PTLC 以及半制备 HPLC 等分离技术对活性组分进行分离纯化。得到了具有杀虫活性的 4 个化合物：emodin、citreorosein、Isorhodoptilometrin、secalonic acid D，其中化合物 15 的活性最强，小菜蛾致死率达 92%。

5.5.3.5 南极海洋微生物活性代谢产物研究

近几年，国内学者对极端环境微生物资源关注度日益增高，有关南极微生物活性次级代谢产物的筛选研究工作也随之陆续展开，并且发现了一批结构新颖并且具有显著抗肿瘤、抗菌及抗病毒活性的南极微生物菌株及相关次级代谢产物。

鲁敏等（2002）在 1 株南极土壤嗜冷真菌 *Chrysosporium* sp. C3438 中分离得到化合物 Ferrichrome。这是首次从南极土壤微生物代谢产物中分离得到该化合物。

胡继兰等（2005）在 1 株南极来源的真菌 *Chrysosporium verrucosum* Tubaki C3368 中发现抗生素 C3368-A（CA）（26）。研究表明，CA 具有阻断核苷转移和增强抗癌药物活性的作用。同位素标记实验中，CA 可以显著地阻断小鼠埃利斯癌细胞中胸苷和尿苷的转移，其 IC_{50} 分别为 4.6 μmol/L 和 7.7 μmol/L。在之后的一系列实验结果表明，CA 可以在抑制人口腔上皮癌 KB 细胞的过程中与氨甲蝶呤（MTX）、丝裂菌素 C（MMC）、5-氟尿嘧啶（5FU）及阿霉素（ADR）产生协同作用；CA 还能显著提高 5-氟尿嘧啶、阿霉素对人肝癌细胞 BEL-7402 以及丝裂菌素 C 对小鼠结肠癌细胞的抑制作用。这些研究结果表明，抗生素 C3368-A 作为一种核苷转移抑制剂，具有成为抗癌药物的增效剂的潜力。

车永胜等（2008）从南极子囊菌纲真菌 *Geomyces* sp. 的发酵液中分离得到包括抗生素 C3368-A 在内的 8 个 asterric acid 衍生物（26~33），其中包括 5 个新化合物（29~33）。化合物 32 具有抗烟曲霉菌的抗真菌活性，其 IC_{50} 为 0.86 μmol/L，MIC 为 29.5 μmol/L。化合物 77 具有较弱的抗革兰氏阳性菌和革兰氏阴性菌的抗微生物活性。

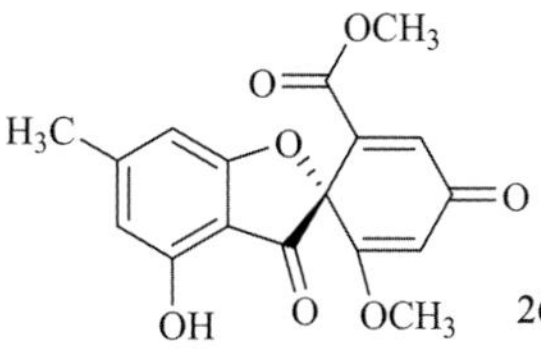

图 5-3　南极海洋微生物活性代谢产物（1）

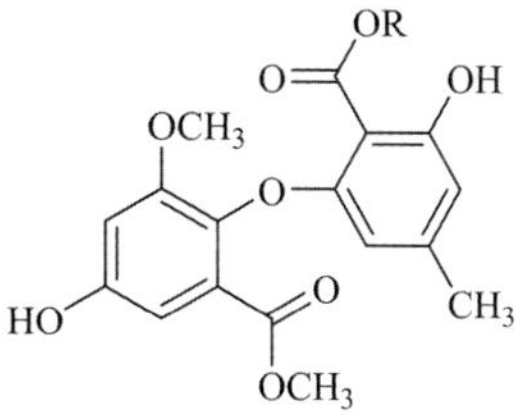

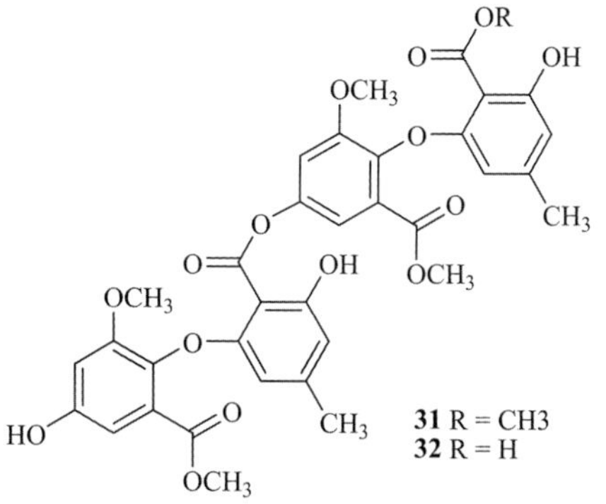

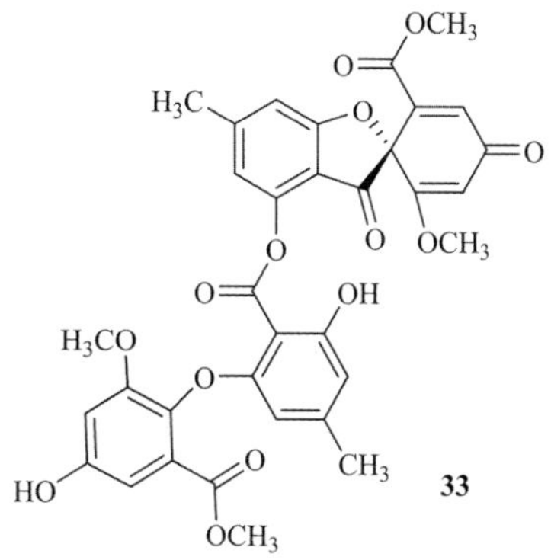

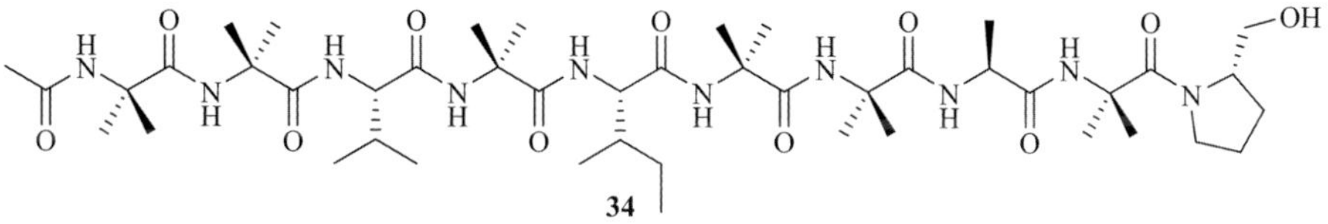

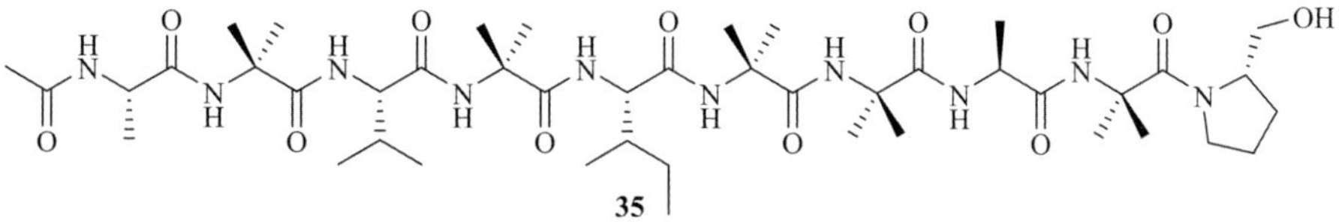

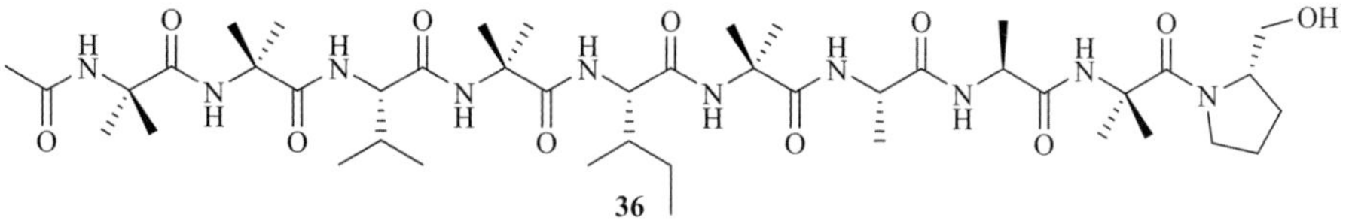

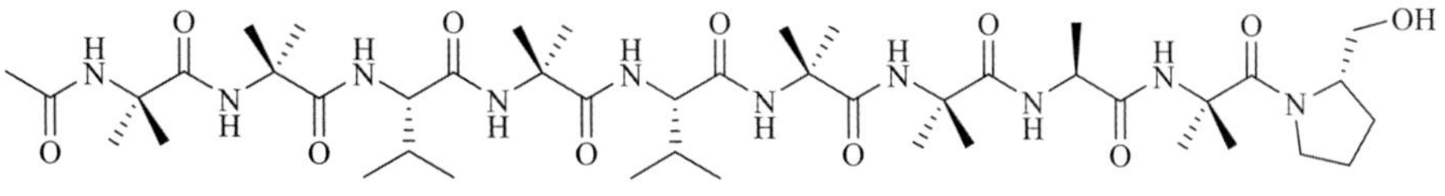

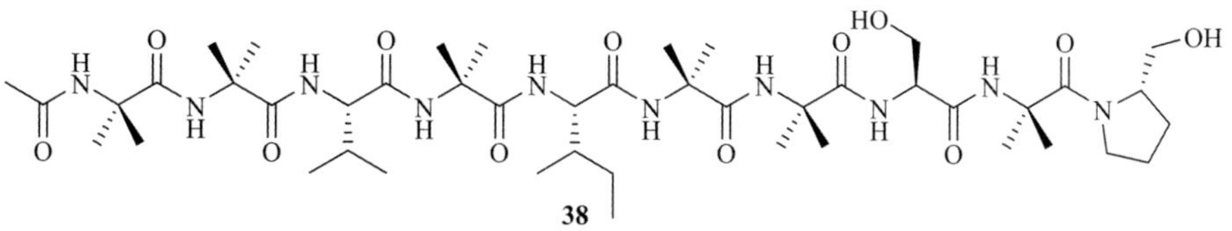

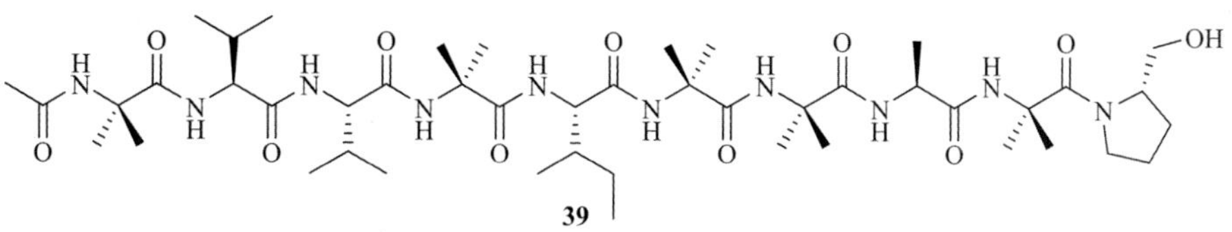

图 5-4　南极海洋微生物活性代谢产物（2）

林文瀚等（2009）在 1 株南极来源真菌 *Trichoderma asperellum* 的发酵产物中分离得到 6 个结构新颖的多肽类化合物 asperelines A-F（34~39），这一组化合物的 N 端均被乙酰化，并且 C 端含有不常见的脯氨酸残基，但是在抗真菌和细菌试验中，这类化合物只表现出微弱的活性。

马红艳等（2011）在 1 株南极来源的青霉菌 *Penicillium chrysogenum* 中分离得到了 5 个芳香酚醌类化合物，其结构分别鉴定为 secalonic acid D（40）、secalonic acid F（41）、chrysophanol（42）、emodin（43）和 citreorosein（44）。这几个化合物均具有不同程度的细胞毒活性。其中化合物 87 在 50 μg/mL 时，对 H1N1 病毒的抑制率为 50%，具有一定的抗病毒活性。以上化合物均为首次从南极海洋微生物中分离得到，并初步发现 secalonic acid D 具有一定的抗 H1N1 病毒活性。

李莉媛（2012）在 1 株南极来源的真菌 *Oidiodendron truncatum* 中分离得到了 2 个新的 epipoly-thiodioxopiperazines 类化合物 chetracins B 和 C（45~46），5 个新的二酮哌嗪类化合物 chetracins D（48）和 oidioperazines A-D（49，55~57）以及 6 个已知化合物（47，50~54）。体外活性研究表明，化合物 45 对人癌细胞株 HCT-8、Hel-7402、BGC-823、A549 和 A2370 的 IC_{50} 分别为 0.013 μmol/L、0.003 μmol/L、0.011 μmol/L、0.022 μmol/L 和 0.028 μmol/L，表现出良好的细胞毒活性。此外，还在该菌中分离到了 3 个 oidiolactones 类化合物（58~60）。吴广畏（2012）在 1 株南极深海来源的青霉菌 *Penicillium crustosum* PRB-2 中分离得到 2 个结构新颖的具有相反构型的聚酮类化合物 Penilactones A and B（61，62）以及 5 个已知化合物（63~67），化合物 61 和 62 绝对构型通过单晶衍射和 CD 得到确定。在活性实验中，化合物 61 和 62 没有表现出明显的细胞毒活性，化合物 61 表现出弱的 NF-κB 抑制活性。

吴广畏（2013）和林爱群（2013）在另一株南极深海来源青霉菌 *Penicillium crustosum* PR19R-1 中分离得到 10 个新的艾里莫芬烷型倍半萜类化合物（68~77）以及 5 个已知化合物（78~82）。活性实验中，化合物 68 和 76 表现出对细胞株 HL-60 和 A549 良好的细胞毒活性。丁壮（2013）在另 1 株南极来源新颖真菌 *Ascomycota* sp. 分离得到 xanthone 类等 7 个已知化合物（83~89）。

5.6 结语与展望

5.6.1 南大洋磷虾资源调查与评估展望

自 1900 年以来，全球温度上升了 2℃，气候变化对南极海域产生了深刻的影响。温度上升使南极海冰明显消退，特别是南极磷虾的主要产地——南极半岛，海冰冰期及厚度明显减少。冬季海冰可以为南极磷虾提供觅食栖息、躲避敌害的场所，因此海冰的减少会对南极磷虾种群的生存和发展产生很大的影响，最终威胁到其捕食者鲸鱼、海豹、企鹅及海鸟等大型南极动物（Thlele et al.，2004）。另一方面，温室气体 CO_2 融入海水使海水酸化，导致海水的化学环境改变，温盐异常，这会引起浮游藻类发生改变，适合南极磷虾摄食的藻类大量减少，导致南极磷虾量下降。20 世纪 70 年代以来，南极半岛的磷虾明显减少（Atkinson et al.，2004），科学家们认为 80% 的南极磷虾减少是由全球变暖引起的。因此，深入开展南极磷虾基础生物学和生态学研究，了解磷虾种群变动规律及其对气候变化的响应与反馈是未来研究的重要课题，加强南极磷虾和南大洋生态系统的研究、探索与保护是全人类共同的责任。

由于传统渔业资源的逐渐衰竭，200 海里专属经济区的提出，使国际水域中的巨大南极磷虾资源，引起远洋渔业发达国家的极大关注。越来越多的国家加入到南极磷虾商业捕捞的行列，计划捕捞南极磷虾量有明显的上升趋势，2008—2009 年预计捕捞量为 $77×10^4$ t，较前几年明显升高。随着捕捞工具的改进、捕捞技术和船上加工技术的提高，会使未来对南极磷虾的捕获量出现增加的趋势（Jennings and Revill，2007）。这些因素的综合作用可能使南极磷虾的捕获量增加 6 倍，将严重威胁到以其为食的鲸鱼、海豹、企鹅等南极动物的生存。因此，准确评估南极磷虾的资源量和补充率，建立基于生态系统方法的渔业管理模式十分迫切。

南极磷虾不仅数量巨大，而且用途广泛——从鱼类的饵料、优质深海鱼油和治疗心脏病的药物到人类的食品。南极磷虾是高蛋白质的食物，且含人体所必需的全部氨基酸，尤其是代表营养学特征的赖氨酸的含量更为丰富。除具有较高的食用价值之外，还含有极为丰富的人类所必需的不饱和脂肪酸、高抗氧化性的"虾红素"、丰富的矿物质、几丁质、蛋白酶等。因此，南极磷虾资源的高值开发和综合利用技术将是未来我国提升技术水平、拓展磷虾资源产业发展的核心领域。

5.6.2 南极鱼类的生态适应和基因组进化研究展望

南极鱼类基因组编码了低温下鱼类生存所需的所有功能分子，是一个不可多得的耐寒基因库。利用芯片杂交技术从上述基因中确定耐寒候选基因，对基因进行克隆，通过细胞系转基因筛选、斑马鱼转基因验证和烟草转基因筛选，对这些基因的耐寒效果逐一进行检测。研究发现，南极鱼钙调蛋白（Calmodulin）基因在转到烟草中后，表现出提高烟草耐寒性的功能（Yang et al.，2013）。现有数据表明，南极鱼的某些耐寒基因在转入小麦、香蕉和斑马鱼后均显示出耐寒功能，这为农作物的基因改良和鱼类抗寒育种赋予了新的应用前景。因此，揭示南极鱼类的抗寒相关基因，以及研究这些基因的抗寒机制是今后研究的一个重要方向。

生物体是一个非常复杂的整体，单一的因素很难决定物种的命运。但目前来看，除了 Chen 等（2008）对鳞头犬牙南极鱼大量基因家族扩增的发现，其他南极鱼适应性研究还主要停留在单一的表型和基因型。随着二代测序技术的发展及测序成本的不断降低，多个南极鱼物种的全基因组会得到破译，更多南极鱼同源物种的基因组或转录组序列信息会被揭示，这将有利于我们从整体水平来研究南极鱼的适应性进化。南极鱼类适应了南大洋极端低温环境，但现在全球变暖现象日益加速，是否会对南极鱼的生存造成影响？南极鱼的未来走向又会如何？这些问题将随着对南极鱼类的基因组结构的分析和阐明得到深入的解释。

5.6.3 南极海洋微生物资源及其利用潜力研究展望

5.6.3.1 南极海洋微生物物种和基因资源多样性研究展望

南极海洋环境的特殊性造就了生活于其中的微生物具有物种、基因、适应和代谢的特殊性，由于微生物相对于其他生物体而言结构简单、基因组较小，因此研究周期相对短，进展也相对较快，目前几乎参与南极考察的国家普遍参与并关注这类生物资源领域的发展，对微生物基因资源的研究和开发展开了激烈的竞争。加强南极海洋微生物资源研究，发现并利用其中有益于能源生产、改善环境以及工业加工的微生物是未来技术竞争的核心。今天，人类已经进入基因组和生物基因大数据时代，通过基因组研究揭示微生物的遗传机制，发现重要的功能基因并在此基础上发展基因工程技术，开发包括活性蛋白、疫苗，以及开发新型抗病毒、抗细菌、真菌药物也是未来该资源竞争的关键。

在极端环境下能够生长的微生物称为极端微生物，又称嗜极菌。如 PCR 技术中的 TagDNA 聚合酶、洗涤剂中的碱性酶等都具有代表意义。

5.6.3.2 南极海洋微生物酶学研究展望

南极各种海洋生境中存在大量的适应寒冷、高盐、高压、酸碱等各类环境极限的微生物，也称嗜极菌，嗜极菌对极端环境具有很强的适应性，极端微生物研究有助于从分子水平研究极限条件下微生物的适应性，加深对生命本质的认识。同时来自极端微生物的极端酶，可在极端环境下行使功能，将极大地拓展酶的应用，是建立高效、低成本生物技术加工过程的基础，极端微生物的研究与应用将在新酶、新药开发及环境整治方面应用潜力极大。

寻找目标微生物酶、揭示其催化特性及其催化机制，并通过酶蛋白的分子改造、酶的高效异源表达及规模化发酵分离纯化等技术连接，对实现南极海洋微生物酶的工业利用都是非常重要的技术要求，因而，酶的功能+工艺研究是实现其功能应用不可或缺的途径。

5.6.3.3 南极海洋微生物活性代谢产物研究展望

近年来，随着研究的深入，人们已从不同类群的极地微生物中发现越来越多的活性次级代谢产物，涵盖了生物碱类、大环内脂类、萜类、肽类、醌类、聚酮类等多种结构类型，表现出良好的抗菌、抗肿瘤、抗病毒、免疫调节、抗氧化等生物活性，这些化合物的发现为药物研究提供了重要的先导化合物。迄今为止，微生物药物的研究主要为温带及热带微生物，对极地低温微生物次级代谢产物的化学多样性及其药用价值的研究时间较短且缺乏系统性，其研究深度广度还远远不足。但是目前的研究已经显示了极地微生物具有极大的药用潜力，因此，有必要从极地药用微生物资源的发现及分布、代谢产物的分离鉴定、生物活性筛选以及新颖结构活性成分的应用研究等多个方面对其进行系统全面的研究。同时，分离培养方法的改进、功能基因研究、代谢调控、新的筛选模型等新的研究方法手段的引入，也将为极地微生物的药用研究提供更广阔的研究空间。面对独特新颖的极地微生物资源，随着研究的深入，人们必将在这一领域取得更大的成就。

5.6.4 结语

南极地区是当今和未来各国争夺资源和技术竞争的重要场所。开展南极生物资源和生物技术研究是我国极地科学考察的一个重要战略任务，对维护和扩大我国在南极的权益和利益具有重要意义，对形成直接的科学和产业技术支持，并对我国的极地科学和技术战略、政策和外交服务具有重大战略意义。因此，我国需大力加强极地生物资源的调查和技术研究，构建具有实施持续性极地生物资源调查和研究开发的核心创新体系，有力支持我国的经济发展、资源战略和外交决策。

参考文献

曹立雪 . 2009. 南极 Notothenioids 鱼类 Zonapellucida 基因家族的适应性进化 . 北京：中国科学院遗传发育研究所，5-60.

曾润颖, 林念炜, 连明珠, 等 . 2006. 南极产低温几丁质酶菌株的筛选及分子鉴定 . 海洋科学, 30：35-38.

曾胤新, 蔡明红, 陈波, 等 . 2001. 一株产蛋白酶南极耐冷细菌的筛选及研究 . 生物技术, 11 (2)：17-20.

曾胤新, 陈波, 邹扬, 等 . 2008. 极地微生物——新天然药物的潜在来源 [J] . 微生物学报, 48 (5)：695-699.

陈峰, 陈新军, 刘必林, 等 . 2011. 海冰对南极磷虾资源丰度的影响 . 海洋与湖沼, 42 (4)：495-500.

陈雪忠, 徐震夷, 陈冠镇 . 1996. 南极普里兹湾外海大磷虾分布与现存量 . 南极研究, 8, (3)：46-53.

戴立峰，张胜茂，樊伟．2012．南极磷虾资源丰富变化与海冰和表温的关系．极地研究，24（4）：352-361．

丁新彪，丛柏林，张扬，等．2014．南极普里兹湾及邻近海域沉积物微生物多样性与生理生化研究．海洋科学进展，32：209-218．

丁壮．2013．南极真菌物种多样性及次级代谢产物研究．青岛：中国海洋大学．

樊伟，伍玉梅，陈雪忠，等．2010．南极磷虾的时空分布及遥感环境监测研究进展．海洋渔业，32（1）：95-102．

郭南麟，陈雪忠，徐震夷，等．1993．南极普里兹湾外海大磷虾声学映像的分布分析和生物量的初步估算．南极研究，5（4）：90-103．

李莉媛．2012．四株南极来源真菌次级代谢产物的结构及抗肿瘤活性研究．青岛：中国海洋大学．

鲁敏，王文翔，王丽萍，等．2002．南极土壤嗜冷真菌 Chrysosporium sp. C3438 活性代谢产物 C3438A 的分离及结构鉴别．中国抗生素杂志，27（1）：11-12．

马红艳，李德海，顾谦群，等．2011．南极海洋真菌 Penicillium chrysogenum PR4-1-3 的活性次级代谢产物研究．中国海洋药物杂志，30（4）：18-24．

南大洋考察报告．1987．北京：海洋出版社．

南大洋考察报告．1984/1985．北京：海洋出版社，437-445．

宁修仁．1996．南大洋蓝细菌和微微型光合真核生物的丰度与分布，中国科学（C辑），26（2）：164-171．

牛德庆，田黎，周俊英，等．2007．南极生境真菌 Gliocladium catenulatum T31 菌株杀虫活性的研究．19（2）：131-138．

彭玉娇，方海霞，李敬龙，等．2013．南极适冷菌 Pseudomonas sp. C 抑菌活性物质的分离纯化与结构鉴定．天然产物研究与开发，25（增刊）：14-17．

孙松，王荣．1995．南极磷虾的生长与复眼直径关系的研究．南极研究，7（4）：1-5．

孙松，等．2005．科研院所社会公益研究专项资金重点项目课题"南极生物资源特性及其应用基础研究"（2001DIA50040-6）结题验收报告．

王红梅，彭玉娇，林学政．2014．南极适冷菌 Pseudomonas sp. P4-11 抑菌活性物质的分离纯化与结构鉴定．广东农业科学，41（3）：149-152．

王荣，陈时华．1989．南极半岛西北海域大磷虾幼体分布研究．中国第一届南大洋考察学术讨论会论文集．上海：上海科学技术出版社，136-142．

王荣，郭南麟，陈雪忠，等．1998．普里兹湾地区南极磷虾的资源状况与种群结构．中国南极考察科学研究成果与进展．北京：海洋出版社，3-16．

王荣，鲁北伟，李超伦，等．1995．南极磷虾种群年龄结构的体长频数分布的分布混合分析．海洋与湖沼，26（5）：1-10．

王荣，张云波，仲学锋，等．1993．普里兹湾邻近海域大磷虾（Euphausia superba Dana）的生殖特点研究．南极研究，5（4）：12-21．

王荣，仲学锋，孙松，等．1993．普里兹湾邻近海域大磷虾（Euphausia superba Dana）种群结构研究．南极研究，5（4）：1-11．

王水琦，曾润颖，张金伟．2007．南极耐冷 Pseudomonas sp. 7323 低温脂肪酶的性质及基因克隆．中国生物化学与分子生物学报，23：271-277．

俞勇，李会荣，陈波，等．1株产海藻糖合成酶南极海洋低温细菌的鉴定．极地研究，17（2）：127-132．

张波涛，缪锦来，李光友，等．2004．极地微生物活性物质研究进展．海洋科学，28：58-63．

张金伟，曾润颖．2006．南极深海沉积物宏基因组 DNA 中低温脂肪酶基因的克隆、表达及性质分析．生物化学与生物物理进展，33：1207-1214．

朱根海．1988．南极大磷虾胃含物中浮游植物的初步分析．海洋学报，10（5）：646-655．

朱国平．2012．基于广义可加模型研究时间和环境因子对南极半岛北部南极磷虾渔场的影响．水产学报，36（12）：1863-1872．

朱天骄．2009．南极放线菌药用资源的调查及次级代谢产物研究．青岛：中国海洋大学．

Akkinson A, Siegel V, Pakhomov E and Rothery P, 2004. Long term decline in krill stock and increase in salps within the Southern Ocean. Nature, 2004, 432: 100-103.

Bringmann G, Lang G, Maksimenka K, Hamm A, Gulder T A, Dieter A, Bull A T, Stach J E, Kocher N, Müller W E, Fiedler H P. 2005. Gephyromycin, the first bridged angucyclinone, from Streptomyces griseus strain NTK 14 [J]. Phytochemistry, 66: 1366-1373.

Bruntner C, Binder T, Pathom-aree W, Goodfellow M, Bull A T, Potterat O, Puder C, Hörer S, Schmid A, Bolek W, Wagner K, Mihm G, Fiedler H P. 2005. Frigocyclinone, a Novel Angucyclinone Antibiotic Produced by a Streptomyces griseus Strain from Antarctica [J]. J Antibiot, 58 (5): 346-349.

Cavicchioli R, Siddiqui K S, Andrews D, Sowers K R. 2002. Low-temperature extremophiles and their applications [J]. Current Opinion in Biotechnology, 13: 253-261.

Che Shuai, Song Lai, Song Werizhi, Yang Meng, Liu Guiming, Lin Xuezheng, 2013. Complete genome sequence of Antarctic bacterium Psychrobacter sp. strain G. Genome Announc. 1 (5): e00725-13.

Chen LB, DeVries AL, Cheng CHC, 1997. Evolution ofantifreeze glycoprotein gene from a trypsinogen gene inAntarctic notothenioid fish. Proceedings of the NationalAcademy of Sciences, USA, 94: 3811-3816.

Chen ZZ, Cheng CHC, Zhang JF, Cao LX, Chen L, Zhou LH, Jin YD, Ye H, Deng C, Dai ZH, Xu QH, Hu P, Sun SH, Shen Y, Chen LB, 2008. Transcriptomic and genomicevolution under constant cold in Antarctic notothenioid fish. Proceedings of the National Academy of Sciences, USA, 105: 12944-12949.

Cheng CHC, Chen LB, Near TJ, Jin Y, 2003. Functionalantifreeze glycoprotein genes in temperate-water NewZealand notothenioid fish infer an Antarctic evolutionaryorigin. Molecular Biology and Evolution, 20: 1897-1908.

Clare H R. 2001. Cold adaptation in Arctic and Antarctic fungi [J]. New Phytologist, 151: 341-353.

Clarke A, Crame JA, 1989. The origin of the Southern Ocean marine fauna. In: Origins and Evolution of the Antarctic Biota (ed. Crame JA). Geological Society Special Publication, 47: 253-268.

Coppe A, Agostini C, Marino IAM, Zane L, BargellioniL, Bortoluzzi S, Patamello T, 2013. Genome evolution in thecold: Antarctic icefish muscle transcriptome revealsselective duplications increasing mitochondrial function. Genome Biology and Evolution, 5: 45-60.

Coppes PZL, Somero GN, 2007. Biochemical adaptations ofnotothenioid fishes: comparisons between cold temperateSouth American and New Zealand species and Antarcticspecies. Comparative Biochemistry and Physiology, Part A: Molecular& Integrative Physiology, 147: 799-807.

Cui Shuoshuo, Lin Xuezheng, Shen Jihong, 2011. Effects of co-expression of molecular chaperones on heterologous soluble expression of the cold-active lipase LIP-948. Protein Expression and Purification, 77: 166-172.

Deng C, Cheng CH C, Ye H, He XM, Chen LB, 2010. Evolution of an antifreeze protein by neofunctionalization under escape from adaptive conflict. Proceedings of the National Academy of Sciences, 107 (50): 21593-8.

DeVries AL, Cheng C, 2005. Antifreeze proteins and organismal freezing avoidance in polar fishes. Fish physiology, 22: 155.

Eastman JT, 1993. Antarctic Fish Biology: Evolution in a Unique Environment. Academic Press, San Diego.

Eastman JT, 2005. The nature of the diversity of Antarctic fish. Polar Biology, 28: 93-107.

Francis JE, Poole I, 2002. Cretaceous and early Tertiary climates of Antarctica: evidence from fossil wood. PalaeogeogrPalaeocl, 182 (1-2): 47-64.

Grove TJ, Hendrickson JW, Sidell BD, 2004. Two species ofAntarctic icefishes (genus Champsocephalus) share acommon genetic lesion leading to the loss of myoglobinexpression. Polar Biology, 27: 579-585.

Hofmann GE, Buckley BA, Airaksinen S, Keen JE, SomeroGN, 2000. Heat-shock protein expression is absent in theAntarctic fish Trematomusbernacchii (family Nototheniidae). Journal of Experimental Biology, 203: 2331-2339.

Ivanova V, Kolarova M, Aleksieva K, Graefe U, Schlegel B. 2007. Diphenylether and Macrotriolides occurring in a fungal isolate from the antarctic lichen Neuropogon [J]. Prep Biochem Biotech, 37: 39-45.

Ivanova V, Kolarova M, Aleksieva K, Gräfe U, Dahse HM, Laatsch H. 2007. Microbiaeratin, a new natural indole alkaloid from a Microbispora aerata strain, isolated from Livingston Island, Antarctica [J]. Prep Biochem Biotech, 37: 161-168.

Ivanova V, Oriol M, Montes MJ, García A, Guinea J. 2001. Secondary metabolites from a Streptomyces strain isolated from Livingston Island, Antarctica [J]. Z Naturforsh, 56: 1-5.

Jayatilake GS, Thornton MP, Leonard AC, Grimwade JE, Baker BJ. 1996. Metabolites from an Antarctic Sponge-Associated Bacterium, Pseudomonas aeruginosa [J]. J Nat Prod, 59 (3): 293-296.

Jennings S and Revil AS, 2007. The role of gear technologists in supporting an ecosystem approach to fisheries. ICES Journal of Marine Science, 64 (8): 1525-1534.

Kimura H, Weisz A, Kurashima Y, Hashimoto K, Ogura T, D'Acquisto F, Addeo R, Makuuchi M, Esumi H, 2000. Hypoxia response element of the human vascularendothelial growth factor gene mediates transcriptionalregulation by nitric oxide: control of hypoxia-induciblefactor-1 activity by nitric oxide. Blood, 95: 189-197.

Lebar MD, Heimbegner JL, Baker BJ. 2007. Cold-water marine natural products [J]. Nat Prod Rep, 24: 774-797.

Li L, Li D, Luan Y, Gu Q, Zhu T. 2012. Cytotoxic metabolites from the antarctic psychrophilic fungus Oidiodendron truncatum [J]. J Nat Prod, 75: 920-927.

Li Y, Sun B, Liu S, Jiang L, Liu X, Zhang H, Che Y. 2008. Bioactive asterric acid derivatives from the antarctic Ascomycete fungus Geomyces sp. [J]. J Nat Prod, 71: 1643-1646.

Lin AQ, Wu GW, Gu QQ, Zhu TJ, Li DH. 2013. New eremophilane-type sesquiterpenes from an Antarctic deepsea derived fungus, Penicillium sp. PR19 N-1 [J] Arch. Pharm. Res. DOI 10.1007/s12272-013-0246-8.

Lin Xuezheng, Cui Shuoshuo, Xu Guoying, Wang Shuai, Du Ning, Shen Jihong, 2010. Cloning and heterologous expression of two cold-active lipases from Antarctic bacterium Psychrobacter sp. G. Polar research, 29: 421-429.

Meiling An, Shanli Mou, Xiaowen Zhang, Naihao Ye, Zhou Zheng, Shaona Cao, Dong Xu, Xiao Fan, Yitao Wang, Jinlai Miao. 2013. Temperature regulates fatty acid desaturases at a transcriptional level and modulates the fatty acid profile in the Antarctic microalga Chlamydomonas sp. ICE-L. Bioresource Technology. 134: 151-157.

Meiling An, Shanli Mou, Xiaowen Zhang, Zhou Zheng, Naihao Ye, Dongsheng Wang, Wei Zhang, Jinlai Miao. 2013. Expression of fatty acid desaturase genes and fatty acid accumulation in Chlamydomonas sp. ICE-L under salt stress. Bioresource Technology. 149: 77-83.

Minning DM, Gow AJ, Bonaventura J, Braun R, Dewhirst M, Goldberg DE, Stamler JS, 1999. Ascarishaemoglobin is anitric oxide-activated 'deoxygenase'. Nature, 401: 497-502.

Mitova M, Tutino ML, Infusini G, Marino G, De Rosa S. 2005. Extracellular peptides from Antarctic psychrophile Pseudoalteromonas haloplanktis [J]. Mar Biotechnol, 7: 523-531.

Mojib N, Philpott R, Huang JP, Niederweis M, Bej AK. 2010. Antimycobacterial activity in vitro of pigments isolated from Antarctic bacteria [J]. Antonie van Leeuwenhoek, 98: 531-540.

Near TJ, Dornburg A, Kuhn KL, Eastman JT, Pennington JN, Patarnello T, Zane L, Fernández DA, Jones CD, 2012. Ancient climate change, antifreeze, and the evolutionary diversification of Antarctic fishes. Proceedings of the National Academy of Sciences, 109 (9): 3434-3439.

Near TJ, Pesavento JJ, Cheng CHC, 2004. Phylogeneticinvestigations of Antarctic notothenioid fishes (Perciformes: Notothenioidei) using complete gene sequences of themitochondrial encoded 16SrRNA. Molecular Phylogeneticsand Evolution, 32: 881-891.

Nisoli E, Falcone S, Tonello C, Cozzi V, Palomba L, FioraniM, Pisconti A, Brunelli S, Cardile A, Francolini M, CantoniO, Carruba MO, Moncada S, Clementi E, 2004. Mitochondrial biogenesis by NO yields functionally activemitochondria in mammals. Proceedings of the NationalAcademy of Sciences, USA, 101: 16507-16512.

Onofri S, Zucconi L, Tosi S. 2007. Continental Antarctic Fungi [M]. Berlin, Germany: IHW-Verlag, 241-247.

Place SP, Hofmann GE, 2001. Temperature interactions of themolecular chaperone Hsc70 from theeurythermalmarinegobyGillichthys mirabilis. Journal of Experimental Biology, 204: 2675-2682.

Qi-Long Qin, Yang Li, Yan-Jiao Zhang, Zhe-Min Zhou, Wei-Xin Zhang, Xiu-Lan Chen, Xi-Ying Zhang, Bai-Cheng

Zou, Lei Wang, Yu-Zhong Zhang. 2011. Comparative genomics reveals a deep-sea sediment-adapted life style of Pseudoalteromonas sp. SM9913. ISME J. 5 (2): 274-284.

Ren J, Xue C, Tian L, Xu M, Chen J, Deng Z, Proksch P, Lin W. 2009. Asperelines A-F, peptaibols from the marine-derived fungus Trichoderma asperellum [J]. J Nat Prod, 72: 1036-1044.

Rizzello A, Romano A, Kottra G, Acierno R, Storelli C, VerriT, Daniel H, Maffia M, 2013. Protein cold adaptationstrategy via a unique seven-amino acid domain in the icefish (Chionodracohamatus) PEPT1 transporter. Proceedings ofthe National Academy of Sciences, USA, 110: 7068-7073.

Rothschild JJ, Mancinelli RL. 2001. Life in extreme environments [J]. Nature, 409 (6823): 1092-1101.

Shevenell AE, Kennett JP, Lea DW, 2004. Middle Miocenesouthern ocean cooling and Antarctic cryosphere expansion. Science, 305: 1766-1770.

Sidell BD, O'Brien KM, 2006. When bad things happen togood fish: the loss of hemoglobin and myoglobin expressionin Antarctic icefishes. Journal of Experimental Biology, 209: 1791-1802.

Somero GN, 2003. Protein adaptations to temperature and pressure: Complementaryroles of adaptive changes in amino acid sequence and internal milieu. Comparative Biochemistry and Physiology Part B: Biochemistry and Molecular Biology, 136 (4): 577-591.

Su J, Zhen YC, Qi CQ, Hu JL. 1995. Antibiotic C3368-A, a fungus-derived nucleoside transport inhibitor, potentiates the activity of antitumor drugs [J]. Cancer Chemother Pharmaco, 36: 149-154.

Sun S, Liu H, Ji P & Zhang Y. 2002. Using the krill compound eye to indicate krill growth condition around Antarctica. The 2nd GLOBEC Open Science Meeting, Qingdao China.

Suri C, McClain J, Thurston G, McDonald DM, Zhou H, Oldmixon EH, Sato TN, YancopoulosGD, 1998. Increasedvascularization in mice overexpressing angiopoietin-1. Science, 282: 468-471.

Thiele D, Chester ET, Moore SE, Sirovic A, Hildebrand JA and Friedlaende AS, 2004. Seasonal variability in whale encounters in the Western Antarctic peninsula. Deep-Sea Research II, 51: 2311-2325.

Wilson ZE, Bramble MA. 2009. Molecules derived from the extremes of life [J]. Nat Prod Rep, 26 (1): 44-71.

Wu GW, Lin AQ, Gu QQ, Zhu TJ, Li DH. 2013. Four new chloro-eremophilane sesquiterpenes from an Antarctic deep-sea derived fungus, Penicillium sp. PR19N-1. Mar. Drugs, 11: 1399-1408.

Wu GW, Ma H Y, Gu QQ, Zhu TJ, Li D H. 2012. Penilactones A and B, two novel polyketides from Antarctic deep-sea derived fungus Penicillium crustosum PRB-2 [J]. Tetrahedron, 68: 9745-9749.

Xu Guoying, Cui Shuoshuo, Lin Xuezheng, 2011. Cloning and heterologous expression of pro-2127, a gene encoding cold-active protease from Pseudoalteromonas sp. QI-1. Advances in Polar Science, 22 (2): 124-130.

Xu QH, Cheng CHC, Hu P, Ye H, Chen ZZ, Cao LX, Chen L, Shen Y, Chen LB, 2008. Adaptive evolution of hepcidingenes in Antarcticnototothenioid fishes. Molecular Biologyand Evolution, 25: 1099-1112.

Yang N, Peng C, Cheng D, Huang Q, Xu G, Gao F, Chen L, 2013. The over-expression of calmodulin from Antarcticnotothenioid fish increases cold tolerance in tobacco. Gene, 521: 32-37.

Yang Xiuxia, Lin Xuezheng, Fan Tingjun, Bian Ji, Huang Xiaohang, 2008. Cloning and Expression of lipP, A Gene Encoding a Cold-Adapted Lipase from Moritella sp. 2-5-10-1. Curr Microbiol, 56 (2): 194-198.

Yu Y, Li H, Zeng Y, Chen B. 2010. Phylogenetic diversity of culturable bacteria from Antarctic sandy intertidal sediments. Polar Biol. 33: 869-875.

Yu Y, Li HR, Zeng YX, Chen B. 2011. Bacterial Diversity and Bioprospecting for Cold-Active Hydrolytic Enzymes from Culturable Bacteria Associated with Sediment from Nella Fjord, Eastern Antarctica. Mar Drugs, 9: 184-195.

Zeng Yinxin, Yu Yong, Chen Bo, Li Huirong. Extracellular enzymatic activities of cold-adapted bacteria from polar oceans and effect of temperature and salinity on cell growth. Chinese Journal of Polar Science. 15 (2): 118-128.

Zhang, J., S. Lin, and R. Zeng. 2007. Cloning, expression, and characterization of a cold-adapted lipase gene from an antarctic deep-sea psychrotrophic bacterium, Psychrobacter sp 7195. J Microbiol Biotechnol 17: 604-10.

Zhong XF and Wang R, 1995. Reproduction characteristics of the Antarctic krill, *Euphausia superba* Dana, in the Prydz Bay region. Antarctic Research, 6 (1): 58–72.

组稿人： 陈波[1]黄洪亮[2]；**撰稿人：** 陈波[1]黄洪亮[2]陈雪忠[2]李超伦[3]孙松[3]陈良标[4]李德海[5]林学政[6]从柏林[6]张玉忠[7]秦启龙[7]。

陈波完成概述、微生物多样性和酶学部分编写，黄洪亮、陈雪忠、李超伦、孙松完成南极磷虾资源调查与研究部分编写；陈良标完成南极鱼类的生态适应和基因组进化研究部分编写；林学政、张玉忠、秦启龙、从柏林协同完成微生物多样性和酶学研究部分编写；李德海完成微生物活性代谢产物研究部分编写。

1 中国极地研究中心　上海　200136

2 中国水产科学院东海水产研究所　上海　200090

3 中国科学院海洋研究所　青岛　266071

4 上海海洋大学水产与生命学院　上海　201306

5 中国海洋大学药学院　青岛　266100

6 国家海洋局第一海洋研究所　青岛　266061

7 山东大学微生物技术国家重点实验室　济南　250100

第6章 海洋地质学考察与研究

概　述

南极地区包括南极洲和南大洋，集中了地球表面90%的冰川，是地球系统的最大冷源和全球气候变化的主要驱动器之一。作为地球系统的重要组成部分，南极系统包含大气、冰雪、海洋、陆地和生物等多圈层的相互作用过程，又通过大气和海洋环流的经向传输与低纬度地区紧密联系起来。南大洋不仅将南极大陆包围，对南极大陆和冰盖起着"隔热"作用，同时将全球大洋及其温盐循环贯穿起来，对全球碳循环和大气二氧化碳浓度具有重要的调控作用，在新生代地球环境和气候的演变中扮演着重要的角色（Mayewski et al.，2009）。近百年来，全球变暖显著，自然灾害频发，人类活动对气候变化的影响也日益突出。来自南极冰芯、海洋沉积物、仪器观测和数值模拟的大量数据表明，南半球高纬地区在全球气候变化过程中具有领先地位，南极大陆和海洋环境正在发生显著变化，如南极半岛等地区气温明显升高，冰架逐渐崩塌和退缩，大陆和海洋无冰区面积增大，海洋生物量随之增加，是目前全球气候变暖最快的区域之一（Vaughan et al.，2003），这些变化使得南极地区迅速成为当今世界科技、社会关注的焦点。南极周边海域沉积物类型及来源多样，包括陆源、火山源、生物源、自生源及宇宙成因物质等，其表层沉积物是现代南极大陆（岩石圈）、海洋、冰雪（冰盖、冰架、海冰）、大气和生物等多圈层相互作用的结果，其丰厚的沉积地层记录则是了解过去（年际至千万年际）南极环境和气候变化的主要载体之一。自1984年我国首次南极考察以来，先后在长城站所在的南极半岛周边海域和中山站所在的普里兹湾海域开展了多次的海洋地质考察，取得了大量宝贵的样品，许多学者从表层沉积物粒度、矿物、地球化学、微体古生物等角度对该地区海底沉积物类型、组成、物质来源及冰海沉积作用等进行了分析和研究，从柱状沉积物记录分析深入分析了该地区晚第四纪古环境、古气候和古海洋学的演变，为国际南极研究作出了重要贡献。近年来，随着"南北极环境综合考察与评估"专项（简称"极地专项"）的实施，南极海洋地质考察与研究工作得以快速发展，大量成果将陆续发表。

6.1 南极海洋地质考察

我国从20世纪80年代开始了连续的南极科学考察与研究，从1984年至2013年先后通过"极地"号、"雪龙"号、"海洋四号"科学考察船进行了30次南极科学考察，涉及水文、气象、生物、地质和地球物理等学科，取得了宝贵的资料、样品和数据。1984年进行的首次南极科学考察在南极半岛周边海域采集了34个表层沉积样品，基于沉积物的粒度、碎屑矿物、黏土矿物、化学、硅藻、放射虫、有孔虫、钙质超微化石、氧同位素、^{14}C测年等分析对海底沉积物类型、物质来源、沉积作用等问题进行了讨论和总结（图6-1）。1990年10月—1991年5月，"海洋四号"考察船在南极半岛西北海域及南设得兰群岛区执行了中国第7次南极科学考察航次，比较系统地开展了海陆结合的地质科学考察，取得了43站表层沉积物和柱状沉积物样品（图6-1）。20世纪90年代，我国实施了"南极大陆和陆架盆地岩石圈结构、形成、演化和地球动力以及重要矿产资源潜力研究"和"南极地区对全球变化的响应与反馈作用研究"等项目，前者编制了1∶5 000 000南极洲地质图和布兰斯菲尔德半岛地貌与第四纪地质图、土壤图以及中山站一带1∶10 000地形图。1992年10月—1993年4月，中国第9次南极科学考察航次开展了南斯科舍海、普里兹湾及其邻近海域的综合海洋考察，在5个站位上采集海洋沉积柱状样10个。1994年10月—1995年3月，中国第11次南极科学考察航次南大洋考察安排了"南大洋磷虾资源开发与综合利用预研究"项目现场调查和"晚更新晚期以来南极气候与环境演变及现代环境背景研究"项目中的海底沉积物取样工作，在普里兹湾等海域获取了多站柱状沉积物样品。2007年11月—2008年4月，中国第24次南极科学考察航次在普里兹湾海域获取了10站表层沉积物样品。纵观我国南极近30年的考察历史，海洋地质考察航次为数不多，考察区域也基本上局限在长城站和中山站近岸海域，极大地制约了我国南极海洋沉积学和古海洋学的研究。

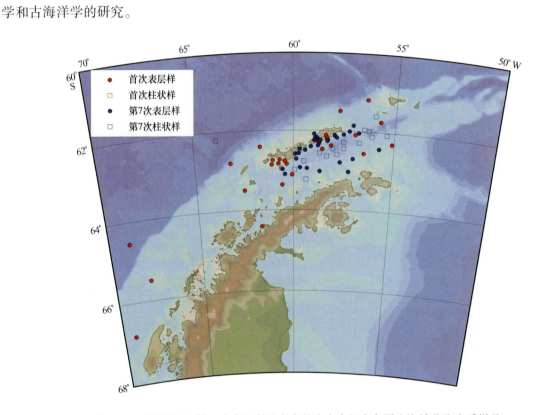

图6-1　中国首次和第7次南极科学考察航次在南极半岛周边海域获取底质样品

"南北极环境综合考察与评估"专项（简称极地专项）于2012年2月24日在北京正式启动。专项前期，于2011年10月29日—2012年4月8日执行了以南极半岛周边海域为重点的1个试点航次（第28次南极考察），在南极半岛北部海域获取悬浮体样品19站、表层沉积物样品8站、砾石样品6站、柱状样品6站（图6-2）。于2013年1月18日—2013年3月26日执行了以普里兹湾为重点的正式航次考察（第29次南极考察），在普里兹湾及及邻近海域获取悬浮体样品61站、箱式样品20站、多管样品9站、柱状沉积物样品10站（图6-3）。于2014年2月1日—2014年3月26日，通过第30次南极考察，在南极半岛东北部海域获取悬浮体样品33站、箱式样品15站、多管样品3站、柱状沉积物样品6站,在普里兹湾海域获取悬浮体样品7站、箱式样品1站、多管样品2站、柱状沉积物样品2站(图6-2和图6-3),为后续研究提供了宝贵的资料和样品。

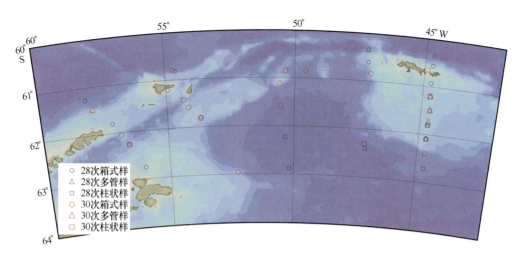

图6-2 第28次、第30次南极考察在南极半岛周边海域的地质取样站位

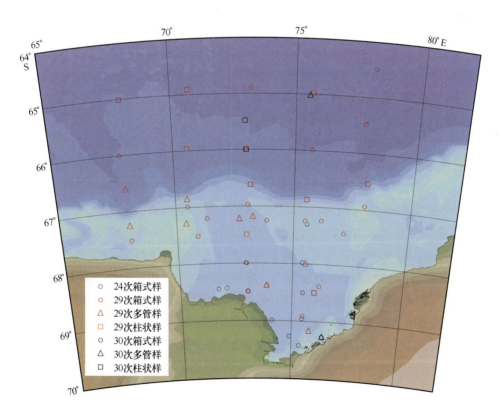

图6-3 第24次、第29次、第30次南极考察在普里兹湾海域的地质取样站位

6.2 南极海洋地质研究

中国南极的海洋地质研究主要集中在南极半岛周边海域和普里兹湾海域。南极半岛周边海域冰海沉积物的搬运介质以冰山筏运为主，自西南极大陆、南极半岛以及布兰斯菲尔德群岛冰川、冰架解体的冰山，随着海流的漂移和自身的融化，将封冻其中的陆源碎屑物质卸载并沉降到海底。海流对沉积物的影响较为明显，砾石、砂、粉砂以及黏土的含量具有较好的规律性，沉积物类型随地形变化而呈有规律的分布（吴能友等，2002；王春娟等，2014）。南极半岛周边海域表层沉积物中矿物和元素分布的研究发现，可分为 3 个矿物区和 3 种矿物组合类型：①基性火山碎屑矿物沉积区，主要位于南设得兰群岛海湾及附近海域，矿物组合类型为辉石–火山玻屑型；②中酸性火成碎屑矿物沉积区，主要位于博伊德海峡以西；③基性火山碎屑矿物和变质矿物混合沉积区，主要位于南设得兰群岛东面海域，矿物组合类型为辉石–绿帘石–石榴石型（赵奎寰，1987；马克俭，1990；刘忠诚等，2014）。南极长城站地区黏土矿物的空间分布与某些元素的地球化学行为之间的相关关系研究表明，钙和镁元素是高岭石生成的主要控制因子，高岭石的空间分布是两者共同作用的结果；硅、钙、镁和铁元素的地球化学行为与蒙脱石在空间上的含量变化有明显的相关关系；硅元素对蒙脱石的生成起到了较大的作用（赵全基和张壮域，1990；高水土，1990；李锋和李天杰，1997）。南极布兰斯菲尔德海峡和长城站区沉积物中微量元素分布状况的研究，指出该海区沉积物的分布是受海峡两侧火山源及陆源物质迁移的影响。南极布兰斯菲尔德海峡沉积物中微量元素分布状况的研究，指出该海区沉积物的分布是受海峡两侧火山源及陆源物质迁移的影响（王先兰，1991，1993；沈恒培，1995；吴能友等，2000）。西南极南极半岛附近海域表层沉积物分子生物标志化合物组成及有机地球化学特征的研究显示，绝大部分站位表层沉积物达到成熟油特征范围（韩喜彬等，2014）。南极半岛西北海域表层沉积物中硅藻地初步研究表明，浮游硅藻种类共有 66 余种，而海底表层沉积物中所见到的浮游硅藻不超过 20 种，说明本海区的浮游硅藻只有少量进入了海底表层沉积物中（詹玉芬，1988）。南极半岛西部海域表层沉积物中有孔虫的研究发现，瓷质壳有孔虫在半深海、深水及高纬度罕见。胶结壳有孔虫在边缘海域、半深海和深海环境中最常见。玻璃质有孔虫出现在碳酸盐补偿深度以上的各个区域，在大陆架和半深海沉积物中较丰富（李元芳和张青松，1986；李芝君等，1987）。南极半岛附近海域由于地处高纬，有孔虫含量低，且不易保存，这使得传统有孔虫测年在该地区受到限制（岳云章，1989；赵烨和李容全，1999；胡世玲等，1995；郑祥身等，1997；葛淑兰等，2014；聂森艳等，2014），因此年代框架的精确建立在该地区显得尤为重要。有机碳 AMS^{14}C 测年，磁化率对比定年等在该地区均作为地层划分对比的工具。南极半岛附近海域火山灰在地质构造、年代框架建立等方面的研究发挥了重要作用（王碧香等，1991；郑祥身和鄂莫岚，1991；朱铭等，1991；郑祥身，1994；郑坚等，1995；胡世玲等，1995；薛耀松等，1996；聂森艳等，2014）。来自南极半岛湖泊和布兰斯菲尔德海峡的末次间冰期以来古气候记录了多次的气候暖期，对应于区域性和低纬度的的快速气候变化事件，显示南极半岛对全球气候变化的响应和反馈（赵俊琳，1991；曹俊忠和李天杰，1997；孙立广等，2000；李小梅等，2002；吴能友等，1998；聂森艳等，2014）。南极半岛附近海域钙质微体化石并不易保存，这促进了南极半岛微体化石的多元化的研究，如有孔虫、硅藻、介形虫及孢粉等（勾韵娴和李元芳，1985；勾韵娴，1994；蔡慧梅，1996；段威武和曹流，1998；段威武；1997；陈超云，1996；申佑林，1997）。利用沉积物物理参数记录包括密度、电导率、地磁场参数等再一次证明太平洋板块对南设德兰群岛的俯冲造成该地区深部基性成分较多（王工念等，1997）；利用大量的重力测量数据建立了布兰斯菲尔德海峡密度模型，并推导出该地区莫霍面深度–布格异常关系表达式，绘制出盆地的莫霍面深度图（梁东红和陈邦彦，1997）。除了在地质构造方面的贡献外，地球物理参数还应用于布兰斯菲尔德海峡的古气候与古环境重建（吴能友等，1998）。有关南极半岛附近海域较长时间尺度上沉积特征的记录来源于南极半岛布兰斯菲尔德海峡的冰海沉积记录，晚更新世以来沉积物物源多样，生源补给占重要地位，而硅质生物贡献占主要地位，沉积速率整体较快，沉积作用受高水位/间冰期与低水位/冰期交替变化的影响（段威武，1995；王百顺等，2014；聂森艳等，2014）。

普里兹湾海域表层水体悬浮体浓度和颗粒物扫描电镜图像和能谱的半定量分析显示了悬浮体的物质组成与分布特征，悬浮体物质组成和分布的控制因素，以及悬浮颗粒物的絮凝作用（方建勇等，2014）。2013 年夏季普里兹湾表层悬浮颗粒有机碳（POC）分布呈现近岸高于远岸，西部高于东部的特征。颗粒有机碳的高值区主要分布在冰架附近，与表层水体叶绿素 a（Chl a）浓度和海冰覆盖率分布趋势基本一致。悬浮颗粒物 $\delta^{13}C$ 值上从东向西逐渐偏负，而调查区东部从近岸向远海逐渐偏负，反映该海域 $\delta^{13}C$ 分布特征主要受到浮游植物吸收、固定二氧化碳速率的影响（尹希杰等，2014）。普里兹湾表层沉积物中的粒度组成、矿物成分、稀土元素的含量、化学元素硅和锗、有机碳和糖类、生物标志物等的分析结果都反映区域性的分布规律与环境的关系（陈建林，1986；于培松等，2008；扈传昱等，2012；王志等，2012；沈忱等，2013；赵军等，2014）。普里兹湾表层沉积物中孢粉含量与分布特征显示，普里兹湾表层沉积物中孢粉由现代孢粉和再沉积孢粉组成，其中，现代孢粉主要来自南半球热带地区以及南极大陆周围其他陆地，风可能是将这些现代花粉长距离携带至普里兹湾的主要载体；在沉积孢粉的组成、丰度及分布格局来看，可能属于近源剥蚀成因，通过冰川的刨食和搬运，从埃默里冰架、克里斯腾森海岸等地进入普里兹湾（陈金霞等，2014）。南极普里兹湾陆架和外陆坡的两个岩心晚第四纪以来的沉积学、粒度和矿物学、元素地球化学、古地磁与磁组构、有孔虫和硅藻等，都记录了海因里奇（Heinrich）1 事件、新仙女木事件、全新世低温事件等，这表明南极地区的气候变化与全球气候变化是一致的（王保贵等，1996；侯红明等，1996；吴时国等，1998；古森昌和颜文，1997；侯红明等，1997；Hou et al.，1998；侯红明和罗又郎，1998；涂霞等，1996；Tu and Zhen，1996；陆均，1997）。

6.3 南极海洋地质研究的重要进展

6.3.1 南极半岛附近海域表层沉积物的研究及其环境指示意义

南极半岛周边海域海洋地质考察与研究主要集中在 40°~70°W 之间，涉及别林斯高晋海（Bellingshausen Sea）、布兰斯菲尔德海峡（Brendsfield Strait）、鲍威尔海盆（Powell Basin）、珍海盆（the Jane Basin）、威德尔海（Weddel Sea）、斯科舍海（the Scotia Sea）、德雷克海峡（the Drake Strait）等海域。

6.3.1.1 表层沉积物中粒度分布及其沉积动力环境

南极半岛周边海域海底沉积物为具有明显的冰川–海洋环境标志为典型的冰海沉积物。通过南极布兰斯菲尔德海峡 43 个站位沉积物的粒度、成分、结构构造、微体古生物、石英颗粒表面结构等特征综合分析，吴能友等（2002）对研究区的冰海沉积物类型及其分区和沉积环境进行初步研究，并讨论间冰期高水位和冰期低水位的沉积模式。冰海沉积物可分为残副冰馈物和混合副冰破物两类不同类型的冰海沉积物有着不同的介质条件和相应的生物组合，反映一定的沉积环境，研究区现代冰海沉积物类型可分为个特征明显不同的区域间冰期高水位和冰期低水位的沉积模式具有明显不同的特征，受控于全球气候演变和岸线轮廓、海底地形及水文条件等环境因素的制约。

综合第 28 次南极科学考察和国内外历史资料，王春娟等（2014）对南极半岛东北部海域表层沉积物粒度组成和分布、沉积物来源、沉积作用特点等进行了系统分析。根据沉积物主要粒级的百分含量，将表层沉积物分为 4 大类：砾质、砂质、粉砂质以及泥质沉积物。根据不同的水深和地貌单元可分为陆架（或岛架）碎屑沉积物、陆坡（或岛坡）沉积物和深海沉积物。根据冰海沉积物划分依据，南极半岛周边海域的冰海沉积物呈现了几种副冰碛物特征，即以沙砾为主的Ⅰ型残副冰碛物和以粉沙和泥为主的Ⅱ型混合副冰碛物，前者又细分为基本缺乏粉砂和泥的ⅠA型残副冰碛物、含粉砂和泥的ⅠB型残副冰碛物，后者又分为含沙砾的ⅡA型与基本缺乏砂砾的ⅡB型混合副冰碛物，几种副冰碛物的分布呈现一定的规律性（图6-4）。南极半岛周边海域冰海沉积物的搬运介质以冰山筏运为主，自西南极大陆、南极半岛以及布兰斯菲尔德群岛冰川、冰架解体的冰山，随着海流的漂移和自身的融化，将封冻其中的陆源碎屑物质卸载并沉降到海底。研究区内海流对沉积物的影响较为明显，砾石、砂、粉砂以及黏土的含量在研究区内具有较好的规律性，沉积物类型随地形变化而呈有规律的分布。

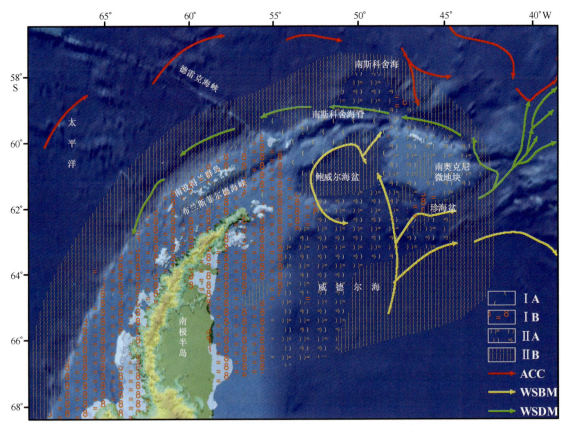

图 6-4　南极半岛周边海域冰海沉积物类型与环流联系（王春娟等，2014）

6.3.1.2 表层沉积物中矿物分布模式及其与陆源物质的输入

南极长城站海湾的重矿物组成和南极半岛西北部海域 23 个表层沉积物中碎屑矿物的分析研究发现，主要矿物有单斜辉石、斜方辉石、角闪石、绿帘石、磁铁矿、钛铁矿、黄铁矿、白云母、黑云母、绿泥石、橄榄石、玄武闪石、石榴石、锆石、金红石及火山玻璃、斜长石、石英等。根据矿物和元素分布特征，可分为 3 个矿物区和 3 种矿物组合类型：①基性火山碎屑矿物沉积区，主要位于南设得兰群岛海湾及附近海域，矿物组合类型为辉石-火山玻屑型。化学组成以高铁、镍、钴、铬为特征，稀土分布模式与玄武岩相一致。②中酸性火成碎屑矿物沉积区，主要位于博伊德海峡以西、以东海域，矿物组合类型为辉石-绿帘石-角闪石型，化学元素中铁族元素的含量降低，而亲石元素的含量显著增加，稀土分布模式与中酸性岩石相一致，反映中酸性火成岩的特征，物源区主要来自南极半岛西海岸酸性、基性以中酸性为主的岩石风化产物，同时也受到来自南设得兰群岛基性火山岩的影响。③基性火山碎屑矿物和变质矿物混合沉积区，主要位于南设得兰群岛东面海域，矿物组合类型为辉石-绿帘石-石榴石型。化学特征与稀土分布模式与②区相近，不但有来自南设得兰群岛的基性火山碎屑沉积，而且也有来自象岛的变质岩（石榴钠长片岩等）碎屑沉积，形成火山岩和变质岩碎屑的混合沉积区（赵奎寰，1987；马克俭等，1990）。

基于南极半岛东北部海域 15 个表层沉积物样品和 1 个柱状样的碎屑矿物学分析，刘忠诚等（2014）对该区的沉积环境与物质来源进行了相关分析。该区碎屑矿物共有 31 种，其中重矿物 19 种，以石榴子石、紫苏辉石、角闪石、绿帘石为主；轻矿物 12 种，以石英、斜长石、火山玻璃（褐色、无色）为主。根据矿物组合分布特征，研究区可以划分为 2 个碎屑物沉积区（图 6-5）：Ⅰ区为辉石-磁铁矿-火山玻璃型，主要物质来源为南设得兰群岛及南极半岛北段火山岩与火山喷发物，冰川为其主要搬运介质和动力来源；Ⅱ区为石榴子石-绿帘石-角闪石-石英型，南奥克尼群岛物质、南极绕极环流搬运南极半岛及其附近岛屿的物质对该区沉积物均有贡献。

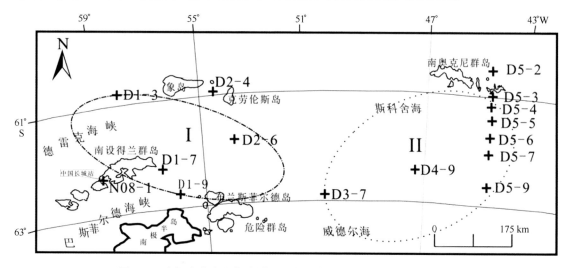

图 6-5 南极半岛东北部海域重矿物矿物分区（刘忠诚等，2014）

（Ⅰ区为辉石-磁铁矿-火山玻璃型；Ⅱ区为石榴子石-绿帘石-角闪石-石英型）

基于南设德兰群岛西海域 S11 岩心中重、轻矿物的分析，李志珍（1989）按矿物在垂直方向上的变化和优势矿物种确定了矿物组合类型，并将晚更新世到全新世的沉积地层划分为上火山碎屑矿物沉积层、中火山碎屑矿物沉积层、火成及沉积作用的探讨。南极长城湾沉积物中黏土矿物的研究表明，该区黏土矿物以绿泥石为主，其次为伊利石、蒙脱石、高岭石，黏土矿物主要来源于南极大陆（赵全基和张壮域，1990）。南极半岛西部海域表层沉积物和岩心 S11 样品的分析表明，该区黏土矿物由蒙脱石、伊利石、绿泥石和高岭石组成；表层沉积物中以蒙脱石和伊利石两种矿物占优势。蒙脱石的变化趋势由北向南递减，在南设得兰群岛周围海区含量最高；伊利石的变化趋势与蒙脱石相反，主要分布在南极半岛西北侧；岩心 S11 中，蒙脱石含量随深度增大而减少，伊利石和绿泥石含量随深度增大而增高，表明蒙脱石在间冰期沉积物中最丰富，而伊利石和绿泥石在冰期沉积物中最丰富（高水土，1990）。南极长城站地区黏土矿物的空间分布与某些元素的地球化学行为之间的相关关系的研究表明，钙和镁元素是高岭石生成的主要控制因子，高岭石的空间分布是两者共同作用的结果；硅、钙、镁和铁元素的地球化学行为与蒙脱石在空间上的含量变化有明显的相关关系；硅元素对蒙脱石的生成起到了较大的作用（李锋和李天杰，1997）。

6.3.1.3 表层沉积物中元素地球化学及其环境意义

南极长城湾沉积物中稀土元素的分布特征分析结果表明：①长城湾沉积物中稀土元素总含量不高，由岸向海丰度出现由低到高、波动幅度由大到小的变化，可能主要与沉积物组成和粒度有关。②沉积物稀土配分模式的特征参数，可以与菲尔德斯半岛火山岩进行类比，即属于轻稀土轻度富集、适度分离型配分模式，具有岛弧拉斑玄武岩和钙碱性玄武岩双重特征。表明该区沉积物成熟度较低，对蚀源区母岩性质的继承性较好。③根据 $\sum Ce / \sum Y$、δEu 和 $\sum REE$ 等稀土特征值，可判明海湾沉积物的母岩主要是菲尔德斯半岛上广泛发育的火山熔岩，其次为酸性岩石的基岩变种（王先兰，1991）。南极长城湾沉积物的地球化学特征的分析表明，长城湾沉积物和菲尔德斯半岛火山岩之间，常量和稀土元素地球化学特征的一致性，王先兰（1993）据此探讨了海湾沉积物的特征、物质来源和母岩的性质。依据环境要素的变化，将海湾划分为 3 个区，即：沿岸侵蚀氧化环境区、长城湾内低能还原环境区、长城湾口为弱氧化环境区。

通过南极布兰斯菲尔德海峡 26 个站位表层沉积物的地球化学组成的因子分析和相关分析，吴能友等（2000）探讨了影响表层沉积物地球化学特征的主要因素，揭示了控制沉积物特征的地球化学作用。结果表明：①岛（陆）架-岛坡区表层沉积物的地球化学特征较复杂，受到多种地球化学因素的影响，但最主要的是受沉积区离岸远近和水深大小等因素控制的钙质生物、硅质生物和陆源碎屑的沉积作用，其次为中酸性火山碎屑沉积作用与基性火山碎屑沉积作用。根据主要地球化学成分在表层沉积物中的分布模式，可将它们归为 5 组：二氧化硅、有机碳、氧化钾、硼和钡；氧化钙和镧；氧化锰和全铁；氧化钛、氧化钠、镱、钇；氧化镁、钴、镍、锶、铬。②海槽-陆坡区表层沉积物的地球化学特征主要受硅质碎屑沉积和黏土质陆源、火山碎屑在时空上的交替沉积所控制，宇宙源沉积、自生沉积、碱性火山碎屑沉积、热液作用等影响较小。根据主要地球化学成分在表层沉积物中的分布模式，可将它们归为 5 组：二氧化硅、氧化钾、有机碳、硼、钡；全铁、氧化铝、氧化钛、氧化钙、锶、铅；铍、锆、铬；氧化镁、氧化钠、钪；氧化锰、镍、钴、镧、镱、钇、镓、钼、铌、铜。

通过南极布兰斯菲尔德海峡沉积物中微量元素分布状况的研究，沈恒培（1995）指出该海区沉积物的分布是受海峡两侧火山源及陆源物质迁移的影响。特别是北侧南设得兰群岛基性火山岩矿物对岛架和岛坡都有明显的影响，直至深海槽区才有所减弱，逐渐反映出海洋沉积物的一般地球化学特征；而南极半岛一侧由于地形相对平缓，陆源物质的影响比北侧弱，从沉积物微量元素分布特征表明，本海峡沉积物与深海大洋或边缘海沉积物相比，具有一定的特性，这种特性表现于它受到海峡两侧岛屿的陆源物质影响特别强烈，来自南设得兰群岛的基性火山岩风化剥蚀与来自南极半岛的中酸性火成岩风化物质的迁移，使本海区的微量元素受到制约，如上述的铬、钒等火山岩中丰度高的元素在该区域明显偏高，而一般海洋沉积物丰度较高的硼、钡等在该区明显偏低，只有在深海槽，这种影响逐渐减弱，此时才出现海洋沉积物的一般地球化学特征。由此可见，本海区受陆源物质迁移影响极为明显，其影响程度与水深有关。

根据首次南大洋考察所取得的样品和资料，通过萃取液萃取并利用荧光素法测定不同形态硒，潘建明等（1998）对硒在南大洋沉积物中的地球化学状态进行了研究。结果表明，西南大洋表层沉积物的总硒含量为 $278 \times 10^{-9} \sim 1\,168 \times 10^{-9}$，其与黏土粒级有较密切的关系。硒含量的地理分布表现为海湾>半深海>外陆架。沉积物中硒含量不同，但其地球化学形态分配比基本相同，分别为可交换态占15%，有机结合态占36%，无机盐态占4%，晶质氧化物态占9%，矿物晶格态占37%。沉积物剖面中间隙水硒的含量变化与铁一致，在铁氧化物还原带达到峰值；可交换态硒的含量随深度的增加而升高，而晶质氧化物态的含量则随深度而降低；有机质的早期成岩分解是沉积硒参与再循环的主要来源；计算得出沉积柱表面逸入上覆海水的硒通量为 $3.5\ \text{ng/}(\text{cm}^2 \cdot \text{a})$，沉积通量为 $13.4\ \text{ng/}(\text{cm}^2 \cdot \text{a})$。与其他典型的生命元素如氮、磷、碘等不同，硒的沉积地球化学过程为生命活动所控制的，不到其总量的50%。

采用气相色谱和三维全扫描荧光光谱分析，卢冰等（1997）研究了南极布兰斯菲尔德海峡表层沉积物的芳烃化合物组成和环数分布。沉积物中芳烃化合物包含有萘、菲和芴系化合物，其中菲系化合物含量最高，占11%~24%；其次为芴系物，其中硫芴量占芴系物的24%~61%。三维全扫描荧光分析表明，布兰斯菲尔德海峡表层沉积物的发射波长均集中于350~450 nm，其中 T_4/T_0 占58%~67%，五环以上化合物占优势。同时，卢冰等（1997）研究了南极布兰斯菲尔德海峡表层沉积物中烷基环己烷、烷基苯、胡萝卜烷、甾烯和萜烷化合物的分布特征，发现烷基环己烷的母源物质主要是海洋生物，并混有陆源物。G-15站和G-32站的烷基苯以 C_{12} 烷基苯为主，碳数范围在 $C_{11} \sim C_{24}$；而G-25站以 C_{21} 烷基苯占优势，不含有 C_{17} 和 $C_{19 \sim 20}$ 烷基苯化合物。胡萝卜烷主要为β-胡萝卜烷，并含有全氢化β-胡萝卜素，甾烯化合物中检出24-乙基胆甾-5-烯、甾二烯和胆甾-5-烯。萜烷化合物中的二环倍半萜碳数范围在 $C_{17} \sim C_{21}$；羊毛甾烷分别为 C_{30} 8β（H）、9α（H）-羊毛甾烷、C_{31} 的24-甲基羊毛甾烷和 C_{32} 的24-乙基羊毛甾烷。ββ构型的 C_{29} 17β（H），21β（H）-30-降藿烷、C_{30} 17β（H），21β（H）-藿烷和 C_{31} 17β（H），21β（H）-升藿烷等化合物的存在，表明布兰斯菲尔德海峡表层沉积物有机质的低成熟度。

采用气相色谱-质谱分析技术，韩喜彬等（2014）对西南极南极半岛附近海域表层沉积物分子生物标志化合物组成及有机地球化学特征进行研究，剖析了分子生物标志化合物蕴含的生源、沉积环境、成熟度及油气勘探意义。结果显示，研究区D5断面和D4-9、D2-4A站位表层沉积物中正构烷烃呈单峰形分布，主峰碳为 nC_{16}、nC_{17}、nC_{18}，高碳烃峰群微弱，有机质类型为腐泥型，轻烃/重烃（$\sum C_{21}^- / \sum C_{22}^+$）和 $C_{21}+C_{22}/C_{28}+C_{29}$ 比值大于1.0，表明有机质来源以海源有机质为主，有机碳同位素（$\delta^{13}C$）变化范围在-26.43‰~-24.45‰，也指示了以海洋水生生物碳同位素为主要特征，Pr/Ph介于0.67~0.9之间指示了强还原的沉积环境；西南极半岛附近的D1-7站位的正构烷烃呈双峰形分布，意味着沉积物中的有机质含有一定量的陆源高等植物，Pr/Ph为1.16，呈氧化环境，指示了该区域与D5断面两者的沉积环境差异。西南极研究海域表层沉积物中具有丰富的三环萜烷和五环三萜烷、伽玛蜡烷含量较高和 C_{29} 甾醇、C_{27} 甾醇分布占优势的组合特征，进一步说明样品的有机质以低等海洋生源输入为特征。研究还发现成熟度指标CPI和OEP大多接近1，未见明显的奇偶优势，以及综合各种界定成熟油判别指标和生烃特征分析结果，表层沉积物的 $C_{29}\alpha\alpha\alpha20S/C_{29}\alpha\alpha\alpha(20S+20R)$ 比值为0.12~0.44；$C_{29}\alpha\beta\beta/C_{29}(\alpha\alpha\alpha+\alpha\beta\beta)$ 比值为0.30~0.51；$C_{32}22S/C_{32}$

（22S+22R）比值为 0.53～0.62；Ts/（Tm+Ts）比值为 0.34～0.52，绝大部分站位表层沉积物达到成熟油特征范围。现有数据可说明，这种地表有机质的普遍高成熟度在某种意义上能指示海底深部存在大量油气聚集，或者是由深部大规模油气逸散到地表的显示，特别是威德尔海盆存在烃类生成、储积和运移的所有重要构造组成，由深部油气藏向上垂直运移到上方，烃类运移进入表层沉积物中，这对勘探南极海底油气资源具有很大的意义。

6.3.1.4　表层沉积物中微体古生物分布模式及其沉积环境

基于南极半岛西北海域 22 个表层沉积物样品的硅藻初步研究，詹玉芬（1988）鉴定出 82 种。根据硅藻的数量和生态特征，大致分为 3 个不同的组合。①*Thatassiosira antarctica - Charcotia actinochilus - Eucampia bataustium* 组合，主要分布在南极半岛西部的陆架区，以沿岸种为主，外海种次之，伴有少量潮间带种；②*Thatassiosira antarctica - Nitzschia kerguelensis - Coscinodiscus lentiginosus* 组合，主要见于南设得兰群岛周围海区，沿岸种含量明显下降，而外海和潮间带种趋于丰富；③*Coscinodiscus lentiginosus - Eucampia balaustium - Nitzschia kerguelensis - Schimpeietla antarctica* 组合，仅见于 S11、S19 和 S20 三站，外海种成分增多，潮间带种急剧减少。本海区水体中浮游硅藻种类共有 66 余种，而海底表层沉积物中所见到的浮游硅藻不超过 20 种，说明本海区的浮游硅藻只有少量进入了海底表层沉积物中，多数浮游硅藻死亡后还未来得及沉降到海底，就可能被海流带走或成为海洋动物的饵料。同时，海水的溶解作用对浮游硅藻也产生一定的影响。如海水中的优势种类 *Biddulphia*、*Rhizosolenia* 等属种，它们的壳壁很薄，在海底表层沉积物中含量很低或完全消失，在显微镜下大部分呈破碎状态或带有溶解的边缘特征。水体中的硅藻自死亡后下沉，溶解，不单由壳壁厚度决定，还必须考察壳的大小、壳的化学成分、海水性质、海水流动及生物学等综合作用。

南极乔治王岛长城湾现代有孔虫研究共鉴定出有孔虫 27 属 35 种，隶属于 18 个科，其中仅 1 枚浮游有孔虫幼体壳，其余均为底栖有孔虫。根据有孔虫组合及其空间分布特征，可将长城湾有孔虫群分为 2 种组合类型：①*Bolivina pseudopunctata* 组合，见于长城湾湾口处，水深为 7～38 m；②*Trochammina malovensis* 组合，分布在长城湾内侧，靠近湾顶处，水深小于 20 m（李元芳和张青松，1986）。南极半岛西部海域表层沉积物中有孔虫共鉴定出有孔虫 66 属 150 种，其中浮游类型仅 5 种。在底栖有孔虫中，钙质壳 64 种，胶结壳 75 种，硅质壳 6 种。该区浮游有孔虫极度贫乏；底栖有孔虫的生存极大程度上受物理因素（如深度、温度、光量、浑浊度、水体震荡性和海底沉积物性质）、化学因素（如盐度、溶解氧及有用元素）和生物因素所控制。底栖组分中，壳体类型的有关比例随水深和纬度而变化，瓷质壳有孔虫在半深海、深水及高纬度罕见。胶结壳有孔虫在边缘海域、半深海和深海环境中最常见。玻璃质有孔虫出现在碳酸盐补偿深度以上的各个区域，在大陆架和半深海沉积物中较丰富（李芝君等，1987）。

6.3.2　南极半岛附近海域的沉积记录与古环境演变

6.3.2.1　年龄及年代框架

南极半岛附近海域由于地处高纬，有孔虫含量低，且不易保存，这使得传统有孔虫测年在该地区受到限制，因此年代框架的精确建立在该地区显得尤为重要。有机碳 AMS [14]C 测年，磁化率对比定年等在该地区均作为地层划分对比的工具。岳云章（1989）首次对南极半岛西北海域及乔治王岛数个表层沉积物进行了 [14]C 测年，其 [14]C 年龄比真实年龄至少要老 465 a，这也表明南极半岛附近海域有机体 [14]C 测年不仅存在碳储库差异问题，同时会受老碳污染问题。赵烨和李容全（1999）利用泥炭的[14]C测年数据得到南极菲尔德斯半岛一沉积岩芯 4 300 a B.P. 以来的年龄框架。最近有关 AMS[14]C 年龄框架来自南极半岛布兰斯菲尔德海峡一海洋沉积岩芯 ANT28-D1-7 孔，该岩心利用总有机碳和底栖有孔虫单一属种 AMS[14]C 测年建立了近 6 000 a B.P. 以来的精确年龄框架，并确认该海区老碳污染年龄为 2100 a B.P.（聂森艳等，2014）。除了有机碳 AMS[14]C 年龄测定外，火山灰及火山岩的 [40]Ar/[39]Ar 和 K-Ar 年龄测定对于较老的地层测定在历史多火山喷发的南极地区也有很好的应用（胡世玲等，1995；郑祥身等，1997）。磁化率对比定年在南极半岛附近海域也是一种新的尝试，如葛淑兰等（2014）对来自南极半岛布兰斯菲尔德海峡 ANT28-D1-7 岩芯进行了地磁场变化定年，但是该定年与聂森艳等（2014）AMS[14]C 测年存在差异，前者可能受参考曲线调谐的影响。

6.3.2.2 火山灰与火山喷发记录

南极洲在历史时期有着显著的火山喷发记录，其在冰芯、湖泊沉积以及海洋沉积记录中多有发现（Smellie，1999）。晚新生代以来，南极洲主要包含 3 大火山喷发中心：南设得兰（South Shetland）群岛，玛丽伯德地（Marie Byrd Land）和维多利亚地（Victoria Land）。此外，邻近的火山喷发中心有南三明治（South Sandwich）岛，南美洲安第斯山脉以及新西兰北岛等。环南极火山喷发可以将火山灰等物质送至恒温层，而南极较低的对流层使得火山灰成分可以快速广泛地分布在南极洲，因此，南极地区火山灰在年代框架建立、地质构造等方面具有重要意义。最初南极半岛附近海域火山灰及火山岩的研究集中于火山岩矿物元素组分、岩性特征（王碧香等，1991；郑祥身和鄂莫岚，1991）。其中，郑祥身和鄂莫岚（1991）对西南极乔治王岛长城站地区第三纪火山岩地质、岩石学特征及岩浆的生成演化进行了全面和系统的总结，提出西南极菲尔德斯半岛出露熔岩、火山碎屑岩和火山沉积岩为第三纪岛弧火山作用产物，是在太平洋板块向南极半岛下俯冲、扩张脊进入海沟俯冲停止的过程里发展起来的，熔岩以高铝玄武岩和玄武安山岩为主。此后，有关南极半岛附近海域火山岩的研究开始涉及地质构造、沉积旋回特征、同位素及同位素测年等研究（朱铭等，1991；郑祥身，1994；郑坚等，1995；胡世玲等，1995；薛耀松等，1996），为该地区火山岩特征提供了宝贵的数据。最新的有关南极半岛火山灰记录来自南极半岛布兰斯菲尔德海峡一海洋沉积岩芯 ANT28-D1-7 孔，通过显微镜镜下统计火山灰颗粒的方式，直接再现了南极半岛近 6 000 a B.P. 以来火山灰丰度变化，同时确认了 7 个火山灰层位，均与周边区域火山灰记录有较好的对比，这也为该岩心年龄框架的建立提供了佐证（聂森艳等，2014）。

6.3.2.3 古气候记录

利用生物地球化学指示法，赵俊琳（1991）对南极菲尔德斯半岛乔治王岛长城站附近的西湖沉积物进行了分析，首次定量恢复了该地区距今 4 000 a B.P. 以来的降水量，这一降水量变化与智利南部 16 000 a B.P. 以来的环境对比分析后指出，乔治王岛的气候受南极辐合带摆动影响。之后，曹俊忠和李天杰（1997）以硫元素浓度作为湖湘沉积物中生物活动强度的变化趋势，对比了西南极西湖沉积物和东南极中山站奈拉湖沉积物中生物活动强度的变化趋势，得到 4 000 a B.P. 以来生物活动变化趋势，确认 1 850~1 150 a B.P. 间为生物活动最适宜期，这与 D10 冰芯记录一致，不同的是，西湖沉积物中硫含量的变化更复杂，这归因于该区域更接近于南极辐合带，受南极辐合带摆动的影响更强烈。南极阿德雷岛 Y2 湖 67.5 cm 长的湖心沉积物中 26 种元素分析和 R 型分析等手段，孙立广等（2000）识别出该湖沉积物为企鹅粪土，并通过聚类分析得到企鹅粪土的元素标型组合，这为进一步解释其中所记录的气候环境事件提供了依据。有关南极半岛最长的古气候与古环境演化记录来自菲尔德斯半岛长城站 9.28 m 的西湖岩芯 GA-7，该岩芯记录显示距今 12 600 a B.P. 以来该地区至少经历了4次气温升高时期（李小梅等，2002）。通过对布兰斯菲尔德海峡PC10岩芯的古地磁、沉积物粒度、碎屑矿物及同位素测年等资料，吴能友等（1998）探讨布兰斯菲尔德海峡晚更新世以来的古水流方向及古气候变化史。结果表明：①112.5 ka B.P.以来海峡古水流主要有两组：一组为源自环南极流、流速相对较大的NE向水流；另一组为由于气温升高而产生的南极半岛、南设得兰群岛冰盖消融水流，NNW—NS向；②112.5 ka B.P.以来海峡的古气候大致可分为6期，相当于岩性段753.5~620 cm（Ⅰ，早凉期）、620~488.5 cm（Ⅱ，早暖期）、488.5~391 cm（Ⅲ，早冷期）、391~140 cm（Ⅳ，晚冷期）、140~25 cm（Ⅴ，晚暖期）和25~0 cm（Ⅵ，晚凉期），基本上反映了末次间冰期—末次冰期—冰后期的古气候变化史，与全球晚更新世以来的气候变化情况基本一致，其中Ⅰ、Ⅱ期相当于末次间冰期的早、晚期，Ⅲ、Ⅳ期分别对应于玉木冰期中Ⅰ和Ⅱ期，而Ⅴ期为冰后期，Ⅵ期相当于2320 a B.P.的寒冷气候事件。通过PC10岩芯硅藻冰栖种和相对喜暖种含量的定量分析，吴能友等（1998）揭示南极布兰斯菲尔德海峡古气候演变史大致可分为11个带：末次间冰期暖高峰期（112.5~106.4 ka B.P.）、第一冷期（106.4~101 ka B.P.）、第一暖期（101~92 ka B.P.）、第二冷期（92~84 ka B.P.）和第二暖期（84~75 ka B.P.），末次冰期早冰期（75~59 ka B.P.）、间冰期（59~24 ka B.P.）、晚冰期（24~14 ka B.P.）和波林—阿洛德暖期（14~12 ka B.P.），冰后期新仙女木冰期（12~10 ka B.P.）和温暖期（10~0 ka B.P.）。这11个古气候带与全球晚更新世以来的气候变化情况基本一致。

来自南极半岛布兰斯菲尔德海峡ANT28-D1-7高分辨率海洋沉积记录通过对粗组分、火山灰等陆源组分进行分析讨论，发现粗颗粒组分记录在5.8~3.6 ka B.P.主要表现为火山灰，而在3.6~0.28 ka B.P.主要表现为冰筏碎屑（Ice-rafted Deberis：IRD）（图6-6）；冰筏碎屑含量变化规律与周边记录基本一致，反映了晚全新世变冷的气候和增多的冰川排泄，其驱动机制受太阳辐射量和ENSO的共同影响（聂森艳等，2014）。

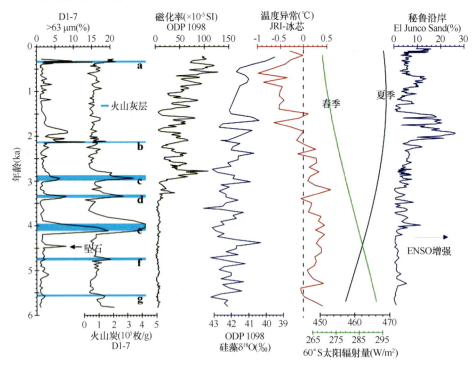

图6-6　南极半岛布兰斯菲尔德海峡ANT28-D1-7陆源组分记录与邻近海域沉积记录对比（聂森艳等，2014）

邻近海域记录：大洋钻探（ODP）1098孔（Domack et al.，2001；Pike et al.，2013），詹姆士罗斯（James Ross）岛冰芯（Mulvaney et al.，2013）。秘鲁沿岸El Juno砂含量（Makou et al.，2010）。

6.3.2.4 微体化石组合对冰期与间冰期的响应

由于特殊的地理位置，南极半岛附近海域钙质微体化石并不易保存，因此诸多传统的利用有孔虫分析项目受到一定限制，这促进了南极半岛微体化石的多元化探索，如有孔虫、硅藻、介形虫及孢粉等。

基于南极半岛西北海域 22 个表层沉积物中的硅藻的初步研究，詹玉芬（1988）鉴定出硅藻 82 种，并根据硅藻的数量分布和生态特征，将该地区硅藻分为 3 个组合，为南极半岛附近海域利用硅藻进行古环境研究提供现代依据。此后，段威武（1997）对南极半岛布兰斯菲尔德海峡 PC10 孔的 51 个硅藻样品进行了氧同位素分析，确认了氧同位素（MIS）5 期以来的沉积记录，包含了一个冰期/间冰期旋回和一个冰后期，该沉积记录表明间冰期的沉积速率高于冰期，推测这与间冰期筏冰碎屑及生物硅质源的供应较冰期更丰富所致。陈超云（1996）还对南极半岛布兰斯菲尔德海峡 PC10 孔进行了有孔虫属种的统计分析，有孔虫的组合分析指示该地区海底水动力条件的强弱是影响有孔虫埋藏群的一个重要因素，同时指出晚第四纪以来该地区经历了暖-冷-暖的气候变化，与申佑林（1997）确认的一个冰期/间冰期旋回和一个冰后期记录一致。

除了硅藻及有孔虫记录外，介形虫在高纬度地区也是不错的研究对象。我国南极介形虫类的研究资料起始于勾韵娴和李元芳（1985）对南极维斯特福尔德丘陵区瓦兹湖 DWI 剖面全新世介形类动物群的首次发现和报道。文章对该剖面中介形类进行了分析与鉴定，共计 14 属 19 种，并作了详细的描述，进而和南极地区现代介形类动物群中已知属类型的含量、分布作比较，最后根据瓦兹湖全新世介形类动物群中已知属种在时间及空间方面的分布对生态环境作了比较详细的分析。随后，勾韵娴（1994）对南极乔治王岛长城湾一些站位底质样品的介形虫进行了研究，遗憾的是该区介形虫标本极少，分析后仅见几枚壳瓣。蔡慧梅（1996）对南极长城湾 NG931 孔进行了介形虫属种统计，共计 11 属 21 种，其中以 *Loxoreticulatum fallax* 为最优势组成分子，介形虫属种组成指示该地区为滨岸-浅海沉积环境。南极附近海域的孢粉化石来源于段威武和曹流（1998）对乔治王岛海军湾亨内克角群上部凝灰质砂泥岩夹层中的孢粉化石组合特征进行了分析和讨论，研究表明亨内克角群上部火山沉积岩中孢粉化石共 40 余种，主要成分为冈瓦纳早第三纪群落，含化石地层时代可能属渐新世，沉积环境为近中低山区的湖沼环境，气候温暖潮湿。

6.3.2.5 物理参数的构造和古环境意义

沉积物物理参数记录包括密度、电导率、地磁场参数等，在南极附近海域沉积构造、年代框架、水动力强弱及水流演化等方面发挥着重要作用。较早时期，地磁场参数主要用于基础数据的建立及地质构造研究。南极半岛布兰斯菲尔德海峡磁异常调查显示，深源异常自北向南以正负相间的 3 个条带状异常分别对应南设得兰群岛/布兰斯菲尔德海峡和南极半岛，该异常为磁性基底隆拗所致，再一次证明太平洋板块对南设得兰群岛的俯冲造成该地区深部基性成分较多（王工念等，1997）。利用大量的重力测量数据建立了布兰斯菲尔德海峡密度模型，梁东红和陈邦彦（1997）推导出该地区莫霍面深度-布格异常关系表达式，绘制出盆地的莫霍面深度图。除了在地质构造方面的贡献外，地球物理参数还应用于古气候与古环境重建。通过东南极普里兹湾陆坡区 NP9521 及西南极长城湾 NG9321 两柱状样系统的环境磁学研究，侯红明等（1997）获得了南极地区 15～5.5 ka B. P. 以来的古气候变化序列。在全新世，两柱状样记录了在 10 ka B. P. 及 6 ka B. P. 前后两个暖期，其间夹有小幅气温下调的时段；6 ka B. P. 后，两柱样均有气候颤动变冷的记录。通过南极布兰斯菲尔德海峡沉积物岩芯 PC10 的磁化率各向异性测量及统计分析，吴能友等（1998）揭示了磁组构参数随深度的变化特征，同时结合其他参数探讨了布兰斯菲尔德海峡更新世以来的古水流方向及古气候变化史。最近有关南极半岛附近海域古地磁的研究来自南极半岛鲍威尔海盆 ANT28-D4-9 孔古地磁极磁组构参数测试，但该研究确认年龄达到 780 ka B. P.，确认的沉积速率过低，与邻近海域沉积速率不符（陈亮等，2014）。

6.3.2.6 沉积动力机制及沉积环境演变

沉积动力及沉积环境直接影响了沉积物输送扩散范围，同时影响沉积。通过对南极半岛附近海域沉积动力及沉积环境的研究，有利于了解该区域沉积环境及沉积演化特征。早期南极半岛附近海域沉积特征主要依赖于对表层沉积物的研究，着重于沉积物元素分析、物源研究等。有关南极半岛附近海域较长时间尺度上沉积特征的记录来源于南极半岛布兰斯菲尔德海峡 PC10 孔冰海沉积记录，通过对该孔进行岩芯、粒度特征、矿物组分、生物群落及年代学的指标的综合测试分析，指出该地区晚更新世以来沉积物物源多样，生源补给占重要地位，而硅质生物贡献占主要地位，沉积速率整体较快，沉积作用受高水位/间冰期与低水位/冰期交替变化的影响（段威武，1995）。MIS 3 期以来，南极半岛鲍威尔海盆南部沉积演化经历了 4 个阶段：单一静水沉积方式-多种沉积方式-单一静水沉积方式-多种沉积方式，沉积演化具有循环性特征（王百顺等，2014）。南极半岛布兰斯菲尔德海峡 6 000 a B. P. 年以来黏土矿物高分辨率演化表明该地区黏土矿物以蒙脱石、伊利石和绿泥石为主，深度风化矿物含量很低，各组分含量稳定，反映了 6 000 a B. P. 以来风化环境和物源基本稳定，蒙脱石作为黏土矿物的主要组分（>60%），主要来源于南极半岛区域火山喷发玄武岩和火山灰的原地化学风化，并在火山灰层位显著增高（聂森艳等，2014）。

6.3.3 南极普里兹湾表层沉积物研究及其环境意义

普里兹湾是南极大陆仅次于威德尔海和罗斯海的最大海湾。普里兹湾位于南大洋极峰带以南的印度洋扇区，位于兰伯特冰川和埃默里冰架占据的兰伯特地堑的向海延伸部分。在陆架上，存在着一个宽阔的凹陷，被认为是冰川剥蚀的结果，在该凹陷里海底较相邻陆架光滑，在凹陷外侧大陆坡较为平缓且地形平滑，等深线略向外凸，斜坡向西两侧变得陡峭，陆坡狭窄，很快进入深海盆，几条水下峡谷，分别呈 NNE 和 NNW 向延伸。该区可划分出 3 个水团，即南极表层水、绕极深层水和南极底层水（蒲书箴，1985）。在陆架上，还有陆架水和冰架水。湾内主要水流为极地东风带控制下的自东向西的沿岸流和湾外西风带控制下的自西向东的南极绕极流。它们之间是由多个顺时针绕流构成的南极辐散带。沿岸流受海湾地形控制，其主要分枝形成顺时针的普里兹湾环流（Cooper and O' Brien，2004）。与物理海洋、海洋化学和海洋生物等学科相比，我国在普里兹湾海域的海洋地质考察很少，仅第 9 次、第 11 次和第 24 次南极考察时进行了地质取样，公开发表的研究成果不多。

6.3.3.1 悬浮体分布模式与海洋生态环境的关系

基于普里兹湾海域表层水体悬浮体浓度和颗粒物扫描电镜图像和能谱的半定量分析，方建勇等（2014）研究了悬浮体的物质组成与分布特征，分析了悬浮体物质组成和分布的控制因素，进一步探讨了悬浮颗粒物的絮凝作用（图 6-7，图 6-8）。结果显示：①夏季普里兹湾及邻近海域表层悬浮的浓度范围为 0.08~1.66 mg/L，平均浓度为 0.43 mg/L，整体上呈现近岸相对较高、外海相对较低，东部高于西部的分布趋势。②悬浮颗粒物主要有单颗粒组分和絮凝体组成，其中生物颗粒含量在单颗粒组分中含量最高，百分含量在 30%~85% 之间，平均达到 70%，以硅藻和放射虫等硅质生物为主；矿物颗粒相对较少，百分含量在5%～30%之间，平均达到12%；其他颗粒含量介于二者之间，百分含量在10%～50%之间，平均达到18%；絮凝体百分含量在5%～30%之间，平均值约为10%，包括硅藻絮凝体、微型藻类絮凝体、矿物絮凝体、有机包膜和混杂絮凝体等类型。③普里兹湾的流系、海底地形以及近岸大陆入海碎屑的输入，是影响悬浮体物质组分及其分布的主要因素。悬浮体絮凝过程包括胞外聚合物、透明胞外聚合物颗粒和海雪等几种过程，絮凝体的形成加速了颗粒物的沉降，在悬浮体转移过程中发挥了重要作用。

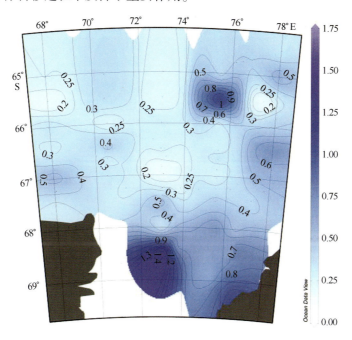

图6-7　普里兹湾表层悬浮体浓度分布（单位：mg/L）（方建勇等，2014）

基于第29次南极科学考察在普里兹湾海域采集61个站位的表层悬浮体样品的颗粒有机碳及其同位素（$\delta^{13}C$）测试结果，结合海区海水表面温度（SST）、叶绿素a（Chl a）浓度和海冰覆盖率数据（卫星遥感解译资料），尹希杰等（2014）研究了普里兹湾海域表层悬浮颗粒有机碳的分布特征，探讨了悬浮体中颗粒有机碳的来源及其形成过程（图6-9）。结果表明，2013年夏季普里兹湾表层悬浮颗粒有机碳浓度为0.28～0.84 mg/L，平均浓度为0.48 mg/L；颗粒有机碳同位素值的变化范围为-29.68‰～-26.30‰，平均值为-28.01‰。表层悬浮分布呈现近岸高于远岸，西部高于东部的特征。颗粒有机碳的高值区主要分布在冰架附近，与表层水体叶绿素a浓度和海冰覆盖率分布趋势基本一致，表明夏季普里兹湾表层悬浮颗粒有机碳主要由浮游植物现场生产，而浮游植物的生长受到了海冰的显著影响。在普里兹湾外部海域悬浮颗粒有机碳同位素值上从东向西逐渐偏负，而调查区东部从近岸向远海逐渐偏负，反映该海域有机碳同位素值分布特征主要受到浮游植物吸收、固定二氧化碳速率的影响。中山站附近海域悬浮颗粒有机碳同位素值显著偏负，可能是受到近岸海域陆源有机质输入和浮游生物种属改变的影响。

6.3.3.2　表层沉积物类型与粒度分布模式对沉积环境的响应

基于极地专项南极海洋地质考察专题对普里兹湾表层沉积物样品的粒度分析结果，表明：①普里兹湾及邻近海域表层沉积物以含砾泥（（g）M）、粉砂（Z）、砂质粉砂（sZ）、砾质泥质砂（gmS）、含砾泥质砂（（g）mS）、泥质砂质砾（msG）为主，见少量砾石（G）、砂（S）、粉砂质

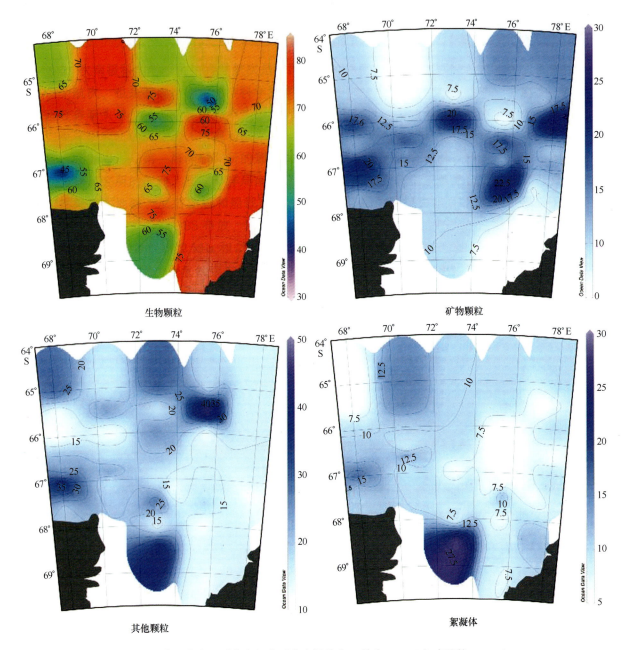

生物颗粒

矿物颗粒

其他颗粒

絮凝体

图 6-8　普里兹湾悬浮体各组分百分含量分布（单位:%）（方建勇等，2014）

砂（zS）和砾质泥（gM）沉积，从总体来看普里兹湾沉积物类型多样且复杂，砾石在不同水深区沉积物中均有不同程度的分布，反映出冰筏搬运的深刻影响；粉砂主要分布在海区中部，包括埃默里海盆中央区和普里兹湾北部海底沉积扇区，反映出中部海流分选作用明显。②研究区沉积物中大于 500 μm 粗碎屑组分主要分布于埃默里冰架前缘和中山站附近海域，反映该地区是普里兹湾现代冰山的主要生成区，同时也是冰山的快速融化和沉积物释放带；500～250 μm 粒级、250～125 μm 粒级和 125～63 μm 粒级冰筏碎屑的高含量区明显大于 500 μm 以上粗碎屑组分分布区，说明冰山的逐渐向外飘移和底部的优先融化，携带和所能排放的粗碎屑（底碛）逐渐减少，冰筏碎屑单元在普里兹湾外陆架、陆坡和深水区特征粒级有变细趋势，其高值区也是现代冰山向外搬运的主要通道。③可分选粉砂粒级（63～13.14 μm 粒级和 13.14～1.16 μm 粒级）组分的高值区分布于埃默里海盆、

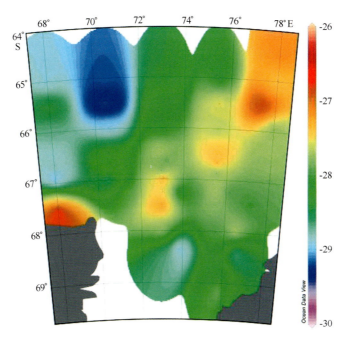

图 6-9　普里兹湾表层悬浮颗粒有机碳的同位素值分布（单位:‰）（尹希杰等，2014）

埃默里水道以及外侧陆坡区，反映出海底沉积物受底流的簸选明显，并与普里兹湾涡流、陆架水陆坡流甚至底层水的主要流路有关（陈志华等，未发表资料）。

6.3.3.3　表层沉积物中矿物分布模式与沉积环境

通过南极莫森站北面海区和戴维斯站基岩沙滩及其以北的普里兹湾共 11 个站位的沉积物样品的研究，陈建林等（1986）探讨了石英砂表面微结构特征及环境意义。基于极地专项南极海洋地质考察专题对普里兹湾表层沉积物重矿物的初步分析结果表明：该海区重矿物大体可分为 4 个矿物组合分区：Ⅰ区，主要分布于埃默里冰架前缘，沉积物中石榴石和磁铁矿含量高，主要来源于埃默里冰架和沿岸冰山；Ⅱ区，主要分布于四夫人浅滩一带，优势矿物为石榴石和普通角闪石，钛铁矿、绿帘石、透闪石-阳起石、黑云母、赤铁矿-褐铁矿、磷灰石等含量较高，说明沉积物受英格丽德-克里斯藤森海岸（Ingrid Christensen Coast）物质影响；Ⅲ区，主要分布于海区西北部的弗拉姆浅滩（Fram Bank）一带，沉积物中黑云母和钛铁矿含量高，透闪石-阳起石、绿帘石、榍石、锆石、磷灰石含量中等，沉积物受麦克-罗宾逊地（Mac. Robertson Land）物质影响明显；Ⅳ区，主要分布于埃默里海盆和普里兹通道区，沉积物中重矿物含量中等或较低，以不透明矿物（主要为磁铁矿）和绿帘石为主，沉积物受底流改造与分选明显。

6.3.3.4　表层沉积物中地球化学特征及其沉积环境

利用第 18 次、第 21 次南极考察获得的沉积物样品，扈传昱等（2012）对南大洋普里兹湾沉积物中生物硅（BSiO$_2$）的含量以及分布特征进行了初步研究，结果表明：普里兹湾表层沉积物中生物硅含量丰富，生物硅含量在 4.89% ~ 85.41% 之间变化，平均为 30.90%。最高值出现在湾内的 Ⅳ-10 站。生物硅的垂向分布与间隙水中硅酸盐呈现相反的变化趋势，表层沉积物中生物硅和有机碳分布趋势与表层海水中叶绿素 a、初级生产力的分布趋势密切相关，最大值均出现在普里兹湾环流中心区域，较好地反映了上层水体中初级生产力的变化状况。利用第 18 次、第 21 次、第 24 次南极考察样品，扈传昱等（2012）对普里兹湾沉积物中生物硅的溶出过程进行了研究，结果显示：在25℃、pH 为 8 条件下，普里兹湾 IV-10、IS-4 站表层沉积物中生物硅的实验室溶解度分别为1 936 μmol/（d·m）、1 540 μmol/（d·m），不同层次沉积物溶出结果显示随深度增加溶解度值降低。根据实验室溶解度数据与间隙水硅酸盐镉的分析比较，表明研究站位沉积物生物硅的早期成岩过程中生物硅的溶出还伴随有其他化学过程。

利用中国第 21~第 27 次南极考察期间获得的沉积物样品，沈忱等（2013）对普里兹湾沉积物中锗的含量以及分布特征进行初步研究，结果表明：普里兹湾表层沉积物中总锗含量在 $1.14 \times 10^{-6} \sim 2.35 \times 10^{-6}$ 之间变化，平均含量为 1.71×10^{-6}，最高值出现在湾外深海区 P3-9 站，最低值出现在湾内冰架边缘附近的 P4-13 站。研究区生源锗占总锗含量的 16%~68%，其分布与总锗的分布变化趋势总体上相近，以 67°S 为界均呈现湾外高于湾内的趋势，在柱状沉积物中锗的垂向分布呈现表层高于底层趋势。在普里兹湾湾内非冰间湖区域的表层沉积物中生源锗与生物硅呈现一定的正相关。利用电感耦合等离子质谱法测定了普里兹湾沉积物中稀土元素的含量，结果表明：稀土总量（ΣREEs）变化范围为 117.35-348.63 μg/g，其中铈含量较高，在总量中占了很大比例；各个站位稀土元素分布模式基本一致，轻重稀土元素之间有明显的分馏（王志等，2012）。

利用第 18 次和第 21 次南极考察样品，于培松等（2008）分析了有机碳和糖类物质的含量及组成，结果表明：糖类和有机碳的分布受上层水体的初级生产、地形条件和水体垂直稳定度等多种因素的控制。表层沉积物中糖类物质的平均含量为 3.03 mg/g，最高值为 5.60 mg/g，出现在湾内的毗邻陆架区。沉积物有机碳含量与表层海水叶绿素 a 具有良好的相关性，能够反映上层水体初级生产的变化。单糖组分的研究可以判定其生源母质，沉积物中有机质的来源主要是海洋上层生物。糖类是易被降解利用的有机质，通过糖类物质中六碳糖的比重及其垂直分布的变化可以判断出不同站位沉积速率的相对快慢。

通过普里兹湾 5 个站位表层沉积物中多种生物标志物的分析，赵军等（2014）的结果显示：①湾内中心区总类脂物含量最高（1 193 μg/g），埃默里冰架区次之（572 μg/g），陆坡区最低（341 μg/g），且与沉积有机碳、总糖、生物硅、菜籽甾醇、表层海水叶绿素 a 等参数显著正相关，表明底层有机质与上层水体浮游植物密切相关；②C_{27} 甾烷含量与 C_{28} 甾烷显著负相关，指示着晶磷虾与硅藻的食物链关系；③相对较高的饱和烃/芳烃比值（>2.5）、较低的 Pr/C_{17}（<0.5）和 Pr/Ph（<2）证明沉积有机质主要来源于硅藻等浮游植物，同时饱和烃双峰群（C_{17} 或 C_{18} 和 C_{29}）的存在及较高含量的 C_{29} 甾烷（35.79%）指示外域有机质输入，且湾中心区的要高于陆坡区和冰架区；④湾内中心区和冰架区脂肪酸 $C_{18:2}/C_{18:0}$ 平均比值（0.78）要高于陆坡区（0.23）和低纬度地区（<0.1），表明南极夏季普里兹湾陆坡区的表层海水温度要高于湾中心区和冰架区。

6.3.3.5 表层沉积物中孢粉组合及其沉积环境

通过普里兹湾表层沉积物中孢粉含量与分布特征的初步研究，陈金霞等（2014）的结果显示：①普里兹湾表层沉积物中孢粉由现代孢粉和再沉积孢粉组成，其中，现代孢粉主要来自南半球热带地区以及南极大陆周围其他陆地，风可能是将这些现代花粉长距离携带至普里兹湾的主要载体；②从再沉积孢粉的组成、丰度及分布格局来看，它们可能属于近源剥蚀成因，通过冰川的刨食和搬运，从埃默里冰架、克里斯腾森海岸等地进入普里兹湾（图 6-10）。

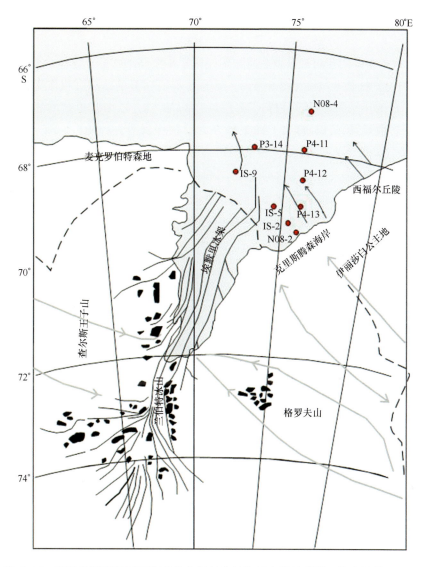

图 6-10　普里兹湾表层沉积物孢粉分析站位及物质来源示意图（陈金霞等，2014）

6.3.4　南极普里兹湾的沉积地球化学记录与古环境演变

6.3.4.1　普里兹湾近现代沉积速率

利用中国第 21 次南极科学考察获得的普里兹湾海域的沉积物样品，运用沉积地层同位素 ^{210}Pb 测年技术，于培松等（2009）探讨了该海域沉积物的近现代沉积速率及其影响因素。研究结果表明，南极普里兹湾海域的近现代沉积速率变化范围在 0.47~1.88 mm/a 之间，平均值为 1.06 mm/a，高于南极罗斯海而低于威德尔海，总体上与南、北极多个海区的沉积速率相当。综合第 29 次南极海洋地质考察及前人成果，发现普里兹湾海域近现代沉积速率总体是陆架区高于陆坡与深海区，其中埃默里海盆、普里兹湾通道、四夫人浅滩一带较高，大于 1 mm/a；埃默里冰架前缘至西部的弗莱姆浅滩一带沉积速率中等，在 0.5~1 mm/a 之间；北部的半深海-深海区，沉积速率很低，部分地区全新世沉积基本缺失。

6.3.4.2　岩芯沉积学记录

中国第 9 次南极考察期间在南极普里兹湾陆架区域采集所得 NP93-2 柱样，采样位置为 67.59°S，73.13°E，水深 550 m，柱长 85 cm（图 6-11）。该柱样具有明显的冰海沉积作用特征，受冰川和海洋共同作用而成。[14]C 测年结果显示该柱样记录了 12.7 ka B. P. 以来普里兹湾的古气候，古环境和古海洋历史。根据岩性编录，该柱样自上而下可分为（王保贵等，1996）：①1.0~8.5 cm，黄褐色黏土质粉细砂；②8.5~22.5 cm，灰绿色黏土质蚧细砂；③22.5~37.0 cm，灰绿色粉砂质黏土，含较多砾石；④37.0~71.0 cm，灰绿色含砾黏土质粉细砂；⑤71.0~75.5 cm，灰黑色粉砂质黏土；⑥75.5~85.0 cm，灰绿色粉砂质黏土。

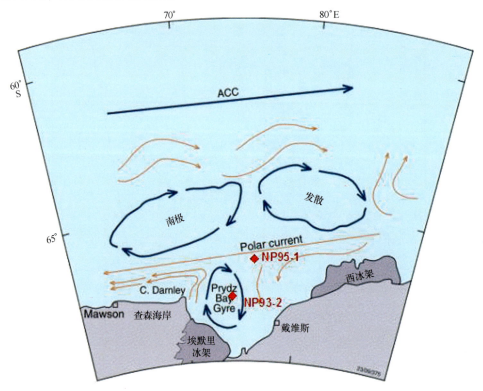

图 6-11　普里兹湾主要流系及研究岩心位置（改自：Cooper and Brien, 2004）

南极普里兹湾外陆坡区的 NP95-1 柱样位于 66.76°S，74.83°E，水深 1 960 m，柱样全长 170 cm，为 1994—1995 年中国第 11 次南极考察队在"雪龙"船首航时采得。根据 [14]C 测年结果，推测其底部年龄约为 15 ka B. P. 。根据沉积物粒度变化全柱可分 10 层（侯红明等，1996）：①0~19 cm，黄褐色粉砂质黏土；②19~37 cm，灰绿色粉砂质黏土；③37~73 cm，深灰色含砾粉砂质黏土；④73~79 cm，深灰色含砾质中细砂；⑤79~89 cm，灰色粗中砂；⑥89~123 cm，灰绿色粉砂质黏土；⑦123~136 cm，黄褐色细粉砂黏土；⑧136~143 cm，灰色含砾中粗砂；⑨143~156 cm，浅黄色夹黄褐色夹层泥质粉砂；⑩156~170 cm，灰绿色粉砂质黏土。

6.3.4.3　岩心古地磁与磁组构指示的环境变化

通过 NP93-2 柱样的古地磁研究，结果表明在 60~67.5 cm 处，[14]C 年龄为 11. 06~10.76 ka B. P. ，该柱样记录了哥德堡反极性飘移事（12 ka B. P. ），而在 27.5~32.5 cm 处 [14]C 年龄为（5.39±

0.6) ka B. P. 也记录了一次转变迅速,持续时间短(1 ka B. P)的反向极性飘移事件,这次事件在全球仅有部分地区有记录(王保贵等,1996)。根据NP93-2柱样的磁组构研究将该柱样划分为了5个气候带。10.2~12.7 ka B. P. 为南极地区玉木冰期晚期,该时期气温很低,南极冰盖几乎无融冰水注入普里兹湾;7.3~10.2 ka B. P. 为气温快速上升期,并出现了大量的融冰水,南极底层水大量生成,南极地区进入全新世;5.7~7.3 ka B. P. 期间,气温有小幅度下降;而在3.6~5.7 ka B. P. 时,83.3%样品均记录了近NS向的融冰水流的方向,沉积物中并有大量砾石出现,表明该时段为12.7 ka B. P. 以来气候最为炎热的时段,南极冰盖大量融化,巨量的南极融冰水注入南大洋,3.6 ka B. P. 至今,气温又有小幅下调,并有两个小规模的降温-升温旋回,南极现在正处在小规模升温阶段(侯红明和王保贵,1996)。

根据NP95-1环境磁学和磁组构参数的研究表明,NP95-1柱样沉积了两套较大规模的沙砾层,并伴有明显的磁化率变化的证据,SIRM/K作为南极地区古环境变化的替代性指标,对此二事件亦有记录。根据[14]C年龄结果,认为这两个事件分别对应于新仙女木(Younger Dryas)事件(11.7~10.3 ka B. P.)和海因里奇事件1(14.3~13.6 ka B. P.),并认为南极地区的全新世开始时间约为10.3 ka B. P.。研究表明普里兹湾古气候和古海洋演化密切相关,南极的古气候演化能和世界其他地区的古气候演化相联系(侯红明等,1997;Hou et al.,1998;侯红明和罗又郎,1998)。

6.3.4.4 岩心微体古生物指示的气候变化

根据NP93-2柱样的有孔虫及其组合特征并与其他海区的对比,涂霞等(1996)共鉴定出21个浮游有孔虫种和57个底栖有孔虫种,浮游有孔虫的优势种为 Globigerina pachyderma,占浮游有孔虫丰度的24%~41%。底栖有孔虫大多为砂质胶结质壳型,但钙质壳型的种属分异度更高。底栖有孔虫丰度最高的种为 Miliammina arehacea。根据有孔虫种属组合特征,他们把该孔的沉积序列分为了3个有孔虫组合带(Tu and Zhen,1996):1~8 cm,Cibicides-Miliamnina 组合,种类较丰富;9~66 cm,Miliammina 组合,种类较上层少,主要以胶结质壳的栗米虫为主;67~78 cm,Globigerina pachyderma、Trifarina carinata 组合,主要特征是出现较多的厚皮抑球虫和三粉虫,上层所见主要种 Miliammina 从高达96.5%的含量下降到60%以下,但该孔有孔虫有明显的异地搬运特征。

通过NP93-2和NP95-1柱样的硅藻组合特征分析,陆均(1997)共鉴定NP93-2柱样的硅藻45个属种,以 N. curta 和 T. antarctica 为优势种,N. kerguelensis 和 N. ritscheri 为次优势种。常见属种还有 Actinocyclus antinochilus,N. angulata,N. cylindrus,N. obliquecostata,T. gracilis 和 T. lentiginosa 等。总体上的硅藻组合面貌变化不大,依靠植物群个体数(每克干样)和优势种含量的变化,大致划分出3个硅藻组合带,各自反映了不同的气候。带1(75 cm 以下):本带 N. curta 含量明显高于 T. antarctica 含量,个体数在4 000万个以上。由于个体数很多以及 N. curta 含量较高,反映了寒冷的气候环境;带2(30~75 cm):本带两优势种 N. curta 和 T. antarctica 含量交替领先,个体数在(2~4)×10^7 个之间,与带1相比,个体数的减少及 N. curta 含量降低,表明本带反映了一个较为温暖的气候环境;带3(0~30 cm):本带 T. antarctica 含量高于 N. curta 含量,个体数在几十万至2 000万之间,个体数进一步减少以及 N. curta 含量进一步降低,表明本带反映了一个更为温暖的气候环境。NP95-1柱样中,共鉴定硅藻63个属种,发现 N. keruelensis 在大多数层位占优势,这是由于柱样位于水体较深的开阔大洋环境之中,其他常见的优势属种有 N. curta,T. lentiginosa 和 Denticulopsis spp.;常见的次优势种有 Eucampia balaustium,T. antarctica 和 T. gracilis,常见属种有 A. antinochilus,N. angulata,N. obliquecostata,N. ritscheri,Rhizosolenia,hebetat f. semispina 和 Schimperiella antarctica 等。据组合中主要属种的含量、个体数及属种数的变化,并将该柱样至下而上划分出 7 个硅藻组合带：带 1：*N. kerguelensis - T. lentiginosa - E. balaustium* 组合带（165 cm 以下）；带 2：*N. kerguelensis - N. curta - E. balaustium - T. lentiginosa* 组合带（125~165 cm）；带 3：*N. kerguelensis - T. lentiginosa - E. balaustium - Denticulopsisspp.* 组合带（105~125 cm）；带 4：*Denticulopsisspp. - T. lentiginosa - N. kerguelensis* 组合带（85~105 cm）；带 5：*N. kerguelensis - T. lentiginosa - Denticulopsisspp. - T. antarctica* 组合带（50~85 cm）；带 6：*N. kerguelensis - T. lentiginosa - T. gracilis* 组合带（30~50 cm）；带 7：*N. kerguelensis - N. curta - T. antarctica - T. lentiginosa - T. gracilis* 组合带（0~30 cm）。陆均（1997）进一步将两柱样的硅藻组合特征综合分析，将南极 15 ka B. P. 以来的历史，划分为了 8 个古气候带。古气候带 1：其层位相当于 NP95-1 柱样的 165 cm 以下的层段，^{14}C 测年为 14.8~15.2 ka B. P.。本气候带的 *N. curta/N. kerguelensis* 比值较低，代表较为温暖的气候环境；古气候带 2：其层位位于 NP95-1 柱样的 125~165 cm 之间，年龄约在 14~14.8 ka B. P.，该带 *N. curta/N. kerguelensis* 比值很高，代表寒冷的气候，古地磁研究也发现，SIRM/K 曲线在 125 cm 处出现了一个峰值，代表了一个变冷事件，同时，本层位沉积速率很高，陆源碎屑物大幅度增加，年龄及以上事实表明，本带代表了海因里奇事件 1 变冷事件；古气候带 3：其层位相当于 NP95-1 柱样的 105~125 cm，年龄在 12.8~14 ka B. P.。本带 *N. curta/N. kerguelensis* 比值很低，表明该时期温度大幅回升，与该柱样的硅藻组合 带反映的气候相同，本带应对应于欧洲的波令-阿德罗（Bolling-Allerod）暖期；古气候 4 带：其层位相当于 NP95-1 柱样的 85~105 cm 及 NP93-2 柱样的 75 cm 以下，^{14}C 年龄约在 10.7~12.8 ka B. P.，本带 *N. curta/N. kerguelensis* 比值较高，表明气候寒冷，本气候带对应于欧洲的新仙女木冰期；古气候 5 带：其层位相当于 NP95-1 柱样 50~85 cm，年龄约在 7.2~10.7 ka B. P.，本带 *N. curta/N. kerguelensis* 比值降低，反映气温回升，表明开始进入全新世的温暖期；古气候 6 带：其层位相当于 NP95-1 柱样的 30~50 cm，时间在 6.5~7.2 ka B. P.，本带的 *N. curta/N. kerguelensis* 比值进一步降低，表明气候变得更暖，为全新世最适宜期；古气候 7 带：其层位相当于 NP95-1 柱样的 0~30 cm 层段，年龄 5.5~6.5 ka B. P.。本带 *N. curta/N. kerguelensis* 比值迅速升高，表明温度降低，为全新世的低温期，该低温期在欧洲和中国等地均有发现，但在南极地区还是首次报道；古气候 8 带：其层位相当于 NP93-2 柱样的 0~30 cm 层段，年龄介于 3.1~5.4 ka B. P.，*N. curta/N. kerguelensis* 比值相对较低，表明温度再次变暖，为全新世温暖期。以上数据和分析表明，在南极地区浅海至深海环境里，硅藻植物群的 *N. curta/N. kerguelensis* 比值是反映古气候变化的非常有效的手段。全新世全球古气候变化事件在南极沉积硅藻中均有表现，如海因里奇事件 1 事件、新仙女木事件、全新世低温事件等。这表明南极地区的气候变化与全球气候变化是一致的（陆钧，1997）。

6.3.4.5　岩心粒度与矿物学的环境意义

在前人分析的基础上，吴时国等（1998）进一步分析了 NP93-2 柱样的粒度组成。根据粒度组成，NP93-2 柱样的沉积物可以划分为 5 个基本类型：粉砂-黏土-砂、黏土-粉砂-砂、黏土粉砂质砂、含黏土的粉砂质砂和含粉砂黏土的砂，整个柱样岩性变化不大，且为渐变过渡关系。根据粒度分析结果，柱样沉积物中砾石粒级的含量为 0.3%~10.7%，通常小于 5%；砂粒级含量为 35%~60.7%，通常在 40%~50% 之间；粉砂粒级的含量为 15.2%~33.5%，通常在 20% 左右；黏土粒级的含量为 13.2%~27.7%，通常在 20% 左右。表明该柱样的沉积物是典型的冰海沉积，砾石、黏土、粉砂和砂都有较高的含量，以砂为主，分选性差~很差。这与热带~亚热带的上大陆坡沉积组成差别很大，在热带、亚热带，沉积物以粉砂和黏土为主，砂的含量通常在 10% 左右，即使在外大陆架和大陆坡折附近所见的粗粒沉积，都以分选性好为特征，因为它们是低海面时期的海岸带和滨海相沉积物。X射线衍射结果表明：NP93-2的沉积物主要由斜长石、钾长石、石英、角闪石及少量粘土矿物组成，通常含有大量硅藻，有些层位还含有较多的砾石。对NP93-2柱样24 cm层段、33 cm层段的两个砾石的分析结果表明，它们分别为云母片岩及花岗闪长岩。重矿物种类少，但含量较高，主要有角闪石和绿泥石，角闪石含量最高可达19.45%。沉积物中既有稳定的石英，又有大量易蚀变的矿物，如斜长石、钾长石，这些矿物在数量上远远超过石英的含量，反映了沉积物在冰水环境中的风化分解和次生变化都是十分缓慢的（吴时国等，1998）。黏土矿物占整个沉积物的数量较小（<10%）。伊利石是沉积物中最重要的黏土矿物，它是介于云母、高岭石及蒙脱石之间的中间矿物，在该柱样的黏土矿物中其含量最高，在2.96%~7.77%之间，它易于在气温较低、排水不畅的环境中形成。高岭石主要来自冰川携带的冰碛物，主要由岩浆岩和变质岩中的长石、似长石及其他铝酸盐矿物在风化作用下形成。蒙脱石含量很少，仅在顶和底见有少量。因此NP93-2柱样的矿物成分主要以陆源碎屑沉积为主（吴时国等，1998）。

6.3.4.6 岩心元素地球化学对气候变化的响应

根据NP95-1柱样的元素地球化学特征的研究。古森昌和颜文（1997）认为本区沉积物在沉积过程中受冰盖消融、淡水涌入和陆源物质的影响较大，沉积物中氧化硅、氧化铝、三氧化二铁、氧化钙、氧化镁、磷、硫、有机碳等元素组分较好地记录了由古气候变化而引起的物源改变，这些元素组分在地层中的分布规律与古海洋沉积环境及古气候变迁相一致；参考镁铝比值，将柱样中元素含量由上而下可分为了5层，并综合沉积物各元素含量的分布模式以及沉积物类型的分布，将柱样从上到下所反映的古气候变化分为5个阶段：①0~35 cm，钙、硫和有机质含量出现高低波动，钙出现最低值，硫出现最高值，有机质出现次高值，其余元素为中等含量。为转暖期，气温由冷转暖，出现小幅回升；②35~73 cm，氧化硅为低含量，出现最低值和次低值，其余元素为中~高含量，出现最高值或次高值。为转冷期，由暖转冷，气温明显下降；③73~89 cm，氧化硅为中~高含量，并在中部出现最高值（80.96%）；其余元素正好相反，均为中~低含量，并在中部出现最低值或次低值，所有元素含量均在85cm层位上下发生突变。为高温期，气温呈低~高~中变化，为小冰期后的突然转暖期；④89~136 cm，氧化硅为低~中含量，其余元素为中~高含量，氧化钙出现最高值，氧化镁和磷出现次高值。寒冷期，气温呈中~低变化，为小冰期。⑤136~170 cm，氧化硅为中~高含量，并在145 cm层位上下出现次高值；其余元素正好相反，为中~低含量，在145 cm层位上下出现次低值。为温暖期，气温呈中~高~中波动，为间冰期。

6.4 结语与展望

我国从1984年至2013年先后进行了30次南极科学考察，分别在南极半岛海域和普里兹湾海域采取了不少表层沉积物和岩心样品，并对这些样品开展了粒度、碎屑矿物、黏土矿物、元素地球化学、古地磁与磁组构、硅藻、放射虫、有孔虫、钙质超微化石、氧碳同位素、^{14}C测年等多学科的分析，对水柱中悬浮体的物质组成和来源、海底沉积物类型、物质来源、沉积作用、微体化石组合分布，晚更新世以来的南极古气候与古环境演变等问题进行了讨论和总结，1990—2012年期间的绝大部分研究成果都发表在国内期刊上，仅有两篇文章分别发表在《Chinese Science Bulletin》和《Antarctic Research》刊物上，与国际上南极海域的海洋地质学研究水平存在巨大的差距，原因在于以往各参与单位和研究人员"重"考察，"轻"研究；缺乏专项资金的支持，导致研究队伍不稳定；缺乏广泛的国际合作与交流，导致"闭门造车"。纵观我国南极近30年的科学考察历史，海洋地质考察航次为数不多，考察区域也基本上局限在长城站和中山站近岸海域，极大地制约了我国南极海洋沉积学和古海洋学的研究。但随着2011年国家海洋局极地考察办公室组织并实施的"南北极环境综合考察与评估专项"（简称极地专项）的启动和开展，已经分别在南极半岛周边海域和普里兹湾及邻近海域采取了120个悬浮体，50个表层沉积物，18个多管沉积物和24个岩心样品，为后续研究提供了宝贵的样品和资料。在极地专项和国家未来第十三个五年计划的支持下，有利于稳定研究队伍和开展广泛的国际合作与交流，将在南极周边海域开展更加广泛的海洋地质考察和深入的研究，会大幅度提升我国南极的海洋地质学考察的研究水平和国际影响。

参考文献

蔡慧梅. 1996. 南极长城湾NG931柱全新世介形类及其环境分析. 南极研究, 8 (4): 59-67.

曹俊忠, 李天杰. 1997. 东南极、西南极4 000年以来生物活动强度变化与南极冰芯的对比. 极地研究, 9 (4): 258-261.

陈超云. 1996. 南极布兰斯菲尔德海峡晚第四纪有孔虫埋藏群特征及其环境初探. 南极研究, 8 (3): 13-19.

陈建林, 马克俭, 张敏. 1986. 南极普里兹湾石英砂表面微结构特征及环境意义. 沉积学报, 4 (1), 104-109.

陈金霞, 陈志华, 石学法, 等. 2014. 普里兹湾海域表层沉积物孢粉分布及其意义. 极地研究, 26 (1): 151-158.

陈立奇. 2013. 南极和北极地区变化对全球气候变化的指示和调控作用——第四次IPCC评估报告以来一些新认知, 25 (1): 1-6.

陈亮, 张玉芬, 张志强, 等. 2014. 南极鲍威尔海盆D4-9柱样古地磁及磁组构特征. 极地研究, 26 (1): 111-119.

陈亮, 张玉芬, 张志强, 等. 2014. 南极半岛鲍威尔海盆D4-9柱样古地磁及磁组构特征. 极地研究, 26 (1): 111-119.

陈旅蔚, 桂训唐, 韦钢健, 等. 1997. 西南极长城湾NG93-1沉积柱样碳、氧、锶、铅同位素地球化学研究及其古环境意义. 地球化学, 26 (3): 1-11.

陈文斌. 1989. 南极半岛西北海城S11柱样反射虫生物地层学. 中国第一届南大洋考察学术讨论会论文集, 上海: 上海科技出版社, 313-318.

程先豪, 张海生, 夏卫平. 1990. 西南极海沉积体系中的氟异常. 南极研究, 2 (4): 36-44.

段威武, 李学杰, 申佑林. 1997. 西南极布兰斯菲尔德海峡PC10孔硅藻氧同位素记录及其沉积学意义. 极地研究, 9 (2): 105-111.

段威武, 钟和贤, 李扬. 1995. 晚更新世以来布兰斯菲尔德海峡冰—海沉积特征. 南极研究, 7 (3): 1-12.

段威武, 曹流. 1998. 南极乔治王岛海军湾亨内克角早第三纪晚期孢粉化石及其地层学意义. 极地研究, 10 (2): 900-906.

段威武, 李学杰, 申佑林. 1997. 西南极布兰斯菲尔德海峡PC10孔硅藻氧同位素记录及其沉积学意义. 极地研究, 9 (2): 105-111.

段威武, 钟和贤, 李扬. 1995. 晚更新世以来布兰斯菲尔德海峡冰-海沉积特征, 南京研究, 7 (3): 1-12.

方建勇, 李云海, 尹希杰, 等. 南极普里兹湾海域夏季表层悬浮体物质组分研究（海洋学报, 审稿中）.

冯守珍, 迟万清, 薛佐. 南极中山锚地与普里兹湾顶地形地貌特征. 极地研究, 19 (2): 79-86.

高水土. 1990. 南极半岛西部海域沉积物中黏土矿物研究. 南极研究, 2 (1): 35-42.

葛淑兰, 陈志华, 刘建兴, 等. 2014. 南极布兰斯菲尔德海峡沉积物的地磁场长期变化与定年. 极地研究, 26 (1): 98-110.

勾韵娴. 1994. 南极乔治王岛长城湾一些现代介形类. 南极乔治王岛菲尔德斯半岛地层及古生物的研究, 南极研究专著之三, 北京: 科学出版社, 319-324.

勾韵娴, 李元芳. 1985. 南极瓦兹湖DWI剖面全新世介形类. 南极维斯特 福尔德丘陵区晚第四纪地质和地貌研究，南极科学考察论文集，北京：科学出版社，74-90.

古森昌，颜文.1997.南极普里兹湾 N P95-1 柱样元素地层与古环境初步研究.极地研究，9（2）：112-118.

韩喜彬，赵军，初凤友，等.南极半岛海域分子有机地球化学特征及油气意义.海洋学报，待刊.

侯红明，王保贵.1996.南极普里兹湾 NP93-2 柱样磁组构特征及其古气候意义.地球物理学报，39（6）：747-752.

侯红明，王宝贵，汤贤赞.1997.南极 15 ka 以来海洋沉积物的环境磁学研究，极地研究，9（1）：35-43.

侯红明，罗又郎，郑洪汉，等.1998.南极海洋沉积物中 Heinrich 层的发现及其全球变化意义.科学通报，43（11）：1206-1210.

胡世玲，郑祥身，鄂莫岚.1995.西南极乔治王岛北海岸火山岩的$^{40}Ar/^{39}Ar$ 和 K-Ar 年龄测定，南极研究，7（4）：41-43.

扈传昱，孙维萍，沈忱，等.2012.南大洋普里兹湾沉积物中生物硅的溶解度研究.极地研究，24（4）：339-345.

扈传昱，姚梅，于培松，等.2007.南大洋普里兹湾沉积物中生物硅含量与分布.海洋学报，29（5）：48-53.

黄惠玉，王慧中，吴邦毓，等.1989.南极南设得兰群岛周缘的海滨沉积特征.国家南极考察委员会编，中国第一届南大洋考察学术讨论会论文集（南极科学考察论文集，第六集）.上海：上海科学技术出版社，378-385.

李锋，李天杰.1997.南极长城站地区粘土矿物的空间分布规律与成因探讨.极地研究，9（4）：294-298.

李小梅，袁宝印，赵俊琳.2002.南极菲尔德斯半岛全新世以来湖泊沉积的环境演变研究，极地研究，14（1）：62-71.

李芝君，王大锐，陈永武.1987.南极半岛西部海域表层沉积中有孔虫的初步研究.海洋地质与第四纪地质，7（4）：67-79.

李志珍.1989.南设德兰群岛西海域 S11 岩芯沉积物中碎屑矿物及沉积作用的探讨.南极研究，1（4）：36-43.

梁东红，陈邦彦.1997.南极布兰斯菲尔德盆地重力异常研究，极地研究，9（2）：350-355.

林澄清，郑连福.1989.南极半岛西北海域沉积物类型及沉积作用特点.国家南极考察委员会编，中国第一届南大洋考察学术讨论会论文集（南极科学考察论文集，第六集）.上海：上海科学技术出版社，378-385.

林澄清，郑连福.1989.南极半岛西北海域沉积物类型及沉积作用特点.中国第一届南大洋考察学术讨论会论文集，上海科技出版社，378-385.

刘坚，葛同明，段威武，等.1995.南设德兰岛早第三纪火山岩古地磁学及其构造意义，7（3）：30-40.

刘忠诚，陈志华，金秉福，等.2014.南极半岛东北部海域碎屑矿物特征与物源分析.极地研究，26（1）：139-150.

卢冰，唐运千，眭良仁.1997.南极布兰斯菲尔德海峡表层沉积物生物标志化合物.极地研究，9（3）：198-206.

卢冰，唐运千，眭良仁，等.1997.南极布兰斯菲尔德海峡表层沉积物中芳烃化合物.极地研究，9（1）：44-52.

陆钧.1997.南极普里兹湾晚第四纪以来硅藻组合及气候变化的研究.极地研究，9（3）：169-175.

聂森艳，王汝建，陈志华，等.南极半岛西北部布兰斯菲尔德海峡 D1-7 孔的年代学及火山灰记录.

聂森艳，王汝建，肖文申.2014.南极半岛 Bransfield 海峡约 6 000 年以来的陆源组分记录及其古环境意义，第四纪研究，34（3）：590-599.

潘建明，张海生，程先豪，等.1998.西南极海沉积硒的地球化学状态.海洋与湖沼，29（4）：424-430.

蒲书箴.1985.世界大洋中的锋面.海洋湖沼通报，2（1）：64-75.

沈忱，扈传昱，孙维萍，等.2013.南大洋普里兹湾沉积物中锗的含量与分布.极地研究，25（2）：105-112.

沈恒培.1995.南极布兰斯菲尔德海峡表层沉积物中微量元素的分布特征.南海地质研究（7），中国地质大学出版社，107-113.

孙立广，谢周清，赵俊琳.2000.南极阿德雷岛湖泊沉积：企鹅粪土层识别，极地研究，12（2）：105-112.

涂霞，郑范.1996.南极普里兹湾柱样有孔虫研究.南极研究，8（4）：47-58.

王百顺，陈志华，王西蒙，等.2014.南极半岛鲍威尔海盆南部氧同位素 3 期以来沉积动力环境演变.极地研究，26（1）：120-127.

王百顺，陈志华，王西蒙，等.2014.南极半岛鲍威尔海盆南部氧同位素 3 期以来沉积动力环境演变，极地研究，26（1）：120-127.

王保贵，侯红明，汤贤赞，等.1996.东南极普里兹湾 NP93-2 柱样古地磁结果.南极研究，8（1）：47-52.

王碧香，张元奇，杨崇辉．1991．南极乔治王岛长城站地区火山岩中矿物包裹体的研究，南极研究，3（1）：14-21.

王春娟，陈志华，李全顺，等．2014．南极半岛周边海域表层沉积物粒度分布特征及其环境指示意义．极地研究，极地研究，26（1）：128-138.

王工念，陶军，吴宣志．1997．南极布兰斯菲尔德海峡海磁异常和深部地质，极地研究，9（2）：640-646.

王光宇，陈邦彦，张国祯，等．1996．南极布兰斯菲尔德海区地质——"海洋四号"船南极地质地球物理科学考察成果．北京：地质出版社．

王豪壮，陈志华，王昆山，等．普里兹湾表层沉积物重矿物分布特征及其物源指示意义（未发表）．

王先兰．1990，长城湾沉积物中碎屑矿物的初步研究．东海海洋，8（4）：30-43.

王先兰．1990．长城湾及其附近碎屑沉积特征．东海海洋，8（4）：10-22.

王先兰．1991．南极长城湾沉积物中稀土元素的初步研究．南极研究，3（3）：39-44.

王先兰．1993．南极长城湾沉积物的地球化学特征与分区．南极研究，5（1）：24-30.

王志，陈发荣，郑立，等．2012．普里兹湾沉积物中稀土元素的测定及其配分模式分析．光谱学与光谱分析，32（7）：1950-1954.

吴能友，段威武，蔡秋蓉．2002．南极布兰斯菲尔德海峡冰海沉积环境与沉积模式初探．南海地质研究，13（1）：1-8.

吴能友，段威武，刘坚．1998．南极布兰斯菲尔德海峡晚第四纪沉积物磁组构特征及其古环境学意义．海洋地质与第四纪地质，18（1）：77-88.

吴能友，钟和贤，蔡秋蓉．1999．南极布兰斯菲尔德海峡11.25万a以来气候演变的硅藻记录．地球学报，20（增刊）：193-198.

吴时国，陆钧．1998．南极普里兹湾1.5万年来气候演变的沉积记录．海洋学报，20（1）：65-73.

吴时国，罗又郎，王有强，等．1998．南极普里兹湾全新世的冰海沉积．极地研究，10（1）：47-54.

薛耀松，沈彦彬，卓二军．1996．西南极乔治王岛始新统化石山组沉积火山碎屑岩特征，南极研究，8（4）：31-46.

尹希杰，李云海，乔磊，等．2014．南极普里兹湾海域夏季表层水体颗粒有机碳及其同位素分布特征．极地研究，26（1）：159-166.

于培松，扈传昱，刘小涯，等．2009．南极普里兹湾海域的近现代沉积速率沉积．海洋学报，27（6）：1172-1177.

于培松，扈传昱，朱小萤，等．2008．南极普里兹湾沉积物中的糖类分布及意义．海洋学报，30（1）：59-66.

岳云章．1989．南极半岛西北海域表层沉积物^{14}C年龄测定及其年代误差问题的探讨，南极研究，1（4）：52-56.

詹玉芬．1988．南极半岛西北海域表层沉积物中硅藻的初步研究．南极研究，1（2）：37-43.

詹玉芬．1990．长城湾和南阿德雷湾表层沉积物硅藻组合特征及环境意义．东海海洋，8（4）：79-86.

张青松，王勇．2008．中国南极考察28年来的进展，30（5）：252-258.

赵军，于培松，韩正兵，等．2014．南极普里兹湾表层沉积物有机地球化学特征及其生态环境意义．极地研究，26（1）：167-174.

赵俊琳．1991．南极长城站与智利Alerce环境变化韵律的对比，36（4）：288-291.

赵全基，张壮域．1990．南极长城湾沉积物中的粘土矿物．黄渤海海洋，8（4）：35-40.

赵烨，李容全．1999．南极菲尔德斯半岛苔藓泥炭层^{14}C测年，科学通报，44（12）：1342-1344.

郑祥身．1994．西南极利文斯顿岛汉那角火山岩地质及火山活动，6（2）：1-12.

郑祥身，鄂莫岚．1991．西南极纳尔逊岛Stansbury半岛火山岩地质和岩石学基本特征，南极研究，3（2）：110-125.

郑祥身，鄂莫岚，刘小汉，等．1991．西南极乔治王岛长城站地区第三纪火山岩地质、岩石学特征及岩浆的生成演化，3（2）：11-108.

郑祥身，刘嘉麒，胡世玲．1997．南设得兰群岛利文斯顿岛鲍勒斯山组火山岩$^{40}Ar/^{39}Ar$年龄及地质意义，南极研究，9（1）：3-13.

朱铭，鄂莫岚，刘小汉，等．1991．西南极乔治王岛菲尔斯半岛火山岩同位素年代及地层对比，3（2）：127-135.

Cooper A K and O'Brien P E, 2004. Leg 188 synthesis: transitions in the glacial history of the Prydz Bay region, East Antarctica, from ODP drilling. In Proceedings of the Proc. ODP, Sci. Results, 1-42.

Domack E, Leventer A, Dunbar R et al, 2001. Chronology of the Palmer Deep site, Antarctic Peninsula: a Holocene palaeoenvironmental reference for the circum-Antarctic. The Holocene, 11 (1): 1-9.

Hou H, Luo Y, Zheng H, et al. 1998. Heinrich layer in Antarctic marine sediments and its significance to global changes. Chinese science bulletin, 43: 1830-1834.

Jansen E, Overpeck J T, Briffa K R et al, 2007. Palaeoclimate. In: Solomon S, Qin D, Manning M et al. Climate Change: the Physical Science Basis. 4th Assessment Report IPCC. Cambridge Univ. Press, Cambridge, UK, 433-498.

Makou M C, Eglinton T I, Oppo D W, Hughen K A, 2010. Postglacial changes in El Niño and La Niña behavior, Geology, 38 (1): 43-46.

Mayewski P, Meredith M, Summerhayes C, et al, 2009. State of the Antarctic and Southern Ocean climate system. Reviews of Geophysics, 47: 1-38.

Mulvaney R, Abram N J, Hindmarsh R C et al, 2012. Recent Antarctic Peninsula warming relative to Holocene climate and ice-shelf history. Nature, 489 (7414): 141-144.

Pike J, Swann G E A, Leng M J et al, 2013. Glacial discharge along the west Antarctic Peninsula during the Holocene. Nature Geoscience, 6 (3): 199-202.

Smellie J L, 1999. The upper Cenozoic tephra record in the south polar region: a review. Global and Planetary Change, 21: 51-70.

Steig E and Orsi A, 2013. The heat is on in Antarctica. Nature Geoscience, 6: 87-88.

Steig E, Schneider D, Rutherford S, et al, 2009. Warming of the Antarctic Ice-Sheet surface since the 1957 International Geophysical Year. Nature, 457: 459-462.

Tu X. and Zhen F, 1996. A study of foraminifera in the core NP93-2 from the Prydz Bay, Antarctica. Antarctic Research, 7, 126-140.

Vaughan D, Marshall G, Connolley W, et al, 2003. Recent rapid regional climate warming on the Anrarctic Peninsula. Climate Change, 60: 243-274.

王汝建[1]完成统稿，陈志华[2]参与撰写。

[1]同济大学 上海 200092

[2]国家海洋局第一海洋研究所 青岛 266061

第 7 章　海洋地球物理考察与研究

概　述

　　我国在南极周边海域的地球物理考察起步于 1984 年的首次南极科学考察，除了 1985 年第 2 次南极科学考察采用小艇进行长城湾海底地形测量和 1991 年的第 7 次南极科学考察使用"海洋四号"进行布兰斯菲尔德海峡地球物理综合考察外，30 年来为数不多的其他 5 个航次全部随当时的极地科考船执行南极周边海域的地球物理考察。其中，"向阳红 10"号船的首次南极科学考察执行了航渡和德雷克海峡的重力、磁力和水深测量，以及布兰斯菲尔德海峡的水深测量；"极地"号船的第 3 次南极科学考察执行了环球重力测量；"雪龙"号船的第 28、第 29 和第 30 次南极科学考察分别执行了布兰斯菲尔德海峡的重力、磁力和水深测量、普里兹湾和罗斯海的地球物理综合调查。在中断了 20 年之后，连续 3 年的"雪龙"号船南极周边海域地球物理考察是我国南大洋科学考察真正走向全面综合的标志，而且地球物理考察手段本身也不断趋于全面综合。第 28 次南极科学考察是"南北极环境综合考察与评估"专项启动前的试验航次，我国首次在普里兹湾成功施放和回收海底地震仪（OBS）；第 29 次南极科学考察是"南北极环境综合考察与评估"专项启动后的首个正式航次，我国首次在南极圈内的普里兹湾进行地球物理综合调查，新增了海底热流测量和船载地磁三分量观测；第 30 次南极科学考察是我国首次在罗斯海执行地球物理综合调查，成功采集 24 道反射地震资料，并创下了中国南大洋考察最高纬度历史纪录。

　　由于我国没有专门的极地海洋地球物理考察船，与其他专业相比，南极周边海域的地球物理考察举步维艰，而且每次执行考察的时间窗口极短，且受海况、冰况困扰，如第 29 次南极考察期间投放的 5 台 OBS 在一年后没能回收上来，给地球物理资料的积累和质量保障带来严峻挑战。尽管如此，我国极地海洋地球物理考察队员和研究人员克服各种困难，在南极周边海域的地形地貌、地震地层、重磁场及海底地质构造等方面进行了一系列的考察和研究，也积累了一定量的科研成果。前期有关德雷克海峡扩张年代和构造发育、布兰斯菲尔德海峡沉积盆地地层层序和构造发育的考察和研究得到了很好的总结凝练，有图集、论文集、专著和论文发表。最近 3 年关于普里兹湾及附近海域、罗斯海和威德尔海的地球物理及海底构造特征，以及南大洋板块构造演化的考察和研究也在按照专项计划进度的要求推进，已有部分成果发表，并将在专项 5 年计划末期得到系统总结和成果发表。

7.1　海洋地球物理考察

7.1.1　德雷克海峡地球物理考察

　　1984 年我国首次南极科学考察就组织了南大洋考察队，执行了海洋水深、重力和磁力调查，共计获得水深测线里程达 46 250 km、重力测线里程达 39 942 km 和磁力测线里程达 39 239 km（吕文正、吴水根，1989），这是我国历史上第一次横跨太平洋和南大洋获得完整的地球物理剖面资料，为运用板块构造理论研究解释东南太平洋和南极半岛海域的地质构造提供了第一手科学证据。尤其是，在 1985 年 1—2 月，集中对南极半岛西北海域进行了地球物理考察，考察范围为 66°00′~66°55′S、55°00′~69°30′W，面积达 10×10⁴ km²，重力、地磁和水深有效测线长度达 3 115 km，主要分布于南设得兰群岛周围的布兰斯菲尔德海峡、德雷克海峡及别林斯高晋海区。

国家地震局武汉地震研究所的张世照和李树德携带两台自己单位与无锡太湖机械厂共同研制的DZY-2 型海洋重力仪（其中稳定平台由九江 441 厂研制）进行了重力测量，获得了太平洋往返测线、南极半岛西部海域两条测线、德雷克海峡往返测线、大西洋西岸的智利南部测线共 7 条剖面的重力数据。因几乎没有交叉测线重合点，无法估算精度，但两台仪器的一致性较好，互差为（4~8）×10⁻⁵ m/s²。仪器连续工作 150 余天，经受了 12 级以上风暴考验，成为本次考察 14 项突破性成果之一。

国家海洋局第二海洋研究所的吴水根、沈家法和石祥初携带我国北京地质仪器厂自主研制的CHHK-1 型质子旋进式海洋磁力仪，获得了太平洋往返测线、德雷克海峡往返测线（部分覆盖布兰斯菲尔德海峡）和别林斯高晋海区测线，这些测线资料为认识东南太平洋、德雷克海峡和布兰斯菲尔德海峡的形成年代和扩张历史提供了可靠证据。

7.1.2　长城湾水深测量

第 2 次南极科学考察首次对长城站外的长城湾进行海底地形测量，该项工作由国家海洋局第二海洋研究所宋德康负责，并绘制了该海湾的第一张水深地形图（宋德康，1989）。测区范围北起湾顶，南至半三角岬与阿德雷岛上七星岩间的连线，面积约 3 km²。测图比例尺为 1∶5 000，采用WGS-72 地心坐标系、1985 年长城湾平均海平面。测线布设基本垂直于菲尔德斯半岛海岸，测船为"长城一号"水陆两用车和橡皮艇，水深点位由岸上两台经纬仪前方交会法测定，水深由南京航标厂与挪威公司联合组装的 162 型回声测深仪测量，具有自动记录和数字显示装置，0~50 m 深度范围内，测深精度 0.1 m。为使用方便，测绘的水深图和海底地形图采用的坐标系统、高程系统及投影方法与陆地地形图完全一致。

7.1.3　环球重力测量

第 3 次南极科学考察的环球重力测量由青岛出发，横跨太平洋到达智利，沿智利海沟南下到达南极长城站，横渡大西洋，绕过好望角，穿过莫桑比克海峡，横跨印度洋，经马六甲海峡，到达新加坡，最后返抵青岛。该项任务由国家海洋局第一海洋研究所承担，项目负责人为吴金龙研究员，海上调查队员为张遴梁（海上负责）和王述功，使用德国生产的 KSS-5 型海洋重力仪，共获得了52 780 km 连续的三大洋重力剖面资料（图 7-1）。本次考察使用了全天候单频道卫星导航系统MX-4102 型卫星定位仪进行导航定位，卫星过顶时间一般为 1~2 h，定位精度为静态均方根误差250 m，动态均方根误差 0.7 n mile。在航途测量中，船速一般保持在 14~15 kn，除近岸测线外，船只基本上呈匀速直线航行，重力仪因故障造成的测量中断时间累计不超过 2 h，平均月掉格仅为−1.05×10⁻⁵ m/s²，反映了仪器良好的工作状态和资料的可靠程度。由于当年"极地"号考察船没有万米测深仪，使这次测量没有取得同步水深资料，给后期的资料处理和解释带来一定的困难。这次环球重力测量是我国首次在大西洋和印度洋获得实测重力资料（王述功等，1987），穿过了太平洋、大西洋和印度洋中脊、各种类型的太平洋型活动陆缘和大西洋型被动陆缘、众多的大小洋盆及著名的海岭、海底高原、海山链等构造类型，为我国大洋地质学、地球物理学、地球形态学研究等方面提供了丰富的第一手资料。

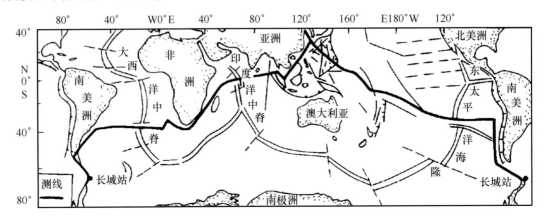

图 7-1　环球重力调查路线示意图（王述功等，1987）

7.1.4　布兰斯菲尔德海峡地球物理考察

隶属于第 7 次南极科学考察的广州海洋地质调查局"海洋四号"考察船 HY4-901 航次，航程 54 418.9 km，获取南大洋宝贵的地质地球物理第一手资料。1991 年 1 月 1 日至 2 月 25 日，"海洋四号"调查船在南极布兰斯菲尔德海峡开展水深、重力、磁力、地震及海洋地质的系统综合调查，测网 18×36 km，调查测线方向为 333°及 53°（陈圣源等，1997），采集了总计水深测线里程达 5 432 km、重力测线里程达 4 622.5 km、磁力测线里程达 2 925.6 km、多道反射地震剖面 2 015 km、地震声呐浮标站 2 个和 43 个地质站位的底质样品（泥样 375.5 kg，柱状样 34.4m，水样 108 桶）（图 7-2；姚伯初等，1995）。原准备了 48 道地震电缆，但电缆下水后，极地冷水使电缆管破裂，于是改用 9 道地震反射剖面，震源采用自制的 EH-4 型气枪，6 枪总容积为 24.8 L，压力为 2000PSI。地震记录系统采用 DFS-IV 型 48 道数字地震仪。在南太平洋海盆 14 个站位调查中采获另一种类型的多金属结核、结壳 192 kg；往返的地球物理走航调查累计得到 105 423 km 的资料。南极陆地地质考察在南设得兰群岛 9 个登陆点上完成地质点 339 个，实测剖面 3 713.5 m，地质填图（1：10 000-1：25 000）19.2 m，各类岩石、矿石样品 993 件。所有这些资料和样品，经计算处理和分析化验后，得出了较前人更为系统更为深入的见解。

第 28 次南极科学考察在南极半岛北缘海域海洋地球物理重点调查区，成功开展了海洋重力、磁力和水深测量，以及海底地震仪（OBS）的布放和回收，这是我国在间断了 20 年之后，再次在南极海域进行地球物理调查，是我国"南北极环境综合考察与评估"专项正式启动前的试验航次。该项任务由国家海洋局第一海洋研究所承担，项目负责人为郑彦鹏研究员，海上调查队员主要为裴彦良和阚光明。重力测量使用美国 LaCoste&Romberg 公司生产的 Air-Sea Gravity System II 海洋重力仪系统，仪器的序号为 S-133；拖曳磁力测量使用美国 Geomatrics 公司生产的 G880 铯光泵磁力仪；投放的 OBS 为中国科学院地质与地球物理研究所自主研发生产的 IGG-4C 长周期海底地震仪。

在南极普里兹湾成功投放并回收 2 台海底地震仪（OBS），在南极半岛北缘完成 8 条重力、磁力和水深测线的测量，总计长度 990 km（图 7-3），并完成了贯穿第 28 次南极考察整个航次航渡期间的海洋重力测量。

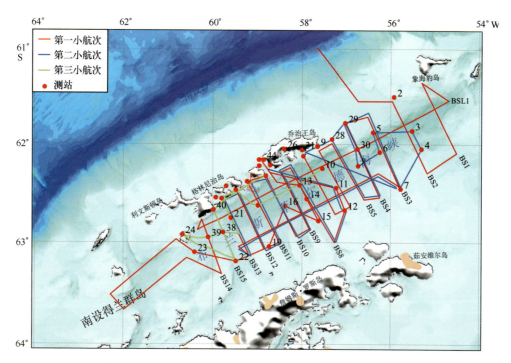

图 7-2 "海洋四号"船布兰斯菲尔德海峡地球物理测线分布（姚伯初等，1995）

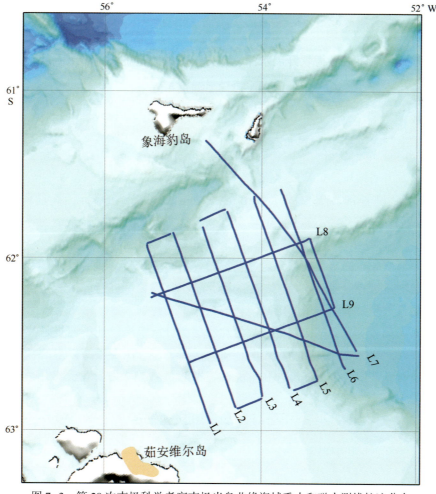

图 7-3 第 28 次南极科学考察南极半岛北缘海域重力和磁力测线航迹分布
（中国第 28 次南极科学考察队大洋队，2012）

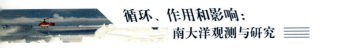
7.1.5　普里兹湾地球物理考察

第 29 次南极科学考察的南大洋航次是我国"南北极环境综合考察与评估"专项正式启动后的第一个航次，也是我国历次南大洋科学考察中专业门类最全和任务量最重的一个航次。海洋地球物理任务牵头单位是国家海洋局第二海洋研究所，项目负责人为高金耀研究员；来自国家海洋局第二海洋研究所的高金耀、王威和国家海洋局第一海洋研究所的赵强全程参加了南大洋地球物理调查；国家海洋局第一海洋研究所的郑彦鹏、国家海洋局第二海洋研究所的吴招才、国家海洋局第三海洋研究所的胡毅、国家海洋局南海分局的刘强参加了普里兹湾综合地球物理调查。调查内容包括拖曳式地磁、反射地震和船载重力、地磁三分量、单波束测深的走航测量，双频 GPS 数据采集，长周期宽频带 OBS 布放，声速剖面和海底热流测量，船磁八方位测量。测深使用船载的 EA600 万米测深仪，12 kHz 和 200 kHz 两个工作频率，分别用于深水和浅水测量；重力测量使用美国 LaCoste&Romberg 公司生产的 Air-Sea Gravity System Ⅱ 海洋重力仪系统，仪器的序号为 S-133；船载地磁三分量测量磁力传感器由英国 Bartington 公司生产，型号为 Grad-03-500M，运动传感器采用的是法国 IXSEA 公司生产的 OCTANS-Ⅲ 运动罗经传感器（水下型）；拖曳磁力测量使用美国 Geomatrics 公司生产的 G880 铯光泵磁力仪；多道地震采用的是天津海德公司制造的 2.0 m 道间距的 24 道反射地震接收缆，每道 4 个水听器，单道地震采用的是荷兰 Geo Resources 公司生产的 Geo-Sense 单道接收缆，是 8 个水听器的接收阵，震源使用浙江大学研制的 PC30000J 等离子体脉冲震源，最大震源能量可达 3×10^4 J，导航触发放炮采用国家海洋局第二海洋研究所自编软件 COMRANAV。投放的 OBS 为中国科学院地质与地球物理研究所自主研发生产的 IGG-4C 长周期海底地震仪。热流测量采取 OR-166 附着式小型温度计固定于重力柱状取样器的方式，沉积物样品的甲板热导率测量使用 Teka 公司的 TK04 热导率测量单元。

在"雪龙"船整个航渡期间，船载测深仪、重力仪和地磁三分量测量系统全程采集了水深、重力和磁力数据，航程约 46 000 km，穿越南海、苏禄海和苏拉威西海，横跨印度洋东北部海域，并 4 次穿越澳大利亚与南极大陆之间的南大洋洋盆，为研究其中的海盆、海沟和中脊等重要海底构造单元的地球物理场以及海底地质构造特征提供了丰富的数据资料。

在普里兹湾重点调查区，重力和水深有效测线里程达 2 356 km，磁力有效测线里程达 2 286 km，24 道反射地震有效测线里程达 695 km，完成 5 个热流测站，投放 5 台长周期宽频海底地震仪（OBS），均超过计划工作量（图 7-4）。严格执行专项技术规程要求，测量每次船只停靠码头和卸装货前后的吃水变化，采集用于水深声速校正的 3 个 CTD 声速剖面，实现船载重力仪与中山站联测的陆地重力仪的比对控制测量，4 个热流温度计与 CTD 温度计进行比对测量校正，完成用于磁力测量校正的船磁八方位试验测量和中山站同步的地磁日变数据采集。

这个航次的海底热流测量、三分量地磁测量和浅层高分辨率多道地震调查是我们南大洋科学考察新增的项目，在时间紧、受气旋和冰况影响严重的情况下，首次在极圈以内的普里兹湾成功开展地球物理综合调查，是我国极地大洋海洋科学综合考察的新突破，为普里兹湾海底构造演化和油气资源潜力研究取得了宝贵的第一手资料。

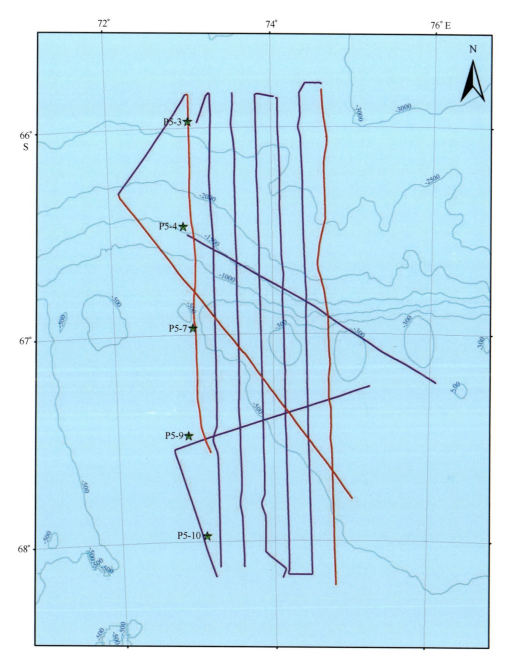

图7-4 第29次南极科学考察普里兹湾外地球物理测线航迹分布

(红线增加地震测量，★为OBS投放位置)（中国第29次南极科学考察队大洋队，2013）

7.1.6 罗斯海地球物理考察

第30次南极考察的南大洋航次其他专业考察任务以南极半岛附近海域为主，辅以普里兹湾外的观测设备回收及布放，海洋地球物理考察任务则不同，是唯一在罗斯海进行试验调查的专业。

海洋地球物理任务牵头单位是国家海洋局第二海洋研究所，项目负责人为高金耀研究员。来自国家海洋局第一海洋研究所的马龙全程参加了南大洋考察，以获取完整的海洋重力测量数据为目的；国家海洋局第二海洋研究所的高金耀、纪飞参加前半程的南大洋考察，以完成罗斯海地球物理综合考察试验任务为主要目的；国家海洋局第一海洋研究所的韩国忠，国家海洋局第二海洋研究所的沈中延、卫小冬参加后半程的南大洋考察，以完成南极半岛附近海域热流、声速剖面测量和普里兹湾长周期宽频带 OBS 回收及布放为主要目的。第 30 次南极科学考察使用的仪器设备除反射地震外，其他的沿用了第 29 次的。鉴于南极陆架水深，第 29 次使用的 2 m 道间距的 24 道反射地震接收缆无法实现足够的多次覆盖效果，多道地震使用了 6.25 m 道间距的西安虹陆洋机电设备有限公司研制的 24 道反射地震接收缆（每 8 个道水听器）和 12.5 m 道间距的美国 Hydroscience Technologies, INC. 的 SeaMUX 24 道反射地震固体电缆（每道 16 个水听器），单道地震也使用了西安虹陆洋机电设备有限公司研制的接收缆，共 50 个水听器，间距 1 m。

在维多利亚地新建站址难言岛（Inexpressible Island）附近的特拉诺瓦湾（Terra Nova Bay）近海，在"雪龙"船经过求援、被困和突围后时间极其紧张的情况下，整个考察队和"雪龙"船上下大力配合，大洋队充分利用有限的时间窗口，共作业时间 36 h，按原计划不遗漏地球物理考察项目，进行了拖曳式的 24 道反射地震、海洋磁力、船载重力、地磁三分量、单波束测深、双频 GPS 和陆地的地磁日变观测，在特拉裂谷（Terra Rift）范围获得 320 km 的"井"字形有效测线覆盖（图 7-5），是国内首次在极圈以内的罗斯海进行的综合地球物理测线调查，并创造中国南大洋考察最高纬度历史纪录。这为我国了解特拉裂谷的深部构造、浅部地层的基本特征和油气资源潜力首次提供了第一手科学证据，也为以后我国罗斯海的系统地球物理及其他专业调查积累了有益的经验。

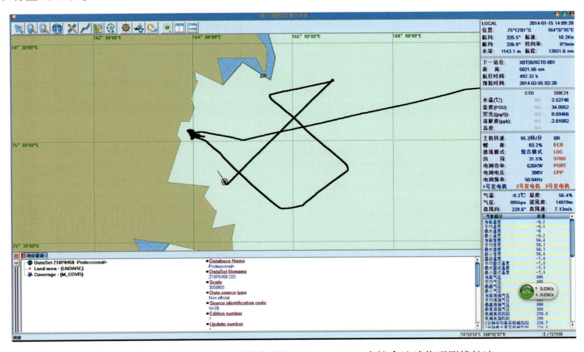

图 7-5　第 30 次南极科学考察特拉裂谷（Terra Rift）内综合地球物理测线航迹
（中国第 30 次南极科学考察队大洋队，2014）

在完成罗斯海地球物理测线任务后，考察队领导、船长利用在欺骗岛避气旋的间隙时间，再次安排重力和磁力测量任务，额外获得了 420 km 的"井"字形有效重力和磁力测线（图 7-6），使整个航次的地球物理测线里程达到 740 km，超出了原先计划的 450 km 工作量。欺骗岛附近获得的海洋重力和磁力测线数据和在南极附近获得的地磁三分量数据对构建南极地磁场模型、研究地磁场倒转及极移变化和南极大陆边缘海底构造演化，具有重要的科学价值。

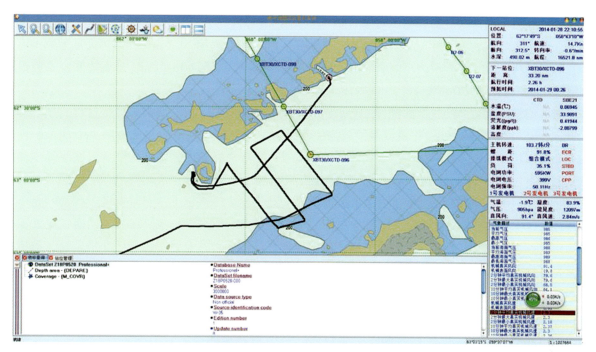

图7-6 第30次南极科学考察欺骗岛附近布兰斯菲尔德海峡重力和磁力测线航迹
（中国第30次南极科学考察队大洋队，2014）

后半程的南大洋考察，在南极半岛附近海区和普里兹湾海域共完成5个站位的热流测量。由于今年普里兹湾外冰情特别严重，第29次南极考察期间投放的5台OBS全部不能回收，只在第29次南极考察期间OBS5站位附近投放了1台OBS，这样第29次和第30次南极考察期间投放的共6台OBS继续留在海底。

7.2 海洋地球物理研究

7.2.1 海底地形地貌研究

7.2.1.1 南极半岛及长城站附近海域

为了南极半岛长城站附近海域的航行保障和科学考察，依据第1、第2次南极考察的水深测量资料，开展了南极半岛长城站附近海域的地形地貌研究。宋德康（1989）依据第2次南极科考测绘的1∶5 000比例尺长城湾水深地形图，对长城湾海底及海岸地形地貌进行了研究。长城湾海岸地貌大都为海相堆积阶地和海蚀地带，尤以前者为主，长城站码头周边表现为三级阶地。由于长城湾西岸受到强东南偏东风的影响，海岸形成坡度为10°~25°的现代风暴脊，脊宽5 m，成分为安山岩和玄武岩碎块，从次圆到次棱，粗细混杂，粒级从几厘米到十几厘米。脊上部以次棱为主，5 cm以下砾石占优势。海蚀地带海岸有零星分布的现代风暴脊。长城湾海底地形复杂，水深不均，鼓浪屿附近礁石遍布，航道狭窄。以鼓浪屿为界，将湾分成内、外海湾和东、西航道。鼓浪屿东、西两侧各有大片浅水区，北北东浅水区多为1~2 m，西侧中央浅水区水深3 m左右，礁石多，明者多于暗者。内、外海湾的海底地形有明显差异。内海湾海底地形西高东低，西坡缓，东坡陡，最大水深35 m，在小砾石堤西南200 m处；长城站东侧500 m处，最大水深29.2 m。外海湾海底地形东高西低，与内海湾相反，在鼓浪屿东侧明显为一较宽的深水航道，水深30~40 m，外宽内窄；在鼓浪屿西侧航道狭窄，水深20 m左右，外深内浅。

围绕南设得兰群岛的首次南极科考的水深资料就显示陆架、陆坡、海沟和海槽这样一些地貌单元（王臣海、张兆祥，1989），南设得兰海沟、南设得兰群岛和布兰斯菲尔德海峡类似西太平洋的沟—弧—盆构造体系。在南设得兰群岛西南方向则是南极半岛完整的较宽阔的陆架。在半岛主岛陆架上分布有深度不到200 m的河谷，并延伸至海峡南坡上，发育为一系列海底峡谷，呈"V"字形，呈宽5~10 km，谷坡不平整，谷底相对水深达百米乃至上千米以上。布兰斯菲尔德海峡是一水深超过2 000 m的"U"字形槽谷，走向为NE—SW向，长400 km，宽90~100 km，槽底宽20 km；海槽南北两坡不对称，南坡尽管有峡谷深切，但坡度总体较缓，并有台级出现，北坡陡峭，海槽内还分布有众多的海底火山，裂谷也达到槽底。海槽可划分为3个次海槽：东部次海槽、中部次海槽和西部次海槽，东部次海槽的水最深，最深处达2 784 m，西部次海槽的水深最浅，小于1 000 m（姚伯初等，1995）。海槽东深西浅，东部靠近克拉伦斯岛南面稍稍高起，而后通入斯科舍海；西端则逐渐变浅以至消失。南设得兰群岛北侧岛坡应是南极大陆坡的一个组成部分。该岛坡宽50~70 km，坡脚水深4 000~5 000 m，坡度3°28′，岛坡具有不甚典型的台级，宽5~10 km。

南设得兰群岛北侧岛坡下是南设得兰海沟，呈断续状，东段E—W向，位于57°30′~61°00′W、61°40′~62°20′S，长150 km，宽60 km；西段海沟在62°00′~64°10′W、62°00′~63°00′S，长120 km，宽40 km。在东、西段海沟之间，63°00′W、61°40′S处有一长30 km、宽10 km的低洼地，深4 500 m。南设得兰海沟总体上东深西浅，东部最大水深在5 200 m以上，西部只有4 600 m左右，海沟基本局限在英雄断裂带（Hero F. Z.）和沙克尔顿断裂带（Shackleton F. Z.）之间。德雷克海峡深海盆海盆走向NE，水深3 000~4 000 m，中间存在着走向近E—W的海岭和海丘，基本上属于矮海山，高度在500~2 000 m之间。中部扩张脊表现为双峰海山，与二翼地形高差约1 300 m，双峰海山间为一海谷，水深约4 100 m。火地岛陆架与南美大陆相连，陆架坡度较平缓，小于1°，陆坡坡度约3°30，陆坡宽度70 km左右（吴水根、吕文正，1988）。

7.2.1.2　普里兹湾及其陆架海域

第29次南大洋考察区块位于普里兹湾陆架最宽而又内缩的地段，在72.5°~75°E之间，是西侧陆架地貌NWW走向和东侧陆架地貌NEE走向的交汇高地（图7-4），作为西侧陆架的一部分向西朝冰架方向海底地形趋深，至NW向的深槽（水深超过800 m）与西边的弗拉姆浅滩（Fram Bank）隔开，作为东侧陆架的一部分向东收缩，中间地形下凹，终止于四夫人浅滩（Four Ladies Bank）高地。因此，测区主体是普里兹湾陆架外缘隆起，最浅200 m，隆起内部地形下凹，最深达到600 m（图7-7）。测区北部对应于陆坡，地形逐步变深，直到洋盆，水深超过3 000 m。测区在南北方向上位于在65.5°~68.5°S之间，对应于普里兹湾陆架的外侧部分，测区往南朝冰架方向海底地形变深，靠近冰架水深可以超过1 000 m，形成向陆架内侧倾斜的坡度，这可能与接地冰向外似推土机般上超刮蚀有关，而且局部地段可能堆积大量松散物质，不像别的地方有清晰的海底面（图7-8）。

普里兹湾内有一NW向的通道，即普里兹通道（Prydz Channel），普里兹通道的两边为弗拉姆浅滩（Fram Bank）和四夫人浅滩（Four Ladies Bank）。陆架坡折带大约在1 000 m水深等值线处，之下为陆坡和陆隆。这一部分最显著的特点是一些呈放射状排布的长条形地形高地，之间隔了数条峡谷。地震剖面已经证实这些高地是一些称为漂积体（Drift）的大型沉积体，并且可能和等深流有关。比较典型的两个漂积体为威尔德漂积体（Wild Drift）和威尔金斯漂积体（Wilkins Drift），其西侧为威尔德海底峡谷（Wild Canyon），这是条大型的峡谷，头部延至陆架外缘。在陆坡区普里兹通道正对的地方有一个普里兹通道冲积扇（Prydz Channel Fan）。陆隆区除这些放射状沉积体之外，地形就相对比较缓，整体为一斜坡。在深海盆之中发育一个海底高地，即凯尔盖郎海台（Kerguelen Plateau）。凯尔盖郎海台的存在使得其和南极大陆之间形成一个狭窄的海底通道，极大地影响了这一区域的水文状态（图7-9）。

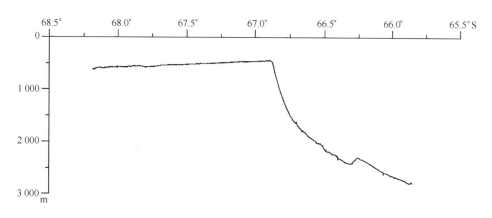

图 7-7　普里兹湾外陆架 PL04 测线实测的水深剖面

（中国第 29 次南极科学考察队大洋队，2013）

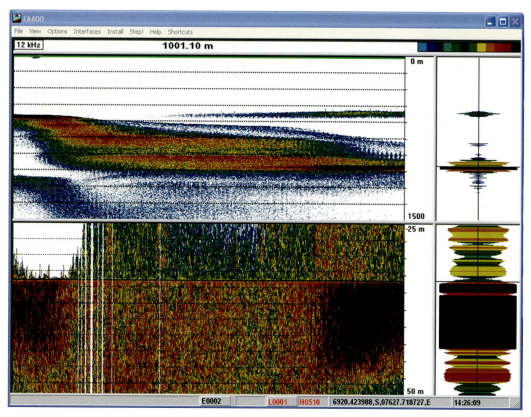

图 7-8　普里兹湾内的内倾斜坡上的松散物质

（中国第 29 次南极科学考察队大洋队，2013）

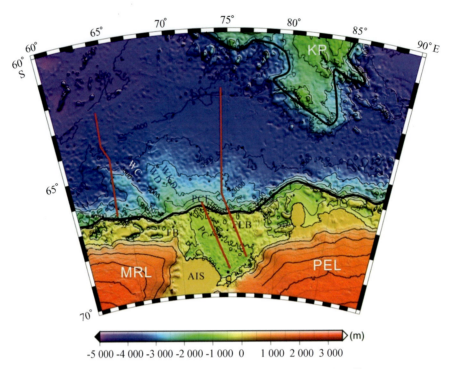

图 7-9　南极普里兹湾地区地形（国家海洋局第二海洋研究所等，2014）

AIS：埃默里冰架（Amery Ice Shelf）；FB：弗拉姆浅滩（Fram Bank）；FLB：四夫人浅滩（Four Ladies Bank）；KP：凯尔盖朗高原（Kerguelen Plateau）；MRL：麦克·罗伯特森地（Mac. Robertson Land）；PEL：伊丽莎白公主地（Princess Elizabeth Land）；WC：威尔德海底峡谷（Wild Canyon）；WD：威尔德漂积体（Wild Drift）；WKD：威尔金斯漂积体（Wilkins Drift）；PCF：普里兹通道冲积扇（Prydz Channel Fan）

红线为后面作地震剖面解释的地震测线位置（从西往东分别为剖面 1、剖面 2 和剖面 3），黑粗线分别为大致的海台边界以及陆坡–陆架界线

7.2.2　海洋地震地层研究

7.2.2.1　布兰斯菲尔德海峡

穿过布兰斯菲尔德海峡的反射地震剖面上可以鉴别两个不整合面：Tg 和 T6（姚伯初等，1995）。Tg 是低频、断续、低振幅反射；T6 是连续、高频反射。两个不整合面划分出两个反射波系列，说明新生代沉积也为两套沉积系列。T6 至海底之间的反射波为近水平的连续反射，在海槽中稍有弯曲，层速度为 1.9~2.4 km/s，主要为上新世以来的滨海—浅海相，由岩屑、火山砾石组成的残留冰川—海洋沉积，浅海、浅海—半深海和半深海砂泥互层、火山碎屑沉积（陈圣源等，1997）。T6 至 Tg 之间的反射波为杂乱不连续反射，还存在绕射波，其地震波速度为 3.07~4.40 km/s、4.0~4.2 km/s 与 4.89~5.60 km/s、5.5~5.7 km/s 两层，推测可能为沉积岩、变质岩或熔岩，估计厚度 3~4 km，为前上新世（K—E）岩层（陈圣源等，1997），Tg 显然为新生代沉积基底之反射波。在海槽的西北边缘，存在 NE 向基底断裂，断距大，视断距达 1~3 km。当基底断裂发生后，基底断块沿断面下滑，从而在基底面上形成一半地堑。T6 和 Tg 之间的半地堑沉积为杂乱、不连续反射面貌，反映在沉积后发生过构造变动，可能是地块沿水平方向运动而使这套沉积被拉伸和延展。由此推测这个半地堑曾经发生过加宽过程。T6 至海底为连续、水平的沉积地层，反映在加宽的半地堑中，它们并未受过构造变动。因此，沉积特征表明曾发生过两次张裂事件：第一次发生在 Tg

时期，产生半地堑，第二次发生在 T6 时期，加宽了半地堑。这样，Tg 至 T6 之间的沉积为第一张裂期沉积系，T6 至海底之间的沉积为第二张裂期沉积系。

声波基底与岩浆弧杂岩体间估计有 3~4 km 的晚白垩纪—早第三纪火山岩或沉积岩，可分为 3.07~4.4 km/s、4.89~5.7 km/s、6.4~6.7 km/s 三层，前两层可能为晚白垩世—古近纪（主要是古新世—始新世沉积）火山岩。第一层为固结好的沉积岩和熔岩；第二层为酸性结晶岩或变质岩；第三层可能为花岗辉长质侵入杂岩。

7.2.2.2 普里兹湾及其陆架海域

第 29 次南极科学考察在普里兹湾实施了 3 条测线的反射地震测量（图 7-4 中的红线），但是最后提供的作业时间窗口海况差以及船速过快，海水中噪音干扰太大，还由于等离子电火花震源信号穿透深度有限，同时包含冰碛堆积物的底质对电火花震源信号能量的吸收和散射太强，获得的地震剖面只能模糊看到海底表层，质量不是很理想。为此，专项南极周边海域海洋地球物理考察课题组收集国外地震剖面资料（图 7-9 中剖面 1、剖面 2 和剖面 3），进行了普里兹湾及其陆缘地震地层的追踪解释。

在陆隆区可以识别出了 3 个地震反射界面——SB、P1 和 Pb（图 7-10、图 7-11 和图 7-12）。其中 SB 是上面第一个强反射面，是海底面反射，全区连续、一致。P1 面最早是由 Kuvaas 和 Leitchenkov（1992）在陆隆区识别出来，在地震剖面上 P1 是一套成层性很好的反射层的底界，1986—1988 年的第 32 次及第 33 次苏联南极考察航次地震数据中，P1 面在全区是非常连续的，其下是相对不规则的层序。当初认为陆隆区的 P1 和陆架区倾角变化的界线可以对比，根据 ODP 119 航次

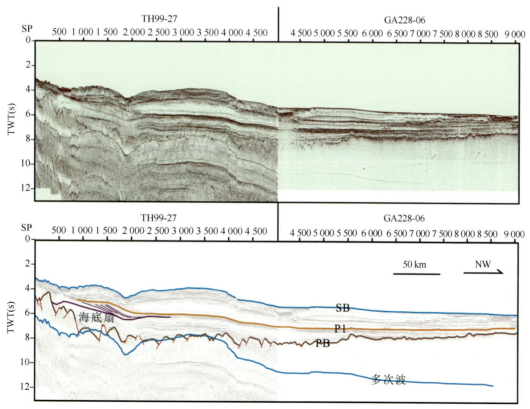

图 7-10 普里兹湾典型地震剖面结构（图 7-9 的剖面 1）
SB：海底面；P1：冰川沉积底界；PB：盆地基底

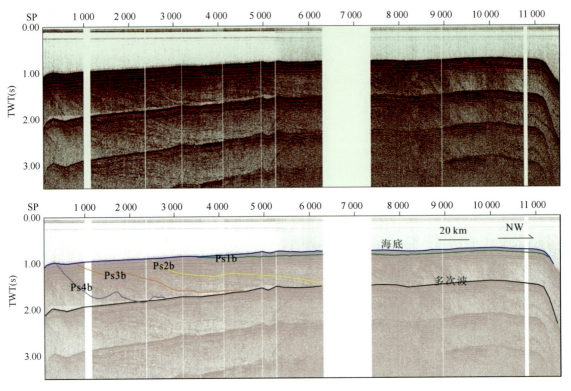

图 7-11　普里兹湾典型地震剖面结构（图 7-9 的剖面 2）

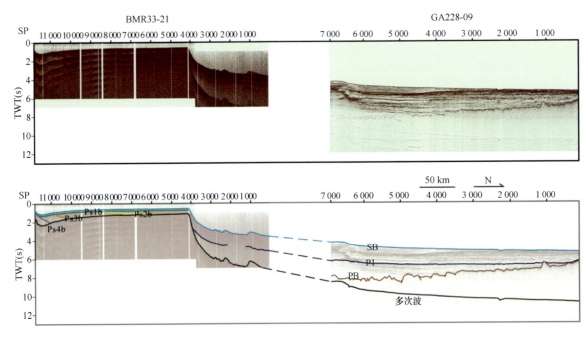

图 7-12　普里兹湾典型地震剖面结构（图 7-9 的剖面 3）

739 站位的结果，有人认为 P1 的年代是晚始新世—早渐新世，但这个对比也不一定可靠。普遍认同的是，陆隆区 P1 面上下的地震反射特征有显著变化，很像威德尔海疯狂沟槽（Crary Trough）的出口扇从前冰川期到冰川期的转换面（W4），即 P1 是冰川沉积底界。后来 ODP 188 航次在陆隆区进行了 1165 站位钻探，也未钻到 P1 界面，因此，目前为止其时代还没有直接的地质资料可以证实。Pb 是最下部的一个反射界面，连续性不是很好，在陆隆区比较清晰，其上有各种平行或倾斜的反射界面，其下为杂乱反射，因此可以认为 Pb 是陆隆区沉积盆地的基底。陆架区的地层标定相对比较可靠一些（图 8-15），因为 ODP 的两个航次（119 航次和 188 航次）在陆架区共进行了 6 个站位的钻探，且从普里兹湾内部至外缘都有分布，能很好地控制层位。

7.2.3 海洋重磁异常研究

7.2.3.1 德雷克海峡

首次南大洋考察共有 6 条重磁、水深测线，即上海—阿根廷乌斯怀亚港的 P_S 测线、智利彭塔阿雷纳斯港—上海的 P_N 测线，穿越德雷克海峡的 D_1、D_2 测线，别林斯高晋海区的 6#—A 和 A—21# 测线。获得的磁异常可分成 3 套，即平行于太平洋—南极海岭；平行智利海岭或近似平行智利西海岸；平行南极半岛。均具有离开上述地区越远、产生磁异常的洋壳年龄越大、水深越深的特征，表明 3 套磁异常分为太平洋—南极海岭、智利海岭和已经消亡于南极半岛之下的阿卢克海岭扩张的产物（吕文正、吴水根，1989）。太平洋—南极海岭磁异常以 37°S 的智利三联点为界，海岭向西南方延伸，条带磁异常呈平行中脊分布，形态对称，海岭附近磁异常幅值为 700~800 nT，最大幅值超过 1 000 nT。洋盆区磁异常幅值为 400~500 nT，对称分布于太平洋—南极海岭两侧。智利海岭磁异常区除了平行于智利海岭分布的一组外，另一组为巴塔哥尼亚磁异常，延伸方向大致平行于智利海岭，分布于智利南部和火地岛以西海域，向西离开南美大陆，磁异常条带年代变老、海底水深越深，表明是已经消亡的南智利海岭产物。在陆坡边缘及部分深海盆区，存在一个磁平静带，异常幅值不超过 100 nT，变化梯度小于 1 nT/km。

根据异常形态、幅值、组合和形成年龄，别林斯高晋海及德雷克海峡磁异常区又可分为 4 组：埃尔斯沃斯、半岛、海峡和斯科舍磁异常组。前两组为非对称分布磁异常，离开南极半岛越远，磁异常形成年代越老，消亡的扩张中心通常称为阿卢克海岭（Aluk Ridge），已经俯冲于南极半岛微板块下。后两组为对称分布磁异常。埃尔斯沃斯组磁异常幅值在 300~500 nT，波长较长，意味着当时扩张速率高。该区沉积厚度大，达 2 000 m 左右。半岛组位于吐拉断裂带（Tula F. Z.）和安乌斯断裂带（Anves F. Z.）之间海域，磁异常幅值在 300~400 nT，沉积物厚度在 1 000 m 左右，该区基底年龄应该比埃尔斯沃斯组年轻。

斯科舍组位于沙克尔顿断裂带以东，幅值在 200~400 nT，海底地形特征显示扩张中心位于海峡中间，其上海山发育。海峡组磁异常最明显的特征是，幅值高，一般为 500 nT 左右，对称分布于海峡中部发育的双峰海山（吴水根、吕文正，1988）。北侧陆坡磁异常幅度变化在 50~150 nT 之间，以宽缓变化的正异常为主，异常宽度可达 25 km，水平梯度变化为 5 nT/km；南侧海沟磁异常幅度在 -150~60 nT 之间，进入陆坡又由 60 nT 降至零，坡折处出现一强磁异常，极大值可达 760 nT，强磁异常宽度达 50 km，可能为强磁性基性岩墙所引起，到了陆架磁异常再以负值为主，变化平缓；海盆区条带磁异常正负相间，起伏幅度在 50~300 nT 之间，水平梯度约 20 nT/km，双峰海山间海谷的磁异常表现为一条 30 km 宽的磁宁静带，两侧对称分布着条带磁异常，并且对应关系好，海峡的残留扩张中心应与地磁宁静带相对应。

德雷克海峡布格重力异常两侧低、中央高，正是海峡中央地壳变薄所致，从异常形态判断，莫霍面埋藏深度北部浅、南部深（吴水根、吕文正，1988）。北侧火地岛陆坡布格异常变化大，异常幅值达（130~150）$\times 10^{-5}$ m/s^2，水平梯度变化为 2×10^{-5} m/（s^2·km）；南侧海沟布格异常从 300×10^{-5} m/s^2 突然降低至 50×10^{-5} m/s^2 左右，水平梯度变化值为 3.8×10^{-5} m/（s^2·km），进入陆架区进一步减小；中间海盆区布格异常为高背景值，变化范围在（240~330）$\times 10^{-5}$ m/s^2 之间，在海盆中央（即双峰海山）出现相对低值带，地壳相对增厚。空间异常形态对应地形起伏，北侧火地岛陆坡空间异常在（-50~-40）$\times 10^{-5}$ m/s^2 之间；南侧海沟空间异常低达（-120~-80）$\times 10^{-5}$ m/s^2，海沟向陆一侧空间异常出现双波谷现象；双峰海山间的海谷地形在为一磁宁静带的同时，也对应空间异常低值带。

7.2.3.2　布兰斯菲尔德海峡

广州海洋地质调查局就"海洋四号"船 1991 年在南极布兰斯菲尔德海峡所采集的地球物理资料，开展了系统研究（姚伯初等，1995；王光宇等，1996；陈圣源等，1997）。南设得兰海沟磁力（△T）异常为高值正异常带，异常值高达 400~1 500 nT，呈 NE 向展布；南设得兰群岛（含岛架）为高幅度、强梯度的剧烈变化异常，异常值为-800~500 nT；布兰斯菲尔德海槽中部主体为一负异常带，背景值-300 nT 左右，但分布有海山引起的串珠状（尖峰）正异常，NEE 向排列，有明显错断，幅度在 200~900 nT 之间，反映这些海山是比基底年轻的火山；布里奇曼岛以东为一中间正两侧负的高值区，走向 NE，带内有多处等轴状局部正异常，规模不一，其中最大的幅值达 990 nT，面积约 375 km^2；欺骗岛以西的负异常区，背景值为-150~300 nT，异常走向以 NW 或 N—S 向为主，区内几处发育局部正异常，规模略小。在南极半岛陆架为大幅度正磁异常区，异常幅度在 100~400 nT 之间，总体走向为 NE 向，发育 NE 向或 NW 向两种局部异常，一种为 50~200 nT 的小异常，另一种为剧烈跌宕的局部异常，如欺骗岛东南、托尔岛以北有一面积达 400 km^2、幅值达 869 nT 的强异常。

南设得兰海沟空间重力异常为一负带，异常值为（-120~-80）$\times 10^{-5}$ m/s^2，且对应海沟轴附近呈现双负值；南设得兰岛弧空间异常约（60~90）$\times 10^{-5}$ m/s^2，两侧（西北及东南）岛坡显现为剧烈变化的重力梯阶带。布兰斯菲尔德海槽西北边界处的重力梯度带较陡，海峡两侧重力异常是不对称的。南极半岛陆架区空间重力异常值也在（69~90）$\times 10^{-5}$ m/s^2 之间，梯度为 3.2×10^{-5} m/（s^2·km）。布兰斯菲尔德海峡空间重力异常走向 NE，平行于南设得兰群岛和南极半岛，幅度在（-30.8~112）$\times 10^{-5}$ m/s^2 之间。布里奇曼岛以东异常值在（-30~50）$\times 10^{-5}$ m/s^2 之间，有 3 个局部异常自西向东排列；中部主体为一 NE 向重力低，在 14×10^{-5} m/s^2 上下变化，长 160 km，宽 40 km，靠北侧排列 3 个重力低，4 个重力高，幅度为 10×10^{-5} m/s^2 左右；布里奇曼岛异常值在（60~100）$\times 10^{-5}$ m/s^2 之间，为大幅度正异常；欺骗岛附近海域为一 NE 向重力高，博伊德（Boyd）海峡对应为一负异常带，呈近 N—S 向，出现的两个极值分别为 -2.6×10^{-5} m/s^2 和 -16.2×10^{-5} m/s^2，两侧为高梯度带。

7.2.3.3　普里兹湾及其陆架海域

专项南极周边海域海洋地球物理考察课题组依据第 29 次南极科学考察在普里兹湾获得的重力和磁力测量数据，结合收集的重、磁异常资料，开展了普里兹湾及其陆架海域的重、磁异常特征研究。

普里兹湾地区空间重力异常起伏特征与海底地形高低总体上一致（图 7-13）。陆架外侧存在明显的大陆边缘重力效应，即陆坡侧的正异常带和相伴生的洋盆侧负异常带，异常的幅值取决于陆坡的坡度、沉积厚度和莫霍面的倾角等。该处一个比较特别的地方是普里兹通道冲积扇（PCF），空间异常幅值高，超过周边重力边缘效应的正重力异常，但没有表现出相应的高地形，该重力高多被认为是深部莫霍面变浅未达到均衡状态引起。此外，普里兹湾陆架上空间异常形态与地形起伏也有不一致的地方，重力异常主要表现出 NE 向的构造，布格重力异常上也有反映（图 7-14），并将普里兹湾陆架分为了南、北两个部分。地形上 NW 向的普里兹通道，可能是冰川活动的结果。

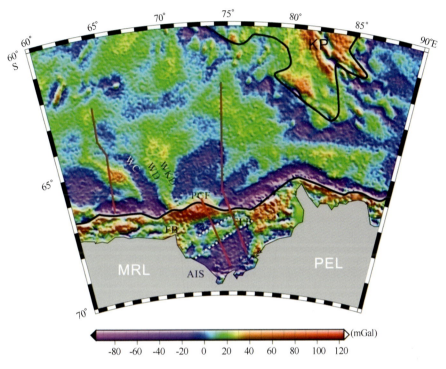

图 7-13　南极普里兹湾地区空间重力异常

（图例同图 7-9，白色虚线为重力异常指示的普里兹湾内构造的走向）

在普里兹通道东侧，四夫人浅滩（FLB）的重力异常和地形特征也有差异，从空间异常特征看，普里兹湾的陆架范围应向东延至四夫人浅滩的中部，再从布格异常上看，四夫人浅滩中部的高异常可以沿着海岸线近 NE 向延伸，而西侧的弗拉姆浅滩（FB）则没有类似的布格异常高值区，而是沿陆缘分布的低值区。两个浅滩的深部结构可能并不一致，莫霍面深度也存在浅于 14 km 的 NE 向隆起带。这些 NE 向构造应该是早于此处南极大陆裂离事件而存在，将张裂边缘分为了东西两部分。

普里兹湾地区化极磁异常显示（图 7-15），两条断裂分割陆架的磁异常为 3 段，并成为明显的磁异常边界，这种分段特征似乎与莫霍面的分段有一致性。在东段和西段，都对应有陆架高磁异常出现，但在中段出现磁异常的平缓低值区，只出现零星的细小局部异常。该区莫霍面有少许加深，地壳稍厚，拉张程度似乎比东西两段偏小。根据化极磁异常计算的磁源重力异常（图 7-16），可以更好地判断中段低磁异常区南北方向上地壳磁性物质分布变化特征。北侧边界处磁源重力异常北高南低，南侧边界继续存在北高南低的趋势，使得南、北两侧边界内磁条带特征不明显，说明普里兹湾陆架中段低磁异常区影响范围扩展到陆缘和陆地。

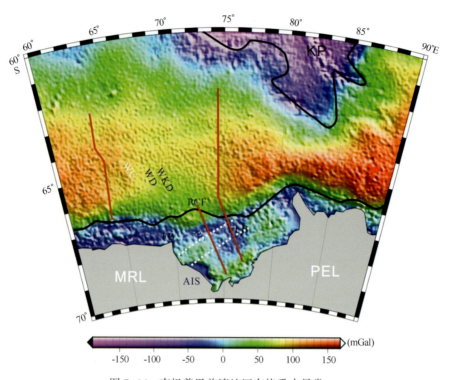

图 7-14　南极普里兹湾地区布格重力异常

（图例如图 7-9，白色虚线为重力异常指示的普里兹湾内构造的走向）

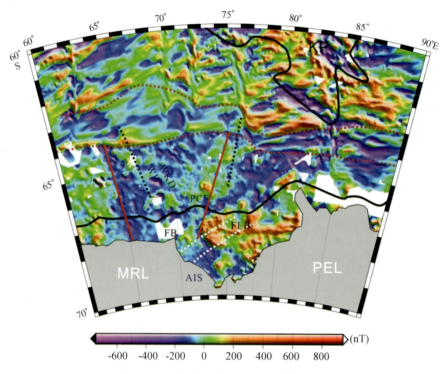

图 7-15　南极普里兹湾地区化极磁异常

（红色实线为依据磁异常所划的断裂，红色虚线为两条可能的磁条带边界，白色虚线为重力异常指示的普里兹湾内构造的
走向，其他图例如图 7-9 所示）

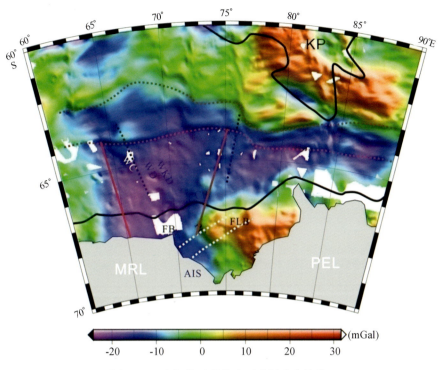

图 7-16   南极普里兹湾地区磁源重力异常

(红色实线为依据磁异常所划的断裂，红色虚线为两条可能的磁条带边界，白色虚线为重力异常指示的普里兹湾内构造的走向，其他图例如图 7-9 所示)

7.3   海洋地球物理研究的重要进展

7.3.1   德雷克海峡扩张年代和过程

首次南大洋考察在德雷克海峡获得重磁测线得到了深入研究，在 D_1、D_2 测线上识别出条带磁异常编号 8—5（即晚渐新世至晚中新世，距今 29~8 Ma），在 6#-A 测线上识别出条带磁异常编号为 6C-3（早中新世—早更新世，距今 24~3.8 Ma）（吕文正、吴水根，1989；吴水根、吕文正，1988；图 7-17；图 7-18）。重、磁异常及海底地形表明，德雷克海峡的扩张中心位于海峡中部双峰海山的中央裂谷处，该特征反映为慢速扩张，扩张过程经历了 3 个阶段：斯科舍板块早期（晚渐新世），半扩张速率通常不大于 2.5 cm/a；大约在距今 24 Ma 前，半扩张速率降至 1.825 cm/a；约在 16 Ma 前半扩张速率进一步减慢为 1.0 cm/a；而距今 8 Ma 前，其扩张活动基本停止。

沙克尔顿断裂带和英雄断裂带之间的海峡扩张速率显然比斯科舍板块高，持续时间更长，6#-A 测线表明该区海底扩张一直持续到早更新世。在 23—21 Ma 前，半扩张速率为 3.2 cm/a；21—10 Ma 前，半扩张速率为 1.5 cm/a；在 10—3.8 Ma 前，半扩张速率又增至 1.7 cm/a。保持较高的扩张速率可能是该区至今仍保留海沟的主要原因。

德雷克海峡条带磁异常特征指示海峡的扩张方向为 NW—SE 向，残留扩张中心约在 61°46′W，58°27′S，已知较有规律的连续扩张幕开始于 28.5 Ma 前。海峡 3 个扩张幕的时代分别为 28.5—

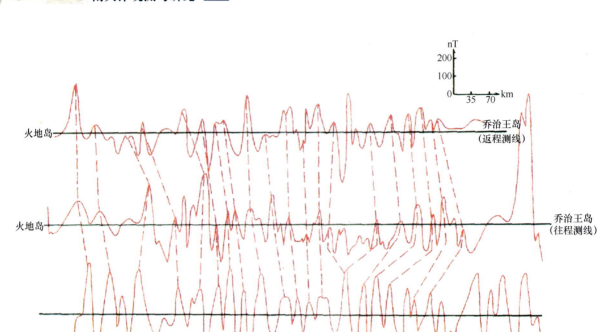

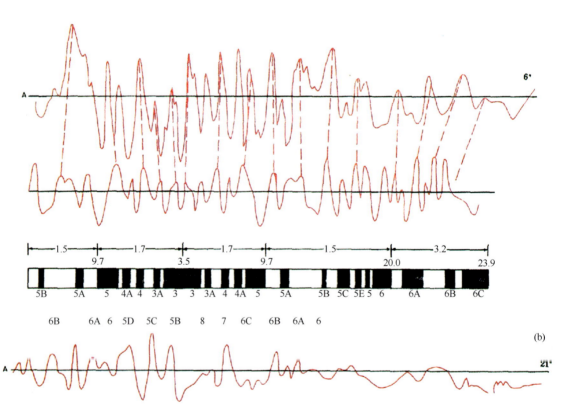

图7-17　首次南极考察德雷克海峡海峡往返测线、6#—A和A—21#测线磁异常条带追踪

（南极考察委员会、国家海洋局，1989）

24 Ma、24—16 Ma 和 16—8 Ma。第一幕半扩张速率通常不大于 2.5 cm/a；第二幕半扩张速率为 1.8 cm/a；第三幕半扩张速率为 1.0 cm/a。海峡张开的早期，沿沙克尔顿断裂带的海底隆起带，高出周边海底 1 500 m，在德雷克海峡张开早期对南极环流的形成起着天然堤坝作用，直到中新世海峡充分张开以后，隆起带断开并下沉，形成深海槽，才使南极环流得以充分发展，构成了强大的绕极寒流闭合圈。

7.3.2　布兰斯菲尔德海峡沉积盆地构造发育史

布兰斯菲尔德海峡地球物理与地形地貌特征揭示该海峡具有南北分带、东西分块的构造格局，总体走向呈 NE 向，海槽内是一个年轻的沉积盆地，但盆地范围较小，沉积较薄，盆内断层发育，火山活动强烈。盆地地壳厚度 12~20 km，上地壳厚 4~8 km，下地壳厚 3~6 km，属亚大陆壳—过渡壳类型（陈圣源等，1997）。

布兰斯菲尔德海峡区内断层均反映为各类地球物理异常梯阶带或异常分区界线，断裂可分两组（陈圣源等，1997），一组走向 NE 或 NNE，另一组走向为 NNW，在 59°30′W 以西，逐渐转为近 N—S 向。NE 向断裂延伸长、规模大，如盆地南北缘断裂带控制了盆地的发生发展，为向海槽中央呈阶梯状倾斜的正断层；NNW 向断裂活动形成时间不一，有老有新，并与英雄断裂、沙克尔顿断裂相关联，其断裂性质前后会有转化。有的形成晚，属于扭性断层，为晚期火山活动通道或盆内次级单元分界；欺骗岛—布里奇曼岛一线展布有 17 个海底火山，是裂谷带—壳幔断裂带的反映，属于区内地壳结构类型的分界线。

反射地震剖面给出的沉积厚度反映出盆地内十几个坳陷具 NE 走向，显示与海峡轴部对称排列分布。盆地内沉积厚度中央厚，边缘薄，但变化复杂，坳陷面积都很小，超过 100 km² 的只有 5 处，最大的长城坳陷面积只有 1 600 km²。不同时期的盆地发育情况有很大差异。早上新世，接受来自南极半岛和南设得兰群岛的陆源物质的快速沉积（由粗粒筏冰碎屑和火山喷发物组成），沉积厚度普遍超过 300 m，超过 600 m 的沉积中心多个，象岛坳陷（象岛以南）厚达 1 450 m，长城坳陷（乔治王岛南缘外）厚 1 100 m，利文斯顿岛南坳陷厚 950 m，且走向近 N—S。晚上新世，布兰斯菲尔德海区为冰川极盛期，低水位，陆架、岛架的浅海部分被接地冰川覆盖，造成沉积范围变小，大面积缺失，沉积厚度一般不超过 500 m，且南北不对称，南部比北部厚 200 m 左右。更新世以来盆地处于间冰期高水位，冰盖线逐渐向两侧陆地后退，沉积中心移至盆地中部，沉积厚度 400~700 m，超过 700 m 的地方多在长城坳陷内。显然，不同的发育时期盆地沉积范围、厚度、沉积中心是各不相同的，如长城坳陷，早期两侧厚，中间薄，中期南厚北薄，晚期中间厚两翼薄。欺骗岛以西沉积中心也有变化。上述沉积厚度（中心）、范围的变化，显现了盆地内的基本构造格局，根据这些特征将盆地内部构造分为 2 个二级单元及 7 个三级单元，即象岛坳陷、长城坳陷，以及再细分成 3 个坳陷和 4 个凸起。

从三叠纪开始，菲尼克斯板块开始俯冲于南极板块之下，今日的南设得兰群岛和南极半岛当时连在一起，组成火山弧。这个俯冲过程延续到新生代。大约 22 Ma 以前，该火山弧破裂成两部分：南设得兰群岛和南极半岛，其间出现了一个半地堑，这是第一次张裂事件。大约 4 Ma 以前，吐拉断裂带和英雄断裂带之间的菲尼克斯板块已俯冲完毕，其扩张脊与海沟靠近，俯冲活动停止。这样，使得英雄断裂带和沙克尔顿断裂带之间的板块，即南设得兰板块的俯冲速率变慢。由于俯冲速率变慢，使得俯冲于南设得兰海沟之下的大洋岩石圈俯冲角度增大，有利于南设得兰群岛向 NW 方向运动，使南设得兰群岛与南极半岛之间的半地堑加宽，形成今日的布兰斯菲尔德海槽，这就是第二次张裂事件。两次张裂事件之后的沉积即为第一张裂沉积系和第二张裂沉积系（姚伯初等，1995）。

7.3.3 普里兹湾陆缘构造特征

受南极大陆边缘和凯尔盖郎海台边缘影响，普里兹湾地区布格重力异常和据此反演的莫霍面深度主要分为 3 个部分（图 7-18）：一是陆架上的异常低值区，幅值在（-50~0）×10^{-5} m/s^2 之间，莫霍面深度在 13~17 km 之间，属于陆壳减薄区；二是凯尔盖郎海台部分，布格异常幅值多低于 -100×10^{-5} m/s^2，莫霍面深度也多在 16 km 以上，属于洋壳增厚区；三是前面两个异常低值区之间的区域，布格异常幅值多在（0~150）×10^{-5} m/s^2 之间，莫霍面深度在 8~15 km 之间，根据莫霍面深度东西方向可分为三段，东、西两段均浅于 10 km，而中段稍深，为 11~12 km。普里兹通道冲积扇（PCF）的地壳厚度较薄，平均为 6 km，最薄处可达 4.6 km，处于洋陆过渡带向海端的位置，可能属于接近洋壳厚度的过渡壳，受到了二叠纪—三叠纪超级地幔柱对普里兹湾裂谷作用的影响（董崇志等，2013）。这里空间异常和均衡异常的高幅正异常特征，可能与第二期裂谷期之后的沉积间断以及快速进积加厚在高强度岩石圈之上有关，这种区域挠曲均衡作用不足以明显降低重力异常。

普里兹湾地区居里面深度（图 7-19）显示残留的古生代冈瓦纳缝合带北侧边界可能也是凯尔盖朗海台的影响范围，北侧的居里面深度浅于 20 km，南侧大于 20 km。如果没有凯尔盖朗海台岩浆活动的影响，其边界更应该北移，而北侧居里面深度会与西北角正常洋壳的情形更接近。另一个显著特征是，普里兹湾主要处于居里面上隆区，全球热流数据库资料和第 29 次南极考察的实测海底热流结果也表明，居里面上隆区热流值多在 80~100 mW/m^2，而在两条断裂之间的残留缝合带居里面下凹区热流值多在 40~50 mW/m^2 之间。由此说明普里兹湾东南侧与凯尔盖朗海台一样，在冈瓦纳裂解过程或之后经历了岩浆活动的改造。而在陆缘中段的高重力、低磁力和地热流的分段特征可能反映了古生代冈瓦纳拼合期的构造对后期裂解时的控制影响。

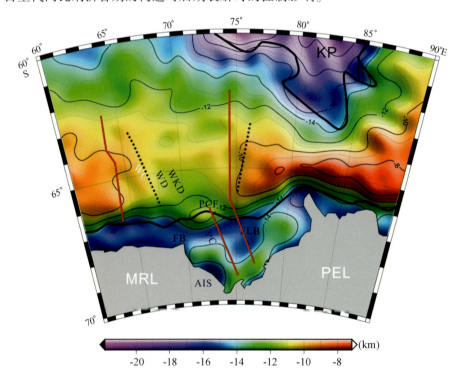

图 7-18　南极普里兹湾地区莫霍面深度

（图例如图 7-9，黑色虚线为莫霍面东西分段的界线）

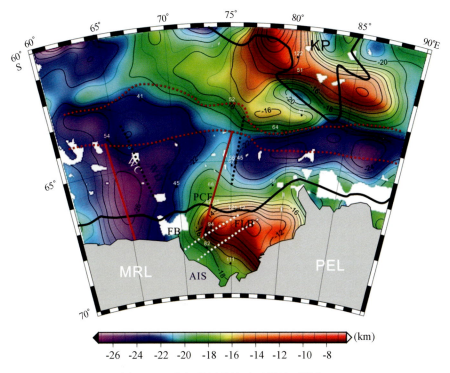

图 7-19　南极普里兹湾地区居里面深度

（图例如图 7-9 所示，黑色虚线为莫霍面东西分段的界线，红色实线为依据磁异常所划的断裂，红色虚线为两条可能的磁条带边界，白色数字表示来自公开数据库和第 29 次南极考察实测的热流数据）

在普里兹湾东南部存在两个正磁异常区，异常值大小高达 300~600 nT 不等。焦丞民（1999）利用普里兹湾冰面磁测资料在同样区域得到达 500 nT 的高磁异常。此外，Takemi 等（1999）在普里兹湾附近实施了两条测线，也观测到了与相应区域内的高磁异常，并采用二维磁性体模型分别对两处磁异常进行模拟。在二维磁性体模型产生的异常和实测磁异常存在一定差距的前提下，仍可以推测西侧的一个高磁性区存在深层的岩浆侵入体或者铁磁性矿物产生的变质岩体，而东侧的一个高达 500~600 nT 磁异常区则对应大约 200 km 的波长。再通过趋势分析将深、浅部异常剥离，进一步比较表明，西侧高异常区的深部基底的正异常约为 180 nT，只占总异常值的小部分，还应存在正异常的浅源磁性体。东侧高异常区深部基底则表现为 -200~-180 nT 的负异常，说明这里的浅部高磁性岩石并未延伸至此深度。Harris 等（1998）通过超过 250 个表层样和柱状样的岩相研究，认为普里兹湾东南侧为基岩裸露区。事实上，普里兹湾是由兰伯特地堑形成的构造型海湾。苏联在横跨普里兹湾剖面上的重、磁和地震调查结果显示兰伯特—埃默里地堑带下地壳厚度仅 25 km 左右，其中上地壳厚度约 10 km，远低于东南极地壳厚 40~45 km 的平均值（Kadraina et al. ，1983；Bentley，1983）。Takemi 等（1999）则进一步研究表明该区域正异常是由浅部火成岩引起，这些证据都对应于普里兹湾东南侧浅部高磁异常。

7.3.4　南极周边板块运动历史和古水深演化

利用欧拉旋转原理和 GPlates 板块重构平台两种方法，采用最合适的板块边界、水深、地壳年龄、沉积物厚度等数据，专项南极周边海域海洋地球物理考察课题组对 30°S 以南区域进行了板块重构（孙运凡、高金耀、张涛等，2013）。利用重构结果，确认了两种方法给出古水深模型的可靠性（图 7-20）。在此基础上，针对影响古水深的两个主要因素——岩石圈热沉降和沉积物的综合效

应，对当前水深进行了改正，恢复了 130 Ma 以来不同地质历史时期 30°S 以南海域的古水深（图
7-21）。同时构建了全球古水深演化模型和剩余水深模型，为了解全球构造演化历史和全球热点活
动性分析提供了框架性资料。

整体上，130 Ma 以来环南极水深不断变深，与岩石圈热沉降理论值一致，说明其主要受到热沉
降作用的控制；在 130 Ma 时，平均水深比理论值深约 1 km，可能是当时地壳已经具有一定的年龄
（经过了一段时间沉降）的原因；85 Ma 左右开始，平均水深小于理论值，可能与澳大利亚板块和
南极板块张裂，从而形成较浅的新生洋壳有关；通过重构白垩纪以来南极周边海域的板块运动和古
水深演化过程，可以进一步为热点活动、古洋流和古气候演化等问题的研究提供框架性的约束
资料。

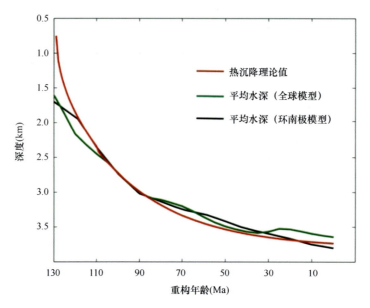

图 7-20　30°S 以南海域各时期平均水深与热沉降理论值对比

7.4　结语与展望

随着全球资源特别是非再生资源日趋枯竭，一些南极条约国着眼于本国的利益，努力寻找使南
极条约失效的一切方法，并在高举科学研究和环境保护的大旗下，都心照不宣地在开展与南极领土
主权和资源有关的调查，采取各种方式在南极大陆及周边海域划定势力范围，占据最佳战略位置，
进行《议定书》失效后的资源开发准备，海洋地球物理综合考察与评价将在这个过程中起到举足轻
重的作用。

从 1976 年算起，共有十几个国家（澳大利亚、巴西、法国、意大利、日本、挪威、波兰、英
国、韩国、美国、俄罗斯以及德国等）组织了 70 多个航次对南极大陆架进行多道或者单道地震反
射作业，共采集了超过 150 000 km 的地震剖面数据，大部分航次同步采集了重磁数据。采集区域主
要集中在罗斯海、威尔克斯地、普里兹湾、威德尔海、里瑟-拉森海以及南极半岛。

从 1957 年国际地球物理年开始，美国就投入了国家自然科学基金会的调查船 Eltanin 号开始南
极海洋科学考察。随着调查深入，从 20 世纪 70 年代起，主要集中在罗斯海地区。1984 年 1 月 5 日

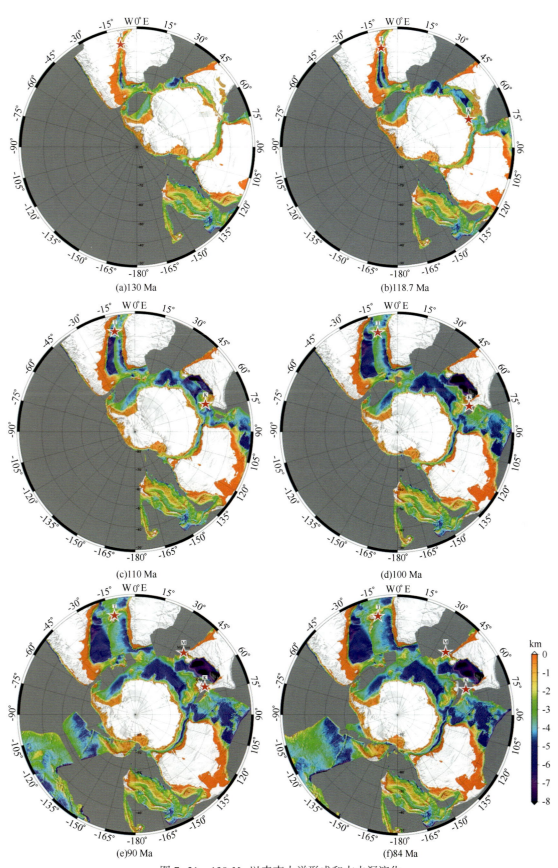

(a)130 Ma

(b)118.7 Ma

(c)110 Ma

(d)100 Ma

(e)90 Ma

(f)84 Ma

图 7-21 130 Ma 以来南大洋形成和古水深演化

（热点的位置用红色星号标示，T：特里斯坦（Tristan）热点，K：凯尔盖朗（Kerguelen）热点，M：马里昂（Marion）热点）

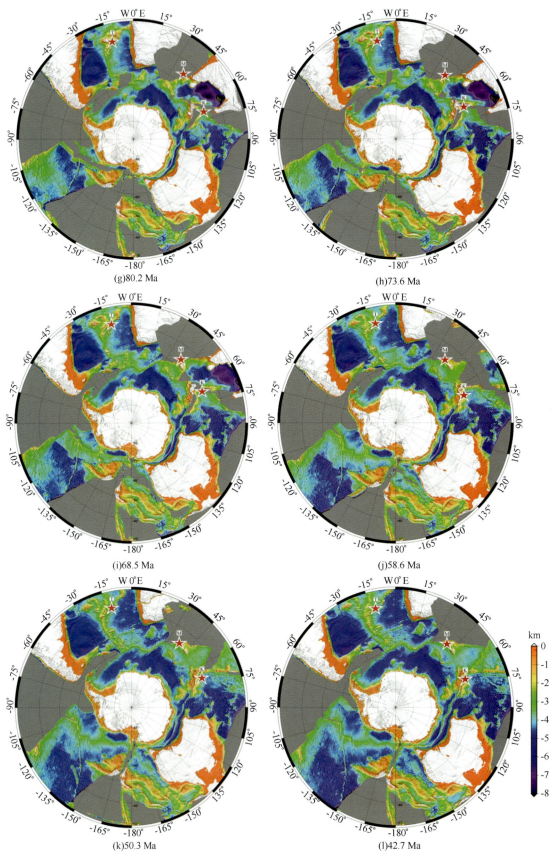

(g)80.2 Ma (h)73.6 Ma

(i)68.5 Ma (j)58.6 Ma

(k)50.3 Ma (l)42.7 Ma

图 7-21　130 Ma 以来南大洋形成和古水深演化（续）

（热点的位置用红色星号标示，T：特里斯坦（Tristan）热点，K：凯尔盖朗（Kerguelen）热点，M：马里昂（Marion）热点）

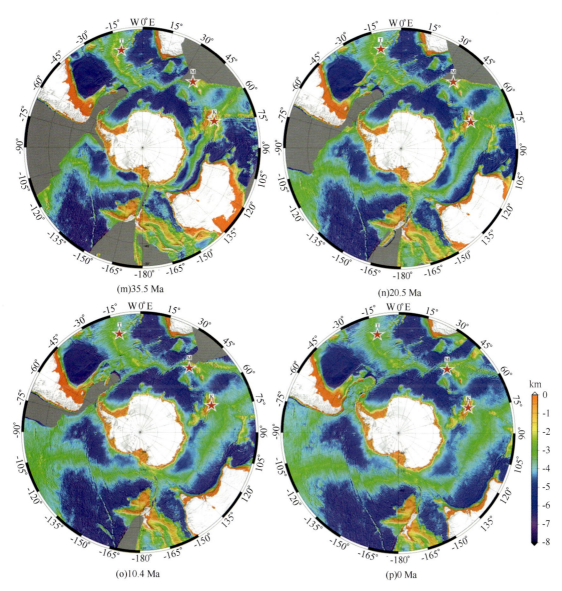

(m)35.5 Ma

(n)20.5 Ma

(o)10.4 Ma

(p)0 Ma

图 7-21 130 Ma 以来南大洋形成和古水深演化（续）

（热点的位置用红色星号标示，T：特里斯坦（Tristan）热点，K：凯尔盖朗（Kerguelen）热点，M：马里昂（Marion）热点）

至 3 月 3 日，美国的 S. P. 黎号调查船分别对威尔克斯地大陆边缘和罗斯海进行了两个航次的地震勘探调查（Eittreim and Cooper，1984），采集的多道和单道地震数据，配合在罗斯海域的深海钻孔，主要目的是了解南极边缘海的地质构造环境及其油气资源潜力。

1990 年，意大利 OGS-Explora 调查船在西罗斯海采集的多道反射地震数据，获得了维多利亚地盆地存在天然气水合物和游离气的地震证据（Geletti and Busetti，2011）。意大利国家南极计划还在其 1990 年航次、1996—1997 年航次、2003—2004 年航次对南设得兰群岛陆缘进行了多道地震调查（Lodolo et al.，1993；Tinivella et al.，2008）。2000 年 3 月，意大利联合澳大利亚在冰川历史项目（WEGA）资助下在威尔克斯地陆架采集了 1827km 高分辨率地震反射数据（De Santis et al.，2003）。

早年，澳大利亚矿产资源局（BMR）在 55°E 和 80°E 之间的陆架区采集了 5 000 km 的 6 道反射地震剖面数据。澳大利亚南极和南大洋探测计划（AASOPP）利用 2000—2001 年 GA-228 和

2001—2002 年 GA-229 两个航次，在 38°E 和 150°E 之间的东南极陆缘进行了系统的地球物理调查（Close et al.，2007），获得约 20 000 km 的 36 次覆盖的深反射地震数据（使用 60 L 气枪阵列震源、288 道 3 600 m 的接收缆，16 s 的纪录长度），同步采集重、磁和广角折射声呐浮标数据，GA-227 航次还采集了 3 425 km 有限探测深度的地震剖面数据（使用 6 L 气枪阵列震源、24 道 300 m 的接收缆，8 s 的纪录长度）。这些深地震测线垂直岸线，平均间距 90 km，由陆坡中部或底部一直延伸到洋壳，平均长度约 320 km。澳大利亚地球科学部门对所有地震数据进行了叠加偏移处理，清晰界定了沉积单元类型和沉积盆地分布，揭示的构造深达地壳底部（尤其是在大陆边缘的外部），有限探测深度的地震剖面主要反映陆坡上部的沉积构造。

1978 年，德国联邦地质和自然资源研究所（BGR）在 25°W 和 21°E 之间的里瑟—拉森海大陆架上进行了 48 道地震测量，测线总长 5 854 km，并测得 57 个声呐浮标地震折射资料（Hinz and Kristoffersen，1987）。1980 年，德国又在罗斯海陆架盆地进行了 48 道反射地震测量，测线总长 6 745 km，显示沿 180° 子午线有一构造隆起，将罗斯盆地分隔成两个构造带（Hinz and Block，1984）。2002—2004 年，德国极地海洋地球科学考察队（PMGE-Polar Marine Geoscience Expedition）与挪威卑尔根大学合作，在东里瑟—拉森海陆缘采集了大约 5 000 km 多道地震资料（Solli et al.，2007）。

于 1979 年开始的 10 年时间里，日本石油公司（JNOC）对威德尔海、别林斯高晋海、阿蒙森海、罗斯海以及东南极陆架、埃默里冰架外海进行了重力、磁力、多道地震调查。在威尔克斯地陆缘采集的多条单道地震和多道地震剖面显示了 BSR 的存在（Ishihara et al.，199）。1980 年，俄罗斯在威德尔海 15°W 与 40°W 之间进行了 400 km 的多道反射地震测量。在 1985—1988 年间，由英国、美国和巴西联合对南极半岛海域进行调查，由巴西海军阿米兰特·卡马拉（Almirante Camara）船实施，使用 8 个高压气枪（总容积 540 立方英寸）和在 4500PSI 下工作，获得了 5 569 km 的地震剖面数据（Gambôa and Maldonado，1990）。

从地球系统科学角度来解答全球气候变化的机理，需要了解不同时间尺度的自然环境变化规律。南极自然环境及其冰川和南大洋通道的演变在全球气候变化中起着突出作用，要真正了解它们的变化态势，不仅掌握它们目前的变化信息，还要从地质历史中提取它们以前的变化信息。通过海洋地球物理考察与评价，探测南极周围陆架上的地层分布特点，可以解译记录在地层中的以前南极环境变化的信息。

南极自然环境变化，乃至全球气候变化，背后支配性的力量都离不开地球本身的地质演变及其地球内部的动力机理。原先包含南极和各大洲南部各个板块的冈瓦纳大陆的破裂，以及南大洋的形成，乃是南极自然环境及其全球气候长期变化的关键性的支配力量。通过重力、磁力、热力和地震等的数据采集和积累，探测南极和南大洋的深部构造及动力学特征，将成为回答全球气候及环境长期变化这类重大地球科学问题的有力手段。

我国在南极周边海域的地球物理考察，与以站位为主进行南大洋科学考察的其他海域科学各专业相比，不但在获得的考察次数少得多，而且即使获准参加航次，比同一航次的其他专业投入的时间也要少，优先安排时间窗口上也有困难，因此地球物理测线资料覆盖的有效范围非常有限，质量也受到限制，依靠大量数据资料的总结分析获得海底科学认识的突破存在一定的难度。通过我国前期对南极半岛附近海域和对普里兹湾及罗斯海的地球物理考察和研究，以及有关国内外南大洋地球物理考察和研究现状的总结分析，我国对南极周边海域的地球物理及海底构造的了解和认识正在全面、深化，与国际先进国家研究水平的差距逐步缩小，但是要达到先进国家在南极周边海域的地球物理调查研究程度还要付出艰苦的努力。

我国需要提高对南大洋地球物理调查研究重要性的认识，加大对南大洋地球物理调查研究的投入。现在的极地科考船"雪龙"号应该设法加载中浅水多波束条带测深仪和浅地层剖面仪，改进反射地震的探测深度能力，加强回答海底科学问题、针对海底科学目标探测的南大洋地球物理调查航次的设计和实施。积极参与国际交流和国际合作，跟踪和参与有关南大洋的国际钻探科学计划，参与或实施我国极地科考船以外的具有破冰或抗冰的国内外专业海洋地球物理调查船的南大洋航次。我国新建的极地科考船的科考能力应该重点向地球物理和近底及海底探测考察倾斜，成为国际上先进的专业海洋地球物理调查船，培养和扶持一支稳定的南大洋地球物理调查研究专业队伍，这样在下一个 5 年计划期间我国有望进入南大洋地球物理调查研究的国际先进行列！

参考文献

陈圣源，刘方兰，梁东红 . 1997. 南极布兰斯菲尔德海域地球物理场与地质构造 . 海洋地质与第四纪地质，17（1）：77-86.

董崇志，丁巍伟，李家彪，等 . 2013. 南极洲东部普里兹湾海域重磁场特征及地壳结构 . 地球物理学报，56（10）：3346-3360.

国家海洋局第二海洋研究所，等 . 2014. 2013 年度南极周边海洋地球物理考察年度总结报告 .

吕文正，吴水根 . 1989. 东南太平洋地磁场特征及构造演化 . 中国第一届南大洋考察学术讨论会论文专集 . 上海：上海科学技术出版社，396-408.

南极考察委员会，国家海洋局 . 1989. 南大洋考察图集（南极半岛西北部海区，1984—1985）. 北京：海洋出版社 .

孙运凡，高金耀，张涛，等 . 2013. 环南极区域古水深演化特征 . 南极研究，25（1）：25-34.

宋德康 . 1989. 南极长城湾海底地形特征 . 中国第一届南极考察学术讨论会论文专集 . 上海：上海科学技术出版社，413-416.

王臣海，张兆祥 . 1989. 南极半岛西北缘海底地貌 . 中国第一届南大洋考察学术讨论会论文专集 . 上海：上海科学技术出版社，417-423.

王述功，刘忠臣，吴金龙 . 1987. 三大洋中脊的重力异常及构造意义 . 海洋学报，19（6）：94-101.

王光宇，等 . 1996. 南极布兰斯菲尔德海区地质学 . 北京：地质出版社 .

吴水根，吕文正 . 1988. 德雷克海峡的扩张历史及其影响，南极研究，1（2）：1-7.

中国第 28 次南极科学考察队大洋队 . 2012. 南极半岛附近海域大洋考察现场实施报告 .

中国第 29 次南极科学考察队大洋队 . 2013. 普里兹湾及附近海域大洋考察现场实施报告 .

中国第 30 次南极科学考察队大洋队 . 2014. 环南极大洋考察现场实施报告 .

姚伯初，王光宇，陈邦彦，等 . 1995. 南极布兰斯菲尔德海峡的地球物理场特征与构造发育史 . 南极研究（中文版），7（1）：25-35.

Close, D. I., H. Stagg, P. E. O'Brien, 2007. Seismic stratigraphy and sediment distribution on the Wilkes Land and Terre Adélie margins, East Antarctica. Marine geology, 239（1）：33-57.

De Santis, L., G. Brancolini, F. Donda, 2003. Seismo-stratigraphic analysis of the Wilkes Land continental margin（East Antarctica）: influence of glacially driven processes on the Cenozoic deposition. Deep Sea Research Part II: Topical Studies in Oceanography, 50（8）：1563-1594.

Eittreim, S. and A. K. Cooper, 1984. Marine geological and geophysical investigations of the Antarctic continental margin. Department of the Interior, U. S. Geological Survey, 1984.

Gambôa, L. and P. R. Maldonado, 1990. Geophysical investigations in the Bransfield Strait and in the Bellingshausen Sea, Antarctica. Antarctica as an Exploration Frontier: Hydrocarbon Potential, Geology, and Hazards. 1990：127-141.

Geletti, R. and M. Busetti, 2011. A double bottom simulating reflector in the western Ross Sea, Antarctica. J. Geophys. Res., 116, B04101, doi：10. 1029/2010JB007864.

Hinz, K. and M. Block, 1984. Results of geophysical investigations in the Weddell Sea and in the Ross Sea, Antarctica. 11th World Petrol. Congress, Wiley, London, 1984.

Hinz, K. and Y. Kristoffersen, 1987. Antarctica – recent advances in the understanding of the continental margin. Geologisches Jahrbach, E37: 3–54.

Ishihara, T., M. Tanahashi, M. Sato, et al., 1996. Preliminary report of geophysical and geological surveys of the west Wilkes Land margin. Proceedings of the NIPR Symposium on Antarctic Geosciences, 1996, 9: 91–108.

Lodolo, E., A Camerlenghi. and G. Brancolini, 1993. A bottom simulating reflector on the South Shetland margin, Antarctic Peninsula. Antarctic Science, 5 (02): 207–210.

Solli, K., B. Kuvaas, Y. Kristoffersen, et al., 2007. A seismo–stratigraphic analysis of glaciomarine deposits in the eastern Riiser-Larsen Sea (Antarctica). Marine Geophysical Researches, 28 (1): 43–57.

Tinivella, U., F. Accaino, B. Della Vedova, 2008. Gas hydrates and active mud volcanism on the South Shetland continental margin, Antarctic Peninsula. Geo-Marine Letters, 28 (2): 97–106.

组稿人高金耀[1]，撰稿人由高金耀[1]、吴招才[1]、沈中延[1]、王威[1]、郑彦鹏[2]完成。

1 国家海洋局第二海洋研究所　杭州　310012

2 国家海洋局第一海洋研究所　青岛　266061

第8章　海洋气象观测与预报保障

概　述

　　1984 年 11 月，中国首次派出庞大的国家南极考察队伍，分别乘国家海洋局科学考察船"向阳红 10"号和海军后勤补给船"J121"号奔赴南极乔治王岛，于 1985 年 2 月建立了我国第一个南极考察站——长城站，从此拉开了中国极地考察的序幕。1987 年 11 月，国家海洋局极地科学考察船"极地"号又前往东南极，于 1988 年 2 月在东南极拉斯曼丘陵建立了第二个南极考察站——中山站，为我国南极考察向南极内陆进军奠定了坚实的基础。1994 年"雪龙"号船取代"极地"号船，成为我国目前唯一的极地综合科学考察专用船舶，而且服役至今。中国的南极科学考察和站区物资补给离不开具有破冰能力适合远洋航行的船舶，更需要全球大洋和冰区航行的预报保障。

　　30 年来，中国极地科学考察船分别从中国沿海城市天津、青岛、上海、厦门、深圳和广州等港口起航，跨越南北半球，穿越太平洋、印度洋，大西洋，经过南北半球台风生成区，往返于南半球西风带，战胜了狂风巨浪和极地雪暴、大风等的恶劣天气，排除了极区浮冰和冰山崩塌等突发事件带来的各种险情，在南大洋开展了多学科综合海洋调查，完成了南极两站物资的补给任务。中国科学考察船在南极的科学考察，填补了我国在南大洋和极区海域航海的空白，积累了丰富的极区航海经验。同时也获得了大量的海洋、气象资料，为我国的南极科学考察事业奠定了坚实的基础。

　　中国历次的南极考察都详细记录和描述了南极科学考察航行中遇到的海况、气象情况；由于船用气象监测仪器是南极科学考察进行气象、海冰预报必不可少的设备，特别是在南极地区气象、海冰资料匮乏，加之南极气象、海冰变化快等特点，30 年来船用气象观测设备、气象卫星接收系统几经更新换代，更新后的先进设备在极区航行中起到了重要的作用。

　　航行保障人员总结了我国南极考察航线海洋气象研究成果，分析了灾害性系统的天气特点和天气系统的演变、发展及其移动规律，重点研究分析了热带风暴（台风）、西风带气旋、南极绕极气旋、下降风等影响极地科学考察航行的主要灾害性系统以及极区浮冰和冰山对考察船航行的影响。针对这些灾害性系统的发生、发展及其变化进行了研究和分析，总结出这些系统的发生、发展及演变规律，从中寻找有利于船舶航行安全的保障方法，为我国的南极科学考察提供了可靠的技术支撑和参考依据。

8.1　南极航线气象预报保障

8.1.1　早期气象保障工作及海洋气象观测设备更新

　　首次南极考察"向阳红 10"号船设立的气象部门包括气象观测组、填图组、卫星云图接收组和天气分析预报组，共计30余人。气象观测组负责航渡期间常规的气象观测。气象观测仪器安装在船的顶部，主要靠人工记录观测数据；填图组每天接收正点气象报资料，人工填写在天气图中，填图员一般需要2~3 h才能完成一张天气图；卫星云图设备需要人工操作接收信号和还原图像，然后经显影、定影等过程洗印成照片；气象预报员对填好的天气图进行气象要素分析，绘制成完整的天气图，再从人工分析的天气图上，根据船位判断所受天气系统的影响，预报员还利用不同高度的气象资料，判断天气系统的发展强度和移动速度，人工填绘的天气图成为随船预报员分析预测天气变化的重要依据。

随着气象科技的快速发展，人工观测、人工填绘图工作逐渐被自动观测和气象传真图所取代。考察船的气象部门也由原来的30余人减少到2~3人。自动气象观测设备不仅能够做到温、湿、压，风向、风速、降水量等要素的自动观测，还能进行能见度和云底高度的自动观测。各种要素自动观测数据通过计算机生成气象报表，自动发送出去。不仅降低了气象人员的劳动强度，也使观测结果更加客观和精确。

"雪龙"号极地考察船早期的气象观测设备是海洋局技术中心的船载自动气象观测仪，1999年更新为芬兰生产的Vaisala船载自动气象站Milos500系统，该系统可以连续记录空气温度、露点温度、相对湿度、气压和风向风速等。自动气象站每10 min记录一次数据，存成 *.txt 文档，记录有：日期、时间、纬度、经度、气压、气温、露点温度、相对湿度、风向、风速等。该自动气象站历经5次北极、13次南极考察的使用。虽然经多次维护和调试，但故障率不断增加，最终于2013年被Campbell SH3000船载自动气象站替换，并增加了能见度和云高的自动观测。

2004年，"雪龙"号船上安装了一套大气涡度通量自动观测设备，开展了走航涡动通量自动观测。走航涡动通量系统包括一套涡动相关系统和一套船舶姿态仪。此外还安装了红外温度传感器，对海水皮温进行记录。可实现全航程海气通量连续观测。

图8-1 目前"雪龙"号船载自动气象观测设备

随船保障人员的观测和记录项目包括："雪龙"号船所在经纬度、航向、航速、气温、露点温度、气压、相对湿度、风向风速、能见度、天气现象、云状、浪高和涌高等；还有海冰观测包括海冰密集度、冰型、海冰发展阶段、冰厚、冰上积雪厚度、主要发展阶段密集度等。

8.1.2 卫星遥感图像接收处理

我国的极地科考船航行在茫茫的大洋和人烟稀少的极地海域,资料匮乏是预报保障的主要问题。卫星遥感技术的发展大大地改善了极区和大洋资料缺失的遗憾。

早期的极地科学考察船卫星接收设备和技术条件比较落后,使用的是可见光和红外卫星云图接收系统。该系统工作程序复杂,接收的卫星云图需要人工冲洗照片,分辨率又低,难以分辨极地地区的云系和冰,给极区的气象海冰预报带来困扰。

20 世纪 90 年代初,我国极地考察船安装的是美国"奥尔登"卫星接收系统。该系统自动化程度较高,使用热敏纸自动打印照片,增加了卫星云图接收频次,但仍为低分辨率接收系统,黑白照片对极地海冰及冰山仍无法有效监测。

1997 年,国家海洋环境预报中心与北京川页电器公司和航天工业总公司二院联合研制了用于极地考察船的国产高分辨率卫星接收系统。该系统具有接收高分辨率极轨卫星和低分辨率静止卫星云图的双套接收和图像处理系统,可在热带高温、高湿和极地低温、高湿等极端环境下工作,抗风、抗震性能良好。该系统在极区提供的大量高分辨率彩色卫星云图,可以分辨出云、海水和海冰的不同特性。该系统 1997 年首次在"雪龙"号船上使用,获得了非常理想的效果,被誉为极地考察航行保障的千里眼。

2003 年,我国自主研发的卫星接收系统设备已老化,"雪龙"号船更新安装了美国 Seaspace 公司的双波段卫星遥感接收系统。该系统能够接收极轨高分辨率 NOAA 系列卫星、风云卫星遥感数据,在极区还可接收 DMSP 的卫星遥感数据。经过持续的升级改造,Seaspace 接收系统一直使用至今。

8.1.3 南极考察航线水文气象环境背景

中国南极科学考察航线经过海区的海洋气候状况非常复杂。在北半球,出发和返程到中国南海海域时(11 月中和翌年的 3 月下旬),主要受南下的冷空气和南海热带气旋的影响,海面风力可达 17.0 m/s(8 级)以上,浪高 4 m 以上;行驶到菲律宾以东海区时,主要受热带气旋的威胁。

在南半球,航线上的威胁主要来自印度尼西亚南部、澳大利亚以北洋面上生成的热带气旋和中纬度海区生成的温带气旋;在穿越西风带时(45°~60°S),在温带气旋和盛行西风的联合作用下,航线上会出现狂风巨浪,海面最大风力可超过 32.7 m/s(12 级),浪高也可达到 10 m 以上。

8.1.3.1 北半球天气系统

在北半球,中国极地考察船出发和返航时,主要受来自极地冷气团南下而爆发的冷空气、中国黄海、东海和南海海雾以及西北太平洋热带气旋等天气系统和天气过程的影响。

冷空气:聚集在北极地区的冷气团,通过一般环流向南侵袭,造成中低纬度大范围降温、降雪并伴随大风的出现,就称其为冷空气。冷空气进一步南侵,进入中国沿海后,会出现狂风巨浪的海况,对船舶航行造成极大威胁。因此,冷空气是中国南极科学考察出发和返航期间最具威胁的天气系统之一。秋末春初,冷空气活动最频繁。10 月—翌年 2 月是冷空气高发阶段,冷空气发生的频数占全年总数的 74%。12 月是全年冷空气高发月份,11 月的频数仅次于 12 月,但是强寒潮往往出现在 11 月。

热带气旋：北半球 11 月的热带气旋生成频率远远低于 8—9 月，其路径也与 8—9 月有较大的区别，即在生成初期基本是偏西，到菲律宾以东海面上（平均转向纬度在 20°N）开始转为西偏北方向移动，移动到台湾以东、日本以南的海面上时，开始转为向北移动，最后进入中纬度海区变性成为温带气旋。此时期的热带气旋强度依然会很强，在热带气旋发展阶段，近中心最大风力依然能够达到 32.7 m/s（12 级）以上。

海雾：海雾是对中国南极科学考察航线具有很大威胁的天气现象之一。当海面出现海雾时，水平能见度往往不足 1 km。在我国的南海和黄海、东海海域出现的海雾主要是平流冷却雾和锋面雾。当较冷的海面上空有暖湿气流经过，而且风向一定而风速较小时，海面就会出现平流雾。锋面雾是由锋面气旋过境而引起的一种海雾。随着冷、暖海流和风向的季节性变化，海雾的发生时间和地点也具有明显的季节性变化。入春以后，大陆气温增高，冬季风的势力逐渐减弱并向夏季风过渡，同时由于暖海流的势力日益增强，海雾呈高发阶段。中国南海的雾季出现在 2—4 月，黄海、东海的雾季基本是在 3—6 月。

8.1.3.2　南半球天气系统和海况

在南半球，热带气旋、温带气旋、绕极气旋和下降风，以及南极沿岸附近海区的海雾是对船舶航行安全具有威胁的天气系统和天气过程。南极海冰和冰山是影响船舶航行安全和完成长城站、中山站补给任务的重要海洋因素。

热带气旋：在印度尼西亚南部、澳大利亚以北的洋面上生成的热带气旋是影响中国南极考察航线的主要天气系统之一。在该海区，气旋的生成频数很低，大约为每年 7 个。12 月是热带气旋开始的月份，多数集中发生在 1 月、2 月、3 月，到 4 月结束。在航线所经过的澳大利亚西北海岸附近海区，热带气旋的移动路径以东北—东南为主。

温带气旋：与北半球明显不同的是，南半球温带气旋的尺度、强度以及移动速度变化非常大，锋生气旋往往是和锋面一起出现，而北半球气旋的锋面基本都是在气旋产生后才出现。

南半球气旋是威胁中国南极考察航行安全的重要天气系统之一。尤其是在通过西风带时，能否遭遇气旋，是历次南极考察航线安全气象预报的关键问题。尽管历次南极考察都在穿越西风带时，不同程度地受到气旋的影响，但由于航线气象预报员采取实时监控，及时、准确地预报气旋强度、移动方向和速度，船舶航行没有因气旋的影响而造成重大损失。

气旋生成最频繁的海区是在 35°~55°S 之间。按经度划分，可将气旋生成源地大致分成 3 个主要区域。第 1 个区为南美洲及其附近直到 30°W 的大西洋上，每年大约有一半的气旋生成于该地，其中 1/3 的气旋位于平均副热带脊轴以北的地区；第 2 个区为 120°~180°W 的太平洋海域；第 3 个区为 50°~90°E 的印度洋海域。从 90°E 向东到 170°W 的 40°~50°S 海区是特别值得注意的气旋活动最频繁的地带，该海区是我国南极考察往返中山站必经之路，选择良好的时机通过该海区，是直接影响我国南极考察航行安全的根本问题。该海区在没有气旋通过时，平均风速为 10.8~13.8 m/s（6 级），当有气旋的通过时，最大风速可达 32.7 m/s（12 级）以上，浪高超过 10 m，形成狂风巨浪的恶劣海况。

气旋的移动：气旋的移动方向是沿纬向自西向东移动，其移动速度具有明显的季节变化，而且东、西半球的移动速度也有差别。在西半球（0~180°W）夏季和冬季，气旋的平均移动速度分别为 10.5 km/h 和 10.2 km/h；在东半球，相应的数值为 13.4 km/h 和 13.1 km/h。在 50°~170°E、40°~60°S 海域内，夏季气旋的移动速度明显高于平均值，90% 气旋的移动速度达到或超过 14 km/h。利用多个航次资料统计发现：①南大洋上气旋的生成、移动、尺度和强度变化很大，与北半球的波动性气旋模式存在较大差异。锋生作用经常可以和气旋同时出现，而不是在它之前出现；②当气旋加强时，其涡旋云系的范围每天可增加一倍左右；当气旋减弱时停止增长，气旋崩溃表现为涡旋云系逐渐变形且云底高度下降；③南大洋气旋和北半球气旋性质没有根本性差异。

海流：南半球海流虽然对南极考察船舶航行安全基本没有影响，但在夏季，南极大陆近岸海区的海流结合南极大陆的离岸风，对南极海冰的漂移具有主导作用。南半球最具代表的海流是向东的南极绕极环流（Antarctic Circumpolar Current，ACC），其范围为40°~60°S。在中纬度，受盛行西风和科氏力的共同作用，绕极环流在表层还具有偏北方向的分量。南美洲和南极半岛是绕极环流最大的屏障，因此在德雷克海峡（Drake Passage）表层流呈发散状，流速也因此而变得湍急，极端流速值可达到1 m/s。在南极大陆沿岸附近，受盛行东风的驱动，表层海流与南极绕极环流的流动方向相反，是自东向西方向流动，其分布范围基本是在65°S以南的海域。夏季，受盛行东风和表层流的共同作用，南极大陆沿岸的海冰会漂离海岸，形成开阔水域，威德海、罗斯海是最具代表的两个海区。南北两极的绕极环流具有明显差异。在南半球，由于南极大陆与中纬度大陆是断开的，由中纬度向高纬地区输送的暖流要比北极少，因此在纬向上的气–海温差也比北极小得多。

南极海雾：南极大陆沿岸尤其是西南极地区出现的海雾是威胁我国南极考察航行安全的重要天气现象之一。南半球海雾（能见度小于1 km）经常出现在南极大陆沿岸或冰架附近的海区。大多数雾的出现都发生在来自低纬度相对暖的空气缓慢地向较冷的海面移动或者是处于相对稳定的过程中。在这种情况下，地面边界层失去感热，使相对湿度增加，达到并慢慢超过饱和温度，由此而产生雾。当风速增加时，使得不饱和空气的垂直混合加强，而使雾消散或使雾的强度减弱，这种雾就是平流雾。在夏季，除了强风较少和在强风很少的海区可能有些增加外，这类雾很少存在季节变化。在南极半岛地区出现的绝大多数雾属于平流雾。唯一例外的是，生成于中纬度海区、移动到别林斯高晋海的气旋通过德雷克海峡时，气旋的南部扫过南极半岛地区，常常造成大雾天气，而风力有时可超过10.9 m/s（6级）。在盛行强而冷的地面离岸风和不结冰或还未结冰的海区，当冷空气到达暖得多的海面上时，常会出现蒸汽雾。尤其是在东南极下降风的形势下，水面和平流空气的温差可达到10~20℃，于是暖水面从底部开始对其上的冷空气连续加热，并使水汽含量上升，因而产生通过冷空气主体的对流并与之混合。在这种情况下，在近海面的空气产生凝结，形成蒸汽雾，并随着离陆地距离的增加而加强。这种雾的发展高度取决于冷空气的垂直范围和持续时间。在南极普里兹湾出现的海雾就是此种雾。

8.1.4 南极考察航线选择及预报

通过30年来对南大洋航线的预报实践，得到灾害性天气的预报经验是：

（1）正确跟踪、预报南大洋气旋的发展和移动速度是预报大风、大浪的关键。由于南大洋气象观测网稀少，资料缺乏，利用卫星云图来预报气旋移动和发展，对于正确预报气旋大风是很有用的。

（2）选择穿越西风带最有利天气形势有：①较强气旋过境后启航，穿越西风带，避开强气旋侵袭；②选择西风带一段气流比较平直，大槽大脊还没有发展的天气形势，穿越西风带，这时虽有可能受到小气旋锋面云系东移影响，但风浪往往不会很大。

（3）在南极气象资料缺少的情况下，应用气候资料对南半球气旋位置强度，移动速度及大风分布，通过统计找出规律，弥补南半球气象资料不足。

通过多年对考察船在南大洋航线的天气预报分析表明，夏季南大洋气旋大风的分布主要有3

类：第1类是高纬度靠近南极大陆的绕极气旋大风，这类大风主要是由于陆地上高原冷空气，从高纬内陆流向海岸形成稳定而强劲的下降风，从而导致强烈的大风天气，此类大风以偏东风为主，可持续几小时甚至几天；第2类是中纬度的气旋大风，一般出现在气旋西北部，以偏西大风为主，这类大风主要是由西风带水平气压梯度增大而造成的，大风可持续几天时间，强度可达12级以上，由于南半球中纬度多为广阔洋面，大风可在海面造成浪高10 m以上的巨浪，这类大风对船只航行危害极大；第3类是冷锋过境时引起大风，南大洋气旋冷锋一般是东南—西北走向，冷锋尾部多为东南东—西北西走向，冷锋大风常出现在温度梯度最大的位置及正变压中心，冷锋前后正负变压相差值越大，风力就越强，这类大风时间较短，强度较弱。

在卫星云图上根据云系特征确定强气旋指标为：①云形呈圆形，中心浓密云区明亮，周围云系光滑清晰；②螺旋状云系，结构完整，外围云系卷入中心浓密云区，中心云区有所扩展，这种云系对应地面是深厚低压系统，风力一般在10级以上。

统计结果表明，南半球每年约有2 000个气旋生成，除生成于低纬地区的热带气旋外，大都为中高纬地区的温带气旋和极地气旋。这些气旋的生成和活动区域夏季在50°~60°S，冬季更偏北些，在40°~50°S。气旋的移动路径，平均移向是东—东南。在高纬地区主要沿60°S纬度线东移，个别地区也有东偏北移动现象。

8.1.5　南大洋和南极气旋活动对南极考察航线影响分析

自1984年到现在，中国南极考察已经历了30年，从"向阳红10"号船首次南极考察、"极地"号船东南极首次破冰之旅到"雪龙"号船连续17个航次开展南极考察，都饱受南大洋气旋带来的恶劣天气和海况的影响。尤其是气旋活动频繁的西风带，狂风巨浪造成的恶劣海况更是明显多于世界其他海域，给极地考察船舶航行安全带来很大威胁。我国南极考察首次队、第7次队、第15次队、第21次队都曾在西风带中遇到较为危险的情况。图8-2为历次南极考察穿越西风带期间所遇到的最大风浪统计结果。

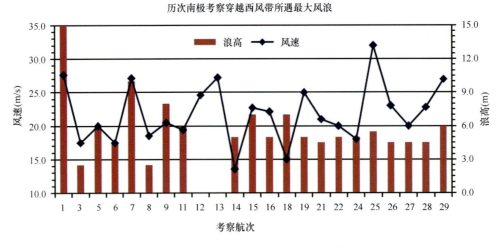

图8-2　历次南极考察穿越西风带所遇最大风浪

第21次至第29次南极考察气旋影响情况分析：

根据"雪龙"号船载SeaSpace系统接收到的卫星云图、正点气象观测数据及澳大利亚南半球海平面气压场，对我国第21次至第29次南极考察期间南大洋绕极气旋的影响情况，统计了"雪龙"号船走航、作业、停靠期间风力大于等于 7 级的过程。并根据最大持续风力分为以下 3 个级别大风过程：较弱过程（风力为 7 级或 7 级阵风 8 级）；中等过程（风力 7~8 级或 8 级阵风 9 级）和较强过程（风力 8~9 级或以上）。

　　第 21 次南极考察：4 次穿越西风带。最大风速超过 25 m/s，发生在长城站卸货期间；气压最低值接近 960 hPa，发生在中山站–长城站绕极航行期间。气旋过程共有 12 次，其中 3 次较弱过程，4 次中等过程，5 次较强过程。前 3 次较强气旋影响过程均发生在第 1 次穿越西风带期间；第 4 次较强气旋过程发生在长城站卸货期间，第 5 次较强气旋过程发生在中山站第二阶段卸货期间。

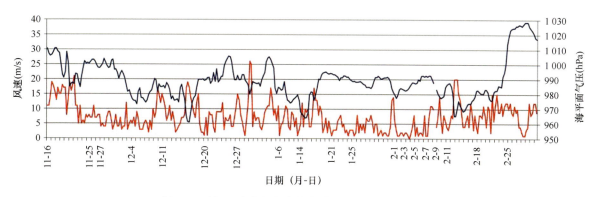

图 8-3　第 21 次南极考察南大洋和极区正点气象观测

表 8-1　第 21 次南极考察南大洋气旋影响统计

序号	时间	最大持续风力	涌浪波高
1	2004 年 11 月 16—17 日	8~9 级	4.0~4.5 m
2	2004 年 11 月 18—19 日	8~9 级	4.0~4.5 m
3	2004 年 11 月 20—21 日	8~9 级	4.0~4.5 m
4	2004 年 12 月 10—11 日	7~8 级	浮冰区内
5	2004 年 12 月 16—17 日	8 级阵风 9 级	3.0~3.5 m
6	2004 年 12 月 18—19 日	7 级阵风 8 级	浮冰区内
7	2004 年 12 月 27 日	7 级阵风 8 级	1.5~2.0 m
8	2004 年 12 月 30—31 日	10~11 级，阵风 12 级	浮冰区内
9	2005 年 1 月 4—5 日	7~8 级	乌斯怀亚码头
10	2005 年 1 月 17 日	7~8 级	2.5~3.0 m
11	2005 年 2 月 12—14 日	8~9 级，阵风 10 级	浮冰区内
12	2005 年 2 月 22 日	7 级	1.5~2.0 m

　　第 22 次南极考察：4 次穿越西风带。最大风速为 20 m/s，分别发生在第 2 次穿越西风带期间、中山站第二阶段卸货期间和第 4 次穿越西风带期间；气压最低值 965 hPa，发生在中山站第二阶段

卸货期间。气旋过程共有 9 次，其中 4 次较弱过程，2 次中等过程，3 次较强过程。

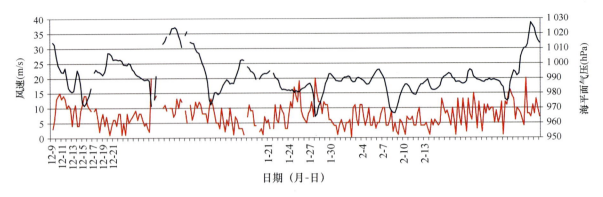

图 8-4 第 22 次南极考察南大洋和极区正点气象观测

表 8-2 第 22 次南极考察南大洋气旋影响统计

序号	时间	最大持续风力	涌浪波高
1	2005 年 12 月 10—11 日	7 级阵风 8 级	3.5~4.0 m
2	2005 年 12 月 14—15 日	7 级	2.5~3.0 m
3	2005 年 12 月 26—28 日	8~9 级	3.5~4.0 m
4	2006 年 1 月 6—7 日	7 级	2.5~3.0 m
5	2006 年 1 月 24—25 日	8 级	2.5~3.0 m
6	2006 年 1 月 27—28 日	8~9 级	浮冰区内
7	2006 年 2 月 21—22 日	7 级	浮冰区内
8	2006 年 2 月 28 日至 3 月 1 日	7~8 级阵风 9 级	4.5~5.0 m
9	2006 年 3 月 3—4 日	8~9 级	3.5~4.0 m

第 24 次南极考察：4 次穿越西风带。最大风速超过 25 m/s，发生在长城站卸货期间；气压最低值接近 955 hPa，发生在长城站-中山站绕极航行期间；气旋过程共有 26 次，其中 11 次较弱过程，2 次中等过程，6 次较强过程。

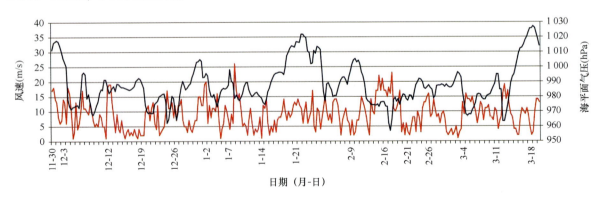

图 8-5 第 24 次南极考察南大洋和极区正点气象观测

表8-3 第24次南极考察南大洋气旋影响统计

序号	时间	最大持续风力	涌浪波高
1	2007年11月30日—12月1日	8级	3.0~3.5 m
2	2007年12月3日	7级阵风8级	3.0~3.5 m
3	2007年12月4日	8级	3.5~4.0 m
4	2007年12月7日	7~8级	2.5~3.0 m
5	2007年12月12—13日	8~9级	冰区内
6	2007年12月24—25日	7~8级	冰区内
7	2007年12月27日	7级	2.5~3.0 m
8	2007年12月31日	7级阵风8级	2.5~3.0 m
9	2008年1月1—2日	8~9级	3.0~3.5 m
10	2008年1月4—5日	7~8级	2.5~3.0 m
11	2008年1月8—9日	10~11级	3.5~4.0 m
12	2008年1月14—15日	7级	浮冰区内
13	2008年1月18日	7级	2.0~2.5 m
14	2008年1月21—22日	7级	2.0~2.5 m
15	2008年2月1日	7~8级	2.5~3.0 m
16	2008年2月3—4日	7级阵风8级	2.5~3.0 m
17	2008年2月5—6日	7级	2.5~3.0 m
18	2008年2月11日	7级阵风8级	2.5~3.0 m
19	2008年2月13日	7级	2.0~2.5 m
20	2008年2月14—16日	8~9级	3.5~4.0 m
21	2008年2月16—17日	8~9级，阵风10级	4.0~4.5 m
22	2008年2月19—20日	7~8级	3.0~3.5 m
23	2008年2月25—27日	7~8级	浮冰区内
24	2008年3月4—6日	7~8级	2.5~3.0 m
25	2008年3月12—13日	8~9级	4.5~5.0 m
26	2008年3月20日	7级	2.0~2.5 m

　　第25次南极考察：4次穿越西风带。风速最大值有2次超过30 m/s，分别发生在第1次穿越西风带期间和中山站第二阶段卸货期间；气压最低值接近940 hPa，发生在第1次穿越西风带期间。气旋过程共有21次，其中7次较弱过程，4次中等过程，10次较强过程，较强过程中有4次风力超过10级的强过程。

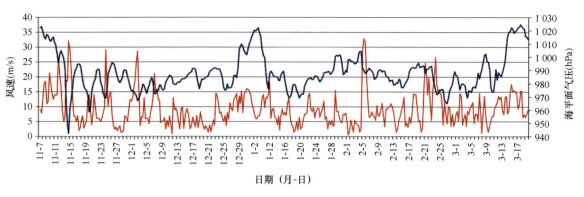

图 8-6　第 25 次南极考察南大洋和极区正点气象观测

表 8-4　第 25 次南极考察南大洋气旋影响统计

序号	时间	最大持续风力	涌浪波高
1	2008 年 11 月 8—9 日	8 级	3.0~3.5 m
2	2008 年 11 月 9—10 日	8~9 级	3.5~4.0 m
3	2008 年 11 月 11—12 日	9~10 级	5.0~5.5 m
4	2008 年 11 月 13—15 日	11~12 级，阵风 13~14 级	浮冰区内
5	2008 年 11 月 19—20 日	7 级	冰区内
6	2008 年 11 月 21 日	7 级	冰区内
7	2008 年 11 月 24—26 日	10~11 级，阵风 12 级	冰区内
8	2008 年 12 月 1—3 日	10~11 级	冰区内
9	2008 年 12 月 6—8 日	8~9 级	冰区内
10	2008 年 12 月 23 日	7 级	浮冰区内
11	2008 年 12 月 28 日	7 级	2.5~3.0 m
12	2008 年 12 月 30 日—2009 年 1 月 1 日	7~8 级	3.0~3.5 m
13	2009 年 1 月 10 日	7 级	3.0~3.5 m
14	2009 年 1 月 11—12 日	8~9 级	4.5~5.0 m
15	2009 年 2 月 4—6 日	11~12 级，阵风 13 级	4.5~5.0 m
16	2009 年 2 月 20—22 日	9~10 级，阵风 11 级	3.5~4.0 m
17	2009 年 2 月 23—25 日	9~10 级	3.0~3.5 m
18	2009 年 3 月 2 日	7~8 级	2.0~2.5 m
19	2009 年 3 月 7 日	7 级	2.0~2.5 m
20	2009 年 3 月 11—13 日	7 级阵风 8 级	4.5~5.0 m
21	2009 年 3 月 15—16 日	7~8 级	5.0~5.5 m

第 26 次南极考察：6 次穿越西风带。最大风速近 30 m/s，发生在中山站第二阶段卸货期间；气压最低值 955 hPa，发生在第 6 次穿越西风带期间。气旋过程共有 22 次，有 6 次较弱过程，11 次中等过程，5 次较强过程。

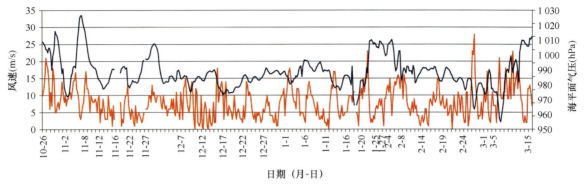

图 8-7 第 26 次南极考察南大洋和极区正点气象观测

表 8-5 第 26 次南极考察南大洋气旋影响统计

序号	时间	最大持续风力	涌浪波高
1	2009 年 10 月 26—27 日	8~9 级	3.5~4.0 m
2	2009 年 10 月 28 日	7~8 级	3.0~3.5 m
3	2009 年 11 月 1—2 日	7 级	3.0~3.5 m
4	2009 年 11 月 4—5 日	7~8 级	3.5~4.0 m
5	2009 年 11 月 8 日	7~8 级	2.0~2.5 m
6	2009 年 12 月 8 日	7 级	冰区内
7	2009 年 12 月 15—17 日	8 级	浮冰区内
8	2009 年 12 月 22—23 日	7 级	浮冰区内
9	2010 年 1 月 2—3 日	8 级	2.5~3.0 m
10	2010 年 1 月 6—7 日	7 级	浮冰区内
11	2010 年 1 月 12—13 日	7~8 级	浮冰区内
12	2010 年 1 月 21—22 日	9~10 级	4.0~4.5 m
13	2010 年 2 月 5 日	7 级阵风 8 级	3.0~3.5 m
14	2010 年 2 月 6—7 日	7~8 级	3.5~4.0 m
15	2010 年 2 月 8—9 日	7~8 级	3.0~3.5 m
16	2010 年 2 月 18 日	7 级阵风 8 级	2.0~2.5 m
17	2010 年 2 月 26—27 日	9~10 级，阵风 11 级	3.5~4.0 m
18	2010 年 3 月 2 日	7~8 级	2.0~2.5 m
19	2010 年 3 月 6—7 日	8~9 级	3.0~3.5 m
20	2010 年 3 月 8—9 日	8 级	3.5~4.0 m
21	2010 年 3 月 10—12 日	9~10 级，阵风 11 级	4.0~4.5 m
22	2010 年 3 月 12—13 日	7~8 级	4.0~4.5 m

第 27 次南极考察：两次穿越西风带。最大风速值 25 m/s，发生在中山站第二阶段卸货期间；气压最低值 970 hPa，发生在第 1 次穿越西风带期间和中山站第二阶段卸货期间。气旋过程共有 10 次，2 次较弱过程，4 次中等过程，4 次较强过程。

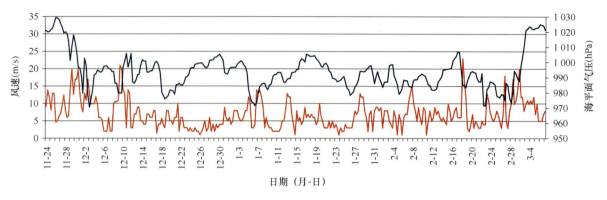

图 8-8　第 27 次南极考察南大洋和极区正点气象观测

表 8-6　第 27 次南极考察南大洋气旋影响统计

序号	时间	最大持续风力	涌浪波高
1	2010 年 11 月 29 日	8~9 级	3.5~4.0 m
2	2010 年 11 月 30 日—12 月 1 日	8~9 级	4.0~4.5 m
3	2010 年 12 月 2 日	7~8 级	浮冰区内
4	2010 年 12 月 9—10 日	9 级	冰区内
5	2011 年 1 月 6—7 日	7 级	浮冰区内
6	2011 年 2 月 7 日	7 级阵风 8 级	浮冰区内
7	2011 年 2 月 17—18 日	9~10 级	3.5~4.0 m
8	2011 年 2 月 26—27 日	8 级	3.0~3.5 m
9	2011 年 2 月 28 日	7~8 级	3.0~3.5 m
10	2012 年 3 月 1—2 日	7~8 级，阵风 9 级	3.0~3.5 m

第 28 次南极考察：4 次穿越西风带。最大风速接近 25 m/s，发生在中山站-长城站绕极航行期间和第 3 次穿越西风带期间；气压最低值约 965 hPa，发生在中山站第一阶段卸货期间和中山站-长城站绕极航行期间。气旋影响过程共有 19 次，其中 6 次较弱过程，10 次中等过程，3 次较强过程。

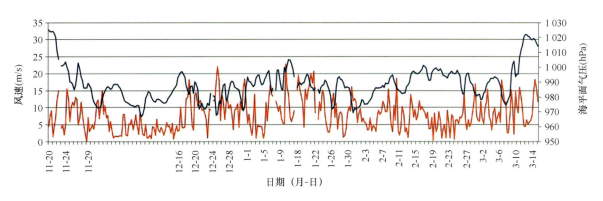

图 8-9 第 28 次南极考察南大洋和极区正点气象观测

表 8-7 第 28 次南极考察南大洋气旋影响统计

序号	时间	最大持续风力	涌浪波高
1	2011 年 11 月 19 日	7~8 级	3.0~3.5 m
2	2011 年 11 月 24 日	7 级阵风 8 级	2.5~3.0 m
3	2011 年 12 月 2 日	7~8 级	冰区内
4	2011 年 12 月 18-19 日	8 级	冰区内
5	2011 年 12 月 20 日	7 级	2.0~2.5 m
6	2011 年 12 月 24-25 日	8~9 级	浮冰区内
7	2011 年 12 月 26 日	7 级	浮冰区内
8	2011 年 12 月 31 日	8 级	3.5~4.0 m
9	2012 年 1 月 6-7 日	7~8 级	2.5~3.0 m
10	2012 年 1 月 15 日	8~9 级	4.0~4.5 m
11	2012 年 1 月 17-18 日	8 级	3.5~4.0 m
12	2012 年 1 月 20-22 日	8~9 级	3.5~4.0 m
13	2012 年 1 月 24 日	7 级阵风 8 级	3.0~3.5 m
14	2012 年 1 月 26 日	7 级	2.0~2.5 m
15	2012 年 1 月 30-31 日	7~8 级	3.0~3.5 m
16	2012 年 2 月 8 日	7~8 级	3.0~3.5 m
17	2012 年 2 月 26 日	7 级	浮冰区内
18	2012 年 3 月 6-9 日	8 级	3.5~4.0 m
19	2012 年 3 月 10-11 日	7~8 级	3.5~4.0 m

第 29 次南极考察：4 次穿越西风带。最大风速接近 30 m/s，发生在第 1 次穿越西风带期间；气压最低值约 945 hPa，发生在第 4 次穿越西风带期间。气旋过程共有 19 次，其中有 7 次较弱过程，9 次中等过程，3 次较强过程。

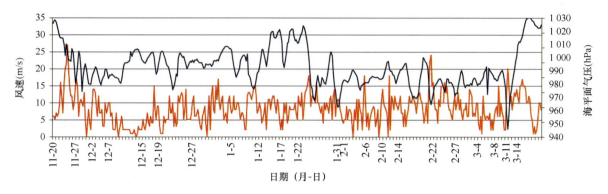

图 8-10　第 29 次南极考察南大洋和极区正点气象观测

表 8-8　第 29 次南极考察南大洋气旋影响统计

序号	时间	最大持续风力	涌浪波高
1	2012 年 11 月 22 日	7~8 级	4.5~5.0 m
2	2012 年 11 月 23—25 日	10~11 级，阵风 12 级	5.5~6.5 m
3	2012 年 11 月 27 日	7~8 级	2.5~3.0 m
4	2012 年 12 月 17 日	7 级	浮冰区内
5	2012 年 12 月 25 日	7 级	浮冰区内
6	2013 年 1 月 11 日	7 级阵风 8 级	2.5~3.0 m
7	2013 年 1 月 23—24 日	8 级	3.0~3.5 m
8	2013 年 1 月 26 日	7~8 级	2.5~3.0 m
9	2013 年 1 月 30 日	7 级	浮冰区内
10	2013 年 2 月 5—6 日	8 级	浮冰区内
11	2013 年 2 月 5—6 日	8 级	浮冰区内
12	2013 年 2 月 10 日	7 级	浮冰区内
13	2013 年 2 月 12 日	8 级	浮冰区内
14	2013 年 2 月 21—22 日	9~10 级	3.0~3.5 m
15	2013 年 2 月 25—26 日	7~8 级	3.5~4.0 m
16	2013 年 3 月 2 日	7 级	2.5~3.0 m
17	2013 年 3 月 9 日	7 级阵风 8 级	2.0~2.5 m
18	2013 年 3 月 11—13 日	8~9 级	浮冰区内
19	2013 年 3 月 15—16 日	7~8 级	2.5~3.0 m

8.2 南极航线海冰预报保障

8.2.1 南极走航海冰观测

科考船航行进入南极周边海域的冰区后，要进行正点常规海冰观测。观测内容包括海冰密集度、冰型、海冰发展阶段、冰厚、冰上积雪厚度、主要发展阶段密集度等，以人工目测为主，并用相机拍照记录。

8.2.2 南极航线海冰预报

南极海冰数值预报自 2010 年后采用的模式为 MITgcm 海洋模式，MITgcm 海洋模式采用 Arakawa C 网格，具有静力近似、准静力近似和非静力近似的模拟能力。基于极地海冰模拟和后报试验研究，国家海洋环境预报中心初步建成了极地海冰数值预报系统框架（图 8-11）。预报系统核心是 MITgcm 冰-海耦合模式。大气强迫场选用美国 NCEP GFS 全球 0.5°×0.5° 预报资料，初始化过程以冰-海耦合预报系统前一天的 24 h 预报结果为背景场，初始海冰密集度由德国不莱梅大学提供的准实时数据完全替代。NCEP GFS 和海冰密集度资料由国家海洋环境预报中心每天实时下载。经验调整对应的冰厚、水温场，以同调整后的海冰密集度相一致：若模拟有冰，分析数据无冰，将冰从模式场中移除，混合层海温提高 1℃；若模拟无冰，分析数据有冰，冰厚改为 1.0 m（密集度大于 0.5）或 0.5 m（密集度小于 0.5），混合层海温改为海水冻结温度（模式取为-1.73℃）。预报系统可输出海冰密集度、海冰厚度、海冰漂移、海温、海流及盐度信息。

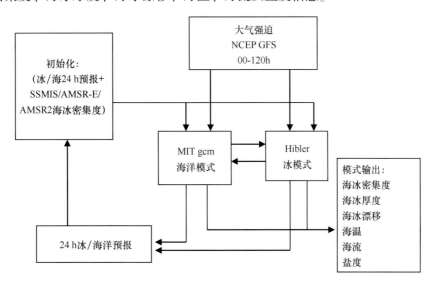

图 8-11 极地海冰数值预报系统示意图

2013 年改进的预报系统核心仍是 MITgcm 冰-海耦合模式。大气强迫场选用美国 NCEP GFS 全球 0.5°×0.5° 预报资料，初始化过程以冰-海耦合预报系统前一天的 24 h 预报结果为背景场，初始海冰密集度由德国不莱梅大学基于 AMSR2 微波数据计算的海冰密集度完全替代。NCEP GFS 和 AM-SR2 海冰密集度资料由国家海洋环境预报中心每天实时下载。

为了发展南极海冰业务化数值预报系统，国家海洋环境预报中心使用 MITgcm 冰-海耦合模式于 2010 年中国第 27 次南极科学考察起，开始为"雪龙"船和科考队提供南极海冰数值预报服务。预报产品示例见图 8-12。

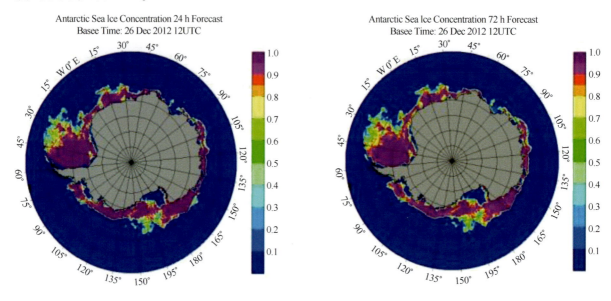

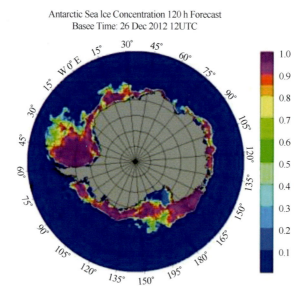

图 8-12 预报结果个例图

国家海洋环境预报中心除了提供海冰数值预报，还综合多种实况、分析和预测产品，制作海冰服务专题，发给"雪龙"船和科考队。海冰预报服务主要包括以下几方面的工作。

（1）全南极、普里兹湾（60°~90°E）和罗斯海区域（150°~220°E）月平均海冰范围预测。基于南极海冰历史卫星遥感数据，利用多元回归以及气候均态分析方法对当年 12 月、翌年 1 月和 2 月南极海冰趋势进行了展望，重点分析了普里兹湾和罗斯海区域的未来冰情状况。

（2）基于卫星遥感资料的海冰实况分析。国内保障团队每天从网上下载德国不莱梅大学的准实时 AMSR2 海冰密集度数据与美国宇航局（NASA）的 MODIS 数据，制作出南极海冰密集度分布图，及时传送至雪龙船供现场保障人员分析参考。根据考察队需要，定制高分辨率 SAR 图像，准确定位科考作业区域海冰状况，为科考队航行和大洋作业提供重要冰情保障。

（3）1~5 d 海冰数值预报。基于麻省理工学院通用环流模式（MITgcm）冰-海洋耦合模式，以美国国家环境预测中心（NCEP）全球预报系统（GFS）资料为大气强迫，初始化使用德国不莱梅大学 AMSR2 南极海冰密集度卫星资料，进行 1~5 d 南极海冰预报。该模式每天运行，根据现场需求提供所需区域的 72 h 和 120 h 海冰密集度产品。

（4）南极海冰旬预测。与美国国家海洋环境预报中心（NCEP）合作，利用其气候预报系统 CFSv2 对海冰状况进行滚动预报，分析未来南极海冰旬平均变化趋势。

（5）综合分析与建议。现场保障人员根据国内传来的海冰实况和预报服务信息，结合海冰现场状况和船上最新接收的卫星遥感资料等进行综合分析，为考察队冰区航行和作业计划提供参考建议。

根据"雪龙"船和考察队的需要，国家海洋环境预报中心及时调整预报区域，为"雪龙"船和考察队提供及时有效的海冰预报保障服务。如第 30 次南极科学考察，在"雪龙"船进入普里兹湾前，预报中心及时发布海冰服务专题，对"雪龙"船从冰区进入普里兹湾的冰情进行分析，为"雪龙"船航线选择提供依据："普里兹湾海冰外缘线进一步收缩，海冰密集度减小，海冰整体存在向西运移趋势。中山站现场海冰厚度观测发现，站区周边海冰厚度 120~150 cm，雪厚 30~60 cm。建议"雪龙"船沿海冰外缘线向西南航行至 77°E，65°S 然后选择穿过 120 n mile 的密集冰区到达中山站外的开阔水域。"雪龙"船视现场海冰情况可沿 76°E 直接南下"。

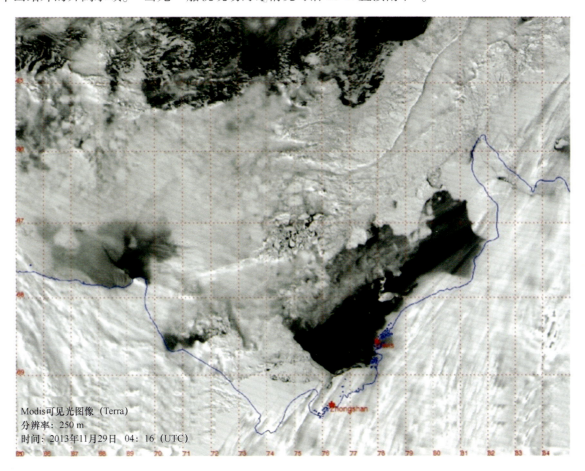

图 8-13　中山站卫星系统接收到的 2013 年 11 月 29 日普里兹湾 MODIS 可见光图像

预报中心及时对每次南极海冰预报保障进行分析，发现问题，总结经验。经过对最近 3~4 年的预报实践，发现存在的问题如下：①可获取的南极高分辨率海冰实时卫星遥感资料有限。目前南极海冰资料有德国不莱梅大学的 SSMIS、AMSR2 海冰密集度数据，分辨率较低。NASA 的 MODIS 数据图像分辨率虽然达到 250 m，但可见光图像受云层的影响大。获得更高分辨率的卫星图像为极地考察船近岸航行或作业提供优质服务是下一步的努力目标。②南极海冰模式预报准确度有待提高。通过初步的检验发现海冰密集度预报在海冰融化后期偏差较大。海冰数值模式在大气强迫场、数据同化技术和物理过程参数化等方面还需要进一步改进与完善。

8.3 南极航线预报保障的重要进展和展望

8.3.1 南极航线预报保障的成功范例

2014 年初"雪龙"船为救援俄罗斯"绍卡利斯基院士"号船，在南极联邦湾被海冰围困，预报中心根据及时掌握的"雪龙"船周边冰情信息，以准确的天气形势判断和预报，为此次"雪龙"船顺利脱困起到关键作用。

"雪龙"船被海冰围困应急预报中，使用以 Polar WRF 模式为核心的极地大气数值预报系统，在"雪龙"船受困海域建立模式嵌套区域，为"雪龙"船脱困提供精细化数值天气预报，成功地预报出风向转变的最佳脱困窗口。极地大气数值预报系统的参数配置为，垂直方向分为 51 层，并在边界层进行加密，顶层气压设置为 10 hPa；水平方向采用嵌套方式，对重点地区进行高水平分辨率预报，最高水平分辨率为 3.33 km。模式的初始场和边界条件采用高分辨率的 NCEP GFS 资料，并包含对 GTS 准实时观测数据的同化过程。极地大气数值预报系统输出的平均海平面气压场、降水量场、10 m 高度风场、2 m 高度气温场、等压面位势高度场以及雪龙船所在位置的各气象要素量化预报等数值预报产品，预报时效为 168 h。经过检验发现，极地大气数值预报系统的产品准确度较高，可以完全满足应急现场天气预报需求。

利用区域海洋环流模式 ROMS 在"雪龙"船被困区域（138°~148°E，65°~68°S）建立潮汐潮流预报模型。模型水平分辨率为 1/60 度，垂向 50 层。模式从 2013 年 12 月 1 日 00 时启动，积分 40 d，选取"雪龙"船被困的 1 月 2 日起至 1 月 9 日的预报结果进行分析，并与"雪龙"船位置较近的南极联邦湾站基于历史观测资料调和分析的潮位预报结果进行比较，为"雪龙"船选择合适的窗口期解困提供有利的海洋环境信息。"雪龙"船被困位置位于南极大陆边缘，潮流在冰山和浮冰飘移过程中发挥着不可忽视的作用，准确预报出潮流的流向和转流时刻，对"雪龙"船脱困窗口期的选择是十分重要的。从 1 月 2 日至 8 日，"雪龙"船所在位置经历了天文大潮到天文小潮的衰减，从预报水位曲线看，该海域主要受半日潮波控制，日潮不等现象显著，呈不规则半日潮，极区潮汐模式预报的高潮和低潮时刻和南极联邦湾站预报结果吻合。

结合现场观测和卫星遥感资料综合分析"雪龙"船受困区域的冰情信息，按海冰类型和厚度，将"雪龙"船所在区域分为 3 个分区：①当年海冰区，此区域的海冰多为当年冰，冰厚较薄，厚度在 1 m 以下；②密实多年海冰区，此区域的海冰为当年冰和多年冰的混合区，冰情复杂，海冰类型较多，海冰厚度可以达到 3~4 m，"雪龙"船被困区域正好在此区域；③固定冰区，冰山 B9B 即位于该区域西侧，此区域海冰为常年多年冰，海冰厚度大且坚固，由于冰山以及固定冰的阻挡，导致东侧海冰易于堆积。利用多幅高分辨率 SAR 图像，对"雪龙"船所在区域的海冰类型和冰山运动漂移进行了分析并重点对冰山进行监测。1月7日，伴随着影响"雪龙"船区域的气旋离开，"雪龙"船附近风向转为偏西风。在持续偏西风作用下，"雪龙"船左侧约19 km处的海冰出现了大范围的断裂，同时右侧约3 km处也出现了裂缝。"雪龙"船利用这次海冰断裂的机会，成功地实现了自我脱困。

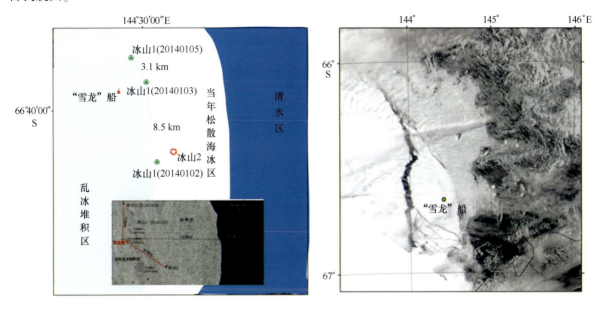

图 8-14　基于 SAR 卫星遥感图像分析的冰山漂移 2014 年 1 月 7 日 MODIS 海冰可见光图像

通过对"雪龙"船被海冰围困期间的海冰、气象和海洋环境状况综合分析发现，造成"雪龙"船被围困的主要因素：一是由于"雪龙"船被困区域靠近大陆架，冰山较多，多年冰和当年冰夹杂在一起，海冰类型较为复杂；二是由于受连续多个气旋影响，在"雪龙"船受困海域，偏东大风持续时间长，风力大，导致海冰由东向西堆积，致使"雪龙"船被困。此次成功的气象、海冰和潮流的精细化预报，给今后的科考船预报保障工作积累了经验，也为极地预报保障团队增强了信心，明确了继续努力的方向。

8.3.2　南极航线天气预报技术研究

经过30年极地航保预报实践，积累了大量极地考察航路水文气象实况资料和丰富的预报经验。出版了《中国极地考察航线海洋气象研究》的专著；"极地航海海洋气象保障技术研究及应用"获得中国航海学会"中国航海科技进步奖一等奖"。

国家海洋环境预报中心开发研制的全球海洋环境数值预报系统，用于大洋航路风和浪的预报；在极区运用 Polar-WRF 数值模式进行业务化预报试验，模式分辨率达到 3.3 km，基本满足极区业务预报需求。针对南大洋的气旋系统进行统计分析和比较深入的研究，发表了相关论文并指导业务化预报应用。

现在的航行保障人员还可以利用先进的通信技术，在"雪龙"船上通过 BGAN-海事卫星新干线随时登录互联网，下载各类预报产品，极大地丰富了预报参考依据。

未来的大气数值预报要在数据同化和提高精度方面不断努力，更好地利用卫星遥感资料，对南半球高纬度天气系统深入研究，更好地为极地考察船舶的安全航行服务。

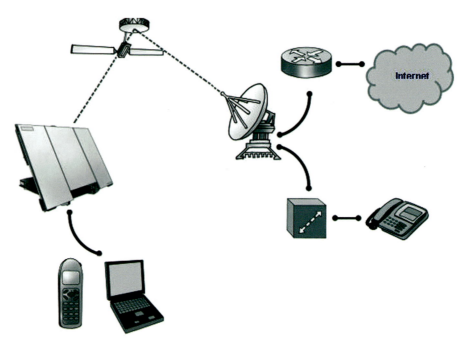

图 8-15　BGAN 新干线

8.3.3　南极航线海冰和海洋环境预报技术发展

国家海洋预报中心对每一次南极科考的海冰数值预报结果进行检验评估，评估模式预报能力，对存在的问题进行深入分析和改进。同时，调研南极科考海冰预报服务需求，认真对待和记录用户要求，逐步提高南极海冰预测预报能力，更好地为未来的极地科考提供海冰预报保障服务。今后南极海冰数值预报业务发展的目标是发展新的海洋数值模式，增加极地海洋预报产品的种类，比如海冰漂移、海流和潮汐的预报等，更好地满足极地科考的需求。

8.4　结语与展望

南极预报保障工作伴随中国极地考察已经走过 30 年历程。30 年来，国家海洋环境预报中心一直负责南极站区和极地科考船航行的预报保障工作。经过 30 年的不懈努力，无论支撑预报工作的观测手段、极地预报技术和能力，以及极地海洋、气象预报科学研究水平都取得了长足的进步与发展。

2014 年国家海洋环境预报中心正式加入世界气象组织极地预报计划（Polar Prediction Project，PPP），PPP 计划自 2013 年启动，将持续至 2022 年。极地预报计划旨在协调和推动极地区域小时尺度至季节尺度的预报研究。该计划确定 2017 年中期至 2019 年中期，以 2018 年为主的期间为极地预报年（YOPP）。极地预报年将致力于改进极区观测系统；通过汇集观测数据增加对极地关键过程的认知，发展和改进那些未经耦合的数值模式；发展和改进同化系统以弥补因资料空间分布稀疏、地形陡峭、冰冻圈的不确定性等造成的模式误差；开发大气-冰冻圈-大洋系统的可预报性，聚焦海冰预报和不同的预报时效；增进对极区与低纬度间相互作用的研究；强化对极地天气和环境预报的检验，以获得对数值模式能力的了解和改进业务预报的技巧。从而达到满足用户需求和预报信息与服务水平的提升。

南极预报保障工作将在PPP计划的框架下认真做好相关业务和研究工作，充分利用此平台不断提升中国在极地预报领域的水平，满足中国极地科考和后勤支撑各项任务的需求。

参考文献

卞林根，薛正夫，逯昌贵，等.1998.拉斯曼丘陵的短期气候特征［J］.极地研究，10（1）：38-46.

郭进修，等.1992.南极考察极地轮航线天气分析，海洋预报，9，（1）：　　.

国立极地研究所编.1991.南极气象学.解思梅，范晓莉，田少奋译.北京：海洋出版社.

韩长文.1996.南极海域的航线设置与航行方法.北京：海洋出版社.

韩忠南.1991.南极长城站—中山站航线优选初探，海洋预报，8，（1）.

解思梅，等.2001.北冰洋夏季的海雾，海洋学报，23，（6）.

陆龙骅，卞林根，效存德，等.2004.近20年来中国极地大气科学研究进展，气象学报，62（5）：672-691.

南极海冰和南半球气旋资料图集.1987.气象出版社.

南极海冰图集及资料.1991.中国科学技术出版社.

南极气象学海洋出版社，1991.

钱平，等.第五次南极考察去程及第六次返程气象考察报告.

孙虎林.极地专项2013-04-01年度工作报告.

王殿昌.1993.第三次南极考察队"极地"号船航线考察报告，海洋预报，10，（2）.

王殿昌，等.中国南极长城站—中山站航线分析总结.

许淙，等.第八次南极考察随船海洋气象考察报告.

薛振和，等.第六次南极考察航线海洋气象考察报告.

张林.1994.中国第九次南极考察航线海洋气象保障考察报告，海洋预报，11，（1）.

W.Schwerdtfeger著，贾朋群，卞林根，张永萍译；南极的天气和气候，气象出版社，1989.

组稿人张林[1]，撰稿人孟上、孙启振[1]、孙虎林[1]完成第1、3节编写，李明[1]完成第2节编写。

1 国家海洋环境预报中心　北京　100081

编后记

  《南大洋科学研究》分册全面系统地介绍了我国南大洋科考 30 年以来的主要成果，反映了我国南大洋研究的重要进展。本分册共分 8 个章节，由张海生统稿，其中"前言"和"编后记"由张海生撰写，第 1 章"物理海洋学考察与研究"由史久新撰写并统稿，董兆乾、陈红霞参加撰写；第 2 章"海冰观测与研究"由雷瑞波撰写并统稿，李群、杨清华、卢鹏、程晓等参与撰写；第 3 章"化学海洋学考察与研究"由陈立奇撰写并统稿，潘建明、扈传昱、韩正兵、孙维萍、陈敏、詹力扬、张介霞、高众勇和汪建君参加撰写；第 4 章"生物海洋学考察与研究"由李超伦撰写并统稿，何剑锋、黄洪亮、林龙山、杨光、郝锵、蔡昱明、陶振铖等参加撰写；第 5 章"生物资源考察与研究"；第 6 章"海洋地质学考察与研究"由王汝建撰写并统稿，陈志华参与编写；第 7 章"海洋地球物理考察与研究"由高金耀撰写并统稿，郑彦鹏、吴招才、沈中延、王威参加编写；第 8 章"海洋气象观测与预报保障"由张林撰写并统稿，孟上、孙启振、孙虎林和李明参加撰写。

张海生
2018 年 2 月